심리
원리

심리 원리

HOW PSYCHOLOGY WORKS

DK 『심리 원리』 편집 위원회
장근영, 이양원 옮김

DK 『심리 원리』 편집 위원회

편집 총괄 | 캐서린 헤네시Kathryn Hennessy

미술 편집 총괄 | 개디 파푸르Gadi Farfour

편집 | 애너 쉬페츠Anna Chiefetz, 제미마 던Jemima Dunne, 애너 피셸Anna Fischel, 조애나 미클렘Joanna Micklem, 빅토리아 파이크Victoria Pyke, 조 루틀랜드Zoe Rutland

디자인 | 필 갬블Phil Gamble, 바네사 해밀턴Vanessa Hamilton, 레나타 라티포바Renata Latipova

주필 | 개러스 존스Gareth Jones

수석 아트 디렉터 | 리 그리피스Lee Griffiths

발행 | 리즈 휠러Liz Wheeler

퍼블리싱 디렉터 | 조너선 멧케프Jonathan Metcalf

아트 디렉터 | 캐런 셀프Karen Self

수석 표지 디자이너 | 마크 커배너Mark Cavanagh

표지 편집 | 클레어 젤Clare Gell

표지 디자인 총괄 | 소피아 MTTSophia MTT

사전 제작 | 길리언 라이드Gillian Reid

수석 제작 | 맨디 이네스Mandy Inness

장근영 | 연세 대학교 심리학과를 졸업하고 같은 대학원에서 박사 학위를 받았다. 현재 한국청소년정책연구원에서 일하며 강의를 하고 영화와 심리학에 관한 글을 쓴다. 저서로 『팝콘 심리학』, 『싸이코 짱가의 영화 속 심리학』, 『심리학 오디세이』, 『나와 싸우지 않고 행복해지는 법』, 『무심한 고양이와 소심한 심리학자』, 『청소년문화론』(공저) 등이 있고, 옮긴 책으로 『인간 그 속기 쉬운 동물』(공역), 『시간의 심리학』(공역) 등이 있다.

이양원 | 연세 대학교 심리학과를 졸업하고 같은 대학원에서 석사 학위를 받았다. 현재 번역가로 활동 중이다. 옮긴 책으로 『마음챙김』, 『아빠는 경제학자』, 『몸짓언어 완벽 가이드』, 『인간 그 속기 쉬운 동물』(공역), 『시간의 심리학』(공역) 등이 있다.

한국어판 책 디자인 | 한나은

HOW PSYCHOLOGY WORKS

A WORLD OF IDEAS:
SEE ALL THERE IS TO KNOW

www.dk.com

심리 원리

1판 1쇄 찍음 2019년 12월 1일
1판 1쇄 펴냄 2019년 12월 20일

지은이 DK 『심리 원리』 편집 위원회
옮긴이 장근영, 이양원
펴낸이 박상준
펴낸곳 (주)사이언스북스

출판등록 1997. 3. 24.(제16-1444호)
(06027) 서울특별시 강남구 도산대로1길 62
대표전화 515-2000 팩시밀리 515-2007
편집부 517-4263 팩시밀리 514-2329

www.sciencebooks.co.kr

Printed in China.

ISBN 979-11-89198-82-4 04400
ISBN 978-89-8371-824-2 (세트)

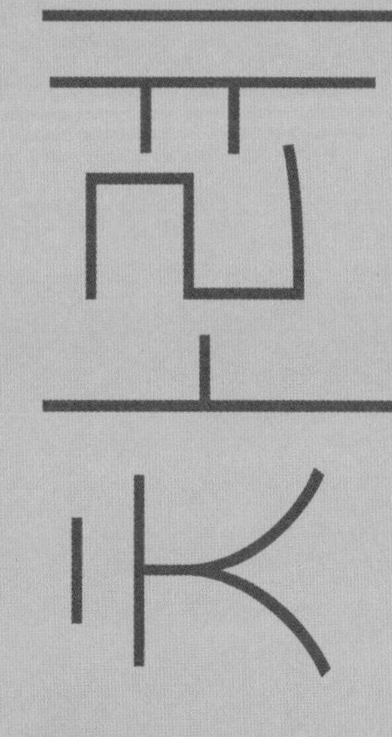

심리학 개론

심리 장애

심리 치료법

실생활 속 심리학

참여 필자

편집 고문 조 헤밍스Jo Hemmings
행동주의 심리학자. 워윅 대학교와 런던 대학교에서 공부하고 런던에서 상담소를 운영하며 남녀 관계에 대한 여러 권의 책을 써서 인기를 얻었다. 신문과 잡지에 정기적으로 기고하며 TV나 라디오에 자주 출연한다. 영국 ITV 「굿모닝 브리튼」 심리학 고문을 맡고 있다.

캐서린 콜린Catherine Collin
임상 심리학자이며 심리 치료 서비스 회사(Outlook SW) 책임자이자 플리머스 대학교 임상 심리학 부교수이다. 주요 관심 분야는 정신 건강 일차 의료 및 인지 행동 치료이다.

조애나 긴즈버그 간츠Joannah Ginsburg Ganz
임상 심리 치료사이자 언론인. 25년간 사설 및 공립 기관들에서 일했다. 심리학 간행물 제작에도 자주 참여한다.

메린 라지안Merrin Lazyan
라디오 프로듀서이자 작가, 편집자, 성악가. 하버드 대학교에서 심리학을 공부했다. 다양한 주제에 관한 소설과 논픽션을 써 왔다.

알렉산드라 블랙Alexandra Black
역사와 비즈니스를 비롯한 다양한 주제에 관해 글을 쓰는 프리랜서 작가다. 일본에서 작가 활동을 시작해 오스트레일리아의 출판사를 거쳐 현재는 영국 케임브리지에 거주 중이다.

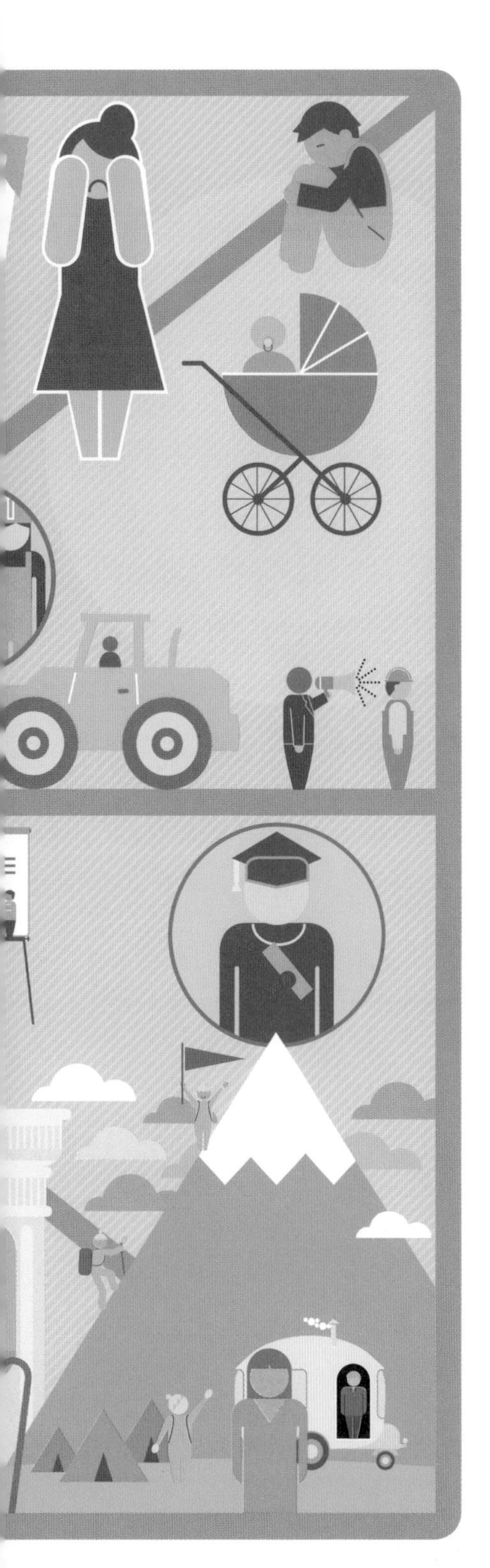

서문

생물학, 철학, 사회학, 의학, 인류학, 인공 지능 등 수많은 학문이 교차하는 지점에 위치한 심리학은 언제나 사람들을 매료시켜 왔다. 심리학자들은 인간의 행동을 어떻게 분석하고 해석함으로써 우리가 어떤 행동을 하는 이유를 알아내는 것일까? 왜 그렇게 많은 심리학 분야와 접근법이 있으며 그것들은 우리의 일상생활에서 실제로 어떻게 작동할까? 심리학은 인문학일까, 과학일까, 아니면 그 둘이 융합된 것일까?

이런저런 이론들이 유행하다가 인기가 식고, 새로운 연구와 실험들이 늘 수행되고 있지만 심리학의 본질은 마음의 작용에 근거해 사람의 행동을 설명하는 것이다. 이 격변하는 불확실성의 시대에 사람들은 힘과 영향력을 가진 사람들이 특정 방식으로 행동하는 이유와 그들의 행동이 우리에게 미칠 수 있는 영향을 이해하는 데 도움을 얻고자 점점 더 심리학과 심리학자를 찾고 있다. 하지만 심리학은 정치인이나 유명인 혹은 거물 기업가보다 훨씬 더 우리와 가까운 사람들, 즉 가족, 친구, 배우자나 연인, 직장 동료에 관해서도 많은 것을 알려 준다. 또한 심리학은 자신의 마음을 이해하는 데 있어서도 많은 것을 일깨워 주어 스스로의 생각과 행동에 대한 자기 인식을 높이게 한다.

심리학을 이해함으로써 우리는 이 끊임없이 변하는 학문을 구성하는 모든 다양한 이론과 장애, 치료법에 대해 기본적인 이해를 할 수 있을 뿐만 아니라 일상 생활에서도 도움을 얻을 수 있다. 교육, 직장이나 스포츠 혹은 개인적 인간 관계나 애정 관계, 심지어는 돈을 쓰는 방식이나 투표 행위조차도 각각 해당하는 심리학 분야가 있으며 누구나 일상 생활에서 늘 지속적으로 심리학의 영향을 받기 때문이다.

이 책은 이론에서 치료, 개인적 문제에서 실제적 적용에 이르는 심리학의 모든 측면을 다루며, 모든 내용은 이해하기 쉽고 맵시 있고 아주 간단한 방식으로 제시되어 있다. 내가 심리학과 학생이었을 때 이 책이 있었더라면 얼마나 좋았을까!

조 헤밍스(편집 고문)

Jo Hemmings

심리학 개론

심리학은 인간의 마음과 행동을 과학적으로 연구하는 학문이다. 심리학의 접근법은 매우 다양한데 그 다양한 방법들의 공통적인 목적은 사람의 생각과 기억, 감정 뒤에 숨어 있는 원리를 푸는 열쇠를 찾아내는 것이다.

심리학의 발달

심리학의 발전은 대부분 최근 약 150년 사이에 이루어졌지만 그 기원은 고대 그리스와 페르시아의 철학자들로 거슬러 올라간다. 많은 분야에서 다각도의 연구가 이루어졌고, 그 결과 심리학자들은 심리학의 원리를 실생활에 적용할 수 있게 되었다. 사회가 변화함에 따라 사람들의 필요를 충족시키기 위한 새로운 응용 분야들도 발달해 왔다.

기원전 1550년경 에베르스 파피루스(이집트의 의학 문서)에서 우울증을 언급함.

고대 그리스 철학자들

기원전 470~370년 데모크리토스가 감각을 통해 얻은 지식과 지성을 구분. 히포크라테스가 과학적 의료의 원칙을 제시함.

기원전 387년 플라톤이 정신 과정이 일어나는 곳은 뇌일 것이라고 추정함.

기원전 350년 아리스토텔레스가 『영혼에 관하여(*De Anima*)』에서 영혼에 대해 말하며 인간 정신의 빈 서판(tabula rasa) 상태에 대한 개념을 처음 제시함.

기원전 300년경부터 30여 년간 제논이 스토아 철학을 강의. 이 철학은 1960년대 인지 행동 치료에 영감을 줌.

705년 바그다드에 정신 질환자를 위한 최초의 병원 건립됨(이어서 800년 카이로, 1270년 다마스쿠스).

초기 이슬람 세계의 학자들

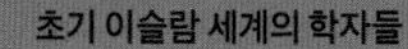

850년 알리 이븐 사흘 라반 알타바리(Ali ibn Sahl Rabban al Tabari)가 정신 질환자 치료를 위한 임상 정신 의학의 개념을 제시함.

900년경 아흐메드 이븐 사흘 알발히(Ahmed ibn Sahl al-Balkhi)가 정신 질환에 관한 저술에서 정신 질환의 신체적 원인과 심리적 원인을 설명. 라제스가 기록상 첫 심리 치료를 행함.

1025년 이븐 시나(Avicenna)가 『의학전범(*Canon of Medicine*)』에서 환각, 조증, 불면증, 치매 등의 다양한 질병을 기술함.

유럽 철학자들

1590년 루돌프 고클레니우스(Rudolph Goclenius)가 '심리학(psychology)'이라는 용어를 처음으로 사용함.

1620년대 프란시스 베이컨(Francis Bacon)이 지식과 기억의 본질 같은 심리학적 주제에 관해 저술함.

1629~1633년 르네 데카르트(René Descartes)가 『세계(*The World*)』에서 정신과 물질을 별개로 보는 심신 이원론(24~25쪽 참조)의 틀을 제시함.

1689년 존 로크(John Locke)가 『인간오성론(*An Essay Concerning Human Understanding*)』에서 인간은 애초에 아무것도 쓰여 있지 않은 빈 서판과 같은 정신을 가지고 태어난다고 비유함.

1808년 프란츠 갈(Franz Gall)이 골상학(두개골의 형태와 튀어나온 부분의 위치로 성격 특질을 알 수 있다는 생각)에 관해 저술함.

정식 학문으로서의 심리학

1879년 빌헬름 분트(Wilhelm Wundt)가 독일 라이프치히에서 심리학 연구를 위한 실험실을 개설해 정식 실험 심리학의 출발을 알림.

1880년대 중반 분트가 휴고 뮌스터버그(Hugo Münsterberg)와 제임스 맥킨 커텔(James McKeen Cattell)을 지도. 이 두 제자는 산업·조직 심리학 분야를 창시함(176~187쪽 참조).

1890~1920년 교육 심리학의 등장으로 학교에서 학생들을 가르치는 방법이 변화함(166~175쪽 참조).

1896년 펜실베이니아 대학교에 최초의 심리 치료소가 생기며 임상 심리학이 시작됨.

정신 분석적 접근

1900년 지그문트 프로이트(Sigmund Freud)가 『꿈의 해석』에서 정신 분석 이론을 소개함(14~15쪽 참조).

1909년 이후 프로이트가 아동기 경험의 중요성을 강조한 데서 영향을 받아 발달 심리학이 등장함(146~153쪽 참조).

1913년 카를 융(Carl Jung)이 동료였던 프로이트와 결별하고 무의식에 대한 독자적인 이론(120쪽 참조)을 개발함.

행동주의적 접근

1913년 존 왓슨(John B. Watson)이 행동주의의 원칙(16~17쪽 참조)을 소개한 「행동주의자가 보는 심리학(Psychology as the Behaviorist Views It.)」을 학술지에 게재함.

1916년 루이스 터먼(Lewis Terman)이 심리학을 법 집행에 적용하며 법정 심리학(194~203쪽 참조)의 출범을 예고함.

1920년 장 피아제(Jean Piaget)가 『아동이 인식하는 세상(*The Child's Conception of the World*)』을 출간하며 아동 인지에 대한 연구를 촉발함.

1920년대 이후 지능을 평가하기 위해 심리 측정 검사가 사용되고 이로부터 개인차 심리학이 시작됨(146~153쪽 참조).

1920년대 칼 디엠(Carl Diem) 박사가 베를린에서 스포츠 심리학(236~245쪽 참조) 실험실을 개설함.

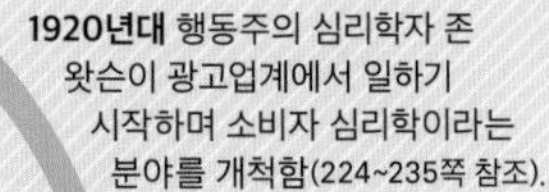

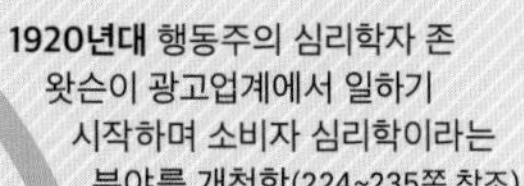

1920년대 행동주의 심리학자 존 왓슨이 광고업계에서 일하기 시작하며 소비자 심리학이라는 분야를 개척함(224~235쪽 참조).

1930년대 초반 사회 심리학자 마리 야호다(Marie Jahoda)가 최초의 지역 사회 심리학 연구를 출간(214~223쪽 참조)

생물학적 접근

1935년 쿠르트 코프카(Kurt Koffka)가 『게슈탈트 심리학의 원리』를 출간(18쪽, 133쪽 참조)

1935년 이후 생물 심리학(biological psychology)이 심리학의 한 분야로 부상함(22~23쪽 참조).

1938년 전기 충격 요법(143~143쪽 참조)이 최초로 사용됨.

1939년 제2차 세계 대전 중 작업자들이 복잡한 기계나 무기를 정확하게 제작, 사용하도록 하기 위해 인간 요인 공학 심리학(human factors and engineering psychology)이 발전됨(188~193쪽 참조).

신경 심리학적 접근

1950년대 최초의 향정신성 약물 개발. 정신 질환을 약물로 치료하는 기법인 정신 약리학이 시작됨(142~143쪽 참조).

1950년대 신경 과학자 와일더 펜필드(Wilder G. Penfield)가 뇌전증 연구 과정에서 뇌의 화학적 활동과 심리 현상 간의 관계를 발견함(22~23쪽 참조).

1952년 최초의 『정신 장애 진단 및 통계 편람(*Diagnostic and Statistical Manual of Mental Disorders, DSM*)』 발간됨.

1954년 고든 올포트(Gordon Allport)가 사회적 편견의 단계를 규명. 사회적 편견은 정치 심리학에서 다루는 주제 중 하나가 됨(204~213쪽 참조).

인본주의적 접근

1954년 에이브러햄 매슬로(Abraham Maslow)가 『동기와 성격』을 발간하고 인본주의를 심리학의 제3 세력이라 칭하며 지지함(18~19쪽 참조).

인지적 접근

1956년 조지 밀러(George A. Miller)가 인지 심리학이 적용된 「마법의 숫자 7±2」를 발표함.

1960년대 아론 벡(Aaron T. Beck)이 인지 행동 치료(125쪽 참조)를 개척함.

1960년대 정치적 불안 때문에 지역 사회 심리학(214~223쪽 참조)에 대한 관심 급증함.

1960년대 초반 체계론적 치료(가족 치료)(138~141쪽 참조)가 하나의 연구 분야로 등장함.

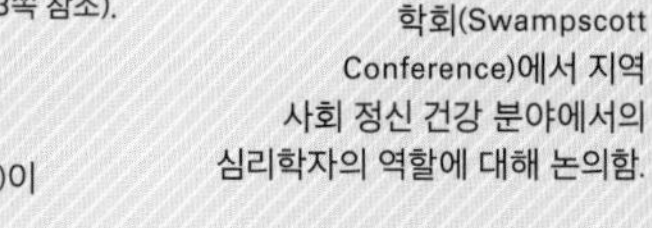

1965년 스웜프스콧 학회(Swampscott Conference)에서 지역 사회 정신 건강 분야에서의 심리학자의 역할에 대해 논의함.

1971년 컴퓨터 단층 촬영(CT)을 통해 살아 있는 뇌의 모습을 최초로 영상화함.

1976년 리처드 도킨스(Richard Dawkins)가 『이기적 유전자』를 출간하며 진화 심리학(22쪽 참조)을 대중에게 널리 알림.

1980년대 건강 심리학(112~115쪽 참조)이 심리학의 한 분야로 인정받게 됨.

1990년 제롬 브루너(Jerome Bruner)가 철학, 언어학, 인류학을 아우른 『의미의 구성: 정신과 문화에 대한 네 개의 강의(*Acts of Meaning: Four Lectures on Mind and Culture*)』를 발간함(문화 심리학, 214~215쪽 참조).

2000년 인간 유전체(genome)의 염기 배열 순서가 밝혀지면서 인간의 정신과 신체에 대한 새로운 연구 영역이 열림.

2000년 세계 심리학회가 스톡홀름에서 개최됨. 외교관 얀 엘리아슨(Jan Eliasson)이 갈등 해결에 심리학이 기여할 수 있는 방법에 대해 논의함.

정신 분석 이론

정신 분석학은 마음속의 무의식적 갈등이 성격 발달을 결정하고 행동을 좌우한다고 설명하는 심리학 이론이다.

소개

20세기 초 오스트리아의 신경과 의사 지그문트 프로이트가 창시한 정신 분석 이론에서는 성격과 행동이 마음속의 끊임없는 갈등의 결과라고 말한다. 우리는 보통 그 불화와 다툼을 의식하지 못하는데 왜냐하면 그것이 잠재의식 수준에서 일어나는 일이기 때문이다. 프로이트에 따르면 갈등은 원초아(id), 초자아(superego), 자아(ego)라는 마음의 세 구성 요소(15쪽 아래 그림) 사이에서 벌어진다.

프로이트는 성격이 출생 이후 다섯 단계를 거치며 발달한다고 보았고, 이 단계들에 성적 욕망과 정신 과정(mental process)이 모두 관련된다는 점에서 심리성적 발달 단계라고 불렸다. 각 단계에서 마음은 이전 단계에서와는 다른 측면의 성적 욕망에 집중하는데 아기 때 엄지손가락을 빨며 느끼는 구강의 쾌감이 한 예다. 프로이트에 의하면 각 심리성적 발달 단계마다 생물학적 욕구와 사회적 기대 간의 분쟁이 벌어지며

지형학적 모형

프로이트는 마음을 의식의 수준에 따라 세 개의 층으로 나누었다. 우리가 의식하는 마음은 마음 전체로 보자면 작은 부분에 불과하다. 이 의식 수준의 마음은 무의식 속의 생각들을 전혀 인식하지 못하지만 그럼에도 불구하고 무의식은 행동에 영향을 미친다.

꿈
꿈은 의식이 처리하기에는 너무 충격적인 내용이라 사람들이 평소에는 접근하지 못하는 무의식적 사고가 표현되는 통로로 여겨진다.

의식
여기에는 사람들이 인식하고 있는 생각과 감정이 담겨 있다.

전의식
여기에는 아동기 기억 등이 저장되어 있는데 정신 분석을 통해 이런 정보에 접근할 수 있다.

무의식
여기에는 한 개인이 가진 충동, 욕구, 생각의 대부분이 숨겨져 있다.

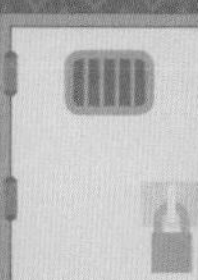

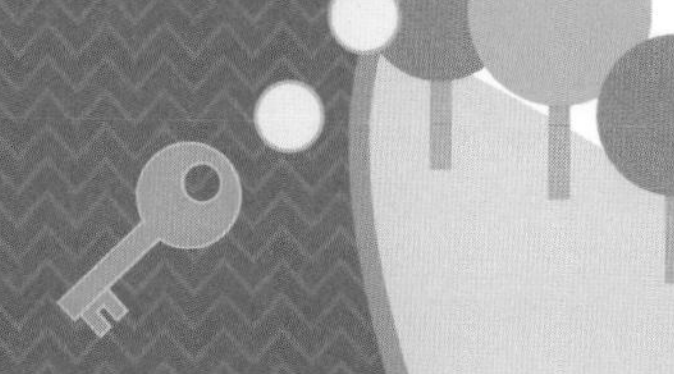

정신 분석
내담자가 분석가에게 어렸을 적 기억과 꿈에 대해 이야기하는 과정을 통해 무의식에 다가가서 그 무의식이 어떻게 바람직하지 않은 행동을 조종하거나 촉발하는지를 드러내는 치료법이다(119쪽 참조).

마음이 이 갈등을 잘 해결해야만 건강하게 다음 단계로 넘어갈 수 있다.

평가

프로이트의 모형은 잠재의식의 역할(정신 분석, 119쪽 참조)을 부각하는 데 지대한 영향을 미쳤지만 성적 욕망을 성격의 동인(動因)으로 보고 그것에 초점을 맞춘다는 점 때문에 늘 논란의 대상이었다. 많은 비평가들은 그의 모형이 너무 주관적인 데다가 마음과 행동의 복잡성을 설명하기에 너무 단순하다고 여긴다.

방어 기제

방어 기제란?

프로이트는 사람들이 불안이나 불쾌한 감정에 직면하면 잠재의식적으로 방어 기제를 사용한다고 주장했다. 방어 기제는 사람들을 속여 아무 문제가 없고 다 괜찮다고 착각하게 만듦으로써 그들이 스트레스를 받거나 불쾌하게 느끼는 기억 또는 충동에 대처하게 도와준다.

어떤 일이 일어나는가?

자아는 방어 기제를 이용해서 우리가 심리적 타협을 통해 내적 갈등을 일으키는 대상에 대처할 수 있게 해 준다. 현실 감각을 왜곡하는 대표적인 방어 기제로는 부정, 전위, 억압, 퇴행, 주지화, 투사 등이 있다.

어떻게 작동하는가?

부정은 흡연과 같이 스스로 좋지 않게 느끼는 습관을 정당화하는 데 흔히 사용되는 방어 기제다. 자신은 단지 '사교 목적으로만 담배를 피우는 사람'이라고 말함으로써 자신이 사실은 니코틴 중독이라는 사실을 인정하지 않으면서도 담배를 계속 피울 수 있게 된다.

구조 모형

의식은 마치 빙산의 끝부분처럼 전체 중 밖으로 드러난 작은 부분에 불과하다. 정신 분석 이론의 기초가 되는 개념에 따르면 무의식은 원초아, 자아, 초자아라는 세 부분으로 구성되어 있으며 이 세 부분은 갈등을 일으키는 감정이나 충동들을 해결하기 위해 서로 '대화'를 한다.

의식

초자아
옳은 일을 하고 싶어 한다. 도덕적 양심으로서 엄격한 부모의 역할을 맡는다.

자아
이성의 대변자로서 원초아와 초자아가 충돌하지 않도록 협상을 담당한다.

원초아
즉각적 만족을 얻으려 한다. 어린아이 같고 충동적이고 논리적 설득이 어렵다.

무의식

✓ 알아 두기

- **열등감 콤플렉스** 자아 존중감이 너무 낮아 정상적으로 기능할 수 없는 경우. 신프로이트 학파인 알프레드 아들러(Alfred Adler)가 만든 개념이다.
- **쾌락 원리** 쾌감을 추구하고 고통은 피하려 하는 것. 원초아는 이 원칙에 따라 움직인다.
- **신프로이트 학파** 프로이트의 정신 분석 이론을 기반으로 하는 이론가들. 융, 에릭슨, 아들러 등이 있다.

행동주의적 접근

행동주의 심리학은 사람들의 행동이 세상과의 상호 작용을 통해 학습되는 것으로 잠재의식의 영향과는 관계가 없다는 전제를 기초로 사람들을 이해하고 분석한다.

소개

행동주의 심리학은 인간의 생각과 감정은 제외하고 관찰 가능한 행동에만 초점을 맞추는 것을 출발점으로 삼는다. 이 접근은 세 가지 주요 가정에 기초한다. 첫째, 사람의 행동은 선천적 또는 유전적 요인에서 나오는 것이 아니라 자기를 둘러싼 세상으로부터 학습하는 것이다. 둘째, 심리학은 과학이므로 통제된 실험과 관찰에서 나온 측정 가능한 데이터에 의해 이론이 뒷받침되어야 한다. 셋째, 모든 행동은 특정 반응을 일으키는 자극의 결과다. 행동주의 심리학자가 어떤 사람의 자극-반응 연합(association)을 찾아내고 나면 그것을 이용할 수 있게 되는데, 이 방법을 고전적 조건 형성이라고 한다(아래 그림 참조). 치료 상황에서(122~129쪽 참조) 치료자는 이런 조건 형성을 사용해 내담자가 자신의 행동을 바꾸도록 돕는다.

평가

행동주의 접근의 강점은 프로이트의 정신 분석적 접근(14~15쪽 참조) 등과 달리 과학적으로 증명 가능하다는 것이지만 이는 동시에 이 접근의 약점으로도 여겨져 왔다. 많은 행동주의 실험이 쥐와 개를 대상으로 실시되었는데 어떤 이들, 특히 인본주의자(18~19쪽 참조)들은 세상의 사람들이 실험실의 동물과 같은 방식으로 행동할 것이라는 가정을 거부했다. 행동주의 심리학은 또한 테스토스테론과 기타 호르몬 같은 생물학적 요인이나 자유의지를 거의 고려하지 않는데 그럼으로써 인간의 경험을 그저 조건 형성된 행동들의 모음에 불과한 것으로 만들어 버린다.

행동주의의 주제들

존 왓슨이 1913년에 행동주의 심리학을 제창했다. 그의 이론은 마음속에서 일어나는 주관적 현상들에 집중하기보다는 데이터에 의해 뒷받침되는 과학을 추구하던 20세기 초의 과학 사조와 잘 맞았고 그래서 행동주의 접근은 이후 수십 년간 영향력을 행사했다. 나중에 심리학자들은 행동주의 이론을 좀 더 융통성 있게 해석했지만 객관적 증거가 연구의 기초라는 점은 변하지 않았다.

고전적 조건 형성

파블로프는 실험실의 개들이 먹이를 보는 순간 침을 흘리는 것에 주목하고 먹이를 줄 때마다 종을 울리기 시작했다. 곧 개들은 종소리만으로도 침을 흘리게 되었는데 이는 이제 종소리가 음식과 연합(association)되었음을 의미한다.

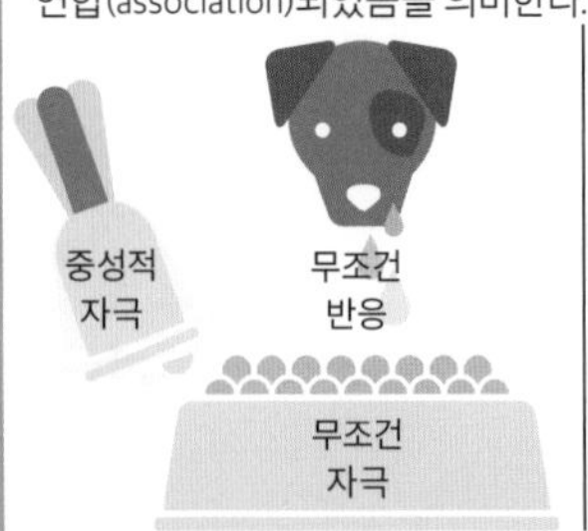

방법론적 행동주의

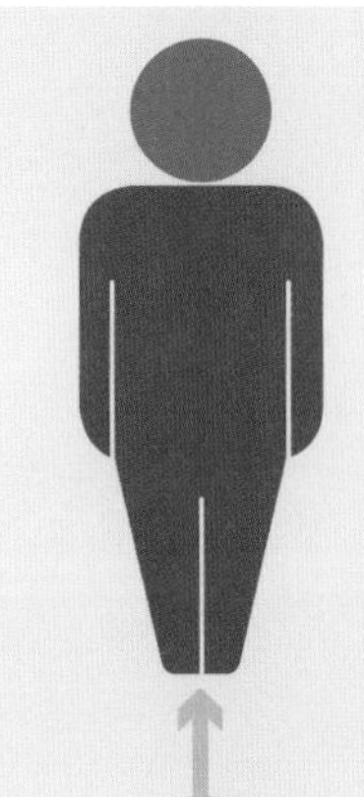

왓슨의 이론은 과학적 방법에 중점을 둔다는 점 때문에 방법론적 행동주의로 알려졌다.

- 왓슨은 심리학이 과학의 한 영역이고 그 목표는 행동의 예측과 통제라고 여겼다.
- 방법론적 행동주의는 가장 극단적인 행동주의 이론으로, 개인의 DNA나 내면의 심적 상태가 미치는 영향을 일체 배제한다.
- 이 이론은 사람이 마음이 백지인 상태로 태어나며 주변의 사람들과 사물로부터 모든 행동을 학습한다고(고전적 조건 형성, 왼쪽 그림 참조) 가정한다. 예를 들면 엄마가 미소 지을 때 아기가 미소로 응답한다든지 엄마가 목소리를 높이면 아기가 운다든지 하는 것이다.

조작적 조건 형성

행동 변화를 유도(개 훈련하기)하기 위한 이 방법에는 개의 행동을 강화하거나 처벌하기 위한 주인의 긍정적 또는 부정적 행동이 포함된다.

정적 강화
보상은 좋은 행동을 장려한다. 예를 들어 명령에 따라 앉은 데 대한 보상으로 간식을 받은 개는 그 행동을 반복하면 간식을 또 얻으리라는 사실을 금세 학습한다.

정적 처벌
나쁜 행동을 단념시키기 위해 주인이 불유쾌한 뭔가를 하는 것. 개가 목줄을 당기며 앞서가면 목걸이가 목을 눌러서 불편한 느낌을 받게 된다.

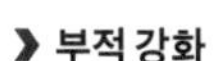

부적 강화
좋은 행동을 장려하기 위해 좋지 않은 뭔가를 제거하는 것. 개가 주인과 가깝게 걸을 때는 목줄이 느슨해지므로 개는 줄을 당기지 않고 주인 바로 옆에서 따라가면서 목이 졸리는 느낌을 피하는 것을 학습한다.

부적 처벌
바람직하지 않은 행동을 단념시키기 위해 개가 좋아하는 뭔가를 빼앗는 것. 예를 들어 개가 껑충껑충 뛰어오를 때 주인이 등을 돌려 관심을 박탈하면 개는 뛰어오르지 않는 것을 학습한다.

급진적 행동주의

1930년대에 B.F.스키너(B.F. Skinner)가 급진적 행동주의를 제창했는데 이 이론에서는 생물학적 요인이 행동에 미치는 영향을 고려했다.

- 왓슨과 마찬가지로 스키너는 심리학에 대한 가장 타당한 접근은 인간의 행동과 그 행동을 유발하는 자극의 과학적 관찰에 기초한 접근이라고 믿었다.
- 스키너는 강화 개념, 즉 보상에 의해 강화된 행동은 반복될 가능성이 더 높다는(조작적 조건 형성, 위 그림 참조) 개념을 추가해 고전적 조건 형성을 한걸음 더 진전시켰다.

심리적 행동주의

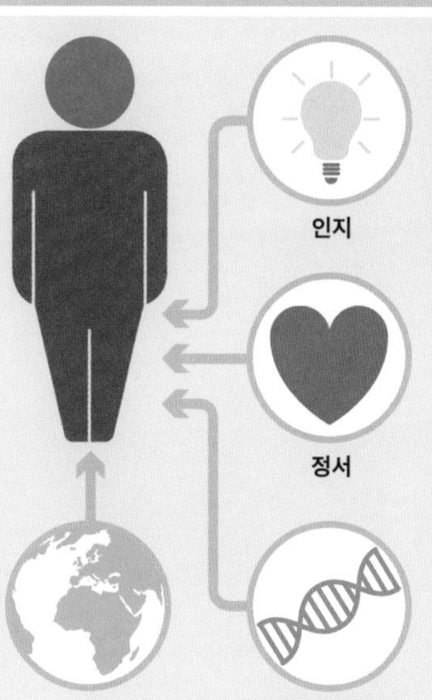

아서 스타츠(Arthur W. Staats)가 제안한 심리적 행동주의는 40년 이상 지배적인 행동주의 이론으로 자리하고 있다. 이 이론은 현재 심리학이 사용되는 분야, 특히 교육 분야에 영향을 미치고 있다.

- 한 사람의 성격은 학습된 행동, 유전, 감정 상태, 뇌가 정보를 처리하는 방식, 주변의 세계에 의해 형성된다.
- 스타츠는 아동 발달에서 양육이 차지하는 중요성을 연구했다.
- 스타츠가 보여 준 바에 따르면 어릴 때 언어 및 인지 훈련을 받은 아동은 자라서 우수한 언어 발달 수준과 높은 지능 검사 결과를 나타냈다.

인본주의

다른 심리학적 접근들과는 달리 인본주의는 개개인의 주관적 시각에 중점을 두며 "다른 사람들이 나를 어떻게 보는가?"보다는 "나는 나 자신을 어떻게 보는가?"를 질문하도록 격려한다.

소개

행동주의 심리학이 겉으로 드러나는 행위에 관심을 가지고 정신 분석 이론은 잠재의식을 파고드는 데 비해 인본주의는 전체론적(holistic)으로 접근하며 개인이 자신의 행동을 어떻게 인식하고 사건들을 어떻게 해석하는지에 초점을 맞춘다. 이 접근은 관찰자의 객관적 견해보다는 자기 자신이 어떤 사람이고 어떤 사람이 되고 싶은가에 대한 주관적 견해를 중요시한다.

1950년대에 칼 로저스(Carl Rogers)와 에이브러햄 매슬로(Abraham Maslow)가 개척한 인본주의 심리학은 인간의 본성을 이해하기 위한 대안적 방법을 제시한다. 이 접근에서는 삶의 주된 목표가 개인적 성장과 실현이고 감정적, 정신적 행복은 이 목표의 달성으로부터 온다고 가정한다. 자유의지

> **"훌륭한 삶이란 어떤 상태가 아니라 과정이다."**
>
> — 칼 로저스, 미국의 인본주의 심리학자

또한 이 접근의 핵심적 가정의 하나로 우리가 행하는 선택들은 자유의지가 행사된 것이라고 본다.

평가

로저스와 그 외 인본주의 심리학자들은 수많은 새로운 조사 방법을 제안했는데 '정답'이 없는 개방형 질문지, 비격식 면접, 감정과 생각을 일지로 기록하게 하기 등이 그 예다. 그들은 누군가를 진짜로 알 수 있는 유일한 방법은 그 사람과 직접 대화하는 것이라고 생각했다.

인본주의는 가장 일반적인 우울증 치료법의 하나인 인간 중심 치료(132쪽 참조)의 기반이 되는 이론이다. 인본주의 접근은 또한 교육 분야에서 아이들이 자유의지를 행사해 자신을 위한 선택을 하도록 만드는 데에, 그리고 동기를 연구하고 이해하는 데에도 사용된다.

그러나 인본주의는 생물학적 요인이나 잠재의식, 호르몬의 강력한 영향 같은 개인의 다른 측면을 무시한다. 비평가들은 또한 자아 실현이라는 목표가 정확히 객관적으로 측정될 수 있는 것이 아니라는 점에서 이 접근을 비과학적이라고 평한다.

게슈탈트 심리학

인본주의에 영향을 받은 게슈탈트 심리학(gestalt psychology)은 마음이 어떻게 작은 정보 조각들을 받아들여서 그것들로 의미 있는 전체를 구성하는지를 상세히 연구한다. 이 접근은 지각의 중요성, 좀 더 구체적으로는 각 개인의 세상을 지각하는 방식을 지배하는 법칙들을 강조한다.

이 접근에서 사용하는 한 가지 평가 방법은 내담자에게 일련의 이미지를 보여 주고 그가 각 이미지를 어떻게 지각하는지를 알아내는 것이다. 루빈의 컵 착시가 가장 잘 알려져 있는데 이 착시는 '전경'과 '배경'의 법칙, 즉 사람의 마음은 항상 전경(예컨대 글)을 배경(흰 페이지)과 구별하려 하고 그 과정에서 무엇이 우선인지, 어디에 초점을 맞출지를 결정한다는 법칙을 잘 보여 준다.

루빈의 컵 착시는 보는 사람으로 하여금 마주보는 두 옆얼굴을 보는 것과 하얀 화병을 보는 것 중에서 지각적 선택을 하게 만든다.

충족된 삶으로 가는 길

로저스는 한 사람의 심리 상태를 결정하는 성격의 세 부분을 찾아냈는데 그것은 자기 가치(self-worth), 자아상, 이상적 자아이다. 어떤 사람의 감정과 행동, 경험이 그의 자아상과 일치하고 자신이 되고 싶은 사람(이상적 자아)을 반영할 때 그 사람은 만족하게 된다. 그러나 이 측면들 간에 불일치가 있을 때는 불만을 느끼게 된다.

개인? 집단?

인본주의는 개인의 정체성과 성취라는 서구의 개념에 뿌리를 두고 있는데 이 개념은 때로는 개인주의라 불린다. 이에 반해 집단주의는 개인을 집단에 종속시킨다.

개인주의

- 정체성이 개인의 속성(외향적이다, 친절하다, 관대하다 등)으로 정의된다.
- 집단의 목표보다 자신의 목표가 먼저다.

집단주의

- 정체성이 자신이 어느 집단에 속했는가에 의해 정의된다.
- 가장 중요한 집단은 가족이고 그 다음은 직장이다.
- 개인의 목표보다 집단의 목표가 먼저다.

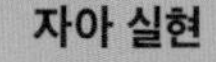

자아 실현

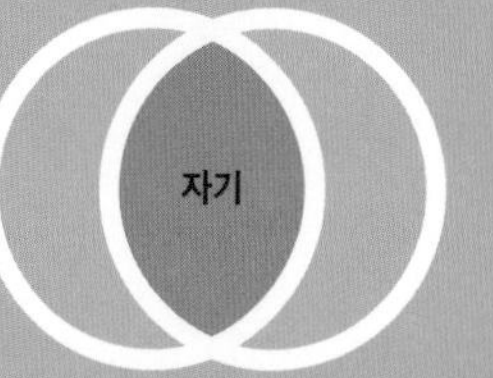

자신의 현재 모습에 대한 지각이 자신이 되고 싶은 모습과 일치할 때 자아 실현을 이루게 된다. 자신의 최대 잠재력에 도달하고 표현하고자 하는 욕구가 충족된 상태다.

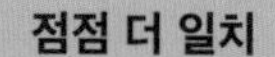

점점 더 일치

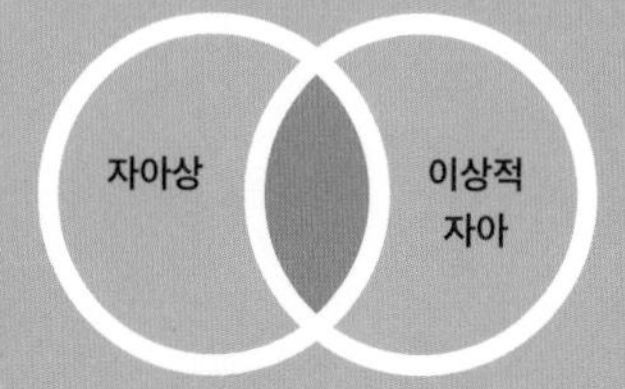

자아상과 이상적 자아 사이에 일치하는 부분이 많을수록 자기 가치감이 커지고 더 긍정적인 마음의 상태를 취하게 된다.

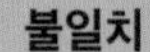

불일치

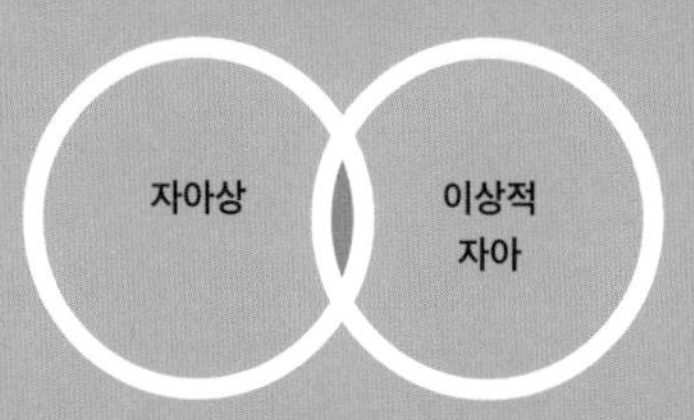

자기가 보는 자신의 모습(자아상)과 자기가 되고 싶은 모습(이상적 자아) 간 겹치는 부분이 거의 없으면 불행하다고 느끼고 자기 가치감이 낮아진다.

인지 심리학

인지 심리학은 마음을 하나의 복잡한 컴퓨터로 간주하고 사람이 정보를 처리하는 방식과 그것이 행동과 감정에 미치는 영향을 분석하는 심리학의 접근법이다.

소개

1950년대 후반 사무실에 컴퓨터가 등장하면서 인공의 정보 처리와 인간의 정신 작용을 비교하려는 시도가 촉발되었다. 심리학자들은 컴퓨터가 데이터를 받아들여 부호화해서 저장하고 인출하는 방식과 인간의 마음이 정보를 받아들이고 이해할 수 있는 형태로 그 정보를 변형해서 저장하고 필요할 때 기억해 내는 방식이 본질적으로 동일할 것이라고 추론했다. 인지 심리학은 이 '컴퓨터 비유'를 기반으로 삼고 있다.

인지 심리학의 이론들은 사실상 일상의 모든 측면에 적용될 수 있다. 그 예로 두뇌가 감각 정보를 처리해서 판단을 내리는 것(예컨대 나쁜 냄새로 우유가 상한 것을 알아차리는 것), 논리적으로 추론해서 결정을 하는 것(예컨대 비싼 셔츠를 살지 말지를 비싼 셔츠가 싼 셔츠보다 오래갈 수도 있음을 고려해 결정하는 것), 악기 연주를 배우는 것(두뇌는 새로운 신경 연결들을 만들어 새로운 기억들을 저장해야 한다.)을 들 수 있다.

평가

인지 심리학이 내적 과정을 강조하기는 하지만 이 접근은 엄정한 과학을 목표로 하며 이론을 뒷받침하는 근거로는 실험실에서 이루어진 실험만을 사용한다. 그러나 통제된 실험에서 일어나는 일은 실제 생활 장면에 적용되기 어렵다. 마찬가지로, 인간의 마음이 컴퓨터처럼 작동한다는 가정은 사람은 컴퓨터와는 달리 지치거나 감정에 휘둘릴 때도 있다는 현실을 고려하지 않은 것이다. 비평가들은 그런 가정이 인간을 기계로 취급하고 인간의 모든 행동을 기억 같은 인지적 과정으로 격하시킨다고 주장한다. 비평가들은 또한 이 접근이

처리:
매개적 정신 과정

감각을 통해 정보가 들어오면 뇌는 그 정보를 자세히 살펴서 분석한 후 그 정보로 무엇을 할 것인지를 결정해야 한다. 인지 심리학자들은 이 과정을 매개 과정이라고 부르는데 왜냐하면 그것이 환경의 자극과 그 자극에 대한 뇌의 최종 반응 사이에서 일어나기('매개하기') 때문이다. 차가 고장 난 경우, 뇌는 고무 타는 냄새를 분석해서 예전에 맡았던 비슷한 냄새의 기억과 연결시킬 수 있다.

정보 처리

통제된 실험에서 얻은 증거를 이용해서 심리학자들은 마음이 정보를 어떻게 다루는가에 대한 이론적 모형들을 만들어 왔다. 이 모형들에 의하면 인간의 뇌는 입력에서 정보 변형을 거쳐 인출에 이르기까지 컴퓨터가 데이터를 처리할 때와 같은 순서로 정보를 처리한다.

입력:
환경으로부터

사람의 감각 기관은 외부 세계로부터 자극을 감지하면 그 정보를 전기 신호의 형태로 뇌에 전달한다. 예를 들어 어떤 사람의 차가 잘 작동하지 않을 때 그의 뇌는 엔진에서 나는 이상한 소리, 연기 같은 시각 단서, 고무 타는 냄새 등의 경고 신호에 집중한다.

생물학적 요인과 유전적 요인을 무시한다고 지적한다.

하지만 인지 심리학은 기억력 저하와 선택적 주의 장애의 치료에 도움이 된다는 것이 입증되어 왔다. 아동 발달을 이해하는 데에도 유용해서 교육자가 각 연령 집단에 적절한 교육 내용을 계획하고 그 내용 전달에 가장 적합한 도구와 방법을 선택할 수 있게 해 준다. 또한 인지 심리학자들은 정기적으로 사법 기관의 요청을 받고 목격자의 증언을 검토해 그 증언의 신뢰성을 판단하는 역할을 수행하기도 한다.

출력:
행동과 감정

뇌가 정보를 충분히 불러왔다면 이제 뇌는 자극에 어떻게 반응할지를 결정할 수 있다. 이때 반응은 행동의 형태일 수도, 감정의 형태일 수도 있다. 차가 고장 난 아까의 상황에서 뇌는 이전의 고장에 관한 기억들과 머릿속에 저장되어 있던 적절한 기계 관련 정보들을 회상해낸 다음 가능성 있는 원인과 해결책들을 마치 체크 리스트를 확인하듯 머릿속으로 훑어본다. 뇌는 예전에 고무 타는 냄새가 팬벨트가 끊어졌다는 의미였음을 기억해 낸다. 운전자는 차를 세우고 시동을 끈 후 보닛을 열어 점검한다.

"머릿속의 연결되지 않은 사실들은 웹의 링크되지 않은 페이지들과 같아 존재하지 않는 것이나 마찬가지다."

— 스티븐 핑커(Steven Pinker), 캐나다의 인지 심리학자

인지 편향

사고 과정에서 마음이 오류를 범하게 되면 판단이나 반응이 한쪽으로 치우치는 결과를 낳는데 이를 인지 편향이라고 한다. 이런 편향은 기억(예컨대 관련 정보의 기억이 잘 나지 않음)이나 주의력이 저하된 경우에 더 많이 나타나는 경향이 있는데 왜냐하면 정보가 부족해 압박을 느낀 뇌가 편법을 택하기 때문이다. 편향이 항상 나쁜 것은 아니다. 어떤 편향은 생존을 위해 신속한 결정을 내려야 할 때 나오는 자연스러운 결과이다.

편향의 예

- **기준점 편향(anchoring)** 가장 처음 접한 정보에 지나치게 중요성을 부여함(닻 내림 효과 또는 정박 효과라고도 부른다. — 옮긴이).
- **기저율 오류(base-rate fallacy)** 기저율(해당 사건의 일반적인 존재 비율 — 옮긴이)을 무시하고 추가적인 특정 정보를 바탕으로 판단함.
- **밴드왜건 효과** 남들의 생각이나 행동에 동조하기 위해 자기 자신의 믿음이나 판단을 무시함.
- **도박사의 오류** 현재 어떤 일이 자주 일어나고 있다면 미래에는 덜 자주 일어날 것이라고 잘못 판단하는 것. 예컨대 룰렛 게임에서 지금까지 구슬이 계속 검정 칸으로 갔다면 곧 분명히 빨간 칸으로 갈 것이라고 예상함.
- **과도한 가치 폄하** 미래의 더 큰 보상을 기다리기보다 현재의 작은 보상을 선택함.
- **확률의 무시** 실제의 가능성을 무시하는 것. 예컨대 비행기 추락 사고가 무서워서 비행기를 타지 않으면서 통계적으로 훨씬 위험한 과속 운전을 함.
- **현상유지 편향** 변화를 시도하기보다는 현재의 상태를 똑같이 유지하거나 가능한 한 조금만 바꾸는 쪽을 선택함.

생물 심리학

생물 심리학은 유전자 등의 신체적 요인이 행동을 결정한다는 전제에 기초한 심리학의 한 분야다. 이 접근법은 쌍둥이가 태어난 직후부터 서로 떨어져 다른 환경에서 성장해도 유사한 행동을 보이는 이유를 설명할 수 있다.

소개

생물 심리학은 사람의 생각과 감정, 행동이 모두 생명 활동에서 비롯된다고 가정하는데 이런 생명 활동에는 유전뿐만 아니라 뇌를 신경계에 연결하는 화학적, 전기적 자극이 포함된다. 이 가정에 따르면 어떤 사람이 평생 동안 보이는 성격과 행동은 그 사람이 태어나기 전에 미리 정해진 청사진, 즉 생리적 구조와 DNA에 의해 이미 결정되어 있다고 봐야 한다.

이런 생각들 중 일부는 쌍생아 연구의 결과에 기초하는데, 그 연구들에 따르면 출생 직후 헤어져 각기 다른 가정에서 자란 쌍둥이들은 어른이 되어서 놀랄 만큼 유사한 행동을 보인다. 생물 심리학자들은 그 쌍둥이들에게 미친 유전의 영향이 워낙 강력해서 부모나 친구, 살면서 한 경험이나 환경조차 큰 영향을 주지 못한 것이라고 밖에는 달리 그 현상을 설명할 수 없다고 주장한다.

생물 심리학의 활약을 볼 수 있는 한 예는 십대 청소년의 행동 방식에 관한 연구이다. 영상 기술을 이용해 십대의 뇌를 스캔해 본 결과 청소년의 뇌가 성인의 뇌와는 다른 방식으로 정보를 처리한다는 것이 드러났다. 이런 차이는 왜 십대들이 충동적이고 때로는 판단력이 부족하고 사회적 상황에서 지나치게 불안해지는지에 대한 생물학적 설명을 제공하는 데 도움이 된다.

평가

생물 심리학의 많은 개념이 양육보다는 본성의 영향을 강조한다. 그 때문에 평론가들은 이 접근이 지나친 단순화에 빠져 생물학적 요인과 타고난 신체적 특성을 과도하게 중요시하고 성장 과정에서의 사건이나 사람들의 영향은 거의 인정하지 않는다고 본다. 반면에 이 접근의 철저한 과학적 근간을 반박하는 사람은 거의 없는데, 이 접근에서는 아이디어의 체계적 검증과 타당성 확인이 중요시되는 덕분이다. 생물 심리학자들은 신경 외과 분야의 연구와 뇌 스캔 영상을 이용해 파킨슨병, 조현병, 우울증, 약물 남용처럼 신체적, 심리적 문제를 동시에 가진 환자들의 치료에 기여함으로써 중요한 의학적 진전을 가능케 했다.

진화 심리학

진화 심리학에서는 왜 사람들의 행동과 성격이 서로 다르게 발달하는지를 탐구한다. 진화 심리학자들은 개인들이 자신이 처한 환경에 가장 잘 대처하기 위해 어떻게 언어, 기억, 의식 및 기타 복잡한 생물학적 체계들을 적응시키는지 조사한다.

› 자연 선택
종(species)이 오랜 시간에 걸쳐 적응하거나 생존에 유리한 기제들을 발전시켰다는 찰스 다윈의 가설에서 기원한 개념이다.

› 심리적 적응
인간의 언어 습득 기제, 친족과 비친족을 구별하는 기제, 속임수를 탐지하는 기제, 성적 또는 지적 기준에 따라 짝짓기 상대를 선택하는 기제를 이해하기 위한 개념이다.

› 개인차
사람들 간의 차이, 예를 들어 왜 어떤 이는 다른 이보다 더 물질적 성공을 거두는가를 설명하기 위한 개념이다.

› 정보 처리
인간의 뇌 기능과 행동이 외부 환경으로부터 받아들인 정보에 의해 만들어져 왔고 따라서 반복적으로 발생하는 압박이나 상황의 산물이라는 시각이다.

다른 접근들

생물 심리학자들은 사람의 신체와 생물학적 과정들이 어떻게 행동을 조형하는가에 관심을 가진다. 그중 어떤 학자들은 생리적 요인이 어떻게 행동을 설명하는가 하는 광범위한 주제에 초점을 맞추는 반면, 다른 학자들은 이 이론을 의학 분야에 적용하거나 유전자가 개인의 행동을 결정하는지 밝히기 위해 실험하는 등의 구체적인 분야에 집중한다.

“분석의 최종 단계에 이르면 심리학 영역 전체가 생물학적 전기 화학으로 수렴될지도 모른다.”

— 지그문트 프로이트, 오스트리아의 신경 의학자

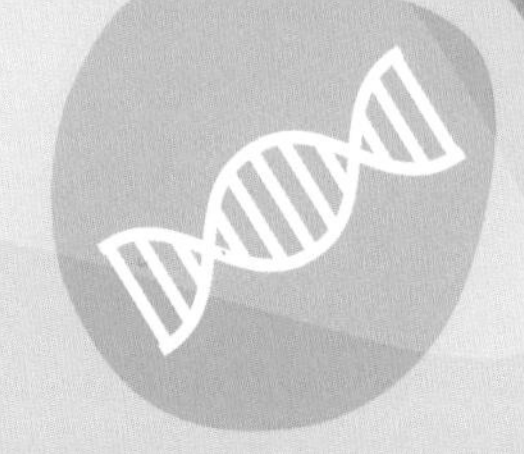

생리학적 접근

생명 활동이 행동을 조형한다는 가정에 기초한다. 이 접근은 특정 유형의 행동이 뇌의 어디에서 비롯되는지, 호르몬과 신경계가 어떻게 작동하는지, 호르몬과 신경계의 변화가 왜 행동을 변화시키는지 알아내고자 한다.

의학적 접근

정신 장애를 신체 질환의 관점에서 설명하고 치료하는 접근이다. 정신 장애는 환경적 요인과 관련된 원인보다는 신체의 화학적 불균형이나 뇌 손상 같은 생물학적 원인 때문에 나타나는 것으로 간주된다.

유전적 접근

이 접근은 각 개인의 DNA 안에 정해진 패턴들로 행동을 설명하려 한다. 쌍둥이(특히 출생 직후 헤어져 다른 가정에서 자란 쌍둥이)들에 관한 연구가 IQ 등의 특성이 유전됨을 보여 주는 데 사용되어 왔다.

뇌의 작동 원리

뇌에 대한 연구들은 뇌의 활동과 인간의 행동이 얼마나 밀접하게 관련되어 있는가에 대해 통찰을 던짐과 더불어 뇌 자체의 복잡한 작동 과정도 밝혀 왔다.

뇌와 행동의 연관성

20세기에 신경 과학이 부상함에 따라 뇌의 생물학적 측면과 작동 원리를 이해하는 것이 매우 중요해졌다. 이 분야의 연구들을 통해 뇌 자체가 인간의 행동과 근본적으로 긴밀하게 연관되어 있음이 확인되었고 그 결과 신경 심리학 같은 전문 분야가 생겨났다. 비교적 새로운 과학 분야인 신경 심리학은 인지 심리학(행동과 정신 과정에 관한 연구)과 뇌 생리학을 결합해 특정한 심리적 과정이 뇌의 물리적 구조와 어떻게 관련되는지를 조사한다. 이런 관점으로 뇌를 연구하는 것은 마음과 몸이 분리될 수 있는가라는 해묵은 질문을 다시 불러일으킨다.

뇌와 마음의 관계는 고대 그리스의 아리스토텔레스 시대 이후로 논쟁의 대상이었는데 당시 지배적이던 철학 사상은 그 둘을 별개의 존재로 규정했다. 이 이론은 17세기에 르네 데카르트의 이원론 개념(25쪽 참조)으로 되풀이되었고 이후 20세기에 들어서도 여전히 뇌 연구들에 그 흔적이 남아 있었다.

현대의 신경학 연구와 기술의 발전 덕에 과학자들은 특정 행동이 뇌의 어느 부분과 연관되는지를 추적해 찾아내고 뇌 영역들 간의 연결 관계를 연구할 수 있었다. 그 결과 뇌가 행동, 정신 기능, 질병에 미치는 영향과 뇌 자체에 관한 지식에 획기적 진전이 이루어졌다.

뇌를 움직이는 마음

이원론은 비물질적인 마음과 물질인 뇌가 각기 독립된 실체로 존재하지만 상호 작용할 수 있다고 주장한다. 이 이론은 마음이 뇌를 지배한다고 간주하지만 때로는, 예컨대 무모함이나 격정에 사로잡힌 순간에는 반대로 뇌가 평소에는 이성적이던 마음에 영향을 줄 수 있다고 인정한다.

대뇌 반구의 기능 분화

대뇌 피질
신경섬유들이 뇌 아래쪽에서 교차하므로 각 반구는 반대쪽 신체를 지배한다.

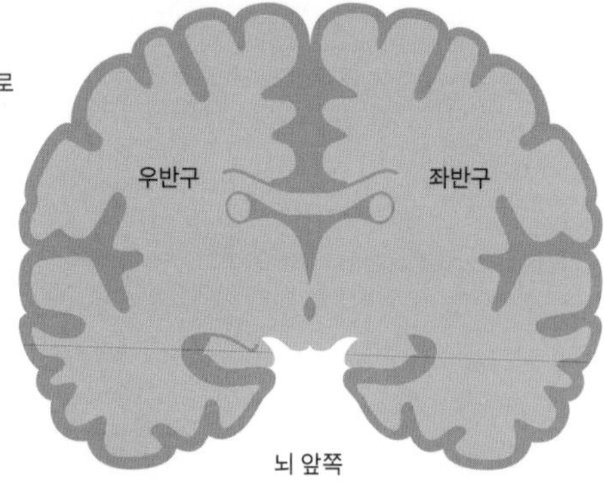

좌반구

- 몸 오른쪽을 통제하고 조정한다.
- 분석하는 뇌이다.
- 논리, 추론, 의사 결정, 말하기와 언어에 관련된 과제를 담당한다.

우반구

- 몸 왼쪽의 근육을 통제한다.
- 창조적인 뇌이다.
- 시각적·청각적 인식 같은 감각 입력, 창의적·예술적 능력, 공간 지각을 담당한다.

마음을 움직이는 뇌

일원론에서는 모든 생명체를 물질로 간주하며 따라서 '마음'은 순전히 뇌라는 신체 기관의 기능이라고 본다. 모든 정신 과정은, 심지어 생각이나 감정마저도 뇌의 정밀한 물리적 과정의 결과물이다. 뇌 손상 사례들이 이를 뒷받침하는데, 즉 물질인 뇌가 바뀌면 마음도 바뀐다는 것이다.

"나는 생각한다. 고로 존재한다."

— 르네 데카르트, 프랑스 철학자

심신 이원론

인간은 의식을 단지 생명 활동에 불과한 것으로 축소시키기를 본능적으로 꺼린다. 그러나 과학적 증거들은 뉴런의 물리적 발화가 우리의 생각을 만들어 냄을 보여 준다. 일원론과 이원론 이 두 학설이 마음이 몸의 일부인가 아니면 몸이 마음의 일부인가라는 질문을 주도한다.

뇌 연구들

어떤 행동을 뇌의 특정 영역과 연결하기 시작한 것은 19세기에 뇌 손상 환자들을 연구하면서부터인데 행동의 변화를 부상 부위와 바로 연관 지을 수 있었기 때문이다. 한 사례에서, 어떤 노동자가 전두엽이 손상되는 사고에서 살아남은 후 성격이 바뀌었는데 이는 성격의 형성이 뇌의 그 부위에서 일어남을 의미했다. 언어 기능을 담당하는 브로카 영역과 베르니케 영역(27쪽 참조)은 생전에 언어 장애가 있었던 두 환자의 뇌를 해부한 외과의사의 이름을 각각 따서 명명되었다. 두 사람의 뇌는 각각 특정 부위가 기형이었는데 이는 말을 생성하는 부위(브로카 영역)와 말을 이해하는 부위(베르니케 영역)가 어디인지를 보여 주었다. 그러나 영역들이 상호 연결되어 있다는 증거도 있어서 어떤 기능들은 둘 이상의 영역에 연결되어 있을 가능성을 시사한다. 1960년대 로저 스페리(Roger Sperry)의 대뇌 반구에 대한 연구는 뇌 연구 역사에 한 획을 그었다. 수술로 좌우 반구가 분리된 환자들을 연구하던 그는 각 반구에 전문화된 인지 기술(왼쪽 그림 참조)이 있음을 발견했다. 또 그는 좌우 반구가 각자 독립적으로 의식을 가질 수 있다는 것도 알아냈다.

하지만 모든 뇌 연구는 한계를 가진다. 그 연구들은 뇌 활동과 행동 간의 상관관계를 보여 줄 뿐 명확한 인과관계를 보여 주는 것은 아니다. 뇌의 한 부위에 부상을 입거나 외과 수술을 받는 것 자체가 뇌의 다른 부위에 영향을 줄 수도 있고 그것이 그 사람이 보인 행동 변화의 원인일 수도 있다. 마찬가지로, 뇌 손상 환자에게 한 검사들은 실험적 통제가 이루어지지 않은 만큼 단지 뇌 손상 후에 일어나는 행동을 관찰한 것일 뿐이다.

뇌 지도 그리기

자연에 존재하는 가장 복잡한 조직 중 하나인 인간의 뇌는 우리의 모든 정신 과정과 행동을 제어하고 조절하며 이런 통제는 의식적으로도 무의식적으로도 행해진다. 뇌의 특정 영역마다 서로 다른 신경학적 기능을 담당하므로 각 기능에 따라 뇌 지도를 그리는 것이 가능하다.

정신 과정의 위계는 뇌의 물리적 구조에 어느 정도 반영되어 있다. 즉 고차원적 인지 과정은 상층부에서 일어나고 보다 기본적인 기능들은 아래쪽에서 일어난다. 가장 크고 가장 위쪽에 위치한 영역(대뇌 피질)이 가장 고등한 인지 기능을 담당하는데 추상적 사고와 추론이 여기 포함된다. 인간을 다른 포유류와 구별되게 하는 것이 이 대뇌 피질의 크기와 용량이다. 중간에 위치한 변연계(아래 그림 참조)는 본능적 행동과 감정을 관장하고 아래쪽에 위치한 뇌간은 호흡 등의 필수적인 신체 기능을 유지한다.

기능의 분할

대뇌 피질(대뇌라고도 한다.)은 좌뇌와 우뇌로 나뉘는데 이 둘은 각기 독립되어 있지만 서로 연결되어 있다. 각 반구는 서로 다른 인지 기능을 관장한다(24~25쪽). 여기서 더 분할된 것이 네 쌍의 대뇌엽(양쪽 반구에 하나씩 있으므로 쌍을 이룬다.)으로 각 대뇌엽은 특정 유형의 뇌 기능에 관여한다.

전두엽은 고등 인지 과정과 운동 수행을 담당한다. 측두엽은 단기 및 장기 기억에 관여한다. 후두엽은 시각 정보 처리와, 두정엽은 감각 기능과 관련되어 있다.

fMRI(기능적 자기 공명 영상) 같은 뇌 영상 기술을 통해 각 뇌 영역의 활동을 직접 측정할 수 있게 되었지만 이것이 심리학자에게 가지는 가치는 제한적일 수 있다. fMRI 결과를 연구하는 사람이라면 예컨대 '역추론' 같은 문제를 인식하고 있어야 한다. 즉 특정 뇌 영역이 어떤 인지 처리 과정 동안 활성화되었다는 것이 반드시 해당 영역이 그 처리 과정 때문에 활성화되었다는 의미는 아님을 알아야 한다. 활성화된 영역은 그 처리 과정을 실제로 관장하는 다른 영역을 단순히 모니터링하고 있었을 뿐일 수도 있는 것이다.

뇌 기능의 위치 찾기

심리학자와 신경학자들은 뇌의 작은 부위들이 자극 받을 때 생기는 반응을 보고 신경 기능을 지도처럼 나타낼 수 있다. 이들은 fMRI나 CT 같은 뇌 촬영 기술을 사용해서 그 자극이 유발한 감각과 운동을 기록하고 연구한다.

변연계

복잡한 일련의 구조물로서 감정 반응과 기억 형성에 관여한다.

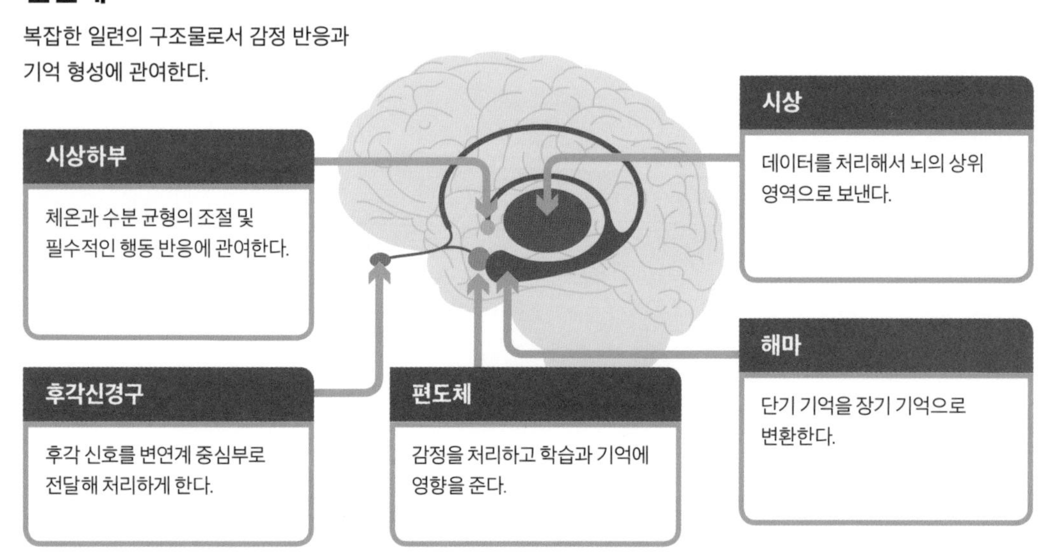

전두엽

브로카 영역
뇌의 좌반구에 위치한 영역으로 말을 형성해 표현하는 데 필수적인 역할을 한다.

두정엽

측두엽

베르니케 영역
말을 이해하는 데 핵심적인 역할을 한다.

후두엽

소뇌
자세와 균형에 관여한다. 감각 입력과 근육 반응을 조화시킨다.

뇌간
삼키기나 호흡처럼 생명 유지에 필수적인 신체 기능을 관장한다.

운동 피질
운동 기능에 일차적으로 관여하는 대뇌 피질 영역이다. 수의적 근육 운동을 계획에서 수행까지 통제한다.

감각 피질
오감을 통해 얻은 정보를 여기서 처리하고 해석한다. 몸 전체의 감각 수용기가 이 피질 영역으로 신경 신호를 보낸다.

일차 시각 피질
시각 자극이 일차적으로 여기서 처리되어 색, 운동, 모양을 인식할 수 있게 된다. 추가적 처리를 위해 다른 시각 피질들로 신호를 전달한다.

배외측 전전두 피질
다양한 고등 정신 과정에 관여한다. 자기 조절에 관련된 과정인 '집행 기능'이 여기 포함된다.

안와 전두 피질
전전두 피질의 일부로서 감각 영역 및 변연계와 연결되어 있다. 의사 결정의 감정적 측면 과 보상에 관련된 측면에 관여한다.

보조 운동 피질
이차 운동 피질 중 하나로 복잡한 운동의 계획과 조정에 관여한다. 일차 운동 피질로 정보를 보낸다.

측두-두정 접합부
측두엽과 두정엽 사이에 위치하며 변연계와 감각 영역에서 오는 신호를 처리한다. 자아 인식 능력과 관계있다고 알려져 있다.

뇌에 불 켜기

인간의 뇌에는 약 860억 개의 전문화된 신경 세포(뉴런)가 있는데 이 뉴런들이 화학적·전기적 신호를 '발화'함으로써 이들과 나머지 신체 부위들 간에 의사 소통이 이루어진다. 뉴런은 뇌의 핵심 구성 요소이며 서로 연결되어 뇌와 중추 신경계에 복잡한 경로를 형성한다.

뉴런들은 시냅스라 불리는 좁은 접합부를 통해 서로 연결된다. 신호를 전달하기 위해서는 뉴런이 먼저 신경 전달 물질이라 불리는 생화학 물질을 방출해야 하고 이 신경 전달 물질은 시냅스를 채워 이웃한 뉴런을 활성화시킨다. 그러면 시냅스 전달이라는 과정을 통해 신호가 시냅스를 건너 흘러가게 된다. 이런 방식으로 뇌는 몸에 메시지를 보내 근육을 움직이고 감각 기관들은 뇌에 메시지를 보낼 수 있다.

경로 만들기

뉴런은 독특한 구조 덕에 최대 1만 개의 다른 신경 세포와 교신할 수 있으며 서로 복잡하게 연결된 신경망을 형성해서 엄청난 속도로 정보를 전달한다. 시냅스 전달에 관한 연구들에 따르면 이 방대한 연결망 안의 경로들은 특정한 정신 기능들과 연결된 것으로 보인다. 새로운 생각이나 행위를 하면 항상 뇌 안에 새로운 연결이 만들어지는데 이 연결은 반복적으로 사용되면 강화되고 그 결과 미래에 세포들이 그 경로를 따라 교신할 확률이 높아진다. 뇌가 그 특정한 행위나 정신 기능과 연관된 신경 연결을 '학습'한 것이다.

860억
뇌 안에 존재하는 뉴런 갯수

신경 전달 물질

다양한 유형의 신경 전달 물질이 시냅스에서 방출되는데 이 물질들은 상대 세포를 '흥분'시키거나 '억제'시키는 효과를 낸다. 각각의 유형은 기분이나 식욕 조절 같은 특정한 뇌 기능과 연관되어 있다. 호르몬도 비슷한 효과를 발휘하지만 시냅스 틈을 가로질러 전달되는 신경 전달 물질과 달리 호르몬은 혈액을 통해 전달된다.

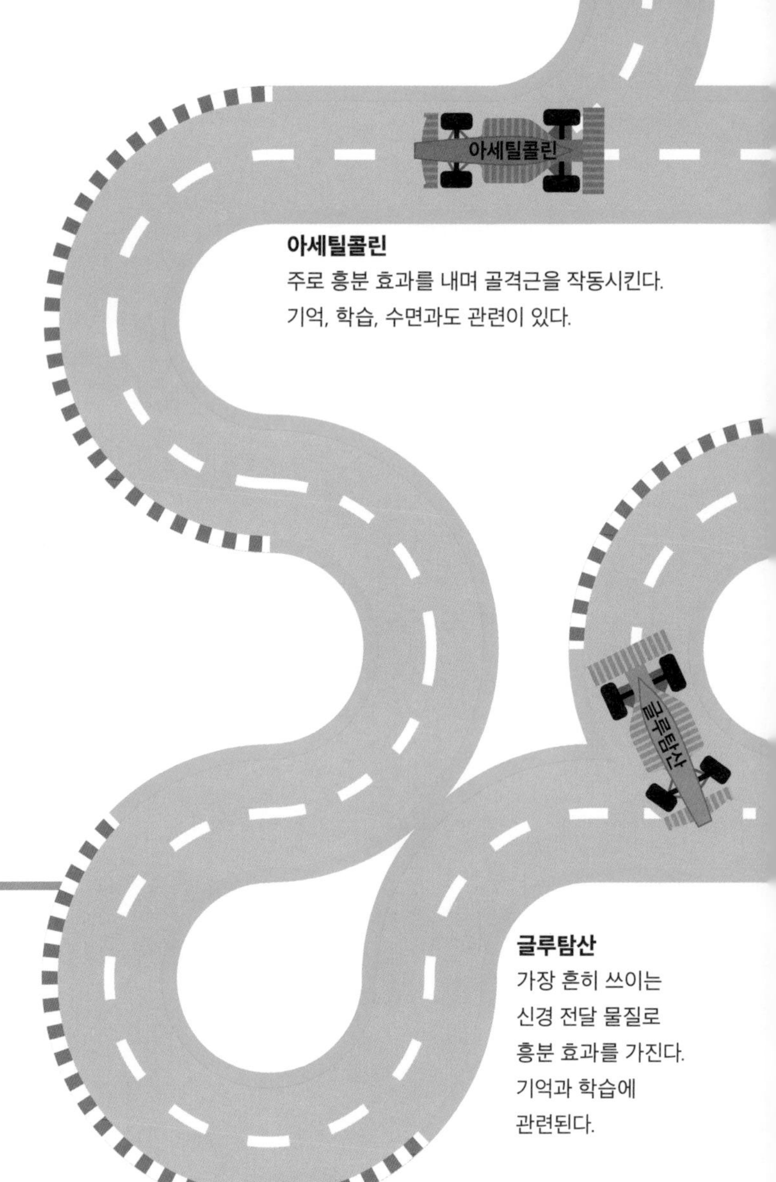

아세틸콜린
주로 흥분 효과를 내며 골격근을 작동시킨다. 기억, 학습, 수면과도 관련이 있다.

글루탐산
가장 흔히 쓰이는 신경 전달 물질로 흥분 효과를 가진다. 기억과 학습에 관련된다.

아드레날린
스트레스 상황에서 분비되어 에너지를 폭발시킴으로써 심박수, 혈압, 대근육으로 가는 혈류량을 증가시킨다.

노르아드레날린
아드레날린과 유사한 흥분성 신경 전달 물질로 주로 투쟁-도피(fight-or-flight) 반응에 관여한다. 스트레스 회복력과도 관련이 있다.

가바(GABA)
뇌의 주요한 억제성 신경 전달 물질로 뉴런의 발화 속도를 느리게 해 진정 효과를 가진다.

세로토닌
억제성 신경 전달 물질로 기분이 좋아지고 편안해지게 한다. 식욕, 체온, 근육 운동의 조절에도 관여한다.

도파민
억제 효과와 흥분 효과 둘 다 낼 수 있는데 어느 쪽으로 작용하든 보상이 동기가 되어 일어나는 행동에서 주요한 역할을 하며 기분에도 관여한다.

엔도르핀
뇌하수체에서 분비되며 통증 신호 전달에 억제 효과를 가진다. 통증 완화 및 쾌감과 관련되어 있다.

화학적 효과와 중첩

이 세 신경 전달 물질의 역할은 각각 뚜렷이 구분되지만 상호 관련되어 있기도 하다.

- 셋 다 기분에 영향을 준다.
- 노르아드레날린과 도파민은 모두 스트레스 상황에서 분비된다.
- 세로토닌은 도파민과 노르아드레날린의 흥분 효과에 대한 뉴런의 반응을 조절한다.

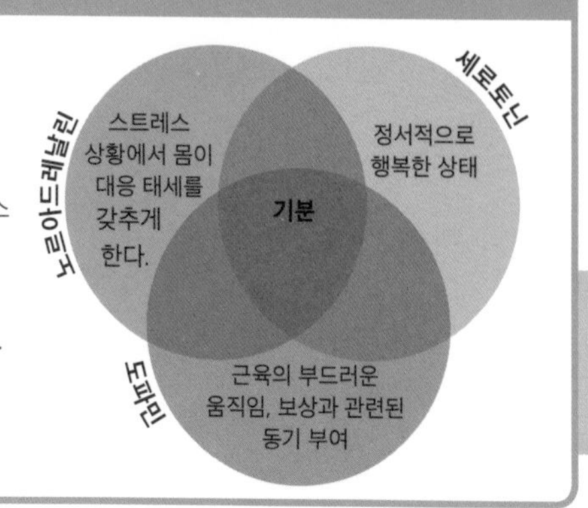

기억의 원리

모든 경험은 기억을 생성한다. 어떤 기억의 지속 여부는 그 기억을 얼마나 자주 다시 불러내는가에 달려 있다. 복잡한 신경 연결들 덕분에 기억이 형성될 수 있는데 이 신경 연결들은 (기억 회상을 도우면서) 강화될 수도, 사라질 수도 있다.

기억이란 무엇인가?

한 무리의 뉴런이 새로운 경험에 반응해서 특정한 패턴으로 발화할 때 기억이 형성되는데 이렇게 만들어진 신경 연결은 나중에 기억의 형태로 그 경험을 재현하면서 재발화한다. 기억은 다섯 가지 유형으로 분류된다(31쪽 참조). 기억은 단기 기억(작업 기억)에 잠시 저장되는데 그 경험이 감정적으로 소중하거나 중요한 것이면 장기 기억으로 넘어가 부호화되지만(아래 그림 참조) 그렇지 않은 경우에는 사라질 수 있다. 기억을 회상할 때는 그것을 처음에 부호화했던 신경 세포들이 재작동된다. 그러면 그 신경 세포들 간의 연결이 강화되고 이것이 반복되면 그 기억이 공고해진다. 기억을 구성하는 요소들, 예컨대 관련된 소리나 냄새 같은 것들은 뇌의 각기 다른 영역에 속해 있기 때문에 기억을 불러오려면 그 뇌 영역들이 모두 활성화되어야 한다. 기억을 회상하는 동안 우연히 그 기억이 새로운 정보와 섞일 수도 있는데 이때 기억에 새 정보가 완전히 융합되어 원래의 기억으로 되돌릴 수 없게 되기도 한다(이를 작화(作話)라고 부른다.).

엔델 툴빙(Endel Tulving)은 기억을 두 개의 과정으로 설명했다. 하나는 정보를 장기 기억에 저장하는 과정이고 다른 하나는 그 기억을 인출하는 과정이다. 이 두 과정은 서로 연관되어 있어서 어떤 기억이 저장되었던 상황이 생각나게 되면 그것이 도화선으로 작용해 그 기억 자체도 떠올리게 될 수 있다.

기억은 어떻게 형성되는가?

기억을 저장(부호화)하는 과정은 여러 요인에 의해 결정된다.
이미 부호화된 기억이라 할지라도 확고하게 자리 잡기까지 2년이 걸릴 수도 있다.

1. 주의

어떤 사건에 주의를 집중하면 그 기억이 공고해지는 데 도움이 된다. 주의를 집중할 때 시상은 뉴런들을 더 고도로 활성화시키고 전두엽은 주의가 분산되는 것을 억제한다.

2a. 감정

강렬한 감정을 느끼면 주의가 더 집중되어 그 사건이 기억으로 부호화될 가능성이 커진다. 자극에 대한 감정 반응은 편도체에서 처리된다.

2b. 감각

감각 자극은 대부분의 경험에 포함되며 감각 자극의 강도가 높으면 회상 가능성이 증가한다. 감각 피질들은 신호를 해마로 전달한다.

기억의 유형

일화적 기억
과거의 사건이나 경험에 관한 기억으로 대개 감각적, 감정적 정보와 밀접하게 관련되어 있다.

의미 기억
사람 이름이나 수도처럼 사실을 담은 정보에 관한 기억이다.

작업 기억
일시적으로 저장된 기억으로 한 번에 5~7개의 항목을 유지할 수 있다. 단기 기억이라고도 불린다.

절차 기억
자전거 타기와 같이 몸으로 익힌 행위에 관한 기억으로 의식적으로 떠올리지 않고 사용한다.

암묵 기억
의식하지 못하지만 행동에 영향을 주는 기억이다. 예컨대 처음 보는 사람에게서 기분 나쁜 누군가가 연상되어 움찔하는 경우가 해당된다.

사례 연구: 배들리의 잠수부 실험

심리학자들의 연구에 따르면 사람은 기억을 인출할 때 기억 단서들의 도움을 받는 것으로 보인다. 영국의 심리학자 앨런 배들리(Alan Baddeley)는 한 실험에서 잠수부들에게 단어 목록을 제시하고 외우게 했는데 일부 단어는 육지에서, 일부 단어는 수중에서 외우게 했다. 나중에 단어를 회상하라고 하자 대부분의 잠수부들은 그 단어를 암기했던 물리적 환경과 같은 환경에서 더 쉽게 단어를 기억해 냈다. 즉 수중에서 외운 단어들은 수중에 들어갔을 때 더 기억해 내기 쉬웠다. 배들리의 실험은 맥락 자체가 기억 단서가 될 수 있음을 시사한다. 비슷한 예로, 다른 방에 있는 물건을 가지러 갔는데 그 방에 들어서자 자신이 뭘 찾으러 왔는지 떠오르지 않을 때 원래 있던 방으로 돌아가면 기억 단서가 작동하는 경우가 종종 있다.

"기억은 모든 것의 보고(寶庫)이자 수호자이다."

— 키케로, 로마의 정치가

3. 작업 기억
단기 기억은 정보를 다음 단계에서 사용할 때까지 저장한다. 이렇게 정보를 사용 가능한 상태로 유지하는 것은 두 개의 신경 회로로 이 회로들에는 감각 피질과 전두엽이 포함된다.

4. 해마에서의 처리
중요한 정보는 해마로 전달되어 부호화된다. 나중에 그 정보는 처음에 그것을 접수했던 뇌 영역으로 되돌아가 기억의 형태로 불러내어질 수 있다.

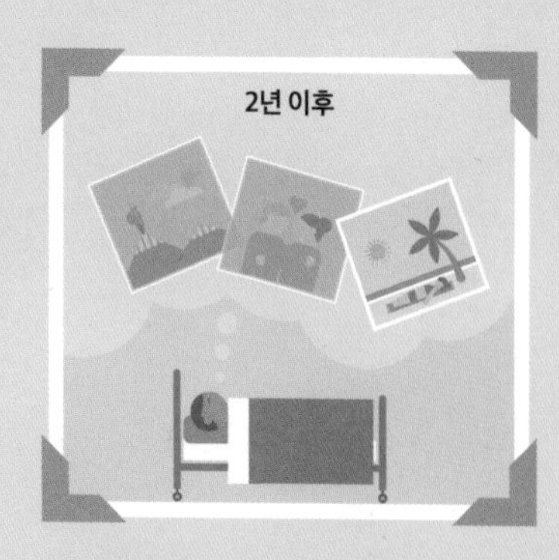

5. 공고화
어떤 경험을 부호화하는 신경 발화 패턴은 해마에서 대뇌 피질 사이를 순환하며 반복된다. 이를 통해 그 경험은 기억으로 확고하게 고정(공고화)된다.

감정의 원리

우리가 매일 느끼는 감정(정서)들은 우리가 자신을 어떤 유형의 사람이라고 느끼게 되는가를 결정한다. 하지만 어떤 사람이 느끼는 모든 감정을 만들어 내는 것은 뇌에서 일어나는 일련의 생물학적 과정들이다.

감정이란 무엇인가?

감정은 사람의 삶에 막대한 영향을 미친다. 감정은 사람의 행동을 지배하고 사람의 존재에 의미를 부여한다. 감정은 우리가 인간적이라 여기는 것의 핵심이다. 하지만 실상 감정은 다양한 자극이 유발한 뇌의 생리적 반응에서 생겨나는 것으로 감정에 부여되는 심리적 중요성은 전적으로 인간이 만든 개념이다. 감정은 어떤 행동을 유발함으로써 인간의 생존과 번영을 촉진하도록 진화했다. 예를 들어 애정이라는 감정을 느끼게 되면 짝을 찾아 자손을 낳고 집단을 이뤄 살고자 하는 욕구가 촉발된다. 공포는 위험을 피하기 위한 생리적 반응(투쟁-도피 반응)을 끌어낸다. 타인의 감정을 읽음으로써 사회적 유대가 가능해진다.

정서의 처리 과정

대뇌 피질 바로 밑에 위치한 변연계(26쪽 참조)에서 모든 정서가 만들어진다. 정서의 처리는 의식적 경로와 무의식적 경로라는 두 경로를 통해 이루어진다(아래 그림 참조). 들어오는 모든 자극에 담긴 정서적 내용을 선별하는 일차 수용기는 편도체로 이곳에서 뇌의 다른 영역들에 신호를 보내 적절한 정서 반응을 생성하게

의식적, 무의식적 정서 처리 경로

인간은 정서 반응을 무의식적 경로 또는 의식적 경로를 통해 경험하는데 전자의 경로는 신체가 재빨리 행동(투쟁-도피)할 수 있게 준비시키기 위한 것이고 후자의 경로는 상황에 보다 신중하게 반응할 수 있게 해 준다. 편도체는 위협에 반응하는데 우리의 의식이 자극의 존재를 알아차리기도 전에 자극을 감지해서 자동적, 무의식적 반응을 일으킨다. 이와 동시에 대뇌 피질로도 같은 자극에 대한 정보가 전달되어 그 자극에 대한 의식적인 이차 경로가 만들어지는데 이 두 번째 경로는 조금 느리다. 하지만 이 단계에서 처음의 본능적 반응이 수정되기도 한다.

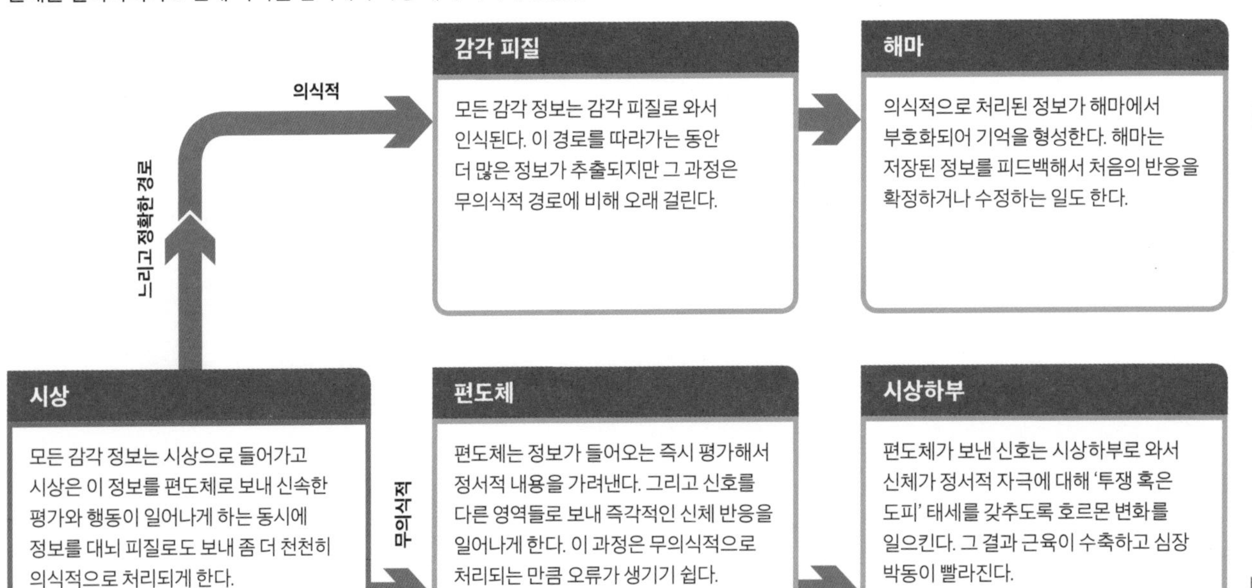

한다. 변연계와 대뇌피질(특히 전두엽)이 서로 연결되어 있기 때문에 정서를 의식적으로 처리하고 소중한 '느낌'으로 경험할 수 있게 된다.

각각의 정서는 특정한 뇌 활동 패턴에 의해 활성화된다. 예를 들어 증오심은 편도체(모든 부정적 정서에 관여한다.) 및 혐오, 거부, 행동, 계산과 관련된 뇌의 영역들을 자극한다. 긍정적 정서는 편도체 및 불안과 관련된 피질 영역들의 활동을 감소시킴으로써 가동된다.

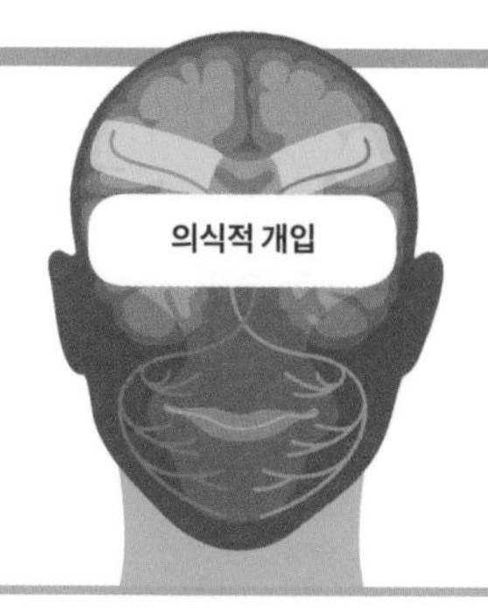

의식적인 얼굴 표정
운동 피질은 우리가 얼굴 표정을 통제해서 진짜 감정을 숨기거나 표현할 수 있게 해 준다.

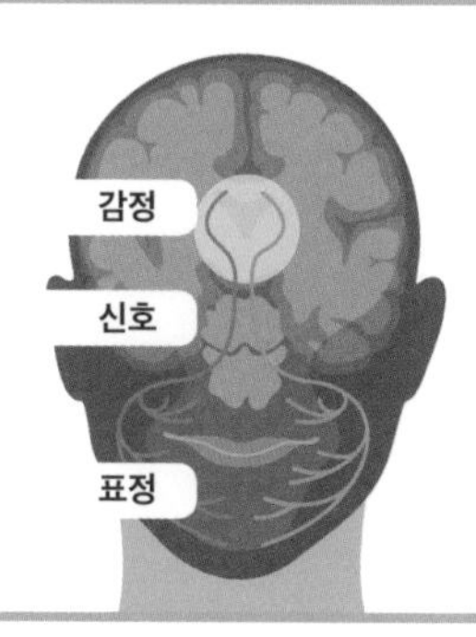

반사적인 얼굴 표정
편도체에 의해 생기는 정서 반응은 통제되지 않은 얼굴 표정이 저절로 지어지게 한다.

정서적 행동과 반응

정서에 반응하는 전형적인 행동 패턴들은 투쟁을 통해서든 양보를 통해서든 위협을 제거하도록 진화해왔다. 대조적으로, 기분은 정서에 비해 더 오래 지속되고 덜 강렬하며 의식적 행동을 포함한다.

	가능성 있는 자극	행동
분노	타인의 도전적 행동	무의식적 반응과 급속한 정서를 유발한다. '투쟁' 반응이 지배적이고 위협적인 태도나 행동을 일으킨다.
공포	더 강하거나 더 우세한 사람의 위협	무의식적 반응과 급속한 정서를 유발한다. '도피' 반응으로 위협을 피하거나 우세한 사람에게 양보를 표현해 도전 의사가 없음을 나타낸다.
슬픔	사랑하는 사람을 잃는 것	의식적 반응이 지배한다. 더 오래 지속되는 기분이다. 회고적 심리 상태와 수동성 때문에 추가적인 도전이 방지된다.
혐오	상한 음식 같이 해로워 보이는 대상	무의식적인 신속한 반응을 유발한다. 반감 때문에 유해한 환경으로부터 재빨리 자신을 빼내게 된다.
놀람	신기하거나 예기치 않은 사건	무의식적인 신속한 반응을 유발한다. 놀람의 대상에 주의가 집중되어 추후 의식적 행동의 지침이 될 정보를 최대한 얻는다.

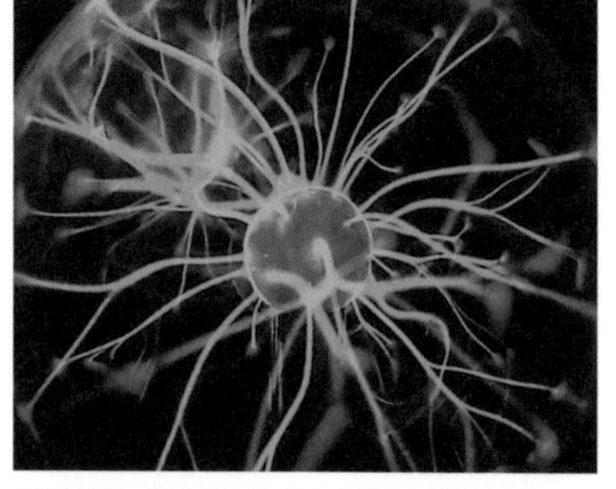

모든 정서는 각각 조금씩 다른 뇌 활동 패턴을 유발한다.

"인간의 행동은 욕망, 감정, 지식에서 나온다."

— 플라톤, 고대 그리스 철학자

심리 장애

환자를 괴롭히는 심리 장애의 증상들은 대개 순환적인 사고, 감정, 행동과 관련되어 있다. 증상이 식별 가능한 패턴을 이루어 나타날 때 의사가 진단 및 치료를 할 수 있다.

심리 장애의 진단

심리 장애를 의학적으로 진단한다는 것은 한 개인이 보이는 신체적, 심리적 증상의 패턴을 특정한 심리 장애(또는 심리 장애들)의 증상에 해당하는 행동에 매칭시키는 복잡한 과정이다. 어떤 문제들, 예컨대 학습 장애나 신경 심리학적 문제는 쉽게 알아볼 수 있다. 그러나 성격과 행동에 영향을 주는 기능 장애들은 진단하기가 더 어려운데 그런 장애에는 수많은 생물학적, 심리적, 사회적 요인이 관여하기 때문이다.

정신 건강 장애란?

정신 건강 장애는 특이하거나 비정상적인 기분, 사고, 행동으로 인해 중대한 고통이나 손상을 겪고 기능 수행에 지장이 생기는 것을 특징으로 한다. 가족이나 친구의 죽음 같은 일반적인 스트레스 요인에 의해 생긴 손상은 심리 장애로 간주하지 않는다. 다양한 사회적, 문화적 요인도 행동에 영향을 주기 때문에 그런 요인을 고려해 해당 행동을 정신 건강 문제로 진단하지 않을 수도 있다.

심리 장애의 범주

- 기분(mood) 장애(38~45쪽 참조)
- 불안(anxiety) 장애(46~55쪽 참조)
- 강박 및 관련(obsessive-compulsive and related) 장애(56~61쪽 참조)
- 외상 및 스트레스 관련(trauma-and stress-related) 장애(62~65쪽 참조)
- 신경 발달(neurodevelopmental) 장애(66~69쪽 참조)
- 정신증적(psychotic) 장애(70~75쪽 참조)
- 신경 인지(neurocognitive) 장애(76~79쪽 참조)
- 중독 및 충동 조절(addictive and impulse control) 장애(80~85쪽 참조)
- 해리(dissociative) 장애(86~89쪽 참조)
- 섭식(eating) 장애(90~95쪽 참조)
- 의사 소통(communication) 장애(96~97쪽 참조)
- 수면(sleep) 장애(98~99쪽 참조)
- 운동(motor) 장애(100~101쪽 참조)
- 인격(personality) 장애(102~107쪽 참조)
- 기타(108~109쪽 참조)

심리 장애는 위와 같이 진단 범주로 분류될 수 있다. 이 책에서는 심리 장애를 범주화, 체계화하는 데 세계 보건 기구의 국제 질병 분류(International Classification of Diseases, ICD) 제10차 개정판과 미국 정신 의학 협회의 정신 장애 진단 및 통계 편람(Diagnostic and Statistical Manual of Mental Disorders, DSM) 제5차 개정판을 주로 사용했다.

4명 중 1명 살아가는 동안 한 번 이상 정신 장애나 신경학적 장애를 겪는 사람의 비율

정신 건강 문제의 평가

임상 진단은 신중한 평가 과정을 마친 후에만 내려지는데 이 과정에는 내담자의 행동에 대한 관찰과 해석, 내담자와 (필요한 경우에는) 그의 가족, 돌보는 사람, 전문가와의 대화가 포함된다. 내담자의 고통에 진단명을 붙이는 것은 내담자와 그에게 지지를 제공하는 사람들이 그의 어려움을 좀 더 깊이 이해하고 더 잘 대응하게 해 주지만 한편으로는 그 사람으로 하여금 미래에 대한 부정적인 기대를 하게 만들고 자기 충족적 예언을 통해 실제로 나쁜 결과를 초래하게 만들 수도 있다.

건강 검진

우선 해당 증상이 신체 질환에서 비롯된 것이 아님을 확인한다. 의학적 검사를 통해 신체적 이상에서 기인한 지적 장애나 언어 장애도 드러날 수 있다. 영상 촬영 기술을 이용해 뇌 손상이나 치매 유무를 검사하기도 하고 혈액 검사를 통해 특정 장애의 유전적 소인을 알아낼 수도 있다.

임상 면담

증상의 신체적인 원인이 발견되지 않으면 그 사람은 정신 건강 전문가에게 보내진다. 정신 건강 전문가는 내담자에게 그의 문제와 관련된 생활 속 경험, 가족력, 최근의 경험을 묻는다. 이 대화의 목적에는 내담자의 소인적 요인, 강점, 취약점을 알아내는 것도 포함된다.

심리 검사

일련의 검사나 과제(또는 둘 다)를 통해 내담자의 지식이나 기술, 성격의 특정 측면이 평가되는데 이런 검사는 대개 특정 집단에 사용하도록 표준화된 체크 리스트나 질문지 형태로 되어 있다. 적응 행동이나 자기에 대한 믿음들, 인격 장애의 특성을 측정하는 검사를 예로 들 수 있다.

행동 평가

내담자의 행동도 관찰, 측정하는데 보통은 문제의 증상을 촉발시키거나 유지시키는(또는 둘 다에 해당하는) 요인들을 알아내기 위해서 그 문제가 발생하는 상황에서 관찰과 측정을 실시한다. 내담자로 하여금 자신의 기분을 일기로 기록하거나 계수기로 빈도를 측정하는 등의 방법으로 본인을 관찰하게 하기도 한다.

우울증

우울증은 흔한 질환 중의 하나다. 2주일 이상 우울하고 걱정에 잠기고 일상 활동에서 즐거움을 느끼지 못한 경우에 우울증으로 진단될 수 있다.

소개

우울증(depression)의 증상으로는 지속적 기분 저조나 슬픔, 낮은 자존감, 절망감과 무력감, 울고 싶은 기분, 죄책감, 신경이 날카로워지거나 남들에게 쉽게 화를 내는 것 등이 있다.

우울증에 걸린 사람은 의욕과 흥미를 잃고, 결정을 내리기 어려워하고, 삶에서 즐거움을 느끼지 못한다. 그 결과 평소에 즐겼던 사교 행사를 피하게 되어 사회적 상호 작용의 기회를 놓치기 쉬우며 이는 다시 상태를 더 악화시키는 악순환으로 이어질 수 있다.

우울증은 집중력과 기억력을 떨어뜨릴 수 있다. 극단적인 경우에는 절망감 때문에 자해나 자살을 생각하게 되기도 한다.

수많은 내적, 외적 요인들(아래 참조), 예컨대 아동기 경험과 생활 사건들, 신체적 질병이나 부상 등이 우울증을 일으킬 수 있다. 증상이 가벼울 수도, 중간 수준일 수도, 심할 수도 있으며 매우 흔하다. 세계

내적 원인과 외적 원인

광범위한 생물학적, 사회적, 환경적 요인들이 우울증을 일으킬 수 있다. 외적 원인에는 그 개인에게 부정적 영향을 미칠 수 있는 생활 사건들이 주로 포함되며 흔히 이 외적 원인들이 내적 원인과 결합해 작용함으로써 우울증을 일으킨다.

외적 원인들

돈(또는 돈이 없는 것), 재정적 어려움이나 빚에 대한 걱정으로 인한 스트레스.

자신에게 요구되는 일들을 감당해 내지 못할 때의 스트레스.

직장(또는 직장이 없는 것)은 지위와 자존감, 미래에 대한 긍정적 인식, 사회적 관계를 맺는 능력에 영향을 준다.

가족이나 친구, 반려동물의 죽음으로 인한 슬픔.

알코올과 약물 중독에 따르는 생리적, 사회적, 경제적 결과.

왕따(집단 괴롭힘), 아이들 사이, 어른들 사이, 물리적 왕따든 언어적 왕따든, 면전에서든 온라인에서든 모든 왕따가 해당된다.

건강 문제나 장애로 인한 외로움, 특히 노인인 경우.

임신과 출산, 그리고 이제 막 엄마가 되어 앞으로의 양육에 대해 느끼는 부담과 막막함.

애정 관계의 문제는 장기적으로 우울증을 유발할 수 있다.

내적 원인들

성격 특성 예컨대 신경증이나 비관적 태도.
아동기 경험 특히 아동기에 자신에게 통제력이 없고 무력하다고 느낀 경우.
가족력 부모나 형제가 우울증을 앓은 경우.
장기적인 건강 문제 예컨대 심장이나 폐 또는 신장 질환, 당뇨병, 천식.

"우울증은 워낙 서서히, 모르는 사이에 진행되어 도대체 언제 끝날지 알 수 없다."

— 엘리자베스 워첼(Elizabeth Wurtzel), 미국 작가

보건 기구에 따르면 전 세계에서 3억 5000만 명 이상이 우울증을 앓는다.

진단

의사가 환자의 증상에 대해 물어보고 진단을 내릴 수 있다. 이때 한 가지 목표는 그 증상들이 얼마나 오래 지속된 것인지 알아내는 것이다. 의사가 혈액 검사를 제안하는 경우도 있는데 우울증 증상을 유발할 수도 있는 다른 질환의 가능성을 배제하기 위함이다.

이후의 치료는 우울증의 심한 정도에 따라 달라지지만 주된 치료법은 심리 치료다(행동 활성화(behavioral activation)는 활동이 줄면 긍정적 정서와 성취감을 느낄 기회도 감소하므로 스스로 즐거움을 얻을 수 있는 활동을 계획, 실행해 기분과 의욕을 개선하게 하는 치료법. 연민 집중 치료(compassion focused therapy)는 치료자와 내담자 모두에게서 연민을 함양함으로써 내담자가 자신의 고통을 보다 쉽게 드러내고 수용해 치유로 나아가게 하는 치료법. 자비 초점 치료라고도 부른다. — 옮긴이). 환자가 일상 생활을 해 나가는 데 도움이 되도록 항우울제를 처방하기도 한다. 경도에서 중등도 우울증인 경우에는 운동이 도움이 될 수 있다. 중증인 경우에는 정신증적 증상(70~75쪽 참조)을 관리하기 위해 입원이나 약물 치료가 필요할 수도 있다.

치료

- **인지 및 행동 치료**
  행동 활성화, 인지 행동 치료(125쪽 참조), 연민 집중 치료, 수용 전념 치료(acceptance and commitment therapy, 126쪽 참조), 인지 치료(124쪽 참조) 등.
- **심리 역동적 심리 치료(psychodynamic psychotherapy, 118~121쪽 참조)와 상담**
- **항우울제**
  단독으로 사용하거나 다른 치료와 병행한다(142~143쪽 참조).

외로움은 우울증에서 기인하는 감정으로, 자신이 완전히 혼자이고 무력하며 고립되어 있다고 느끼게 만든다.

양극성 장애

양극성 장애는 에너지와 활동 수준이 극단적으로 변하는(고조된 상태인 조증과 침체된 상태인 우울증 사이를 오가는) 것이 특징으로, 이 때문에 예전에는 조울증이라고 부르기도 했다.

소개

양극성 장애(bipolar disorder)에는 네 유형이 있다. 제1형 양극성 장애는 심한 조증이 일주일 이상 지속된 적이 있는(입원이 필요할 수도 있는) 경우이고, 제2형 양극성 장애는 덜 심한 조증과 우울증 사이를 오가는 경우이다. 순환성 장애(cyclothymia)는 2년 이상 경조증과 심하지 않은 우울 증상이 반복적으로 나타나고 증상이 오래 지속되는 경우이고, 명시되지 않는(unspecified) 양극성 장애는 앞의 세 유형이 섞여 있는 경우이다. 기분이 급변할 때는 극단적인 성격 변화가 일어날 수 있는데 이는 사회적, 개인적 인간 관계에 심한 긴장을 유발한다.

일반적으로 양극성 장애의 주요 원인은 뇌 기능에 관여하는 화학 물질들의 불균형으로 알려져 있다. 신경 전달 물질이라고 불리는 이 화학 물질에는 노르아드레날린, 세로토닌, 도파민이 포함되며 신경 세포 간에 신호를 전달하는 역할을 한다(28~29쪽 참조). 유전도 원인의 하나로, 양극성 장애는 가족 내에서 유전되고 어느 나이에서나 발병할 수 있다. 100명에 2명은 살면서 한 번

우울증과 조증의 패턴

양극성 장애의 기분 변화에는 뚜렷이 구별되는 각각의 시기가 있다. 오르내림의 정도와 기간, 증상이 나타나는 양상과 성격에 미치는 영향은 매우 다양하다.

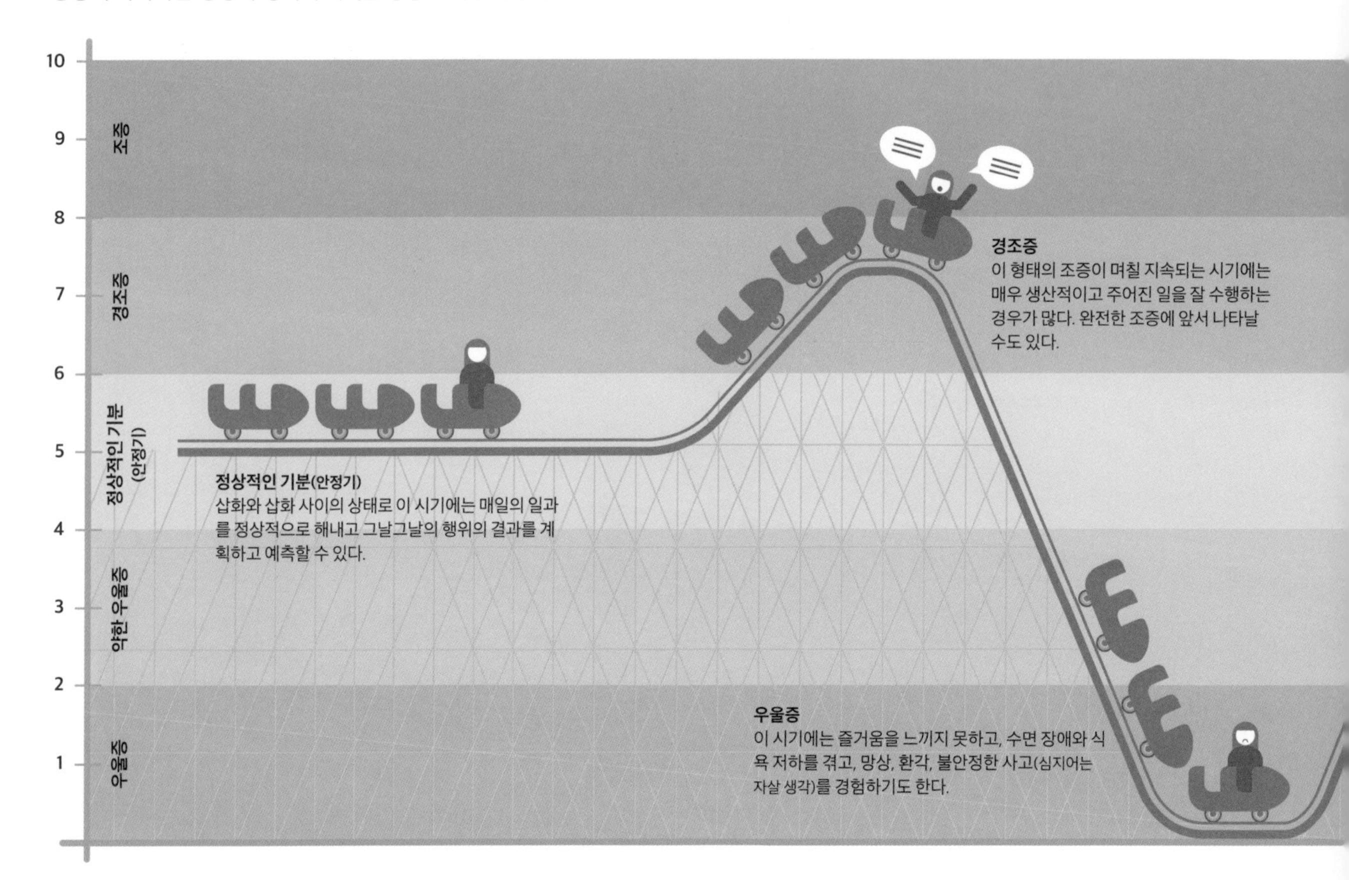

이상 양극성 장애의 삽화(episode, 우울증이나 조증 같은 특정 증상이 지속되는 기간 — 옮긴이)를 경험한다고 하는데 그중 일부는 평생 두어 번의 삽화만 겪지만 어떤 이들은 여러 번 겪는다. 삽화를 촉발하는 요인으로는 스트레스, 질병, 인간 관계에서의 어려움이나 돈 또는 직장과 관련된 문제 같은 일상 생활 속의 괴로움 등이 있다.

진단

정신과 의사나 임상 심리학자가 증상과 처음 증상이 시작된 때에 대해 물어보고 환자를 평가한다. 삽화 발현을 암시하는 신호도 탐색한다. 의사는 또한 심한 기분 변화를 일으킬 수 있는 다른 질환이 없는지도 확인한다. 대개 약물 복용과 생활 습관 관리 기법으로 치료한다.

치료

- **인지 행동 치료**(125쪽 참조)
- **생활 습관 관리**
  규칙적인 운동, 건강한 식단, 규칙적인 수면은 기분 조절을 돕고, 매일 일기나 메모 등을 작성하면 기분 변화의 신호를 알아차리는 데 도움이 된다.
- **기분 안정제**(142~143쪽 참조)
  장기 복용해 기분이 급변할 가능성을 최소화한다. 경조증이나 조증, 우울증 삽화 동안에는 흔히 복용량을 조정한다.

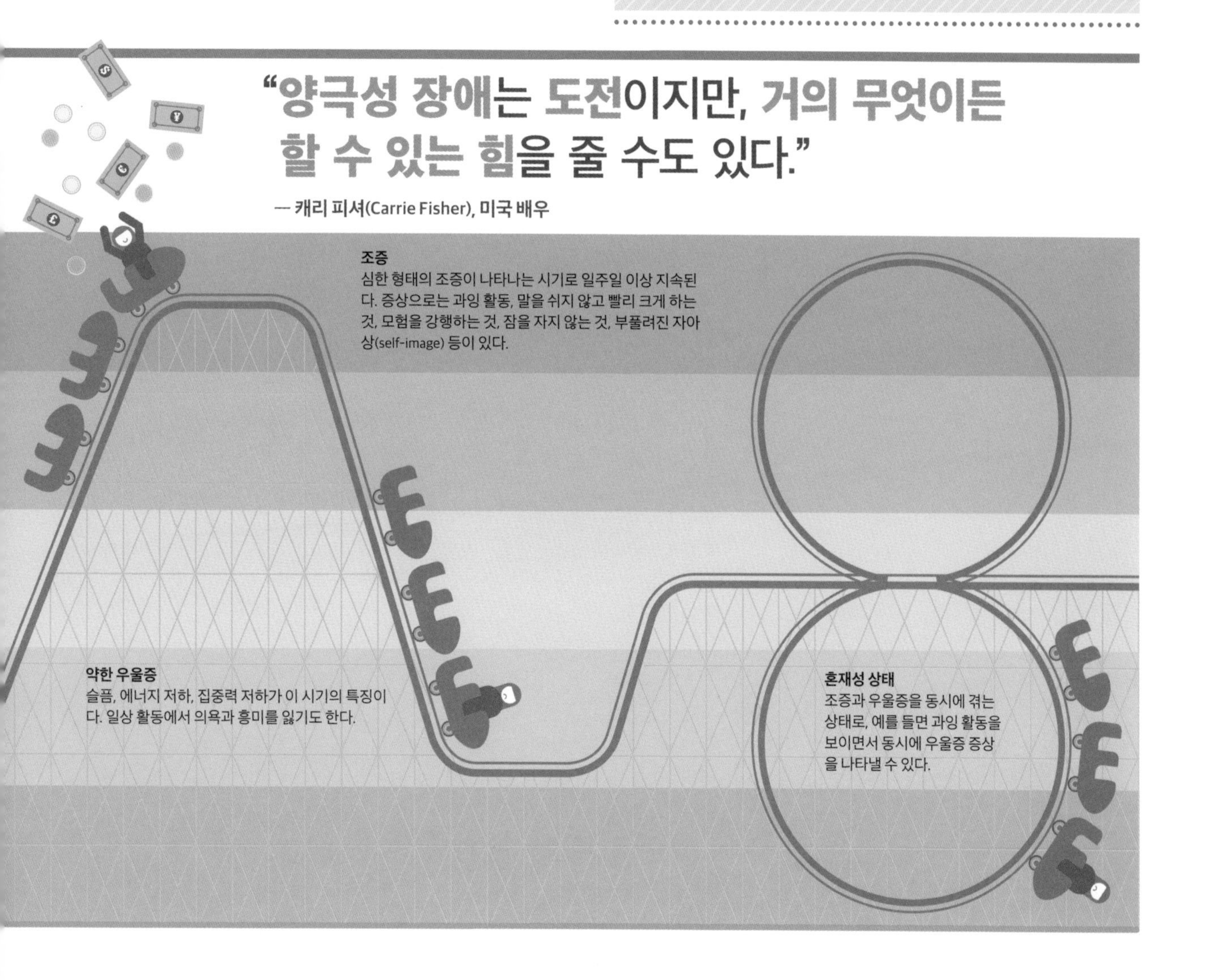

주산기 정신 질환

주산기(周産期) 정신 질환(perinatal mental illness)은 임신 기간 동안과 출산 후 1년 이내에 언제라도 발병할 수 있으며 산후 우울증과 산후 정신병이 있다.

소개

출산 직후 짜증이 나거나 울고 싶은 기분이 드는 것은 '베이비 블루스(산후 우울감, baby blues)'라는 별명이 있을 만큼 흔한 일이지만 이런 기분은 2주 정도만 지속되다 사라진다. 산후 우울증을 흔한 산후 우울감과 구별 짓는 것은 지속 기간이다. 산후 우울증은 중등도 내지 중증의 우울증이 더 오래 지속되는 것으로 산모(간혹 아기 아빠)에게 출산 후 1년 이내 언제라도 발병할 수 있다. 증상으로는 계속 저조한 기분 상태 혹은 심한 기분 변동, 에너지 수준의 저하, 아기와의 유대감 형성의 어려움, 끔찍한 생각 등이 있다. 사소한 일에도 눈물을 펑펑 쏟거나 극심한 피로를 느끼면서도 잠을 잘 자지 못하기도 한다. 죄책감과 무능감, 무가치감, 부모 역할에 실패하는 것에 대한 두려움도 흔하다. 중증인 경우에는 공황 발작을 일으키거나 자해 또는 자살 생각을 하기도 한다. 그러나 대부분의 환자는 완치된다. 치료받지 않은 경우에는 산후 우울증이 몇 달 동안 혹은 그 이상 지속될 수도 있다.

산후 우울증은 갑자기 또는 서서히 생길 수 있으며 대개 호르몬과 생활 방식의 변화 및 피로가 원인이다. 왜 어떤 사람은 산후 우울증에 걸리고 다른 사람은 걸리지 않는지 그 이유는 명확치 않지만 아동기의 힘든 경험, 낮은 자존감, 지지의 부족, 생활 여건상의 스트레스 등이 위험 요인인 것으로 보인다.

진단

산후 우울증 여부를 판단하려면 의사가 효율적이고 믿을 만한 선별 검사를 사용해 증상을 평가한다. 대표적인 것이 에딘버러 산후 우울증 검사(Edinburgh Postnatal Depression Scale)로 이 질문지를 통해 검사 이전 7일 동안의 기분과 활동 수준을 평가한다. 다른 평가 척도들을 사용해 정신적 안녕(wellbeing)과 기능 상태도 평가한다.

이제 막 부모가 된 사람은 양육이라는 새로운 책임 때문에 활동이 감소하는 경향이 있는 만큼 이런 평가 결과들을 해석할 때는 세심한 임상적 판단이 요구된다.

85%
산후 우울감을 경험하는 산모의 비율

산후 정신병

산후 정신병(산욕기 정신병이라고도 한다.)은 산모 1000명 중 1~2명에게서 발생하는 대단히 심각한 질환이다. 보통 출산 후 이삼 주 내에 발병하지만 드물게는 출산 후 6개월째까지도 발병한다. 증상은 대개 갑자기 생기며 혼란, 고양된 기분, 지나치게 빠른 사고의 흐름, 지남력 상실(disorientation, 시간과 장소, 자신에 관한 감각이 혼란스러운 상태 — 옮긴이), 편집증, 환각, 망상, 수면 장애 등이 있다. 아기에 대한 강박적 사고에 사로잡혀 자신이나 아기를 해치려 하는 경우도 있다. 생명을 위협할 수도 있는 생각과 행동을 동반하는 질병인 만큼 즉각적인 치료가 필요하다. 치료는 입원과 투약(항우울제와 항정신병 약물), 심리 치료로 이루어진다.

치료

- **집단이나 일대일 방식 또는 인도된 자가 관리(guided self-help)**
  인지 및 행동 치료(122~129쪽 참조)와 일대일 상담을 권한다.
- **생활 습관 관리**
  배우자, 친구, 가족에게 이야기하기, 휴식, 규칙적인 운동, 건강하고 규칙적인 식사 등이 있다.
- **항우울제(142~143쪽 참조)**
  단독으로 사용하거나 심리 치료와 병행한다.

증상의 범위

산후 우울증의 증상은 불안 및 일반적인 우울증의 증상과 유사하다. 증상들로 인해 일상 활동과 일과를 완수하기 어려울 수 있고 아기, 배우자, 가족, 친구와의 관계가 영향을 받을 수 있다.

파괴적 기분 조절 장애

파괴적 기분 조절 장애는 거의 항상 짜증과 화가 나 있고 심한 분노 발작이 잦은 것이 특징인 아동기 장애이다.

소개

파괴적 기분 조절 장애(disruptive mood dysregulation disorder)는 최근에 밝혀진 질환으로 아동이 만성적인 짜증(과민성)과 심각한 분노 폭발을 보이는 경우 이제는 이 장애가 있는 것으로 진단한다. 이 장애가 있는 아동은 기분이 좋지 않고, 곧잘 성질을 부리고 거의 매일 화가 나 있다. 분노 폭발이 상황에 맞지 않게 그 정도가 대단히 심하고 일주일에 세 번 이상, 둘 이상의 장소(집, 학교, 친구들과 있을 때)에서 일어난다. 아동과 부모 사이에서만 또는 아동과 교사 사이에서만 긴장된 상호 작용이 나타나는 경우는 파괴적 기분 조절 장애로 보지 않는다.

진단

파괴적 기분 조절 장애로 진단되려면 증상이 1년 이상 지속되고 가정과 학교 생활에 지장을 주어야 한다. 아동이 다른 사람의 표정을 잘못 해석하는 것이 한 가지 원인일 수도 있는데, 그런 경우에는 얼굴 표정 인식 훈련을 받게 할 수 있다. 이 장애로 진단받는 아동은 대개 10세 미만이지만, 6세 미만이나 19세 이상에게는 이 진단을 내리지 않는다. 10세 미만 아동의 1~3퍼센트에게서 이 장애의 증상이 나타난다. 이전에는 파괴적 기분 조절 장애를 가진 아동을 소아 양극성 장애로 진단했지만 이런 아동은 양극성 장애에서 나타나는 조증이나 경조증 삽화를 보이지 않는다. 이 장애를 가진 아동에게서 양극성 장애가 발병할 확률은 낮지만 성인이 되어 우울증과 불안이 생길 위험은 높은 편이다.

파괴적 행동

이 장애를 가진 아동은 발달 단계에 맞지 않는 심각한 분노 발작을 주 3회 이상, 두 상황 이상에서 보인다.

2013년 파괴적 기분 조절 장애가 하나의 장애로 인정된 해

치료

- **심리 치료****(118~141쪽 참조)** 아동과 가족 양쪽 모두 심리 치료를 통해 정서를 탐색하고 기분 관리 기법을 발달시킨다.
- **생활 습관 관리** 긍정적 행동 지원을 통해 의사 소통을 개선하고 분노 발작을 유발하는 자극을 최소화하는 방법 등이 있다.
- **항우울제****(142~143쪽 참조)** **또는 항정신병약물** 심리 치료에 도움을 준다.

계절성 정서 장애

계절성 정서 장애는 일조량의 변화와 관계있는 계절성 우울증으로 대개 가을에 낮이 짧아지면서 시작된다. '겨울 우울증' 또는 '동면 상태'라고도 알려져 있다.

소개

계절성 정서 장애(seasonal affective disorder, SAD)는 성격과 심각도는 사람마다 다르게 나타나는데, 어떤 이들의 경우에는 SAD가 일상 생활에 큰 타격을 주기도 한다. 증상이 계절을 따라 생겼다가 사라지고, 해마다 같은 시기(주로 가을)에 시작되는 것이 특징이다. 증상으로는 기분 저하, 일상 활동에서의 흥미 상실, 짜증, 절망, 죄책감, 무가치감 등이 있다. SAD가 있으면 낮 동안에는 기운 없고 졸리고 밤에는 평소보다 오래 자며 아침에 일어나기가 힘들다. 무려 세 명에 한 명꼴로 SAD에 걸린다.

SAD의 계절을 타는 특성 때문에 진단이 어려울 때도 있다. 심리 평가를 통해 기분, 생활 습관, 식습관, 계절에 따른 행동, 사고의 변화, 가족력을 검토해 진단한다.

치료

- **심리 치료**
  인지 행동 치료(125쪽 참조), 상담 등.
- **생활 습관 관리**
  실내에서 창문 가까이에 앉기, 태양광과 유사한 전구 사용하기, 매일 실외 활동하기 등을 통해 빛을 쬘 기회를 늘린다.

계절에 따른 원인과 영향

일조량은 뇌의 시상하부에 영향을 주어 멜라토닌(수면에 관여)과 세로토닌(기분에 관여)이라는 두 화학 물질의 분비량을 변화시킨다.

멜라토닌은 송과샘에서 분비되고 시상하부에서 관장하는데, 빛에 의해 억제되기 때문에 어두워지면 분비량이 늘어난다.

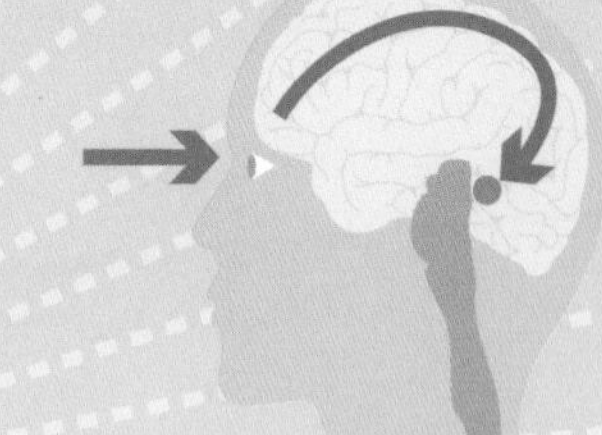

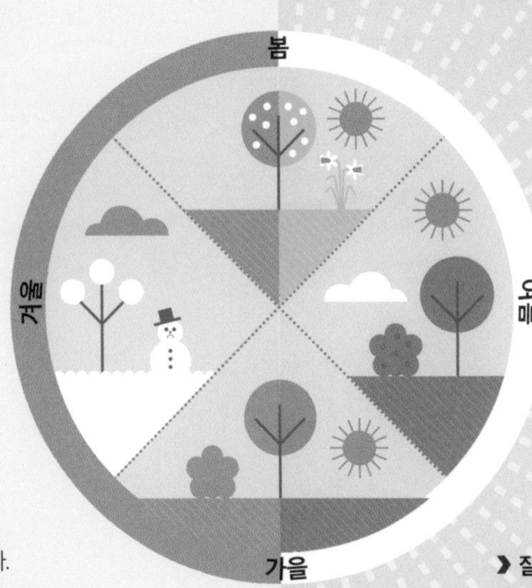

겨울 패턴

- **멜라토닌이 증가해서** 피곤해지고 자고 싶어진다.
- **세로토닌 분비가 감소해서** 기분이 가라앉는다.
- **이불 속에서 나오지 않고** 계속 자고 싶은 욕구로 인해 사회적 접촉이 감소할 수 있다.
- **탄수화물에 대한 갈망** 때문에 과식하고 체중이 늘 수 있다.
- **낮에 계속 피로해서** 일과 가정 생활에 영향을 받는다.

여름

- **멜라토닌이 감소해서** 에너지 수준이 높아진다.
- **세로토닌 분비가 증가해서** 기분이 향상되고 보다 긍정적인 시각을 갖게 된다.
- **잘 자지만 과도하지는 않아서** 활력이 증가한다.
- **식탐이 가라앉아** 식습관이 개선된다.
- **활력이 높아짐에 따라** 활동과 사회적 접촉이 증가한다.

공황 장애

공황 발작이란 두려움이나 흥분으로 인해 나타나는 정상적인 신체 반응에 과도하게 반응하는 증상이다. 공황 장애가 있는 사람은 뚜렷한 이유 없이 이런 발작을 자주 겪는다.

소개

신체는 두려움이나 흥분에 대한 정상적인 반응으로 아드레날린이라는 호르몬을 분비해서 그 두려운 대상에 대한 '투쟁 혹은 도피'를 준비한다. 공황 발작(panic attack)이 올 때는, 특별히 위협적이지 않은 생각이나 이미지가 뇌의 투쟁-도피 중추를 자극해서 몸속에 아드레날린이 폭증하게 되고 그 결과 땀이 나고 심장 박동이 빨라지고 호흡이 가빠지는 등의 증상이 나타난다. 공황 발작은 20분가량 지속되며 몹시 괴로울 수 있다.

이런 증상들을 오해해서 자신에게 심장마비가 오는 것 같다든지 심지어 곧 죽을 것 같다고 느끼기도 한다. 이런 공포심은 위협에 반응하는 뇌의 중추를 더욱 활성화시켜 더 많은 아드레날린이 분비되고 증상은 더 악화된다.

공황 발작을 반복적으로 겪는 사람은 다음번 발작에 대한 공포가 너무 커서 늘 '공포에 대한 공포' 상태에서 살기도 한다. 발작은 군중 속이나 좁은 공간에 있는 것 등에 대한 공포 반응으로 일어날 수도 있지만 대개는 외적인 원인과 상관없이 내적인 원인에 의해 촉발된다. 따라서 일상 활동이 어려워지고 사회적 상황이 힘겨워질 수 있다. 공황 장애(panic disorder)가 있는 사람은 특정한 장소나 활동을 피하기도 하는데 그렇게 되면 자신의 공포가 부당한 것임을 확인할 기회가 생기지 않으므로 문제가 사라지지 않고 계속된다.

원인

열 명 중 한 명은 가끔 공황 발작을 겪는다. 공황 장애는 그보다 덜 흔하다. 가까운 사람과의 사별 같은 외상적(traumatic) 경험이 공황 장애를 유발할 수 있다. 가족 중에 공황 장애를 가진 사람이 있으면 공황 장애가 생길 위험이 높아진다고 알려져 있다. 이산화탄소 수준이 높다든지 하는 환경적 조건도 공황 발작을 유발할 수 있다. 갑상선 기능 항진증 등의 질환도 공황 장애와 유사한 증상을 일으킬 수 있으므로 의사는 그런 질환의 가능성을 배제한 후에 진단을 내릴 것이다.

치료

- **인지 행동 치료(125쪽 참조)** 촉발 요인을 밝혀내고, 회피 행동을 방지하고, 두려워하는 발작의 결과가 실제 발생하지 않음을 확인한다.
- **지지 집단(support group)** 같은 장애를 가진 사람들을 만나 조언을 얻는다.
- **선택적 세로토닌 재흡수 억제제(142~143쪽 참조)**

2%

공황 장애에 걸리는 전체 인구 비율

불안과 공포의 끊임없는 순환

위협을 감지하고 공황 상태에 빠지기 시작하면 신체 증상들이 발생하면서 불안이 더욱 심해진다. 불안이 심해지면 증상도 더 심해지고 이는 다시 발작이 재발할 가능성을 증가시킨다.

공황 발작의 증상

공황 발작의 증상들은 의식의 제어를 받지 않는 자율 신경계(32~33쪽 참조)의 작동 때문에 생긴다.

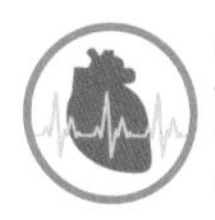

심장 박동 증가

아드레날린은 산소가 담긴 혈액을 필요한 곳으로 보내기 위해서 심장을 더 빨리 뛰게 만든다. 이로 인해 가슴 통증이 생길 수 있다.

졸도할 것 같은 느낌

혈중 산소량을 증가시키기 위해 호흡이 빠르고 얕아지는데 이로 인해 과호흡과 어지럼증이 생긴다.

땀이 나고 창백해짐

몸을 식히기 위해 땀 분비가 증가한다. 혈액이 가장 필요한 곳에 우선적으로 보내지므로 얼굴이 창백해지기도 한다.

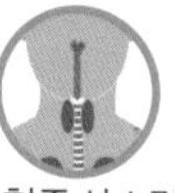

숨이 막히는 것 같은 느낌

호흡이 빨라지면 질식할 것 같은 느낌이 들 수 있다. 혈중 산소량은 증가하는데 내쉬는 이산화탄소량은 충분치 않기 때문이다.

동공 확장

빛을 더 많이 받아들여 더 잘 보고 도망갈 수 있도록 동공이 확장된다.

소화가 느려짐

소화는 '도피'에 중요한 기능이 아니므로 느려진다. (식도 등의) 괄약근이 느슨해져 메스꺼움을 느낄 수도 있다.

입이 마름

가장 필요한 곳으로 체액이 집중되므로 입이 많이 마르는 느낌이 들 수 있다.

특정 공포증

공포증은 불안 장애의 일종이다. 특정 공포증은 무서워하는 특정 대상 또는 상황에 노출되거나 노출이 예상될 때 나타나는 공포증이다.

소개

특정 공포증(specific phobia)은 단순 공포증(광장 공포증이나 폐쇄 공포증 같은 복잡한 공포증과 대조된다. 50~51쪽 참조)이라고도 불리는데, 아동과 성인에게서 가장 흔한 심리 장애이다. 공포증은 공포 이상의 것으로 특정 상황이나 대상을 과도하게 또는 비현실적으로 위험하게 느끼는 경우에 나타난다. 그 공포가 비합리적일 수도 있지만 당사자는 그 공포에 대항할 힘이 없다고 느낀다. 공포의 대상에 대해 노출이 예상되거나 실제로 노출되면(심지어는 실물이 아닌 이미지에 대해서도) 극도의 불안이나 공황 발작이 일어날 수 있다. 증상으로는 빠른 심장 박동, 호흡 곤란, 자신이 통제 불능 상태가 되는 것 같은 느낌 등이 있다.

유전과 뇌의 화학적 이상, 기타 생물학적, 심리적, 환경적 요인이 결합해서 공포증을 유발할 수 있다. 흔히 아동기에 겪거나 목격한 무서운 일이나 스트레스 상황에서 연원을 찾을 수 있다. 가족 중 누군가가 공포증적 행동을 드러내는 것을 보고 아동이 공포증을 '학습'할 수도 있다.

특정 공포증은 주로 아동기나 청소년기에 생기며 나이가 들면서 증상이 약해지기도 한다. 우울증(38~39쪽 참조), 강박 장애(56~57쪽 참조), 외상 후 스트레스 장애(62쪽 참조) 등의 다른 심리 장애와 관련되어 있을 수도 있다.

진단

공포증이 있는 사람은 대개 자신에게 공포증이 있다는 것을 잘 알고 있는 만큼 정식 진단이 꼭 필요하지는 않고 치료도 필요하지 않다. 공포의 대상을 피하는 것만으로도 문제를 관리하는 데 충분하다. 그러나 어떤 경우에는 두려워하는 대상을 습관적으로 회피하는 것이 공포증을 유지 또는 악화시키고 삶의 여러 측면에 심각한 영향을 줄 수 있다. 일단 진단이 내려지면 행동 치료에 대한 전문 지식이 있는 전문가에게 보낼 수 있다.

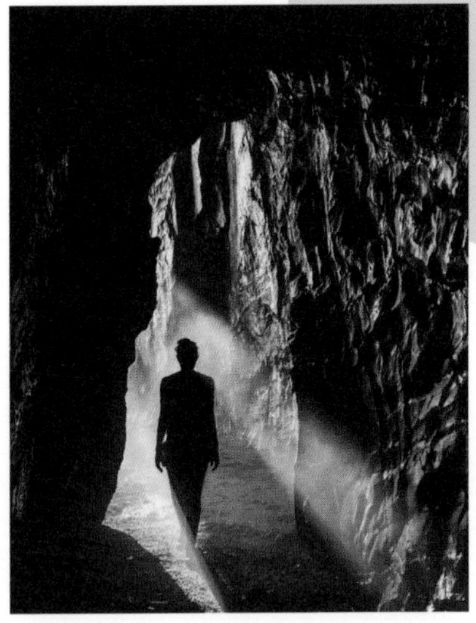

특정 공포증은 두려워하는 대상이나 상황에 대한, 전문가가 인도하는 단계적 노출을 통해 치료가 가능하다.

8.7%

특정 공포증을 가진 미국 성인 비율

치료

- **인지 행동 치료(125쪽 참조)**
  두려워하는 대상이나 상황을 두려움 없이 마주하는 것을 목표로 체계적으로 단계를 밟아 나간다. 불안 관리 기법을 사용해 각 단계를 완료한다.
- **마음 챙김(mindfulness)**
  증상과 관련된 생각이나 이미지 및 불안에 대한 내성을 키운다.
- **항불안제 또는 항우울제(142~143쪽 참조)**
  공포증 때문에 일상 생활에 지장이 심한 경우에 심리 치료와 병행한다.

특정 공포증의 유형

공포증을 유발할 수 있는 대상이나 상황은 매우 다양하다. 특정 (단순)공포증은 혈액-주사-손상형, 자연 환경형, 상황형, 동물형, 기타형이라는 다섯 가지 유형으로 분류된다. 첫 번째 유형을 제외하면 특정 공포증은 남성에 비해 여성에게서 두세 배 더 흔하다.

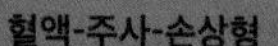

혈액-주사-손상형

독특한 유형의 공포증으로 혈액이나 주삿바늘을 보면 혈관미주신경 반응(심장 박동을 느리게 해서 뇌로 가는 혈류를 줄이는 반사 작용)이 일어나 실신할 수도 있다. 다른 공포증들과 달리 남성에게도 여성에서만큼 흔하다.

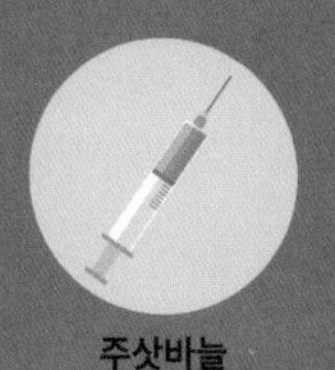

주삿바늘

피

자연 환경형

이 유형은 자연 현상이나 환경에 대해 불합리한 공포를 가지는데 보통 자연 환경을 재앙적 결과에 대한 심상과 결합시켜 떠올리는 경우가 많다. 절벽 가장자리 근처 같은 높은 곳에 대한 고소 공포증을 예로 들 수 있고 그 외에 폭풍, 깊은 물, 세균 등이 공포의 대상이 될 수 있다.

물

번개

높은 곳

상황형

특정 상황에 대한 공포증으로 치과에 가는 것, 낡은 엘리베이터를 타는 것, 비행, 차를 몰고 다리나 터널을 지나는 것, 차에 타는 것 등으로 상황이 다양하다.

비행

다리

동물형

곤충, 뱀, 쥐, 고양이, 개, 새 등에 대한 공포증이 이 유형에 해당된다. 원시인 시절 자신의 생존을 위협하는 동물로부터 살아남기 위해 형성된 유전적인 성향이 공포증의 기원일 수도 있다.

뱀

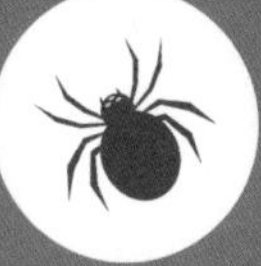

거미

쥐

기타형

수많은 사람이 앞의 네 유형과 다른 다양한 공포증으로 고통을 겪는다. 구토, 특정한 색(예컨대 빨간 색인 것은 식품을 포함해 모두), 숫자 13, 배꼽이나 발가락을 보는 것, 갑작스러운 큰 소리, 캐릭터 분장(예컨대 광대), 나무, 가지를 자른 꽃에 접촉하는 것 등에 대한 공포증이 있다.

나무

광대

광장 공포증

광장 공포증은 불안 장애의 한 유형으로 뭔가 문제가 생겼을 때 빠져나가기 어렵거나 도움을 받을 수 없는 상황에 갇히는 것에 대한 공포가 특징이다.

소개

흔히 생각하는 것처럼 단순히 개방된 공간에 대한 공포가 아닌 복잡한 공포증이다. 광장 공포증(agoraphobia)이 있는 사람은 갇히는 것을 두려워하고, 빠져나갈 수 없는 상태가 되는 것에 대한 공포심을 유발하는 것은 모두 피한다. 그 결과 대중 교통 수단을 타고 이동하는 것, 밀폐된 공간이나 군중 속에 있는 것, 물건을 사러 가거나 병원에 가는 것, 집 밖에 나가는 것 등을 무서워할 수 있다. 그런 상황을 겪게 되어 공황 발작이 초래된 경우 부정적인 생각이 동반된다. 예컨대 자신이 갇혔을 뿐만 아니라 사람들 있는 데서 통제력을 잃었으니 우스꽝스럽게 보일 거라고 생각할 수도 있다. 증상 혹은 증상에 대한 공포는 회피 행동을 낳게 되고 그로 인해 정상적인 생활을 유지하는 것이 어려워진다.

광장 공포증은 공황 발작을 겪은 사람이 또 발작이 일어날까 봐 과도하게 걱정하는 경우에 생길 수 있다. 영국의 경우, 공황 발작이 있었던 사람의 3분의 1에게서 광장 공포증이 생긴다. 생물학적, 심리적 요인들이 원인일 가능성이 높다. 외상적 사건이나 정신 질환, 불행한 관계 등을 경험 또는 목격한 것이 연관이 있을 수도 있다.

치료가 도움이 될 수 있다. 환자의 약 3분의 1이 치유되고 50퍼센트는 증상이 개선된다. 의사는 먼저 그 증상들이 다른 질환에서 비롯된 것은 아닌지 확인한다.

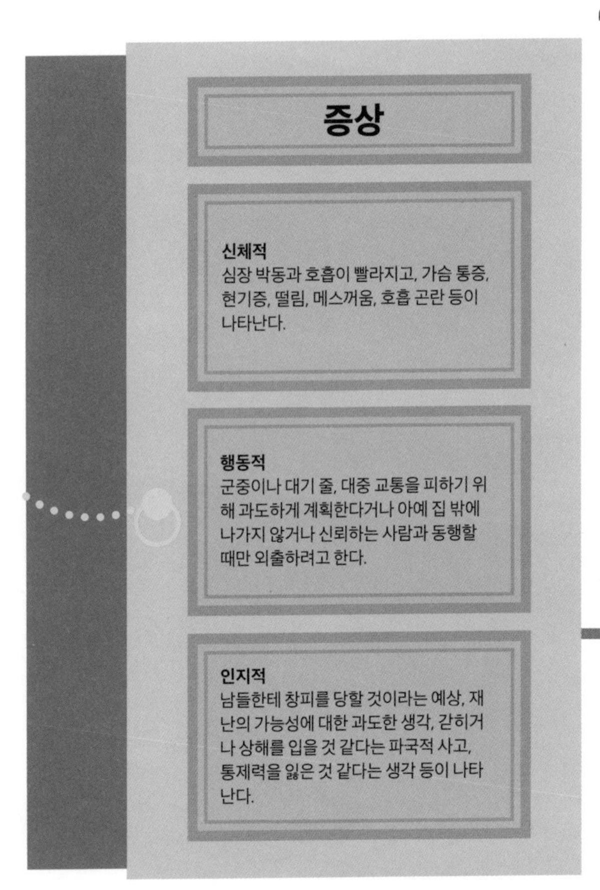

증상

신체적
심장 박동과 호흡이 빨라지고, 가슴 통증, 현기증, 떨림, 메스꺼움, 호흡 곤란 등이 나타난다.

행동적
군중이나 대기 줄, 대중 교통을 피하기 위해 과도하게 계획한다거나 아예 집 밖에 나가지 않거나 신뢰하는 사람과 동행할 때만 외출하려고 한다.

인지적
남들한테 창피를 당할 것이라는 예상, 재난의 가능성에 대한 과도한 생각, 갇히거나 상해를 입을 것 같다는 파국적 사고, 통제력을 잃은 것 같다는 생각 등이 나타난다.

> **"행동을 취하는 것만큼 빨리 불안을 감소시키는 것은 없다."**
>
> — 월터 잉글리스 앤더슨(Walter Inglis Anderson), 미국의 화가이자 작가, 자연주의자

치료

- **집중적인 심리 치료**
  인지 행동 치료(125쪽 참조)를 통해 공포증을 유지시키는 생각들을 탐색하고, 행동적 실험을 통해 그릇된 믿음을 완화시킬 증거를 모은다.
- **자조 모임**
  안전한 시각 자료를 이용해서 두려워하는 상황에 대한 노출 치료를 진행한다. 느리고 깊은 호흡으로 공황 발작에 대처하는 법을 가르친다.
- **생활 습관 관리**
  운동과 건강한 식사 등을 시도한다.

증상의 유형

광장 공포증의 증상은 세 유형으로 분류된다. 첫 번째는 두려워하는 상황에서 경험하는 신체적 증상이고 두 번째는 공포와 연관된 행동 패턴이다. 세 번째는 인지적 증상으로, 공포를 예상하거나 겪으면서 가지는 생각과 느낌이다. 이 증상들이 복합적으로 나타나면 일상 생활이 어려워질 수 있다.

폐쇄 공포증

폐쇄 공포증은 사방이 막힌 좁은 공간에 갇히는 것에 대한(또는 그런 상황을 예상하기만 해도 느끼는) 불합리한 공포로, 극도의 불안과 공황 발작을 초래할 수 있는 복잡한 공포증이다.

소개

폐쇄 공포증(claustrophobia)이 있는 사람이 폐쇄된 공간에 들어가면 광장 공포증과 유사한 신체 증상이 나타난다. 탈출이 불가능한 상태에서 산소가 부족해지거나 심장마비가 올 것 같다는 부정적 사고도 공포로 인해 증가한다. 심한 두려움 및 실신이나 자제력 상실에 대한 공포를 느끼는 경우도 많다.

폐쇄 공포증은 좁은 공간에서 스트레스 상황을 겪으며 조건 형성(16~17쪽 참조)이 일어난 것이 원인일 가능성이 있다. 조건 형성이 일어난 시점은 아동기, 예컨대 협소한 방에 갇혀 지냈거나 왕따 또는 학대를 당한 경험으로 거슬러 올라가기도 한다. 폐쇄 공포증은 비행 중에 난기류를 만나거나 엘리베이터에 갇히는 등의 불쾌한 경험에 의해서도 인생의 어느 시기에나 촉발될 수 있다. 폐쇄 공포증이 있는 사람은 다시 갇히게 되는 것을 무서워할 뿐만 아니라 좁은 공간에서 일어날 수 있는 일을 지나치게 부풀려 상상한다. 결과적으로 그들은 '갇히는 상황'의 가능성을 최소화하기 위해 매일의 활동을 신중하게 계획한다.

간혹 가족 중 다른 사람에게도 폐쇄 공포증이 있는 경우가 있는데, 이는 이 장애에 대한 유전적 취약성이 있거나 폐쇄된 공간과 관련된 반응을 학습했음을(혹은 두 가지 모두를) 시사한다.

치료

- **인지 행동 치료(125쪽 참조)**
  두려워하는 상황에 대한 점진적 노출을 통해 부정적 사고를 재평가하고, 그럼으로써 상상하던 최악의 상황이 실제로는 일어나지 않음을 깨닫게 한다.
- **불안 관리**
  호흡법, 근육 이완, 긍정적 결과 상상하기 등을 통해 불안과 공포에 대처한다.
- **항불안제 또는 항우울제(142~143쪽 참조)**
  증상이 아주 심한 경우에 처방한다.

폐쇄된 공간에 대한 공포는 그 상황이 진짜로 위협적인 경우에는 정상적인 공포이다. 하지만 폐쇄 공포증이 있는 사람은 실제의 위험과는 상관없는 불합리한 공포를 가진다.

범불안 장애

범불안 장애가 있는 사람은 통제되지 않는 과도한 걱정을 (심지어 위험이 없을 때에도) 지속적으로 경험하며, 그로 인해 일상적 활동과 기능이 저해된다.

소개

범불안 장애(generalized anxiety disorder)가 있는 사람은 다양한 주제와 상황에 대해 과도하게 걱정한다. 증상으로는 두근거림, 떨림, 발한, 과민함, 안절부절못함, 두통 같은 '위협' 반응들이 있다. 집중하거나 결정을 내리거나 불확실한 것에 대처하는 데 어려움을 겪거나 불면증을 겪을 수도 있다.

완벽주의에 사로잡히거나 강박적으로 상황을 계획하고 통제하려 하기도 한다. 신체적, 심리적 증상들 때문에 사회적 상호 작용, 일, 일상 활동에 지장이 생길 수 있고, 이것은 자신감 저하와 고립으로 이어진다. 걱정의 주제는 가족, 사회적 문제, 직장, 건강, 학업, 특정한 사건 등이다. 범불안 장애가 있는 사람은 거의 매일 불안감을 경험하며 한 가지 걱정을 해결하고 나면 바로 다른 걱정이 생긴다. 그리고 나쁜 일이나 위험한 일이 발생할 확률을 과대 평가하고, 일어날 수 있는 최악의 결과를 예상한다. 어떤 경우에는 "걱정을 하면 나쁜 일이 일어날 가능성이 줄어든다."라는 식으로 걱정의 유용성에 대한 긍정적인 믿음을 드러내기도 한다. 두려워하는 상황이나 장소를 장기적으로 또는 습관적으로 회피하는 것은 범불안 장애를 악화시키는데, 자신의 두려움이 근거 없는 것이라는 증거를 모을 기회가 없어서 걱정이 계속 유지되기 때문이다.

여성은 남성에 비해 범불안 장애가 생길 확률이 더 높다.

60%

치료

- **인지 행동 치료(125쪽 참조)** 촉발 요인, 부정적 사고, 습관적 회피, 안전 행동(늦지 않기 위해 약속 시간보다 훨씬 일찍 나가는 등 불안감을 줄이기 위해 하는 행동. 안전 추구 행동이라고도 한다. — 옮긴이)을 찾아낸다.
- **행동 치료(124쪽 참조)** 새로운 행동 목표와 그 목표에 이르는 실행 가능한 단계들을 찾는다.
- **집단 치료** 자기 주장 훈련과 자존감 강화를 통해 그릇된 믿음과 근거 없는 공포를 해소하도록 돕는다.

걱정의 평가

6개월 이상 거의 매일 걱정에 짓눌려 지냈다면 불안 장애일 수 있다.

사회 불안 장애

사회 불안 장애를 가진 사람은 사회적 상황에서 평가를 받거나 난처해지는 것에 대해 극심한 두려움을 느낀다. 이 장애가 있으면 자의식 과잉으로 인해 기능이 심각하게 저해될 수 있다.

소개

사회 불안 장애(social anxiety disorder, 사회 공포증이라고도 한다.)가 있는 사람은 사회적 상황에 대해 과도한 불안이나 두려움을 경험한다. 사람들 앞에서 말을 하거나 발표나 공연을 하는 것 같은 특정 상황에서만 불안해하는 경우도 있고 모든 사회적 상황에서 괴로워하는 경우도 있다.

이런 사람들은 남의 시선을 극도로 의식하고 남들에게 부정적으로 평가받을까 봐 걱정한다. 이들은 과거에 사회적 상황에서 있었던 일을 곱씹으며 자신이 어떤 인상을 주었을지 생각하고 또 생각한다. 사회 불안이 있으면 어떤 상황을 앞두고 너무 세세한 부분까지 계획하고 예행 연습을 하게 되는데 이는 기이하거나 어색한 행동을 낳기도 한다. 그러면 이 사람은 자신의 두려움을 뒷받침하는 증거를 모으게 될 수도 있는데, 이 사람의 불안이나 과잉연습의 결과로 실제로 곤란한 상황이 자주 발생하기 때문이다.

이 장애는 고립과 우울증으로 이어지며, 사회적 관계에 심각한 영향을 미칠 수 있다. 또한 직장이나 학교에서의 수행에도 부정적 영향을 준다

치료

- **인지 행동 치료(125쪽 참조)** 부정적인 사고 패턴과 행동을 인식하고 바꾼다.
- **집단 치료** 자신의 문제를 남들에게 말하고 사회적 행동을 연습하는 기회를 가진다.
- **자가 관리** 확언(affirmation, 긍정적 문장을 스스로에게 반복해 말하는 것 — 옮긴이), 사람들 앞에 설 일이 있을 때 미리 연습하기, 녹화한 영상을 봄으로써 부정적 가정들이 틀렸음을 확인하기 등의 방법이 있다.

사회적 상호 작용 전의 증상
대화 주제 또는 자신을 어떤 사람으로 보이게 할지 등을 계획하며 사전에 과도한 준비와 예행 연습을 한다.

상호 작용 중일 때
몸에서 '투쟁 혹은 도피' 시스템이 활성화되어 몸이 떨리고 호흡이 가빠지고 심장 박동이 빨라지고 땀이 나고 얼굴이 붉어지는 등의 신체 증상이 나타난다. 심한 경우에는 공황 발작이 일어나기도 한다.

상호 작용 후
그 사회적 상황에 대한 세밀하고 부정적이고 자기 비판적인 평가를 실시한다. 대화 내용과 신체 언어(body language)를 낱낱이 분석하며 부정적인 방향으로 편향되게 해석한다.

분리 불안 장애

분리 불안 장애는 부모나 기타 주된 양육자 또는 집으로부터 분리되는 것에 대한 정상적인 불안과 걱정이 2세가 지나도록 지속되는 아이에게서 생길 수 있다.

소개

분리 불안(separation anxiety)은 영유아가 환경에 능숙하게 대응하는 능력을 갖추기 전까지 안전하게 지낼 수 있게 도와주는 정상적인 적응적 반응이다. 그러나 분리 불안이 4주 이상 지속되고 나이에 어울리는 행동을 하는 데 지장을 주는 경우에는 문제가 될 수 있다.

이런 아이는 주된 양육자와 떨어져야 할 때 심리적 고통을 느끼고, 그 양육자에게 해로운 일이 생길 것을 두려워한다. 학교나 사교 행사 같은 상황도 촉발 요인이 될 수 있다. 이 장애가 있는 아이는 공황 발작, 수면 장애, 주된 양육자 옆에 들러붙어 있거나 아무리 달래도 울음을 그치지 않는 등의 증상을 보이기도 한다. 뚜렷한 이유 없이 복통이나 두통 혹은 그냥 몸이 좋지 않다는 등의 신체적 문제를 호소하기도 한다. 조금 더 나이가 든 아이는 주된 양육자 없이 여행하는 것에 대해 극심한 공포감이나 어려움을 느낄 수도 있다.

분리 불안 장애는 12세 미만 아동에게서 가장 흔하게 나타나는 불안 장애이다. 12세 이상인 아이에게도 생길 수 있으며 성인기에 진단되기도 한다. 사랑하는 사람이나 반려동물의 죽음, 이사, 전학, 부모의 이혼 같은 중대한 스트레스 사건 후에 이 장애가 생길 수 있다. 과잉 보호하거나 간섭이 심한 양육 태도도 관련이 있을 수 있다.

분리 불안은 행동 치료로 잘 치료되는데 예를 들어 미리 계획을 세워 환자가 하루 중 가장 덜 취약하게 느끼는 시간들에 분리 상황을 배치하는 방법이 있다.

혼자 있는 것

아동은 흔히 주된 양육자를 잃는 것에 대해 걱정하며, 낮 동안 느낀 두려움을 악몽 속에서 다시 체험하기도 한다. 혼자 자기를 거부하거나 불면증을 겪기도 한다.

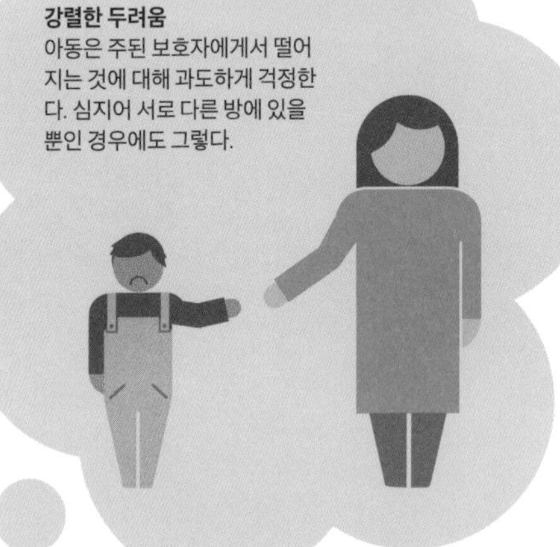

강렬한 두려움
아동은 주된 보호자에게서 떨어지는 것에 대해 과도하게 걱정한다. 심지어 서로 다른 방에 있을 뿐인 경우에도 그렇다.

문제의 추가
불안한 감정은 신체적 통증으로 나타나기도 한다. 아동이 분리에 대한 공포를 실체가 있는 대상으로 돌리려 애쓰는 과정에서 불안한 감정이 신체적 통증으로 나타나기도 한다.

치료

- **인지 행동 치료(125쪽 참조)**
  불안을 관리한다. 나이가 많은 아이나 성인의 경우에는 자기 주장 훈련을 할 수도 있다.
- **부모 훈련 및 지지**
  짧은 기간 동안 떨어져 있도록 장려한다. 이후 점차 분리 기간을 늘린다.
- **항불안제(142~143쪽 참조)와 항우울제**
  나이가 많은 아이나 성인의 경우에 환경적, 심리적 개입과 병행해서 처방한다.

선택적 함구증

불안 장애의 한 범주로, 선택적 함구증이 있는 사람은 다른 상황에서는 말을 하면서도 특정한 사회적 상황에서는 말을 하지 못한다. 대개 3~8세 때 처음 증상이 발견된다.

소개

선택적 함구증(selective mutism)은 불안과 관련되어 있으며 이 장애를 가진 아동은 과도한 두려움과 걱정에 시달린다. 이런 아동은 편안하게 느끼는 상황에서는 대개 말을 잘 하지만 말하는 것이 기대되는 특정한 상황에서는 말을 하지 못하고 그 상황에 참여하지 않거나 가만히 있거나 얼어붙은 표정이 되어 버린다. 이렇게 말을 하지 못하는 것은 의식적인 결정이나 거부의 결과가 아니다.

함구증은 스트레스 경험에 의해 촉발될 수도 있고 말 장애(speech disorder)나 언어 장애(language disorder) 혹은 청각 장애에서 비롯될 수도 있는데 이런 경우 의사 소통이 포함된 사회적 상황에서 특히 스트레스를 많이 받게 된다. 원인이 무엇이든 간에 가정이나 유치원, 학교에서 일상적인 활동과 관계에 어려움이 생긴다. 치료하면 장애가 성인기까지 이어지는 것을 막을 수 있다. 진단 받는 나이가 어릴수록 치료가 더 쉽다.

증상이 1개월 이상 지속되면 의사에게 진료를 받아야 하며, 의사는 아동을 언어 치료 전문가에게 보낼 수 있다. 언어 치료 전문가는 불안 장애 병력, 관련 있을 법한 스트레스 요인, 청력 문제 등이 있는지 확인한다. 장애가 생긴 지 얼마나 오래되었는지, 학습 장애나 다른 불안 증상이 있는지, 지지와 지원을 얼마나 받을 수 있는지 등이 치료에 영향을 미친다.

치료

- **인지 행동 치료**(125쪽 참조)
  정적 강화와 부적 강화를 사용해 말하기 및 언어 기술을 발달시킨다. 특정 상황에 단계적으로 노출시켜 불안을 감소시키고 아이가 말하는 것에 스트레스를 받지 않게 만든다.
- **심리 교육**(113쪽 참조)
  심리 교육(psychoeducation)으로 부모 및 다른 돌보는 사람에게 정보와 지지를 제공해 전반적인 불안을 완화하고 장애가 지속될 확률을 감소시킨다.

"그 아이는 침묵 속에서 고통 받는 아이이다."

— 엘리사 쉬폰블럼(Elisa Shipon-Blum) 박사, 미국 선택적 함구증 불안 연구 치료 센터 원장

공포 상태

선택적 함구증을 가진 아동은 남들이 자신에게 말하기를 기대하는 상황에서 말 그대로 '얼어붙고' 시선 접촉을 거의 또는 전혀 하지 않는다. (이민 등으로 인해) 모국어가 아닌 제2 언어를 배우는 아이에게서 더 흔하게 나타난다.

강박 장애

강박 장애는 의식에 침투하는 달갑지 않은 강박 사고 및 흔히 그에 수반되는 반복적인 강박 행동이나 충동을 특징으로 하는 불안 관련 장애의 하나로 사람을 피폐하게 만드는 장애다.

소개

강박 장애(obsessive compulsive disorder)는 흔히 다른 사람들의 안전에 대한 과도한 책임감 및 침투적 사고의 내용에 담긴 위협에 대한 과대평가가 나타나는 사고로 특징지어진다. 강박 장애는 순환적 성격을 띠는데(아래 그림) 대개 강박 사고로 시작해서 그 사고에 집착하게 되고 그 결과 불안 수준이 높아진다. 모든 것이 제대로 되어 있는지 확인하고 의식(정해진 방식에 따른 행동)을 수행함으로써 안도감을 얻을 수 있지만 이내 고통스러운 생각이 다시 떠오른다.

강박 사고와 강박 행동에는 시간이 많이 소모되므로 일상에서 기능하는 데 혹은 사회 생활이나 가정 생활에 지장이 생길 수 있다. 과거에 어떤 사건이 있었고 그에 대해 몹시 책임을 느꼈던

강박 사고

해를 끼치는 것에 대한 두려움
자신 또는 타인을 해칠 수 있는 행위에 관한 생각에 과도하게 몰두한다.

침투적 사고
자신 또는 타인에게 해를 입히는 것에 대한 사고가 마치 머릿속에 침투해 들어온 것처럼 떠올라 머릿속에서 떠나지 않고 반복되며 불안을 초래한다.

오염에 대한 두려움
어떤 대상이 더럽거나 세균이 묻어서 자신 혹은 다른 사람에게 질병이나 죽음을 초래할 것이라고 생각한다.

순서나 대칭에 관련된 두려움
특정한 순서나 대칭을 지키지 않으면 해로운 일이 생길 수 있다고 우려한다.

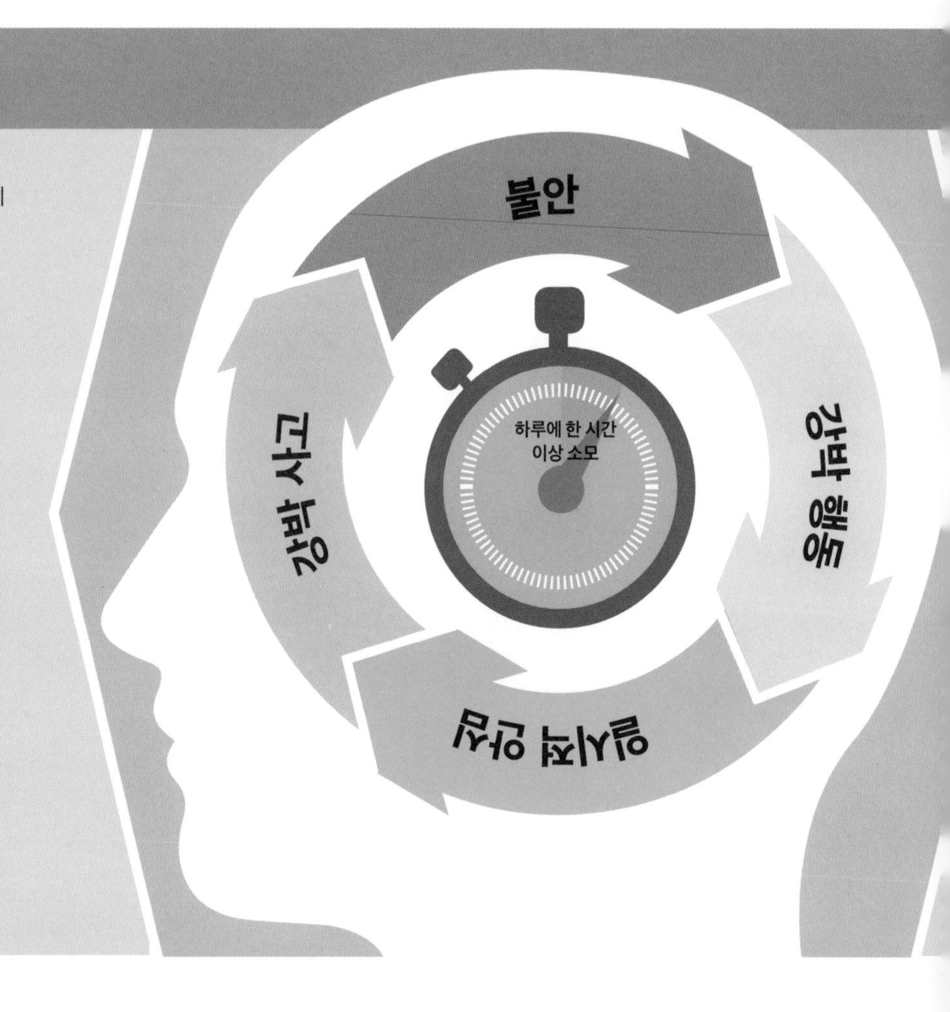

"보통 사람은 하루에 4000가지 생각을 할 수 있지만 다 유용하거나 합리적인 것은 아니다."

— 데이비드 애덤(David Adam), 영국의 작가

경우에 이 장애가 유발되기도 한다. 가족력, 뇌의 이상, 성격 특질도 관여한다. 사고와 감정, 행동 패턴을 검사해서 강박 장애 여부를 결정하지만 다른 불안 장애들과의 유사성 때문에 진단이 어려울 수 있다.

순수한 강박 장애의 경우, 사람들에게 해를 입힐지도 모른다는 불안한 침투적 사고를 경험하지만 겉으로 드러나는 강박 행동을 수행하지는 않고 머릿속에서 심적인 강박 행동이 일어난다.

치료

- **인지 행동 치료(125쪽 참조)**
  촉발 요인에 노출시키고 반응을 통제하는 법을 배우게 하는 것이 포함된다.
- **항불안제**
  항우울제를 같이 사용하거나 둘 중 하나만 사용하기도 한다. 우울과 불안 증상의 완화에 도움을 준다.
- **전문적인 거주형 치료 프로그램**
  강박 장애가 극도로 심한 경우에 심리 치료와 약물 복용에 추가된다.

강박 행동

의식
숫자 세기나 손가락으로 두드리기 등의 의식(ritual)을 수행해 안 좋은 일을 방지하고 불안감에서 벗어나려 한다.

끊임없이 확인하기
가전제품, 전등, 수도꼭지, 잠금 장치, 창문(화재로 피해를 초래할지 모른다는 두려움 때문에), 운전 경로(사람을 칠지 모른다는 두려움 때문에), 사람(상대방을 언짢게 할지 모른다는 두려움 때문에) 등을 반복적으로 확인한다.

사고를 중화하기
재앙적인 결과를 방지하기 위해 강박 사고를 다른 생각이나 행위로 중화하려 한다.

안심시켜 주는 말 듣기
모든 것이 문제 없고 괜찮다는 것을 확인하기 위해 남들에게 반복적으로 질문한다.

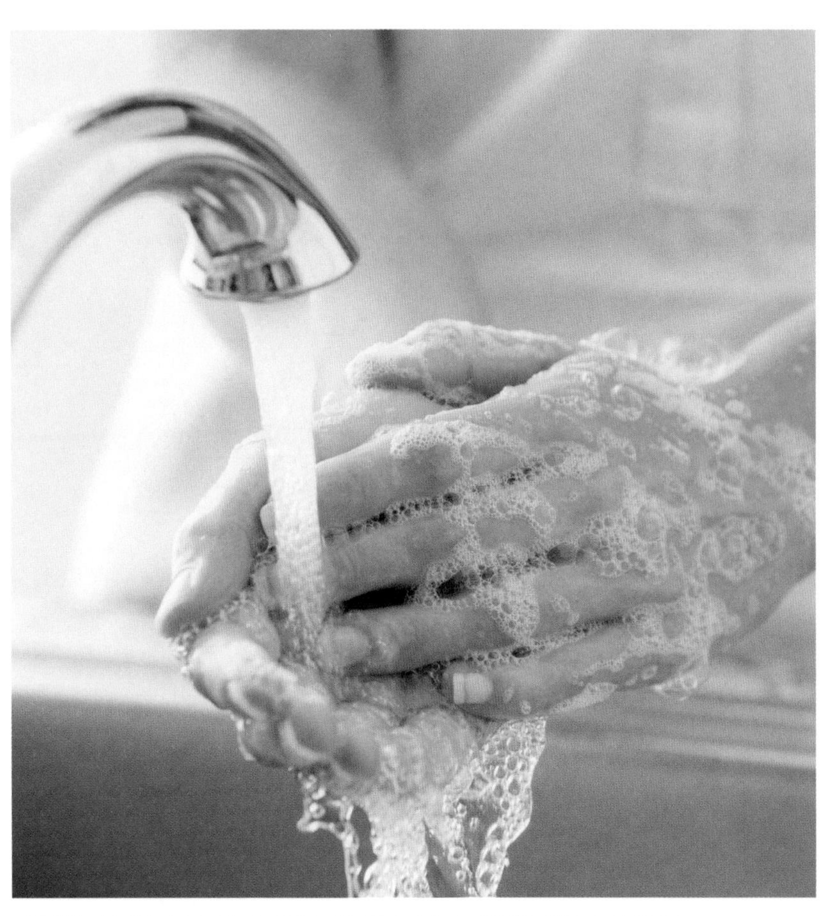

의식 수행, 모든 것이 제대로 되어 있고 안전한지에 대한 끊임없는 확인이 강박 장애의 주요 특징이다.

저장 장애

강박적 저장이라고도 부르는 저장 장애는 지나치게 많은 물건을 모으는 것 또는 물건을 처분하지 못하거나 꺼리는 것(혹은 과도하게 모아 놓고는 처분하지도 않는 것)을 특징으로 한다.

소개

저장 장애(hoarding disorder)가 있는 사람은 낡아빠진 소유물들을 버리지 않는다. 다시 필요할까 봐 혹은 뭔가를 버리면 다른 사람들에게 안 좋은 일이 생길까 봐 두려워서다. 이런 사람은 감상적인 애착이 있는 물건들을 계속 보관하는데 그 물건들을 버리면 정서적 욕구가 충족되지 않을 거라고 믿기 때문이다. 공간이 부족해져도 물건 쌓아 두기는 계속된다. 강박적 저장은 치료가 어려운 편인데 그 이유는 본인이 그것을 문제라고 생각하지 않는 데다 그 잡동사니를 줄이는 것에 엄청난 불편감을 느껴서 버리지 않으려 하기 때문이다. 혹은 문제를 인식하고는 있지만 창피함 때문에 도움이나 조언을 구하지 못하는 경우도 있다.

저장 장애는 스트레스 사건에 대처하는 한 방법으로서 시작되기도 한다. 강박 장애(56~57쪽 참조)나 우울증(38~39쪽 참조), 정신증적 장애(70~75쪽 참조) 등의 다른 질환으로 인한 증상일 수도 있다. 평가 과정에서 의사는 이 사람이 물건을 취득하는 것에 대해 어떻게 느끼는지, 물건을 버림으로써 손실이나 피해를 초래하는 것에 대한 책임을 얼마나 과대평가하는지를 질문한다.

치료

- **인지 행동 치료(125쪽 참조)**
  저장 행동을 유지시키는 사고를 검토하고 약화시킨다. 그리고 적응적인 대안 또는 융통성 있는 대안이 나타날 수 있게 한다.
- **생활 습관 관리**
  집에서 건강과 안전을 위해 잡동사니를 줄이겠다는 동기를 가지게 한다.
- **항우울제(142~143쪽 참조)**
  저장 장애에 수반된 불안과 우울을 완화한다.

물건 더미와 함께 살기

저장 장애가 있는 사람은 광고성 우편물, 청구서, 영수증, 서류들을 버리지 않고 쌓아 놓기도 한다. 그렇게 산더미처럼 쌓인 잡동사니들은 건강과 안전을 위협할 수 있다. 또 방과 방 사이를 이동하기 어려워지므로 본인에게 고통을 주고 본인과 가족의 삶의 질을 떨어뜨린다. 결과적으로 그 개인은 고립되고 다른 사람들과의 관계가 손상되거나 어려워진다.

신체 이형 장애

신체 이형 장애가 있는 사람은 자신의 외모를 왜곡되게 지각한다. 일반적으로 자신의 외모에 대해 그리고 남들이 자신을 어떻게 보는지에 대해 걱정하면서 지나치게 많은 시간을 소모한다.

소개

신체 이형 장애(body dysmorphic disorder, 신체 변형 장애 또는 신체 추형 장애라고도 한다. —옮긴이)는 불안 장애의 하나로 일상 생활에 심각한 지장을 초래할 수 있다. 이 장애를 가진 사람은 외모에 대해 과도하게 집착하고 걱정한다. 이런 사람은 흔히 신체의 특정 측면에 집착하고(예컨대 타인은 알아보기 힘든 흉터를 중대한 결함이라고 여기거나 코가 비정상이라고 생각한다.) 남들 눈에도 그 '결함'이 그런 식으로 보일 거라고 확신한다. 결함이 있다고 믿는 신체 부위를 감추거나 의학적 치료를 시도하는 데 엄청난 시간을 쓰기도 하고 과도한 다이어트나 운동을 하는 경우도 있다.

영국의 경우 신체 이형 장애에 걸리는 사람은 100명당 한 명 정도이고, 모든 연령대에서 발생할 수 있으며 남성과 여성에게서 같은 비율로 나타난다. 우울증(38~39쪽 참조)이나 사회 불안 장애(53쪽 참조) 병력이 있는 사람에게 더 흔하고 종종 강박 장애(56~57쪽 참조)나 범불안 장애(52쪽 참조)와 함께 발생한다. 뇌의 화학적 이상이나 유전적 요인이 원인일 수도 있고 과거의 경험이 장애의 발병에 영향을 줄 수도 있다. 평가 과정에서 일반의는 이 사람에게 증상 및 증상이 미치는 영향에 대해 질문하고 필요한 경우에는 정신과 의사 등의 정신 건강 전문가에게 보내 치료를 받게 한다.

치료

- **인지 행동 치료(125쪽 참조)**
  문제가 되는 신체 부위와 관련된 자기 평가를 밝혀내고 그 자기 평가를 유지시키는 신념을 약화시킨다.
- **항우울제와 항불안제(142~143쪽 참조)**
  심리 치료와 병행한다.

순환고리 끊기

신체 이형 장애는 치료 효과가 매우 높을 수 있는데 치료는 이 장애를 유지시키는 사고, 감정, 행동의 순환을 끊는 데 중점을 둔다. 치료에 걸리는 시간은 질환의 심각도에 따라 달라진다.

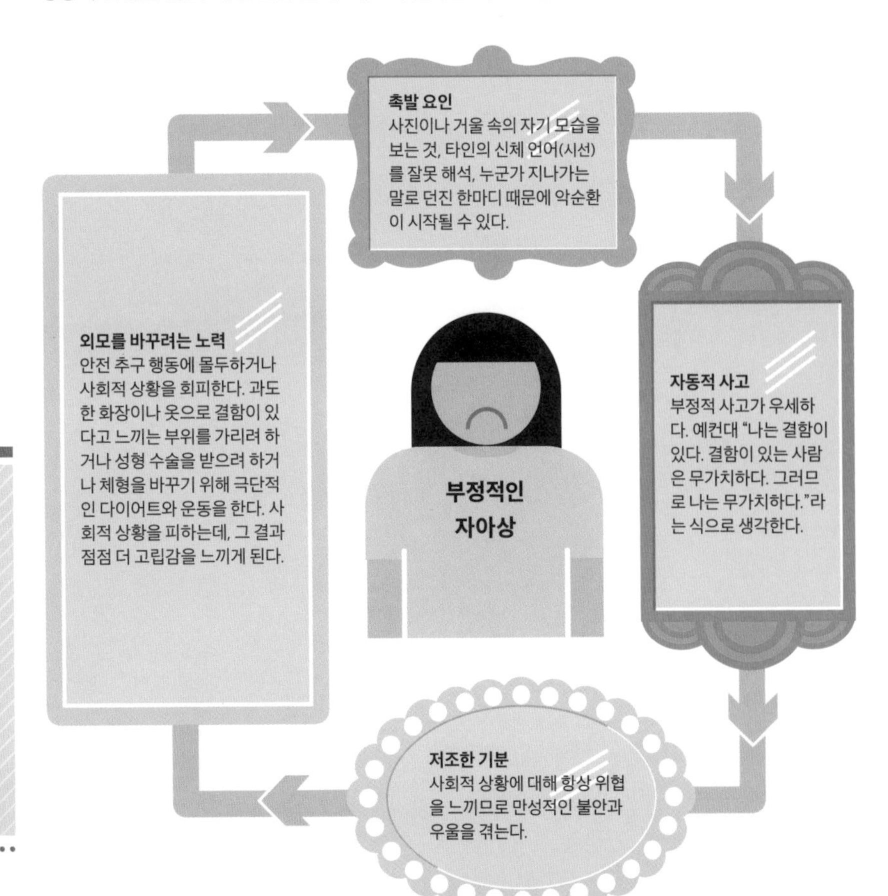

피부 뜯기 장애와 모발 뽑기 장애

피부 뜯기 장애와 모발 뽑기 장애는 각각 피부 벗기기 장애, 발모광이라고도 알려져 있다. 억제할 수 없는 충동에 의해 반복적으로 자신의 피부를 뜯거나 털을 뽑는 증상이 나타나는 충동 조절 장애들이다.

소개

피부를 뜯는 사람이나 모발을 뽑는 사람의 표면적 목적은 완벽한 피부 또는 모발을 가지는 것이지만 결과는 그 반대이다. 두 행동 모두 신체에 손상을 초래할 수 있다.

모발 뽑기 장애(hair-pulling disorders)가 있는 사람은 자신의 머리카락이나 눈썹, 속눈썹, 다리털 같은 다른 신체 부위의 털을(어떤 경우에는 애완동물의 털도) 뽑는데 그 결과로 현저한 탈모가 생길 수 있다. 어떤 사람은 털을 삼키기도 하는데 이는 구토 및 복통과 출혈을 유발해 빈혈로 이어질 수 있다. 피부 뜯기 장애(skin-picking disorders)는 딱지, 피부가 벗겨진 상처, 병변을 초래할 수 있고 이런 상처는 감염의 우려가 있다. 이 두 질환은 강박 장애(56~57쪽 참조)와도 관련되었을 수 있다.

피부 뜯기와 모발 뽑기는 흔히 당면한 스트레스에 대한 반응으로서 시작되며 외상적 경험이나 학대에 대한 반응인 경우도 있다. 이런 행동은 습관이 유사한 가족 구성원한테서 학습되었을 수도 있고 우연히 생겼다가 스트레스 완화(이는 행동에 대한 강력한 강화이다.)와 연합되었을 수도 있다. 여성에게서 더 많이 발생하는 경향이 있고 여성의 경우 증상이 시작되는 시기는 대개 11~13세이다.

두 장애는 일상 생활에 상당한 손상이나 지장을 초래한다. 이런 장애가 있는 사람은 일상 활동을 하거나 일하는 것을 기피하고, 주의 집중에 어려움을 겪고, 사회적으로 고립되고, 재정적 곤란을 겪을 수 있다.

치료

- **행동 치료** 건강한 방식으로 스트레스를 관리하도록 촉진한다. 습관 반전 훈련을 통해 충동을 인식하고 다른 행동을 하는 법을 배우거나 자극 통제 기법(행동 유발 단서로 작용하는 자극을 통제해 그 행동을 더 많이 또는 더 적게 일어나게 하는 행동 수정 기법 — 옮긴이)으로 충동이 가라앉을 때까지 다른 활동을 한다.
- **항우울제(142~143쪽 참조)** 심리 치료에 병행해 사용한다.

반복적 행동

이 두 장애와 관련된 습관들은 흔히 스트레스나 불안에 대한 반응으로서 시작되지만 나중에는 중독이 된다. 뜯거나 뽑을수록 점점 더 뜯거나 뽑고 싶은 충동이 커지는 것이다. 다양한 부정적 결과에도 불구하고 그 충동은 억제하기 어렵다.

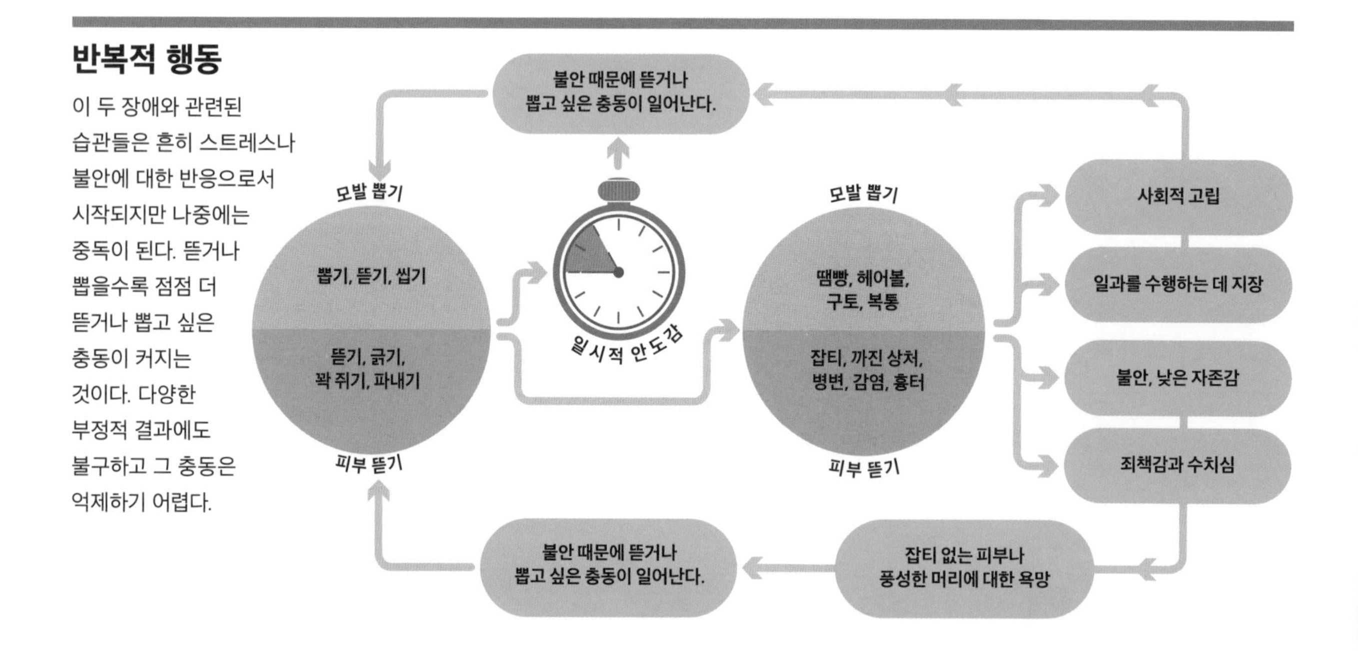

질병 불안 장애

이전에는 건강 염려증으로 불리던 장애로, 질병 불안 장애가 있는 사람은 심각한 질병에 걸릴까 봐 혹은 걸렸을까 봐 과도하게 염려하며 심지어 의학적 검사에서 이상이 발견되지 않아도 걱정을 멈추지 않는다.

소개

건강 염려증(hypochondria)은 이제 두 개의 질환으로 나뉘어 진단된다. 하나가 질병 불안 장애(illness anxiety disorder)로, 신체 증상이 없거나 경미한 경우이고 다른 하나는 신체 증상 장애(somatic symptom disorder, 108~109쪽 참조)로 중대한 신체 증상으로 인해 정서적 스트레스를 받고 있는 경우이다. 질병 불안 장애가 있는 사람은 자신의 건강에 대해 지나치게 집착한다. 그들 중 일부는 기존에 가지고 있던 질환(약 20퍼센트는 실제로 심장이나 호흡기, 소화기, 신경에 문제가 있다.)의 증상을 과장해서 느끼는 경우다. 그 외의 사람들은 원인 불명의 증상을 경험한다. 이들은 그 증상이 병원에서 발견하지 못한 심각한 질병이 있음을 나타내는 것이라고 확신한다.

질병 불안은 증세가 심해졌다 약해졌다 하며 장기간 지속되는 질환이며 연령 증가나 스트레스에 의해 악화되기도 한다. 중대한 생활 사건에 의해 촉발될 수 있다.

불안하거나 우울한 사람에게서 이 장애가 더 많이 발생하는 경향이 있다. 평가와 치료는 회피 행동과 안심을 구하는 행동(아래 그림 참조)을 멈추고, 건강과 관련된 신념을 재평가하고, 불확실성을 견디는 능력을 증진하는 데 중점을 둔다.

치료

- **행동 치료** 주의력 훈련을 이용해 신체 감각에 과도하게 주의를 기울이는 것을 막는다. 이는 잘못된 신념들을 재평가하는 데에도 도움이 된다.
- **항우울제(142~143쪽 참조)** 심리 치료에 병행해 사용한다.

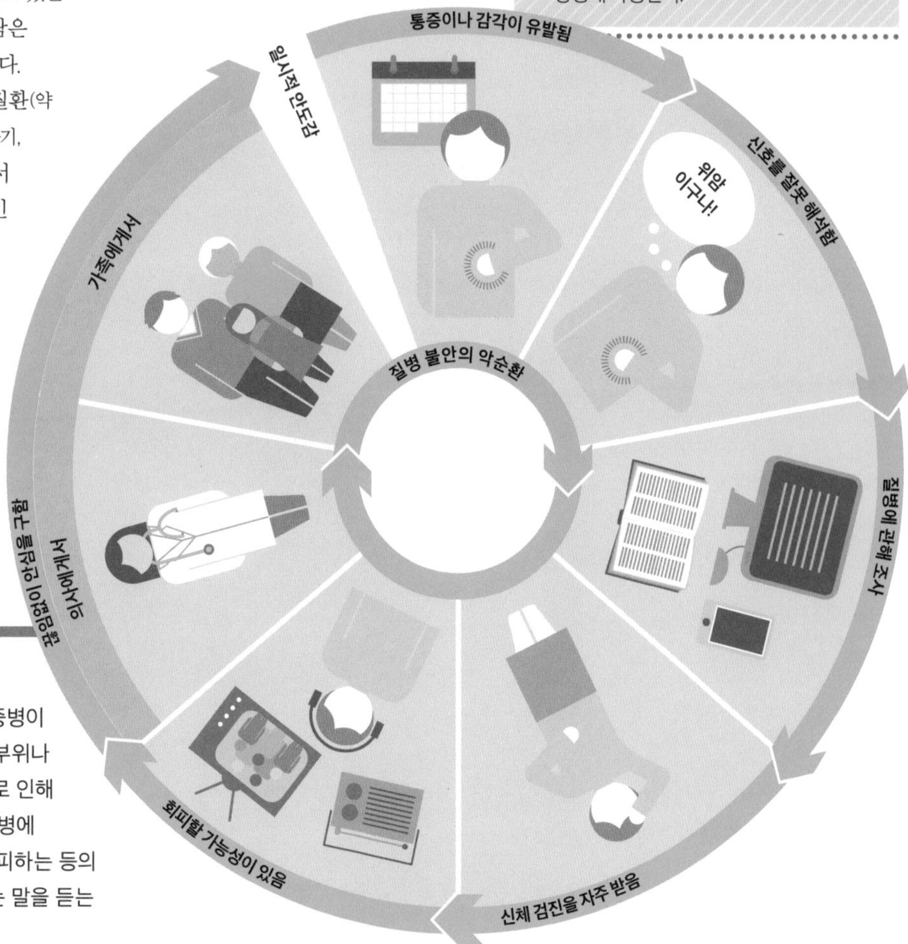

끊임없는 확인

의사의 진단을 불신하므로 자신에게 중병이 있다는 확신만 강화되어 문제의 신체 부위나 질병에 더욱 주의를 집중하게 되고 그로 인해 극심한 불안과 신체 증상이 생긴다. 질병에 노출될까 봐 두려워 특정 상황들을 회피하는 등의 안전 추구 행동과 남들에게서 안심되는 말을 듣는 행동을 통해 잠시 불안에서 벗어난다.

외상 후 스트레스 장애

외상 후 스트레스 장애는 심각한 불안 장애로, 자신이 거의 또는 전혀 통제하지 못하는 상태에서 무섭거나 생명을 위협하는 사건을 경험한 뒤에 언제라도 생길 수 있다.

소개

외상 후 스트레스 장애(post-traumatic stress disorder, PTSD)는 전투, 심각한 사고, 장기간에 걸친 학대, 예기치 못한 부상, 가족의 죽음 등을 경험한 사람에게서 나타난다. 외상적 사건 자체는 뇌와 신체의 투쟁-도피 반응을 활성화시켜 그 사람을 높은 각성 상태가 되게 만들어 외상의 결과에 대응하게 하고 같은 일이 반복되지 않게 보호한다. PTSD 환자는 그 위협이 계속되는 것처럼 느끼는데 그로 인해 사건 때문에 항진된 반응이 계속 유지되어 공황 발작, 불현듯 사건의 기억이 생생하게 떠오르는 것, 악몽, 회피 및 정서적 무감각, 분노, 신경이 곤두서는 것, 불면증, 집중 곤란 등의 다양한 증상이 유발된다. 증상은 대개 사건 후 1개월 이내에 시작되고 (어떤 경우에는 몇 달 또는 몇 년이 지난 뒤에 시작되기도 한다.) 3개월 이상 지속된다. PTSD는 다른 정신 건강 문제로 이어질 수 있으며 알코올이나 약물의 남용도 흔하다.

너무 일찍 치료를 시작하면 PTSD가 악화될 수 있으므로 처음에는 증상이 3개월 이내에 가라앉는지 지켜보며 기다리는 것이 바람직하다.

치료

- **트라우마 집중 치료(trauma-focused therapy)**
  인지 행동 치료(125쪽 참조)나 안구 운동 민감 소실 및 재처리(136쪽 참조) 등의 방법을 사용한다. 사건의 기억을 재처리함으로써 현재에도 위험에 처한 것 같은 느낌을 감소시킨다.
- **연민 집중 치료(compassion-focused therapy)**
  자괴감에 기반한 사고와 이미지로부터 스스로를 진정시킨다. 참전 군인 같은 취약 집단에게는 집단 치료도 사용된다.

뇌의 변화

PTSD는 생존 반응이다. 증상들은 추가적인 외상 경험에서 살아남게 하려는 목적에서 비롯된 결과이며 여기에는 스트레스 호르몬 수준의 상승 및 그 밖의 뇌의 변화가 포함된다.

전전두엽 피질
트라우마는 전전두엽의 기능에 영향을 준다. 행동과 성격, 계획이나 의사 결정 같은 복잡한 인지 기능에 변화가 초래된다.

시상하부
PTSD가 있으면 시상하부에서 생존 가능성을 높이려고 부신(신장 위쪽에 위치)으로 신호를 보내 아드레날린을 혈류로 방출한다.

해마
PTSD는 스트레스 호르몬을 증가시키는데 그로 인해 해마의 활동이 저하되어 기억이 효과적으로 통합되지 못하게 된다. 그로 인해 뇌의 의사 결정능력이 저하되어 몸과 마음이 모두 과다 각성 상태가 된다.

편도체
PTSD는 편도체의 활동을 증가시켜서 투쟁-도피 반응을 활성화시키고 감각 인식 능력을 높인다.

급성 스트레스 반응

급성 스트레스 반응은 급성 스트레스 장애라고도 불리며, 가족의 죽음이나 교통사고, 폭행 등의 이례적인 신체적 또는 정신적 스트레스 사건에 노출된 후 얼마 지나지 않아 나타날 수 있다. 대개 오래 지속되지는 않는다.

소개

급성 스트레스 반응(acute stress reaction)의 증상은 불안과 해리 증상으로, 예기치 못한 외상적 생활 사건에 노출된 뒤에 나타난다. 자기 자신과 분리된 느낌, 감정을 다스리기 어려움, 심한 기분 변동, 우울과 불안, 공황 발작 등을 경험할 수 있다. 수면 장애, 집중력 저하, 반복적으로 사건 기억이 불현듯 생생하게 떠오르거나 꿈에 나오는 등의 증상을 흔히 경험하며 그 사건을 생각나게 하는 상황을 회피하기도 한다. 심박수 증가, 호흡 곤란, 지나치게 땀이 남, 두통, 가슴 통증, 메스꺼움 등의 생리적 증상을 보이는 사람도 있다.

장애의 명칭에 급성이라는 표현이 사용된 이유는 증상이 빠르게 시작되지만 보통 오래 지속되지는 않기 때문이다. 급성 스트레스 반응의 증상은 스트레스에 노출된 후 몇 시간 안에 시작될 수 있으며 한 달 안에 사라진다. 한 달 이상 지속되는 경우에는 PTSD로 이어질 수도 있다.

급성 스트레스 반응은 치료 없이 낫기도 한다. 친구나 가족과 이야기를 나누는 것은 이 장애를 가진 사람이 그 사건을 전후 맥락 속에서 이해하는 데 도움이 될 수 있다. 심리 치료도 도움이 될 수 있다.

80%

급성 스트레스 반응이 있는 사람 중 6개월 뒤 PTSD에 걸리는 비율

급성 스트레스 반응은 PTSD와 어떻게 다를까?

급성 스트레스 반응과 PTSD는 유사하지만 시간적 측면에서 차이가 있다. 급성 스트레스 반응의 증상은 사건 후 1개월 이내에 나타났다가 보통 1개월 안에 사라진다. PTSD의 증상은 사건 후 1개월 이내에 생길 수도 있고 그 후에 생길 수도 있다. PTSD는 증상이 3개월 이상 지속되지 않으면 진단되지 않는다. 두 장애의 증상은 겹치는 부분이 있다. 그러나 급성 스트레스 반응에서는 해리, 우울, 불안 같은 감정과 관련된 증상이 우세하다. PTSD에서는 증상들이 투쟁-도피 반응(32~33쪽 참조)이 장기화되는 것과 관련되어 있다. 과거에 PTSD나 다른 정신 건강 문제가 있었던 사람은 급성 스트레스 반응이 생길 위험이 더 높고, 급성 스트레스 반응은 PTSD로 이어질 수 있다.

치료

› 심리 치료
인지 행동 치료(125쪽 참조)를 통해 불안과 저조한 기분을 유지시키는 사고 및 행동을 밝혀내고 재평가한다.

› 생활 습관 관리
지지적인 태도로 이야기를 들어준다거나 요가나 명상 같은 스트레스 완화 행위가 도움이 된다.

› 베타 차단제와 항우울제(142~143쪽 참조)
심리 치료와 병행해 신체 증상을 완화한다.

규칙적인 명상은 급성 스트레스 반응을 가진 사람이 불편한 정신적 경험을 대하는 태도에 도움을 주고 투쟁-도피 반응을 진정시킬 수 있다.

적응 장애

스트레스와 관련된 단기적인 심리 장애인 적응 장애는 중대한 생활 사건을 겪은 후 나타날 수 있다. 해당 사건의 유형에서 통상적으로 기대되는 것보다 훨씬 반응이 강하고 오래 지속되는 것이 특징이다.

소개

모든 스트레스 사건은 불안, 불면, 슬픔, 긴장, 집중 곤란 같은 증상을 일으킬 수 있다. 그러나 어떤 사건이 특별히 힘들게 느껴질 때는 그에 대한 반응이 지나치게 강하고 몇 달씩 지속될 수 있다. 아동의 경우, 가족 내 갈등, 학교에서의 문제, 입원 등을 겪은 후 이 장애가 나타날 수 있다. 이런 아동은 대인 관계에서 위축되거나 파괴적 행동을 하거나 원인을 설명할 수 없는 통증이나 신체 증상을 호소할 수 있다. 적응 장애(adjustment disorder)가 PTSD나 급성 스트레스 장애(62~63쪽 참조)와 다른 점은 스트레스 촉발 요인이 상대적으로 덜 심각하다는 것이다. 적응 장애는 그 상황에 적응하는 법을 배우거나 스트레스 요인이 제거되면 보통 한 달 이내에 사라진다. 어떤 사람이 다른 사람들보다 적응 장애가 생길 가능성이 높은지 여부를 예측하는 것은 불가능하다. 적응 장애는 개인이 스트레스 사건에 반응하는 방식, 그리고 그 사람 고유의 성장사에 의해서 나타나기 때문이다.

병원에서는 그 내원한 사람의 증상이 급성 스트레스 반응 등의 다른 질환에서 비롯되었을 가능성을 먼저 평가한 다음 심리 평가를 해 줄 전문가에게 보낸다.

치료

- **심리 치료**
  인지 행동 치료(125쪽 참조), 가족 치료 또는 집단 치료(138~141쪽 참조)를 통해 스트레스 요인을 밝혀내고 대응하도록 돕는다.
- **항우울제(142~143쪽 참조)**
  심리 치료와 병행해 우울, 불안, 불면 증상을 완화한다.

원인과 결과

몇몇 생활 사건은 다양한 심각도의 적응 문제를 초래한다고 알려져 있다. 친구나 가족의 죽음, 이혼 또는 관계의 파탄, 이사, 질병이나 부상, 경제적 곤란, 직장 스트레스를 예로 들 수 있다.

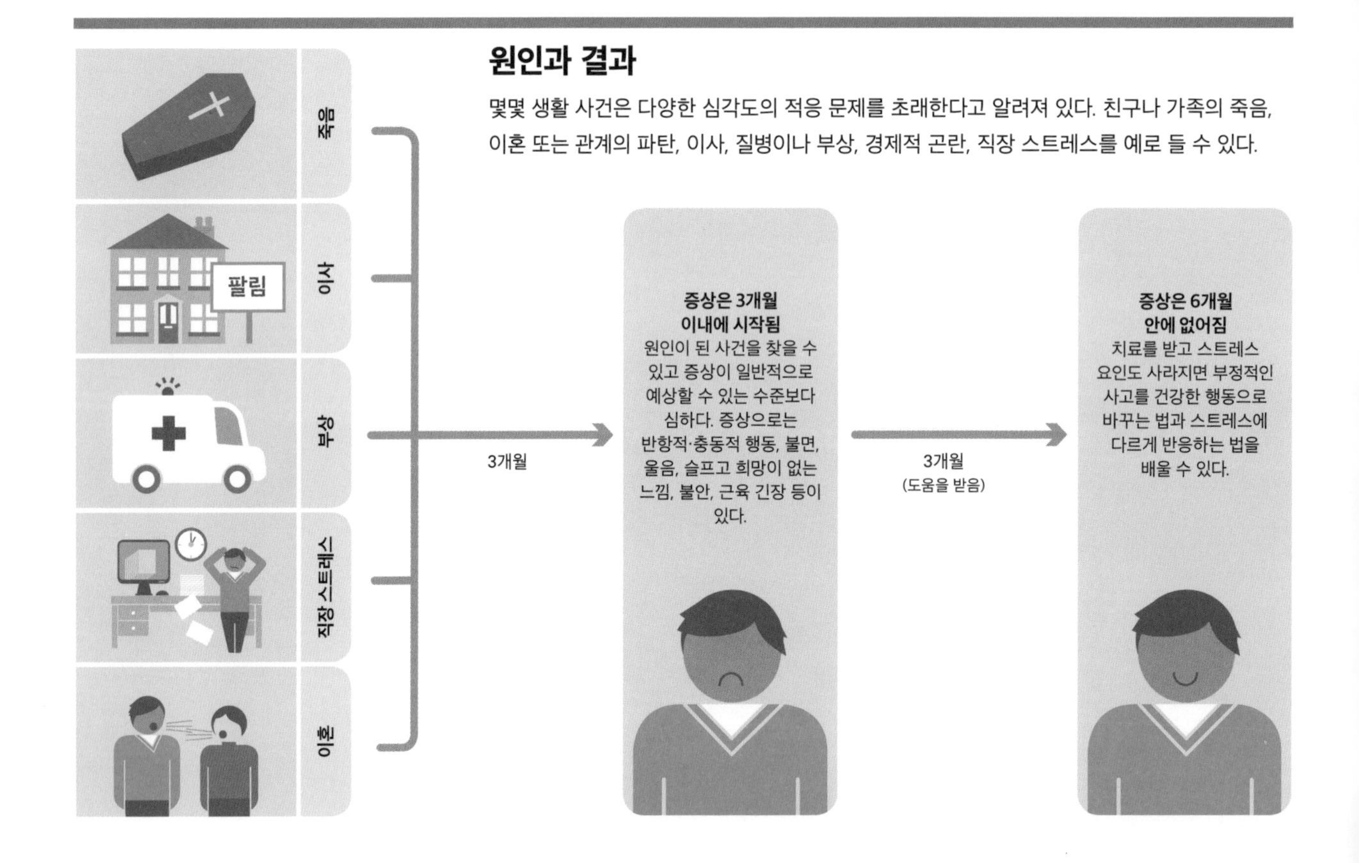

반응성 애착 장애

반응성 애착 장애는 영유아기에 양육자와 애착을 형성하지 못한 아이에게서 나타날 수 있다. 어린 시절에 이 장애가 있음에도 발견하지 못하고 성장하면 평생에 걸쳐 발달이 손상될 수 있다.

소개

애착 이론(154~157쪽 참조)에 따르면 주된 양육자와 강한 정서적, 신체적 유대를 형성하는 것은 아동의 건강한 발달에 필수적이다. 애착을 형성하지 못한 아이는 점점 더 정서적으로 분리되고 위축되고 괴로워할 수 있으며, 스트레스와 관련된 신체 증상들이 뚜렷해진다.

아이의 기본 신체적 욕구를 충족시켜 주지 않는 지속적 방임, 주 양육자의 잦은 교체, 아동 학대 등은 아이의 사회적, 정서적 유대를 형성하는 능력을 저해할 수 있다. 이런 아이는 사회적 관계를 맺는 방식에 현저한 문제가 생길 수 있으며 사회적 상호 작용을 시작하거나 반응하지 못하기도 한다.

관습을 무시하고 충동적으로 행동하는 등의 탈억제 반응들은 예전에는 반응성 애착 장애(reactive attachment disorder)의 진단 기준에 포함되었으나 지금은 탈억제 사회 관여 장애(disinhibited social engagement disorder)라는 별개의 장애(DSM-IV에서는 반응성 애착 장애를 억제형과 탈억제형이라는 두 하위 유형으로 나누었다. 이전의 억제형에 해당하는 반응성 애착 장애가 다른 사람과의 관계 맺기에서 억제되고 위축된 반응을 보이는 것이 특징이라면 탈억제형에 해당하는 탈억제 사회 관여 장애는 아무에게나 부적절하게 친밀함을 나타내는 것이 특징이다. — 옮긴이)로 진단된다.

장기적 영향

생애 초기를 냉담하거나 부정적이거나 심지어 적대적인 환경에서 보내는 것은 장기적으로 부정적인 영향을 미치며, 아동기에서 성인기에 이르도록 줄곧 어려움을 주기 쉽다. 이런 아동은 이후의 삶에서 건강한 관계를 유지하고 맺는 능력에 심한 손상을 입는다. 반응성 애착 장애는 영유아기 초기에 발생할 수 있으며 이로 인해 생기는 취약성은 아동과 성인 모두에게 영향을 주는 광범위한 장애와 관련이 있다.

치료

› 인지 및 행동 치료

인지 행동 치료(125쪽 참조)를 통해 습관적 평가(자동적 사고)를 검토한다. 변증법적 행동 치료(126쪽 참조)를 통해 이 장애로 인해 심각한 영향을 받은 성인에게 도움을 준다. 가족 치료(138~141쪽 참조)를 통해 원활한 의사 소통을 촉진한다. 불안 관리 및 긍정적 행동 지지 등의 방법도 사용된다.

관련된 장애

진단이 이루어지지 않은 반응성 애착 장애는 수많은 심리적 문제의 근원이 되는 요인으로, 이 문제들은 아동기나 성인기에 임상 평가 상황에서 수면 위로 드러난다.

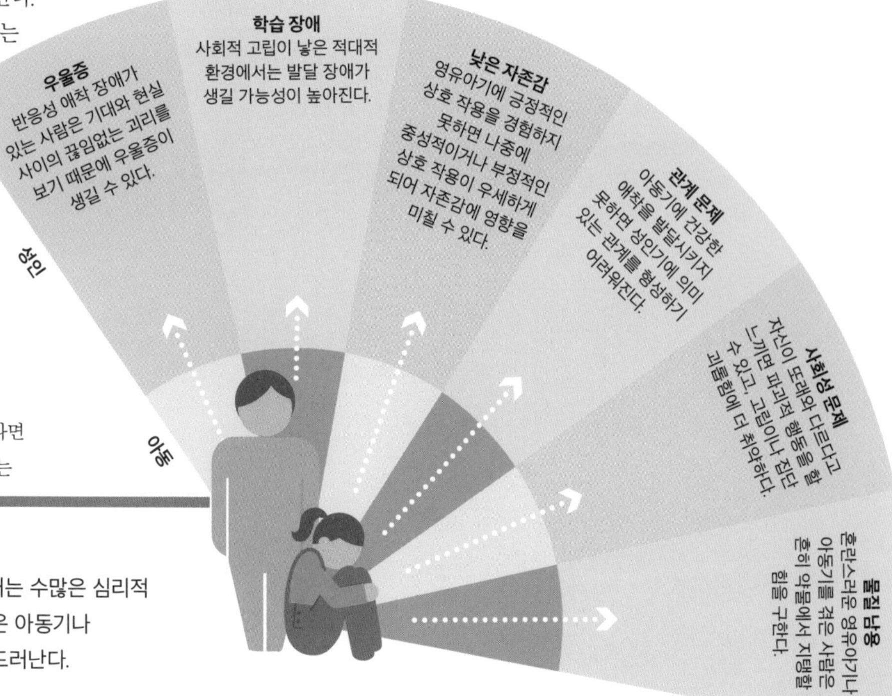

주의력 결핍 과잉 행동 장애

주의력 결핍 과잉 행동 장애는 신경 발달 장애 범주에 속하는 질환으로 아동이 나이에 맞지 않는 행동 증상(주의 산만, 과잉 행동, 충동성)을 보이는 경우에 진단한다.

소개

아동이 가만히 앉아서 집중하지 못하는 질환으로 대개 6세 이전에 장애가 분명하게 드러난다. 주의력 결핍 과잉 행동 장애(attention deficit hyperactivity disorder, ADHD)는 영향은 청소년기와 성인기까지 지속될 수 있다. 성인이 된 후에 진단되는 사람도 있는데, 고등 교육, 직장, 대인 관계에서 반복적으로 문제를 겪다가 ADHD를 가지고 있었음이 드러나는 경우이다. 하지만 성인의 증상은 아동의 증상(오른쪽 참조)만큼 명확하지 않을 수도 있다. ADHD를 가진 성인의 경우 과잉 행동 수준은 감소하지만 주의 집중 곤란, 충동적 행동, 안절부절못하는 증상과는 더 힘겨운 싸움을 해야 한다.

ADHD의 원인에 대해서는 아직 확실한 결론을 얻지 못한 상태이지만 몇 가지 요인이 복합적으로 작용하는 것으로 알려져 있다. 유전적 요인의 영향도 있을 수 있는데, ADHD가 가족 내에서 이어져 내려오는 이유가 이로써 설명된다. 뇌 영상에서도 뇌 구조의 차이가 관찰되며 신경 전달 물질인 도파민과 노르아드레날린(28~29쪽 참조)의 수준이 비정상적인 것으로 나타났다. 그 밖의 가능성 있는 위험 요인으로는 미숙아나 저체중아 출생, 환경적 유해 요소(흡연, 음주, 약물, 납 등 — 옮긴이)가 있다. 학습 장애를 가진 사람에게서는 이 질환이 더 흔하게 나타난다. 또한 ADHD 아동은 자폐 스펙트럼 장애(68~69쪽 참조), 틱 장애나 투렛 증후군(100~101쪽 참조), 우울증(38~39쪽 참조), 수면 장애(98~99쪽 참조) 같은 다른 질환의 징후를 보일 수도 있다. 조사에 따르면 전 세계적으로 이 장애를 가진 남자 아이의 비율이 여자 아이보다 두 배 이상 높다.

ADHD의 진단

과잉 행동, 주의 산만, 충동적 행동의 패턴이 6개월 이상 나타난 경우에 ADHD를 진단하고 치료 계획을 세운다.

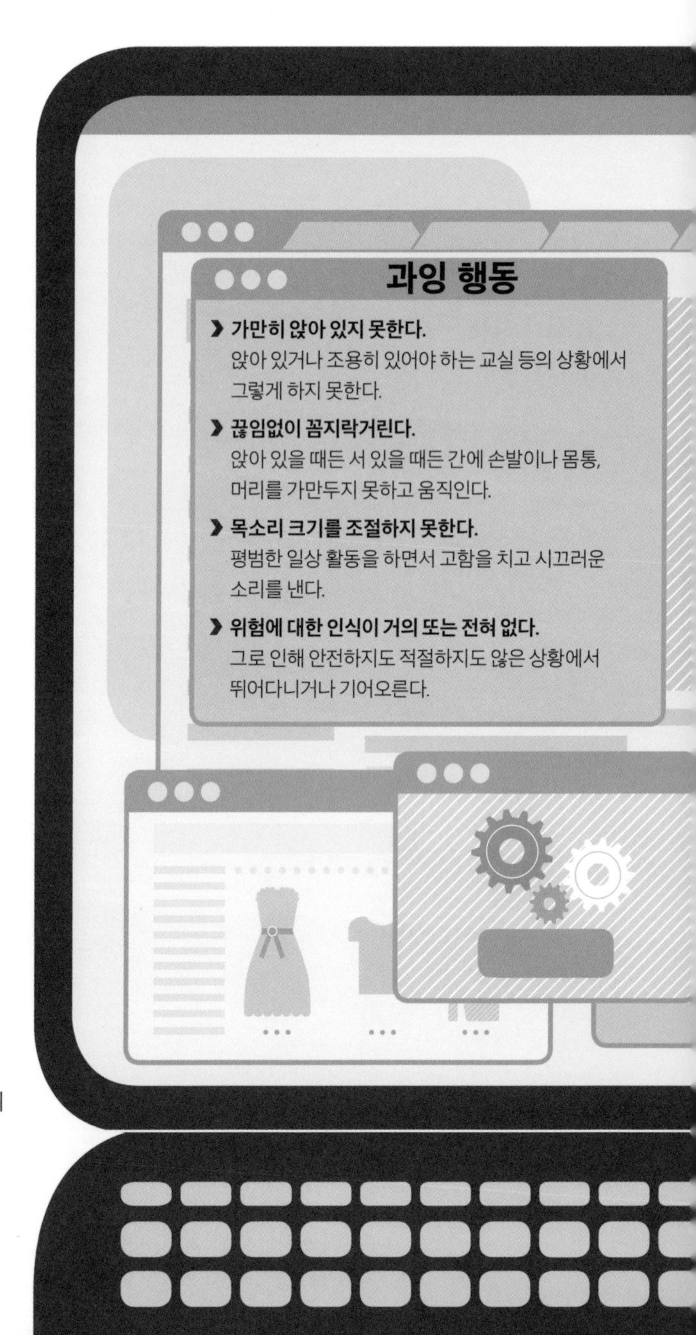

"ADHD를 가진 사람의 뇌는 너무 많은 창을 띄워 놓은 브라우저와 비슷하다."

— 팻 누이(Pat Noue), 성인 대상 사설 코칭 기관 ADHD 콜렉티브에서 인용

주의 산만

- **집중하지 못한다.** 그로 인해 판단 착오와 실수를 저지른다. 여기에 끊임없는 움직임이 더해져 부상을 초래할 수 있다.
- **칠칠하지 못하다.** 물건을 자주 떨어뜨리거나 깨뜨린다.
- **외부의 자극에 의해 쉽게 산만해진다.** 다른 사람이 말할 때 듣고 있지 않는 것처럼 보이고, 과제 등을 끝내지 못한다.
- **체계적으로 조직화하는 기술이 떨어진다.** 집중하지 못하는 탓에 과제나 활동을 조직화하는 데 곤란을 겪는다.
- **잘 잊어버린다.** 그로 인해 물건을 자주 잃어버린다.

충동성

- **끼어들어 방해한다.**
  말하는 사람이 누구든 어떤 상황이든 상관없이 대화에 끼어든다.
- **차례를 기다리지 못한다.**
  대화나 게임에서 자기 차례를 기다리지 못한다.
- **지나치게 말을 많이 한다.**
  화제를 자주 바꿀 수도 있고 한 주제에 집착할 수도 있다.
- **생각하지 않고 행동한다.**
  줄을 서서 기다리거나 집단의 속도에 맞추지 못한다.

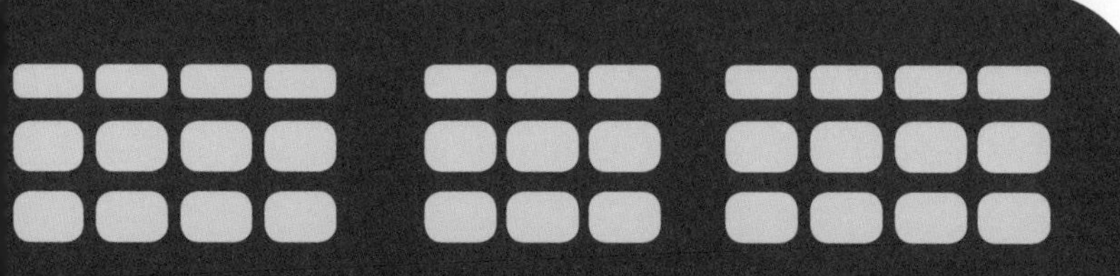

치료

- **행동 치료**(122~129쪽 참조)
  아동과 가족이 일상 생활을 유지하도록 돕는다. 가족 및 기타 돌보는 사람에게 심리 교육(113쪽 참조)을 하는 것도 도움이 된다.
- **생활 습관 관리**
  신체 건강을 개선하고 스트레스를 줄여 아동을 진정시키는 것이 포함된다.
- **약물 치료**
  아동을 진정시켜서(낫게 하는 것은 아니다.) 충동성과 과잉 행동을 줄일 수 있다. 정신 자극제(142~143쪽 참조)는 도파민 수준을 높여 집중에 관여하는 뇌 영역을 활성화시킨다.

ADHD 관리하기

아동이 ADHD에 대처하도록 부모가 도울 수 있는 방법이 여러 가지 있다.

- **예측가 능한 일과를 통해 ADHD를 가진 아동을 진정시킨다.** 일상 활동을 시간표로 만들고 일관되게 유지한다. 학교 생활도 시간표 형태로 명확하게 만들어서 확실하게 알려 주어야 한다.
- **경계선을 분명하게 정해 아동이 자신에게 기대되는 것이 무엇인지 알 수 있게 한다.** 긍정적인 행동은 바로바로 칭찬한다.
- **지시를 명료하게 한다.** 아동이 따르기 쉬워하는 것이라면 시각적 지시와 언어적 지시 중 어느 쪽이라도 괜찮다.
- **인센티브 제도를 사용한다.** 좋은 행동을 할 때마다 별이나 포인트를 쌓아 나중에 특전을 받게 하는 방법이 있다.

자폐 스펙트럼 장애

자폐 스펙트럼 장애는 다른 사람과 관계를 맺고 감정적, 정서적으로 반응하는 능력에 결함이 있어 평생 동안 사회적 상호 작용에서 문제를 보이는 장애들을 가리킨다.

소개

자폐 스펙트럼 장애(autism spectrum disorder, DSM-IV에서는 전반적 발달 장애의 하위 유형으로 자폐성 장애, 아스퍼거 장애 등을 구분하였으나 DSM-V에서는 이들이 각기 독립된 장애가 아니라 동일한 연속선상에서 증상의 양상이나 심각도에 차이가 있다고 보아 자폐 스펙트럼 장애라는 명칭으로 통합했다. — 옮긴이)는 일반적으로 아동기에 진단되며 다양한 방식으로 장애가 드러날 수 있다. 부모 또는 다른 돌보는 사람이 아기가 목소리를 사용하지 않는 것을 알아차리거나 혹은 좀 더 나이가 많은 아동의 경우에 사회적 상호 작용과 비언어적 의사 소통에 문제가 있는 것을 알아차릴 수 있다. 반복적 행동, 말하기의 문제, 시선 접촉의 결여, 순서나 의례적인 행동에 대한 집착, 기이한 운동 반응, 단어나 문장의 반복, 제한된 관심사, 수면 장애 같은 증상이 흔하게 나타난다. 자폐 스펙트럼 장애 아동 중 일부는 우울증(38~39쪽 참조)이나 ADHD(66~67쪽 참조)도 가지고 있을 수 있다.

유전적 소인, 조산, 태아 알코올 증후군과 근이영양증, 다운 증후군, 뇌성마비 등의 질환이 자폐 스펙트럼 장애와 관련이 있다고 알려져 있다. 검사를 통해 증상이 신체적 원인에서 비롯되었을 가능성을 배제한 후 진단이 이루어진다. 진단을 위해 아동의 행동과 발달의 모든 측면에 대한 정보가 가정과 학교에서 수집된다. 이 장애를 완치할 수 있는 치료법은 없지만 언어 치료와 물리 치료 같은 특화된 치료가 도움이 될 수 있다. 영국의 경우 100명당 한 명꼴로 자폐 스펙트럼 장애를 가지고 있으며 여자 아이보다 남자 아이에게서 더 많이 발생한다.

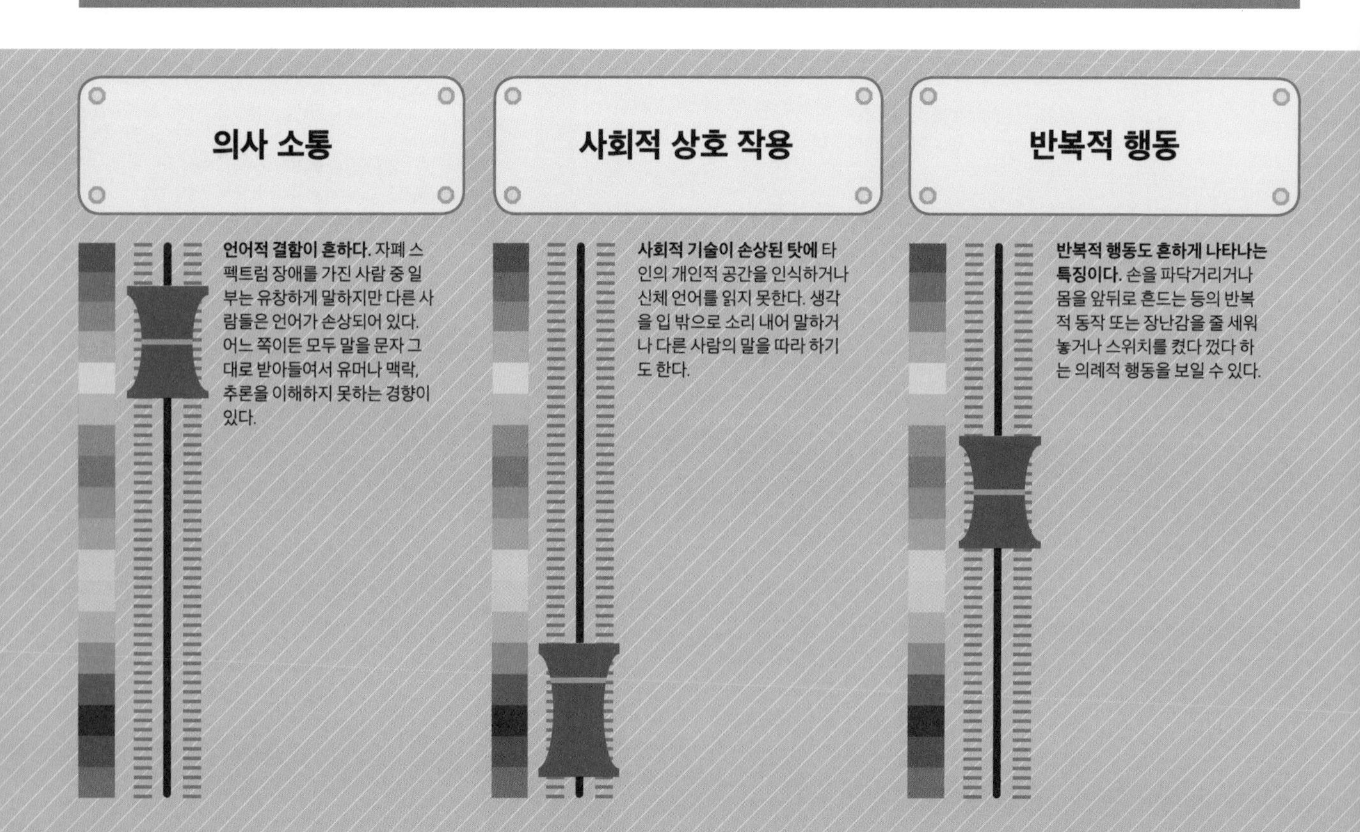

고기능 자폐와 아스퍼거 증후군

고기능 자폐(high functioning autism)와 아스퍼거 증후군(Asperger's Syndrome)은 모두 자폐 스펙트럼 장애의 특징을 보이면서도 평균 이상의 지능을 가진 사람들을 가리키는 용어이다. 그러나 이들이 두 개의 진단명으로 분리되어 있는 것은 고기능 자폐에서는 언어 발달 지연이 나타나는데 아스퍼거 증후군에서는 나타나지 않기 때문이다. 사람을 대하는 행동이 서투르고 괴상한 탓에 아동의 경우에는 고기능 자폐나 아스퍼거 증후군이라는 진단이 정확히 이뤄지지 않을 수도 있다. 완벽주의와 특정 관심사에 대한 집착이라는 자폐 스펙트럼 장애의 특성을 공유하는 만큼 이들은 자신의 관심 분야에서 전문가가 될 가능성이 있다. 자폐 스펙트럼 장애와 마찬가지로 이들은 일상 활동에서 엄격한 절차와 방법을 요구하고, 특정 자극에 민감하고, 어색하고 서투르고, 사회적 상황에서 적절한 행동과 의사 소통에 곤란을 겪는다. 이런 증상들의 심각도는 사람마다 다 다르다. 학창 시절에도, 졸업 후 성인이 된 후에도 만성적으로 사회적 관계나 친밀한 관계에 어려움을 겪는다.

치료

- **전문가의 개입과 치료**
  자해, 과잉 행동, 수면 장애와 관련해 도움을 줄 수 있다.
- **교육 및 행동 프로그램**
  사회적 기술을 배우는 데 도움이 될 수 있다.
- **약물 치료**(142~143쪽 참조)
  관련 증상에 도움이 될 수 있다. 멜라토닌은 수면 장애에, 선택적 세로토닌 재흡수 억제제는 우울증에, 메틸페니데이트는 ADHD에 효과가 있을 수 있다.

자폐 스펙트럼 장애의 정도

자폐 스펙트럼 장애는 사람마다 나타나는 방식과 정도가 다 다르다. 자폐증을 가진 작가이자 교수인 스티븐 쇼어(Stephen M. Shore)는 이렇게 말한다. "당신이 자폐증을 가진 한 사람을 만나 봤다면, 그저 자폐증을 가진 사람 중 한 명을 만나 본 것일 뿐이다."

"과학이나 예술에서 약간의 자폐증은 필수적이다."

— 한스 아스퍼거, 오스트리아의 소아과 의사이자 자폐증 연구자

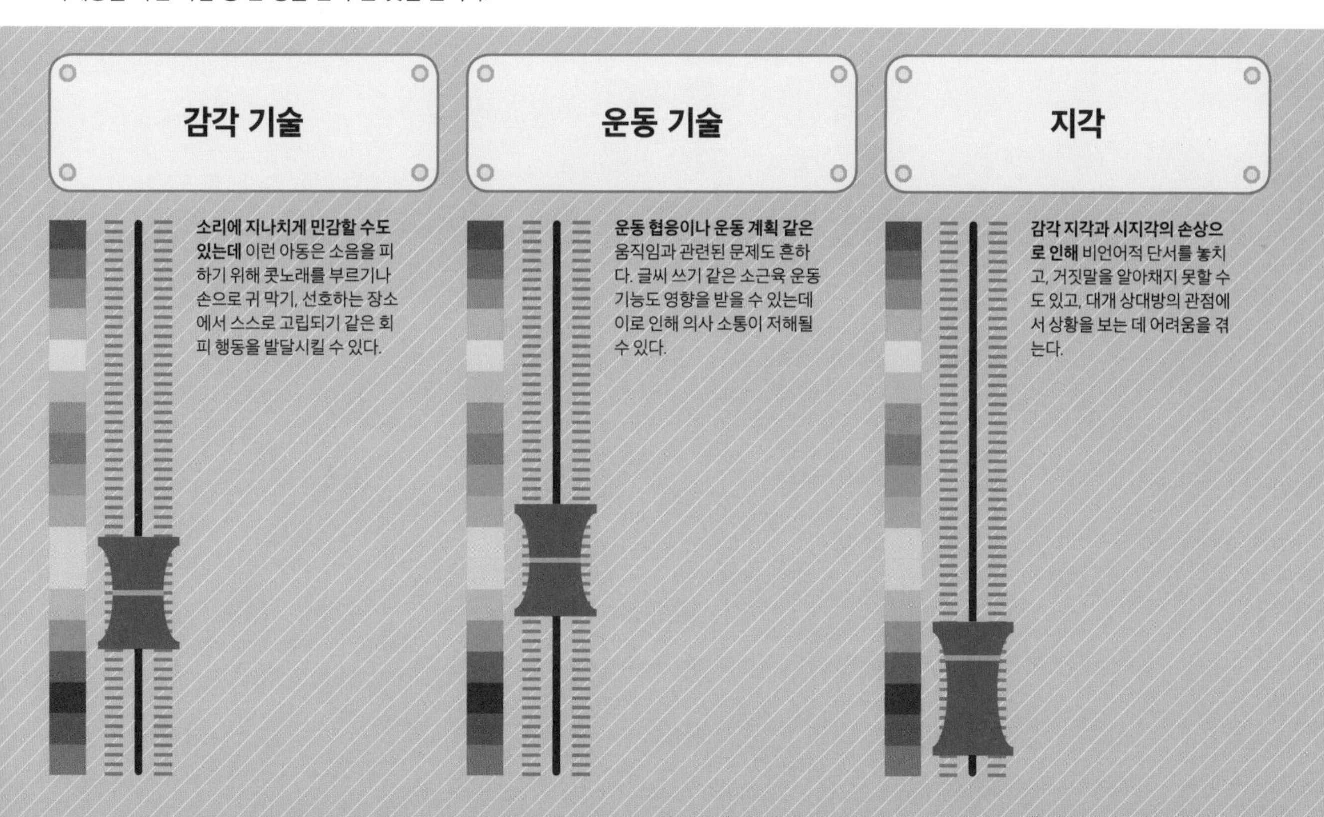

소리에 지나치게 민감할 수도 있는데 이런 아동은 소음을 피하기 위해 콧노래를 부르기나 손으로 귀 막기, 선호하는 장소에서 스스로 고립되기 같은 회피 행동을 발달시킬 수 있다.

운동 협응이나 운동 계획 같은 움직임과 관련된 문제도 흔하다. 글씨 쓰기 같은 소근육 운동 기능도 영향을 받을 수 있는데 이로 인해 의사 소통이 저해될 수 있다.

감각 지각과 시지각의 손상으로 인해 비언어적 단서를 놓치고, 거짓말을 알아채지 못할 수도 있고, 대개 상대방의 관점에서 상황을 보는 데 어려움을 겪는다.

조현병

조현병은 만성적인 장애이며, 사고방식에 이상을 일으키는 질환이다. 편집증적 증상, 환각, 망상이 특징이며 환자는 기능 수행 능력이 현저히 손상된다.

소개

그리스 어에서 유래한 단어 '조현병(schizophrenia)'은 '분열된 마음(정신)'을 의미하는데 이 때문에 조현병은 인격이 분열되는 병이라는 근거 없는 통념이 생겨났다. 조현병 환자는 인격 분열이 아니라 망상과 환각을 겪는데 그 자신은 그 망상과 환각이 실제라고 믿는다. 조현병에는 여러 유형이 있다. 주요 유형으로는 편집형(환각과 망상), 긴장형(비정상적인 동작 또는 움직임이 매우 많은 상태와 전혀 없는 상태가 교대로 나타나는 증상), 해체형(앞의 두 부류의 증상 모두)이 있다. 일반적인 통념과 달리 조현병을 가진 사람이 늘 공격적인 것은 아니다. 그러나 이들은 알코올과 약물을 남용하는 경향이 상대적으로 높아서 이런 습관이 조현병과 결합해 공격성을 초래할 수 있다.

조현병은 신체적, 유전적, 심리적, 환경적 요인의 복합적인 결과인 것으로 보인다. MRI 연구를 통해 신경 전달 물질인 도파민과 세로토닌(28~29쪽 참조) 수준의 이상과 뇌 구조의 이상이 발견되었고, 임신이나 분만 시의 합병증도 이 질환과 상관이 있을 가능성이 있다. 초기 성인기의 지나친 대마초 사용도 촉발 요인이 될 수 있다고 여겨진다.

20세기 후반부에는 조현병의 원인과 관련해 '이중 구속(double bind, 행동의 방향에 대해 모순되고 양립할 수 없는 요구들이 주어지는 것)', 부모나 기타 돌보는 사람의 높은 '표출 정서(expressed emotion, 조현병을 가진 사람에 대한 부정적 정서를 표출하는 것)' 수준, 낙인 찍기로 인한 조현병 환자 역할의 학습 등에 주목하는 가족 역기능 이론들이 인기 있었다. 그 후로 정신 건강 전문가들에 의해 환청이나 편집증적 증상은 트라우마나 학대, 결핍에 대해 흔히 일어나는 반응임이 관찰되었다. 스트레스는 급성 조현병 삽화를 촉발할 수 있는데 언제 이런 삽화가 시작되는지를 알아차리는 법을 배우는 것이 질환의 관리에 도움을 준다.

치료

- **지역 사회 정신 건강 서비스팀** 사회 복지사, 작업 치료사, 약사, 심리학자, 정신과 의사 등이 협력해 환자가 안정된 상태를 유지하며 호전되도록 도울 방법을 개발한다(우리나라의 경우에는 기초 및 광역 정신 건강 복지 센터가 이에 상응하는 역할을 하고 있다. — 옮긴이).
- **약물 치료** 항정신병약(142~143쪽 참조)으로 대부분의 양성 증상은 경감되지만 조현병이 완전히 치유되는 것은 아니다.
- **인지 행동 치료(125쪽)와 현실 검증 기법** 망상 등의 증상을 관리하는 데 도움이 될 수 있다. 심상을 사용해 음성 증상이 초래하는 스트레스를 완화하는 새로운 방법들도 있다.
- **가족 치료(138~141쪽 참조)** 가족 내 관계와 대처 기술을 향상시키고 환자를 돌보는 모든 사람을 교육한다.

양성 증상(정신증적 증상)

이 증상들을 양성이라고 분류하는 이유는 건강한 사람에게서는 나타나지 않는 사고 및 행동 방식, 즉 없어야 할 것들이 이 질환을 가진 사람에게는 부가적으로 존재하기 때문이다.

- **환청** 흔한 증상으로 때때로 혹은 항상 나타날 수 있다. 목소리는 시끄러울 수도 조용할 수도, 마음을 동요시킬 수도 별 영향이 없을 수도, 아는 목소리일 수도 아닐 수도, 남성일 수도 여성일 수도 있다.

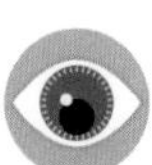

- **환시** 실제로는 없는 사물이나 사람이 환자에게는 진짜 있는 것으로 보이는 증상으로 흔히 폭력적이고 불쾌한 것이 보인다.

- **환촉** 개미 등의 불쾌한 생물이 피부 위 혹은 피부 아래를 기어가고 있다고 느끼는 증상이다.

- **환취와 환미** 남들은 지각하지 못하는 냄새나 맛을 느끼는 증상으로 환취와 환미를 구별하기 어려울 수도 있다.

- **망상** 망상은 확고한 믿음으로 반대 증거가 있어도 유지된다. 자신이 유명한 인물이라는 망상, 미행당하고 있다거나 자신을 노리는 음모가 있다는 망상 등이 있다.

- **조종당한다는 느낌** 예컨대 신이나 독재자가 자신에게 뭔가를 지시하고 있다는 생각은 사람을 압도할 수 있다. 이런 믿음을 가지면 행동에 변화가 생길 수 있다.

진단

조현병은 임상 면담과 전문가용 체크 리스트를 통해 증상(아래 참조)을 평가해 진단한다. 질환의 진단과 치료가 일찍 시작될수록 질환으로 인한 개인적, 사회적, 직업적 삶의 손상이 누적되는 기간이 짧아지므로 더 좋다. 조현병을 완치할 수는 없지만 증상을 극복하고 하루하루 기능을 수행하는 것은 충분히 가능하다. 조현병은 이렇게 복잡한 정신 건강 문제인 만큼 이 질환을 가진 각 개인의 요구에 부응하는 맞춤형 치료 계획이 필요하다.

1.1%

전 세계 성인의 조현병 유병률

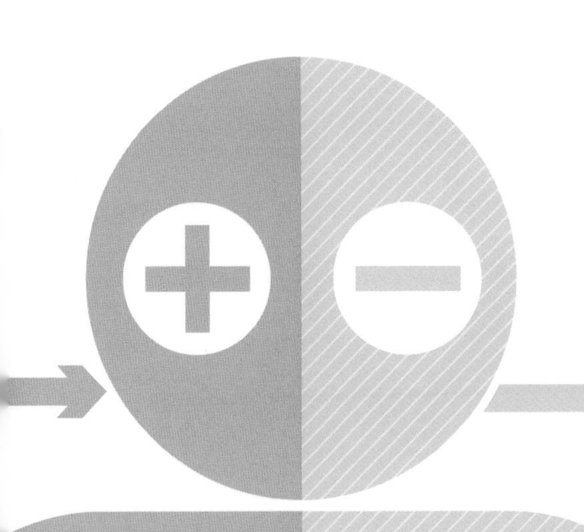

음성 증상(위축)

이 증상들을 음성이라 부르는 이유는 이 증상들이 건강한 사람에게서는 보이지만 조현병 환자에게서는 볼 수 없는, 어떤 기능이나 사고, 행동의 결여에 해당하기 때문이다.

› 의사 소통 곤란
신체 언어의 변화, 시선 접촉 결여, 조리가 맞지 않는 말 등이 초래될 수 있다.

› 정서의 둔화
정서 반응의 범위가 현저히 감소하고, 어떤 활동도 즐기지 않게 된다.

› 피로
무기력, 수면 패턴의 변화가 초래되거나 오랫동안 침대에서 나오지 않거나 같은 곳에 앉아 있을 수 있다.

› 의욕 상실
의지력이 떨어지고 동기나 의욕이 결여되어 평범한 일상 활동이 어렵거나 불가능해진다.

› 기억력 감퇴
기억력과 집중력의 현저한 저하로 인해 계획이나 목표를 세우지 못하게 되고 생각과 대화를 놓치지 않고 따라가는 데 곤란을 겪는다.

› 일상적인 과업 처리 능력 상실
이로 인해 혼란이 초래된다. 환자는 집안일이나 자신을 돌보지 않게 된다.

› 사회적 위축
사회 활동과 공동체 활동으로부터 멀어지면 사회 생활이나 사교 활동에 큰 지장이 초래될 수 있다.

조현병의 증상

조현병의 증상들은 양성 또는 음성으로 분류된다. 양성 증상이란 나타나지 않는 것이 정상인데 나타나는 정신증적 사고와 행동을 말하고, 음성 증상은 우울증에서 보이는 위축이나 둔화된 정서와 비슷한 모습으로 나타날 수 있다. 1개월 중 상당 기간 동안 양성 증상과 음성 증상을 하나 이상씩 겪었다면 조현병일 가능성이 있다.

조현정동 장애

조현정동 장애는 조현병의 정신증적 증상과 양극성 장애의 특징인 정서 조절 부전이 동시에 나타나는 질환으로, 만성적인 경과를 보인다.

소개

개인마다 증상의 차이가 있을 수 있지만 조현정동 장애(schizoaffective disorder)로 진단되려면 정신증적 증상이 나타나는 시기에 기분 증상(조증이나 우울증 증상 또는 둘 다)이 같이 나타나는 기간이 존재하고, 기분 증상이 없는 상태에서 정신증 증상이 나타나는 기간이 2주 이상이어야 한다.

조현정동 장애는 너무 어려서 대처 방법을 모르거나 대처 기술을 발달시킬 수 있을 정도의 보살핌을 받지 못한 상태에서 외상적 사건을 겪을 때 촉발될 수 있다. 유전적 요인도 영향을 미칠 수 있다. 여성에게서 더 흔하게 나타나며 대개 초기 성인기에 시작된다.

정신 건강 전문가는 증상을 평가하고 그 증상이 언제부터 있었는지, 무엇에 의해 촉발되는지를 질문한다. 조현정동 장애는 만성 질환으로, 생활의 모든 영역에 영향을 주지만 증상을 관리하는 것은 가능하다. 가족이 이 장애를 잘 이해하도록 도우면 의사 소통과 지지가 향상될 수 있다.

치료

- **약물 치료**
  장기적인 약물 치료가 필요하다. 대개 우울형에는 기분 안정제와 항우울제가 같이 사용되고 조증형에는 항정신병약이 사용된다(142~143쪽 참조)
- **인지 행동 치료****(125쪽 참조)**
  사고와 감정, 행동 간의 관련성을 인식하고, 행동 변화에 앞서 나타나는 신호를 알아내고, 대처 전략을 개발하도록 돕는다.

조현정동 장애의 몇 가지 형태

이 장애를 가진 사람은 환각이나 망상 같은 정신증적 증상을 겪는 기간에 우울형이나 조증형의 기분 장애 증상을 함께 겪는데 때로는 두 유형의 기분 증상을 모두 겪는 경우도 있다. 이 장애는 심각한 증상 다음에 호전되는 시기가 뒤따르는 순환적 양상을 보인다.

1% 인구의 1퍼센트는 조현정동 장애가 생길 가능성이 있다.

- **환각** 실제로는 존재하지 않는 목소리나 사물을 듣거나 본다.
- **망상** 사실이 아닌 것에 대한 잘못된 믿음이 확고하다.

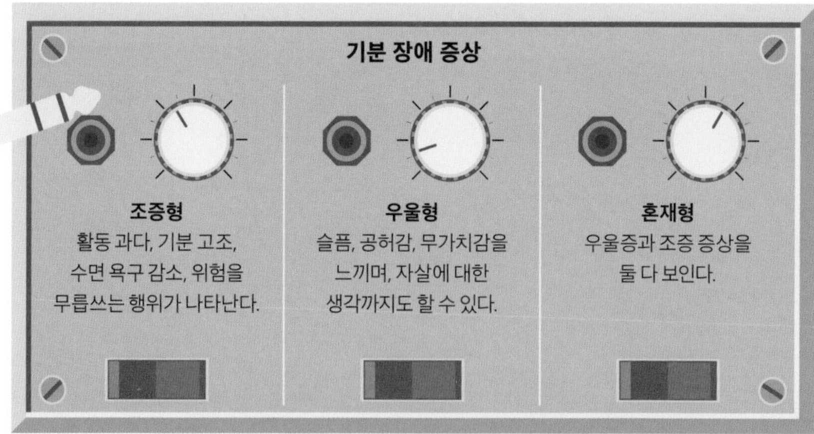

긴장증

긴장증은 행동과 운동 기술 모두에 영향을 주는 삽화성 질환으로, 정신 운동 활동의 이상과 의식이 뚜렷한데도 극도의 무반응 상태를 보이는 것이 특징이다.

소개

긴장증(catatonia)은 일종의 부동 상태로, 며칠 혹은 몇 주 동안 지속될 수 있다. 이 질환을 가진 사람은 외부의 사건에 반응하지 않거나, 몹시 흥분하거나, 극도의 불안 때문에 말하는 데 어려움이 있거나, 먹거나 마시기를 거부할 수 있다. 그 외에도 슬픔, 과민, 무가치감 등의 증상이 있는데 이 증상들은 거의 매일 나타날 수 있다. 활동에 대한 흥미 상실, 체중의 급격한 감소나 증가, 수면 장애, 안절부절못하는 증세가 나타날 수도 있다. 의사 결정 능력이 손상되고 자살에 대한 생각이 흔하게 나타난다.

긴장증은 심리적 원인이나 신경학적 원인에서 비롯될 수 있고, 우울증(38~39쪽 참조)이나 정신증적 장애와 관련되었을 수도 있다. 긴장증을 가진 사람의 10~15퍼센트가 조현병(70~71쪽 참조) 증상도 가지고 있고, 양극성 장애(40~41쪽 참조)를 가진 사람의 약 20~30퍼센트는 조증기에 긴장증을 보이기도 한다.

긴장증의 진단

정신 건강 전문가가 환자를 관찰해 증상을 찾는다. 12개 증상(오른쪽 그림 참조) 중 3개 이상이 나타나는 경우에 긴장증으로 진단한다.

함구증 말을 하지 않는 것. 말하고 싶지 않거나 말을 할 수 없는 것이다.

반향 언어 다른 사람의 말을 계속 따라한다.

찡그림 혐오와 반감, 고통을 나타내는 일그러진 얼굴 표정을 짓는다.

혼미 움직임과 표현이 없고 자극에 반응하지 않는다.

강경증 최면에 걸린 듯한 상태로 외부의 자극에 반응하지 않고 부자연스럽게 강직된 자세를 유지한다.

납굴증(waxy flexibility) 다른 사람이 팔다리를 불편하게 구부려놓아도 그 자세로 계속 있다.

흥분 목적성 없고 위험한 운동 활동이 나타날 수 있다.

매너리즘 특이하고 과장된 동작이나 포즈를 취한다.

자세 유지증 중력에 반하는 부자연스러운 자세를 자발적으로 유지한다.

상동증 자주, 같은 동작을 계속 반복한다.

거부증 지시나 제안에 반대로 행동하거나 아예 반응하지 않는다.

반향 동작 다른 사람의 움직임을 계속 따라한다.

치료

› **약물 치료(142~143쪽 참조)**
증상에 따라 항우울제, 근육 이완제, 항정신병약, 진정제(예컨대 벤조디아제핀)가 사용되는데 진정제는 의존증이 생길 위험이 있다. 약물 치료를 잘 따르게 하고 생활 기술을 가르치기 위해 외부의 도움이 필요하다.

› **전기 경련 치료**
약물이 효과가 없을 때 사용하기도 한다. 환자의 뇌에 전류를 흘려보내는 방법이다(142~143쪽 참조).

망상 장애

망상 장애는 매우 드문 형태의 정신증으로 이 장애를 가진 사람은 사실이 아니거나 현실에 근거하지 않은 정교한 망상을 가진다.

소개

망상 장애(delusional disorder)는 과거에 편집성 장애로 불렸던 질환으로 장애를 가진 사람이 실제와 상상을 구별하지 못하는 것이 특징이다. 망상은 자신이 경험한 사건을 잘못 해석한 결과일 수 있으며 사실이 아니거나 몹시 과장되어 있다. 누가 자신을 미행하고 독을 먹이고 속이고 있다거나 멀리서 누가 자신을 사랑하고 있다는 등의 기이하지 않은, 실제로 일어날 수 있는 상황과 관련된 망상을 가질 수도 있고 외계인이 곧 침공해 온다는 등의 불가능한, 기이한 망상을 가질 수도 있다.

망상 장애가 있으면 집중하기도 사람들과 어울리기도 정상적인 생활을 하기도 어려운데, 그것은 이 장애로 인해 행동에 극적인 변화가 생겨 주변 사람들과 마찰을 빚게 되기 때문이다. 어떤 사람들은 망상에 너무 사로잡힌 나머지 일상 생활이 붕괴되기도 한다. 하지만 다른 사람들은 정상적으로 기능을 수행하고, (망상에서 비롯된 행동을 제외하면) 확연하게 기이한 행동은 하지 않는다. 어떤 사람은 망상 주제와 연관된 환각, 즉 실제로 없는 것을 보거나 듣거나 맛을 느끼거나 냄새를 맡거나 감촉을 느끼는 증상을 경험하기도 한다.

망상의 주제별 유형

망상이란 반대 증거가 제시되어도 바뀌지 않는 확고한 믿음으로, 특정 주제들(오른쪽 그림 참조)을 따른다는 특징이 있다. 이 장애를 가진 사람은 망상을 1개월 이상 나타내며 대부분 그 망상에 문제가 있다는 것을 인정하지 않는다. 이런 사람은 외부인이 그 믿음을 건드리지 않는 한 완전히 정상으로 보일 수도 있다.

색정형
다른 사람이 자신을 사랑하고 있다고 믿는 유형으로, 상대는 주로 유명한 인물이다. 스토킹으로 이어지기도 한다.

신체형
이 유형의 망상에는 신체적 감각이 수반된다. 예를 들어 몸에 벌레가 산다고 믿는 사람은 피부 밑에 벌레가 기어 다니는 듯한 감각을 느낀다.

과대형
자신에게 남들이 알아보지 못한 굉장한 재능이나 지식이 있다고 믿는 유형으로, 예컨대 자신이 예언자나 영적 지도자 혹은 신이라고 믿는다.

망상 삽화를 촉발한다고 알려진 심리 장애로는 조현병(70~71쪽 참조), 양극성 장애(40~41쪽 참조), 심한 우울증(38~39쪽 참조)이나 스트레스, 수면 부족 등이 있다. 망상 삽화를 유발할 수 있는 의학적 상태로는 인간 면역 결핍 바이러스(HIV), 말라리아, 매독, 루푸스, 파킨슨병, 다발성 경화증, 뇌종양이 있다. 어떤 경우에는 알코올이나 약물 등의 물질 남용에 의해 망상 삽화가 촉발될 수 있다.

진단

먼저 그 사람의 병력 전체를 청취한다. 그리고 증상이 어떤지 듣고, 망상이 매일의 기능 수행에 미치는 영향과 정신 건강 질환의 가족력, 투약 중인 약이나 사용하고 있는 불법적인 물질에 대해 물어본다.

치료

약물 치료(142~143쪽 참조)
항정신병약으로 망상 증상을 줄이거나 선택적 세로토닌 재흡수 억제제 같은 항우울제로 망상 장애에 동반될 수 있는 우울증을 완화하기도 한다.

심리 치료
인지 행동 치료(125쪽 참조)를 통해 확고하게 유지하고 있는 믿음을 검토하도록 돕고 변화를 지원한다.

자조 집단과 사회적 지지
이 장애를 가지고 생활하는 데 따르는 스트레스를 완화하고 주변 사람들을 돕는다. 가족에 대한 개입, 사회적 개입, 학교에 대한 개입을 통해 사회적 기술을 발달시키도록 도와 이 장애가 삶의 질에 미치는 타격을 줄인다.

(망상 장애 유병율은 이보다 훨씬 더 낮은 약 0.03퍼센트다. — 옮긴이)

0.2%
망상을 경험하는 사람의 비율

피해형
남들로부터 박해나 피해를 당하고 있다고 느끼는 유형이다. 스토킹을 당하고 있다거나 누가 자신의 음료수에 약을 탄다거나 염탐을 당하고 있다거나 중상모략에 희생되었다는 등의 망상이 있다.

질투형
연인이나 배우자가 외도를 하고 있다거나 자신을 기만하고 있다는, 병적이고 근거 없는 믿음을 가진 유형이다.

혼합형과 명시되지 않는 유형
위의 유형 중 두 가지 이상의 망상을 가지고 있지만 어느 하나의 주제가 두드러지지 않는 경우를 혼합형이라 한다. 망상이 주요 유형 어디에도 속하지 않는 경우는 명시되지 않는 유형이라고 한다.

치매

치매는 (아직까지는) 치료가 불가능한 퇴행성 질환으로, 경도 신경 인지 장애 또는 주요 신경인지 장애라고도 불린다. 기억 장애와 성격 변화, 논리적 사고 능력의 손상이 특징이다.

소개

치매(dementia)는 하나의 질환을 의미하는 것이 아니라 뇌의 손상에 의해 생겨 점차 더 심해지는 증상들의 집합을 가리키는 용어이다. 주의 집중, 문제 해결, 과제를 순서나 단계대로 수행하기, 계획하기, 조직화하기 등에 곤란을 겪고 전반적인 혼돈(confusion) 상태를 보이는 등의 증상이 나타난다.

치매가 있으면 날짜나 요일을 알지 못하거나 대화를 따라가지 못하거나 말하고자 하는 단어가 생각이 잘 나지 않을 수 있다. 또한 거리를 판단하거나 대상을 삼차원으로 지각하는 데 문제가 생기기도 한다. 치매가 있으면 불안감을 느끼고 자신감을 잃을 수 있으며 이는 우울증으로 이어질 수도 있다.

여러 가지 질환이 치매 증상을 일으키는데 여기에는 알츠하이머병, 뇌혈관 질환, 루이체병, 전두엽과 측두엽의 장애 등이 포함된다.

치매는 주로 노인들에게서 나타나지만 50대에게서도 발생할 수 있고(조기 발병 치매라고 부른다.) 간혹 더 젊은 사람에게서도 발견된다.

치매를 진단할 수 있는 단일한 평가 방법이 있는 것은 아니다. 병원에서는 기억력 검사와 사고력 검사를 실시하고, 손상된 뇌 영역을 확인하기 위해 뇌 스캔을 하기도 한다. 치료는 증상을 완화하고 병의 진행을 늦추는 것을 목적으로 이루어진다.

30%
65세 이상에서 치매 발생 비율

운동 기술
운동에 관여하는 뇌 영역이 손상되면 근육 통제력이 약해진다.

정서
감정을 통제하거나 표현하지 못하게 되어 자존감 저하와 우울증이 초래될 수 있다.

원인

› 알츠하이머병
비정상적인 단백질이 뇌 신경세포에 축적되어 구조를 손상시킨다. 이로 인해 신경세포 간에 전달되는 화학적 메시지가 교란되고 신경세포들은 점차 사멸된다. 더 많은 뇌 영역이 손상됨에 따라 증상도 진행된다.

› 혈관성 치매
뇌혈관 질환에서 비롯된다. 뇌 혈류에 문제(예컨대 뇌졸중)가 생겼을 때 발생하며 추론, 계획, 판단, 기억 등에 곤란을 초래한다.

› 혼합형 치매
두 가지 이상의 치매, 흔히 알츠하이머병과 혈관성 치매가 동시에 있는 경우를 말한다.

› 루이체(Lewy body) 치매
알츠하이머병과 파킨슨병이 결합된 양상의 증상을 보인다. 비정상적인 단백질 덩어리가 신경세포에 형성되어 발생하며 흔히 환각과 망상을 유발한다.

› 전두측두엽 치매
뇌의 전두엽과 측두엽의 퇴화로 인해 생기는 치매로 피크병(Pick's disease)이라고도 알려져 있다. 위의 유형들에 비해 덜 흔하다. 성격과 행동에 변화가 나타나고 언어 기능에 장애가 생긴다.

사회적 기술
집중해서 대화를 따라가지 못하게 되므로 사람들과 어울리기가 어려워질 수 있다.

기억
단기 기억이 먼저 손상되고 병이 진행됨에 따라 장기 기억도 손상된다.

언어
말하기와 언어 기능에 문제가 생기는데 이로 인해 다른 사람들이 당황스러울 수 있다.

의사 결정
기억력 손상과 주의 집중 곤란, 혼돈으로 인해 의사 결정이 힘들거나 불가능해질 수 있다.

판단
더 이상 통제력이나 계획 능력이 있다고 느끼지 못하므로 스스로의 판단을 믿지 못하게 된다.

집중
집중력 상실로 인해 독립적인 일상 생활을 유지하기가 어려워질 수 있다.

공감
자신이 처한 상황을 이해하려 분투하다 보니 다른 사람을 생각할 여유가 없게 된다.

치료

- **인지 자극 치료와 현실 감각 치료(reality orientation therapy)** 단기 기억에 도움이 될 수 있다.
- **행동 치료(124쪽 참조)** 일과를 수행할 수 있게 돕는다.
- **인정 치료(validation therapy)** 돌보는 사람이 환자의 말을 고치려 하기보다는 감정에 공감하며 경청함으로써 환자가 존중과 인정을 받고 있다고 느끼게 한다.
- **아세틸콜린 분해효소 억제제(142~143쪽 참조)** 기억력과 판단력을 호전시킨다.

치매가 미치는 영향

사람이 다 다르듯이 치매의 양상도 사람마다 다르다. 진단은 환자의 병력 및 증상으로 인한 일상 생활 기능의 손상 정도에 기초한다.

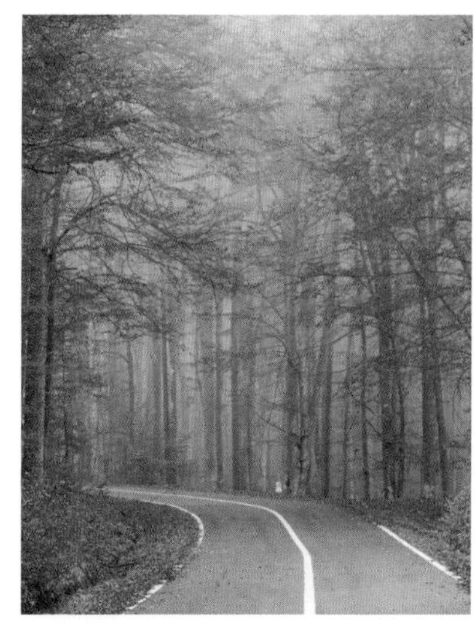

치매 환자는 불안감을 느끼고 자신감을 잃는다. 이들은 앞으로의 삶을 준비하기 위해 도움이 필요하다.

만성 외상성 뇌병증

만성 외상성 뇌병증은 뇌진탕 후 증후군이라고도 알려진 퇴행성 질환으로, 폐쇄성 두부 손상 후에 생기는 생리적, 심리적 문제가 특징이다.

소개

만성 외상성 뇌병증(chronic traumatic encephalopathy)은 거의 대부분 폭발로 인한 두부 손상을 경험한 군인이나 미식축구, 럭비, 권투 등의 접촉 시 충격이 큰 운동을 하는 선수에게서 발생하며 아직 치료법은 없다. 신체적 증상으로는 두통, 어지럼증, 통증 등이 있다. 심리적 증상으로는 기억력 저하, 혼돈, 판단력 손상, 충동 억제 곤란, 환각 등이 있다. 공격적으로 행동하거나 인간 관계 유지에 어려움을 겪기도 한다. 나중에 파킨슨병과 치매(76~77쪽 참조)의 징후가 나타날 수 있다. 이런 문제들은 일찍 발생할 수도 있고 두부 외상을 겪고 오랜 시간 뒤에 나타날 수도 있다. 예방을 위해 운동 경기 시 보호용 헤드 기어를 사용하고 가슴이나 어깨 위로는 접촉을 불허하는 규칙을 도입하는 것이 바람직하다.

현재로서는 만성 외상성 뇌병증의 진단은 환자가 사망한 뒤에만 가능하다. 조기 발견을 위한 검사와 뇌 스캔, 생체 지표가 개발 중이다.

치료

- **심리 치료**
  인지 행동 치료(125쪽 참조)와 마음챙김 기반 스트레스 감소 프로그램(129쪽 참조)
- **생활 습관 관리**
  첫 두부 외상 후에 휴식을 취해 회복한 다음 점진적으로 활동을 재개하고 증상이 다시 나타나면 활동을 중단한다.
- **항우울제(142~143쪽 참조)**
  심리적 증상이 항우울제가 필요한 수준일 경우에 처방된다.

미국 프로 미식축구 연맹(NFL) 은퇴 선수의 99퍼센트에서 만성 외상성 뇌병증이 발견되었다.

두부 손상의 누적 효과

보호되지 않은 두개골에 여러 번 충격이 가해지면 되돌릴 수 없는 손상이 발생할 수 있다. 한 연구에서 가벼운 두부 외상을 겪은 100명을 관찰한 결과, 20~50명이 첫 외상으로부터 3개월 뒤에 만성 외상성 뇌병증 증상을 보였고, 10명 중 한 명은 1년 후에도 문제를 겪고 있는 것으로 나타났다.

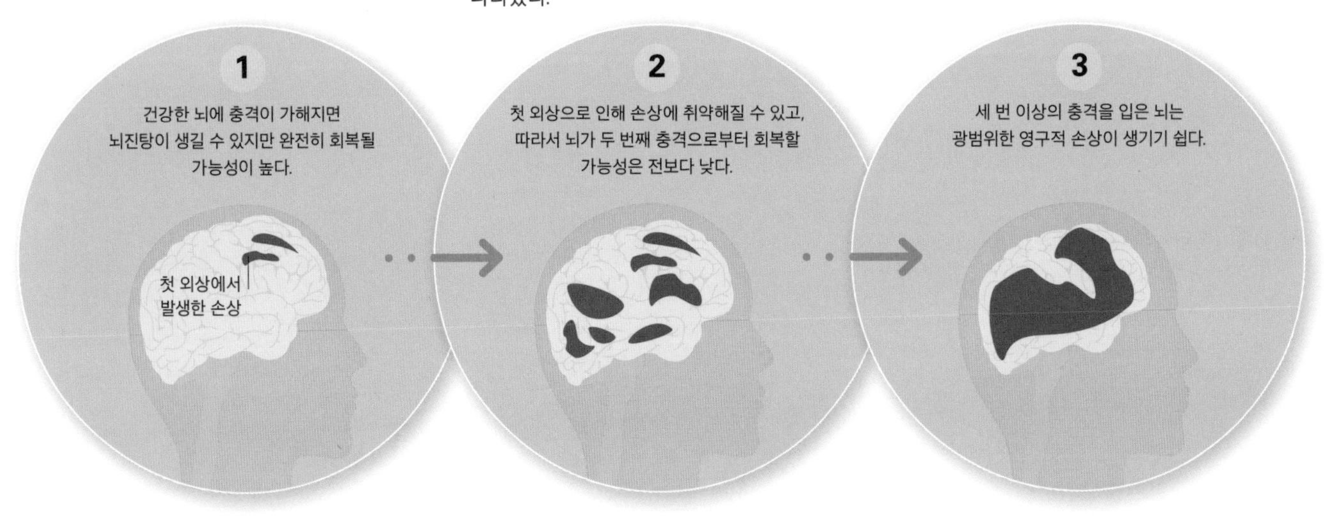

섬망

섬망은 갑자기 혼돈이 발생한 정신 상태로, 무기력, 안절부절못함, 망상, 조리가 맞지 않는 생각과 말 등이 특징이며 질병이나 부실한 식사, 중독 등의 다양한 원인에서 비롯될 수 있다.

소개

섬망(delirium 혹은 급성 혼돈 상태, acute confusional state)은 일상 생활에 심각한 타격을 줄 수 있지만 대개 오래 지속되지는 않는다. 섬망 상태인 사람은 주의 집중이 어렵고 자신이 현재 어디에 있는지를 인식하지 못할 수 있다. 평소보다 더 느리게 혹은 더 빠르게 움직이거나 급격한 기분 변동을 겪기도 한다. 그 외에도 생각이나 말이 명료하지 않은 것, 잠들지 못하거나 졸음을 느끼는 것, 단기 기억의 저하, 근육이 통제되지 않는 것 등의 증상이 있다.

섬망은 어느 연령에서나 발생할 수 있지만 노인에게서 더 흔하며 치매(76~77쪽 참조)와 헷갈릴 수 있다. 섬망은 보통 신체적 또는 정서적 문제가 일시적으로 나타난 상태이지만 그 상태를 되돌릴 수 없는 경우도 있다. 또 치매와 섬망을 동시에 겪는 경우도 있다.

원인은 다양하지만 일반적인 원인으로는 호흡기나 요로 감염 같은 의학적 상태, 저나트륨혈증 같은 대사 불균형이 있다. 또한 중증 질환, 수술, 통증, 탈수, 변비, 영양 실조, 투약의 중단이나 변화 뒤에도 섬망이 발생할 수 있다.

진단

증상을 확인하고 움직임과 인지 과정, 말하기 기능을 평가한다. 일부 전문가는 환자의 행동을 하루 종일 관찰하는 방법을 사용해 섬망을 진단하거나 섬망은 아니라고 배제한다. 기저 질환을 확인하기 위해 신체 검사를 실시하기도 한다.

치료

- **현실 지남력 치료(reality orientation therapy)** 현재의 시간, 장소, 사람에 대한 단서를 공손하게 시각적, 언어적으로 반복해서 제시해서 환자가 자신의 주변 환경과 상황을 이해하게 돕는다.
- **생활 습관 관리** 운동을 포함한 규칙적인 일과를 유지해 혼돈을 최소화하고 환자가 하루하루의 생활에서 얼마간의 통제력을 다시 가지도록 돕는다.
- **항생제** 감염성 질환이 원인으로 밝혀진 경우에 처방한다. 탈수가 원인인 경우에는 수액을 투여한다.

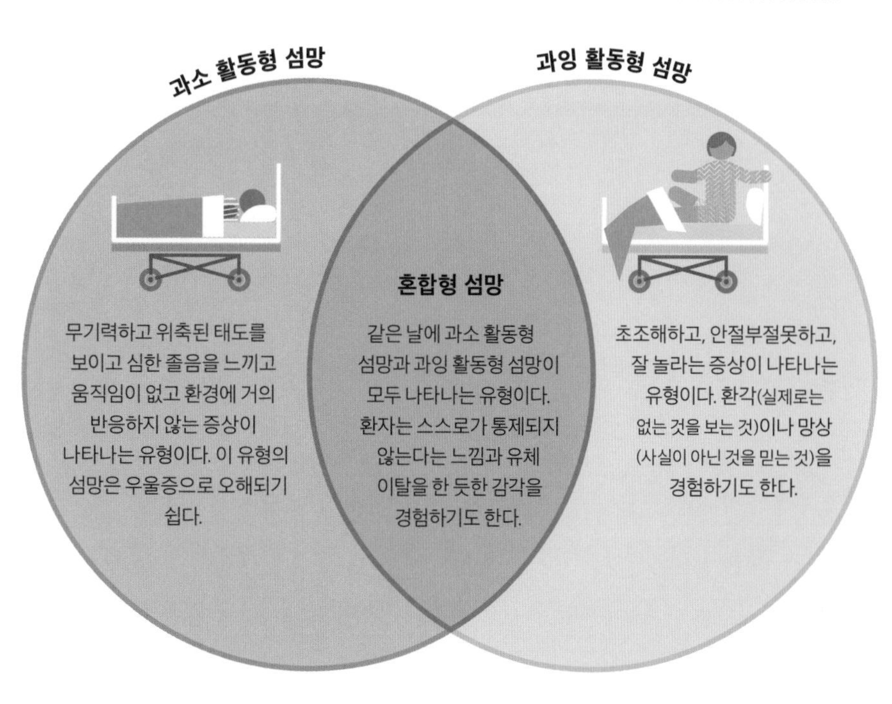

물질 사용 장애

물질 사용 장애는 알코올이나 약물(또는 둘 다)의 사용으로 인해 가정이나 직장에서의 생활에 악영향을 미치는 신체적, 심리적 문제가 발생한 심각한 상태이다.

소개

약물 사용 장애 또는 물질 남용이라고도 알려진 물질 사용 장애(substance use disorder)는 다방면에 걸쳐 손상과 심리적 고통을 초래할 수 있다. (알코올이든 약물이든 간에) 물질 남용의 증상 및 징후로는 정상적으로 기능하기 위해 정기적(어쩌면 매일)으로, 심지어 혼자일 때도 물질을 사용하거나 자신의 건강과 가족, 직장 생활에 해를 끼치는 줄 알면서도 물질을 계속 사용하는 한편, 물질을 사용하기 위한 핑계를 찾고 물질 사용에 관한 질문에 공격적으로 반응하는 경우가 나타난다. 또한 물질 사용에 대해 숨기려 한다거나 다른 활동에 대한 흥미 감소, 직업 기능 손상, 음식 섭취나 외모 관리 소홀, 혼돈, 무기력, 우울, 경제적 곤란, 돈을 훔치는 등의 범죄 행위도 있을 수 있다.

장기적으로는 알코올 과다 섭취로 체중 증가와 고혈압, 우울증(38~39쪽 참조) 위험 증가, 간 손상, 면역 체계 문제, 몇몇 암 등이 초래될 수 있다. 약물 사용은 우울증이나 조현병(70~71쪽 참조), 인격 장애(102~107쪽 참조) 같은 정신 건강 문제와 관련되었을 수 있다.

알코올이나 약물 남용은 대개 그것을 권하거나 용인하는 사회 문화적 분위기 속에서 자발적인 행동으로서 시작된다. 또래나 동료 집단의 압력, 스트레스, 가족 역기능에 의해 문제가 확대될 수 있다. 아동의 경우 가족 중 화학적 의존 문제가 있는 사람이 있으면 환경적 이유로든 유전적 이유로든(혹은 두 가지 이유 모두로든) 이 장애의 위험이 높을 수 있다.

진단

문제를 부인하는 것이 중독의 일반적인 증상인 만큼 진단은 이 장애를 가진 사람이 자신에게 문제가 있음을 인식하는 것에서부터 시작된다. 이런 사람에게는 지시하고 맞서기보다는 공감하고 존중해 주는 것이 자신에게 물질 사용 장애가 있음을 인정하게 만들 가능성이 높다. 정신 건강 전문가는 이 사람의 물질 사용 양상(아래 참조)을 평가하고 심각도에 따라 등급을 정한다.

치료

› 심리 치료
인지 행동 치료(125쪽 참조)로 중독을 유지시키는 사고와 행동을 검토하거나 수용-전념 치료(126쪽 참조)로 부정적 사고를 받아들이는 태도를 변화시킨다.

› 심리적 지지
익명의 알코올 중독자 모임(Alcoholics Anonymous, AA)처럼 같은 문제를 가진 사람들의 모임에 참석해 물질 남용을 끊고 삶의 질을 향상하기 위한 동기와 격려를 얻는다.

› 입원 치료
증상이 심각한 경우에는 입원해서 해독 과정 동안 활동을 제한하고 급성 금단 증상이 나타날 때 약물을 투여받는다.

행동 패턴

남용하는 물질의 종류와 상관없이, 물질 사용 장애는 11가지 행동을 기준으로 진단한다. 장애의 심각도는 해당되는 행동의 수에 따라 0~1은 진단 없음, 2~3은 경증 물질 사용 장애, 4~5는 중등도 물질 사용 장애, 6 이상은 중증 물질 사용 장애로 나눈다.

기타 물질 사용

통제력 손상

- **1.** 물질을 원래 의도했던 것보다 더 오랜 기간 동안 또는 더 많은 양을 사용한다.
- **2.** 물질 사용을 줄이고 싶지만 실패한다.
- **3.** 물질을 구하거나 사용하거나 그 효과에서 벗어나는 데 점점 더 많은 시간을 쓴다.
- **4.** 물질에 대한 강한 갈망이 있고, 그 때문에 다른 것에 대해서는 생각하기 어렵다.

사회적 손상

- **5.** 물질 사용으로 인해 가정이나 직장에서 문제가 발생하는 것을 알면서도 계속 사용한다.
- **6.** 물질 사용으로 인해 가족과의 마찰이나 대인 관계 문제가 발생하는데도 계속 사용한다.
- **7.** 물질 사용으로 인해 사회적 활동과 여가 활동을 포기하고 그 결과 친구, 가족과 보내는 시간이 줄어 점점 더 고립된다.

위험한 사용

- **8.** 물질의 영향을 받는 동안 위험한 성적 행동을 하거나 운전, 기계 조작, 수영 등을 해서 자신 또는 타인을 위험에 빠트린다.
- **9.** 물질 사용으로 인해 심리적 또는 신체적 문제가 악화되고 있는 것을 알면서도 계속 사용한다. 예컨대 간 손상이 있다고 진단받았는데도 술을 마시는 경우.

약리학적 기준

- **10.** 물질에 내성이 생겨 동일한 효과를 얻으려면 점점 더 많은 양을 사용해야 한다. 내성이 생기는 속도는 약물의 종류에 따라 다르다.
- **11.** 사용을 중단하면 메스꺼움, 땀, 떨림 등의 금단 증상을 겪는다.

2950만 명

전 세계에서 약물 사용 장애를 가지고 있는 사람

— UN 마약·범죄 사무소, 세계 약물 보고서 2017년

충동 조절 장애와 중독

문제 행동을 하고 싶은 충동을 참지 못하는 경우에 충동 조절 장애로 진단한다. 중독은 어떤 기분 좋은 활동에 강박적으로 몰입하게 되어 일상 생활에 지장이 초래되는 경우를 말한다.

소개

충동적 행동과 중독 행동의 바탕에 깔린 기본 개념은 겹치는 부분이 있다. 어떤 심리학자들은 충동 조절 장애(impulse-control disorder)를 중독으로 분류해야 한다고 생각한다.

충동 조절 장애가 있는 사람은 해당 행동으로 인한 결과에 상관하지 않고 그 행동을 지속하며, 그 행동에 대한 욕구를 점점 더 통제하지 못하게 된다. 이 장애가 있으면 대개 해당 행동을 하기 전에 긴장이나 각성이 고조되고 행동을 하는 중에는 쾌감이나 안도감을 느끼며 행동 후에는 후회나 죄책감이 뒤따른다. 환경적, 신경학적 요인이 이 장애의 발생에 영향을 주며 스트레스에 의해 이 장애가 촉발될 수도 있다.

충동 조절 장애에 속하는 장애로는 강박적 도박(83쪽 참조), 병적 도벽(84쪽 참조), 병적 방화(85쪽 참조), 모발 뽑기(60쪽 참조), 간헐성 폭발 장애(아래 참조)가 있다. 성 중독, 운동 중독, 쇼핑 중독, 인터넷 중독(아래 참조)도 유사한 특성을 가진다.

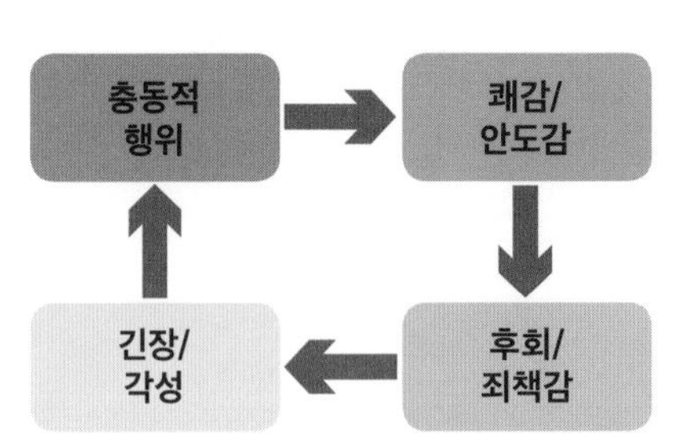

충동 조절 장애와 중독

장애	어떤 장애인가	치료
 간헐성 폭발 장애	실제 촉발 요인이 없는데도 짧지만 폭력적인 행동이 폭발적으로 일어나는 일이 간헐적으로 반복된다.	충동 조절 훈련을 통해 행동 발생 전의 신호를 인지하고 반응을 바꾼다. 환경을 조정한다.
 성 중독	일상 생활에 부정적인 영향을 미치는데도 성에 과도하게 집착하고 몰두한다.	심리 치료를 통해 대안적인 정서적 대처 전략을 개발하도록 지원한다.
운동 중독	건강에 필요한 정도를 넘어서 부상이나 질병을 초래할 수 있는 수준의, 운동에 대한 통제할 수 없는 충동이 나타난다.	행동 치료를 통해 보다 적응적인 활동과 계획된 운동으로 스트레스를 관리하게 돕는다.
 쇼핑 중독	스트레스에 의해 촉발되는, 저항할 수 없는 쇼핑 충동으로 물건을 사면 행복감이 따라와도 그 상태가 주는 안도감은 일시적이다.	행동 치료를 통해 사고와 반응을 변화시켜 순환을 깨도록 돕는다.
 컴퓨터/인터넷 중독	인터넷에 몰두해서 점점 더 많은 시간을 인터넷에 사용하게 되는 것으로, 사용 시간이 제한되면 기분 문제가 나타난다.	행동 치료를 통해 문제를 인식하고 현실 세계에 대처하는 방법을 발달시키도록 돕는다.

도박 장애

강박적 도박이라고도 불리는 도박 장애는 충동 조절 장애의 하나로, 도박으로 인해 자신과 타인에게 현저한 문제나 고통이 초래되는데도 반복적으로 도박을 하는 경우를 말한다.

소개

도박에서 돈을 딸 때의 스릴은 뇌의 보상 중추에서 도파민(29쪽 참조)이 분비되게 한다. 그래서 어떤 사람들은 도박 행위에 중독되는데 이들은 같은 수준의 쾌감을 얻기 위해서는 점점 더 크게 따야 한다.

도박 장애(gambling disorder)에 일단 빠지면 그 순환을 끊기가 어렵다. 이 장애는 처음에는 돈이 절박하게 필요해서, 황홀감을 경험하고 싶어서, 승리가 주는 지위와 힘 때문에, 도박할 때 주변 환경의 분위기 때문에 시작될 수 있다. 이 장애가 있는 사람은 도박을 줄이려 시도하면 짜증이 나고 과민해져서 그 괴로움 때문에 다시 도박을 하게 될 수 있다. 잃은 돈을 필사적으로 만회하려 하다가 재정적인 궁핍 상태에 빠지는 과정에서 심각한 심리 장애들이 나타날 수 있다. 마침내 다시 돈을 딴다고 해도 손실을 메꾸기에는 충분치 않은 경우가 거의 대부분이다. 심각한 재정적 손실 외에도 과도한 도박은 인간 관계에 나쁜 영향을 줄 수 있다. 또한 도박 장애는 불안, 우울증(38~39쪽 참조), 자살에 대한 생각 등을 초래할 수 있다. 신체적 징후로는 수면 박탈, 체중 증가나 감소, 피부 질환, 궤양, 위장관 질환, 두통, 근육통 등이 있다. 대부분의 사람이 자신에게 문제가 있음을 인정하지 않는 만큼 치료의 주요 요소 중 하나는 자신의 문제를 인정하도록 돕는 것이다. 매우 많은 사람이 도박 습관을 숨기기 때문에 이 장애의 진짜 유병율은 알려져 있지 않다.

치료

- **인지 행동 치료(125쪽 참조)**
  도박 장애를 유지시키는 신념과 행동에 저항하는 법을 익히도록 돕는다.
- **정신 역동 치료(119쪽 참조)**
  도박 행동의 의미와 결과를 이해하도록 돕는다.
- **자조 집단과 카운슬링**
  도박 행동이 남들에게 미치는 영향을 이해하도록 돕는다.

1% 미국인 중 병적인 도박꾼의 비율

병적 도벽

병적 도벽이란 물건을 훔치고 싶은 충동을 억제하지 못하고 반복적으로 도둑질을 하는 것을 말한다. 훔치는 행위는 계획 없이 갑자기 이루어진다.

소개

병적 도벽(kleptomania)이 있는 사람은 충동적으로 물건을 훔치는데 이런 사람은 대개 훔치는 행위 자체가 목적이기 때문에 그 훔친 물건을 버리는 일도 종종 있다. 병적 도벽은 상점에서 물건을 훔치는 들치기와 구별되는데, 상점 절도를 하는 대부분의 사람은 원하는 물건이 있는데 살 돈이 충분치 않아서 그 도둑질을 계획한다는 점에서 차이가 있다.

병적 도벽이 있는 많은 사람들이 도움을 구하기가 두려워서 남몰래 수치스러운 삶을 산다. 상점 절도로 체포된 사람 중 많게는 24퍼센트가 병적 도벽을 가진 것으로 여겨지고 있다. 병적 도벽은 우울증, 양극성 장애, 범불안 장애, 섭식 장애, 인격 장애, 물질 남용, 다른 충동 조절 장애 등의 다른 정신과적 문제와 연관되어 있다. 병적 도벽이 행동 중독과 관련된 신경 회로 및 세로토닌 같은 기분을 증진하는 신경 전달 물질과 연관이 있다는 증거가 있다.

병적 도벽을 치료하는 특수한 치료법은 없지만 심리 치료와 약물 치료가 충동적 절도의 순환을 끊는 데 도움이 될 수 있다.

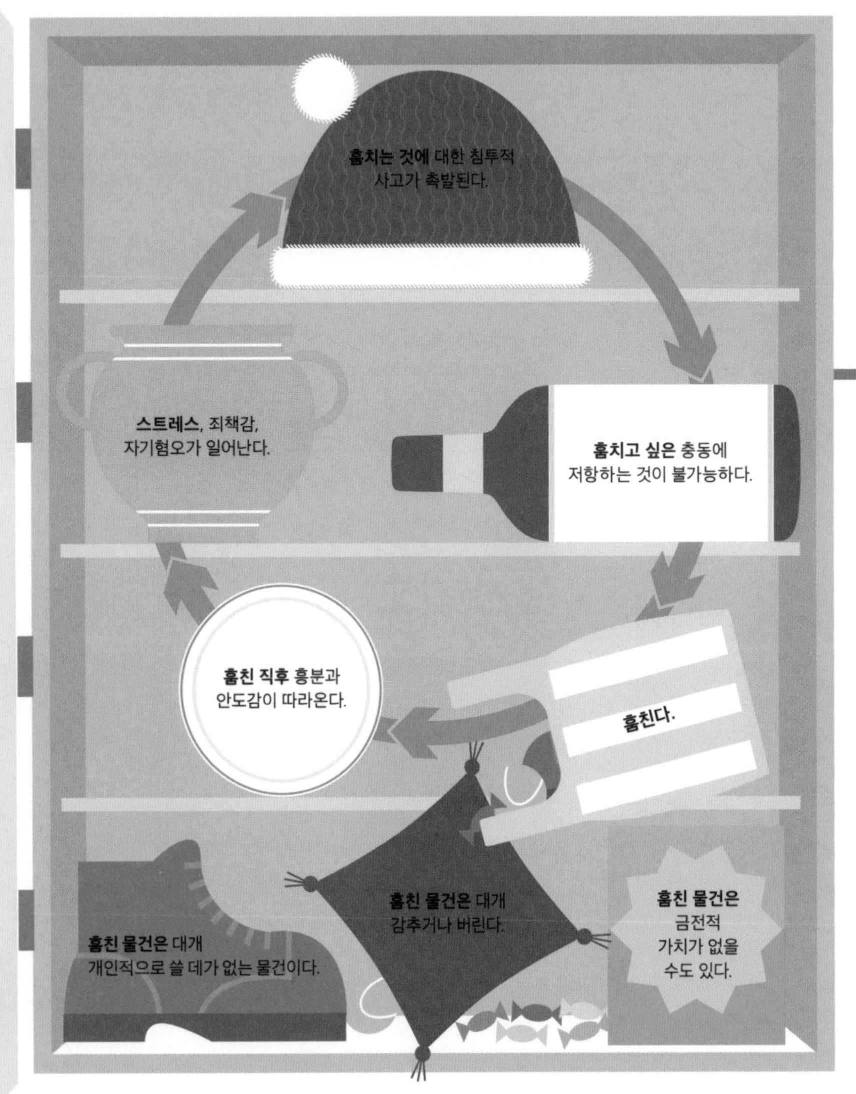

계속 반복되는 패턴

병적 도벽이 있는 사람은 훔치기 전에 긴장감을 느끼고 훔칠 때는 기쁨과 만족감을 느낀다. 나중에 죄책감이 찾아오는데 이로 인해 다시 긴장감이 고조될 수 있다.

치료

- **심리 치료**
  행동 수정, 가족 치료(138~141쪽 참조), 인지 행동 치료(122~129쪽 참조), 정신 역동 치료(118~121쪽 참조) 등을 통해 기저의 원인을 살펴보고 심리적 괴로움에 대처하는 보다 적절한 방법을 찾도록 돕는다.
- **선택적 세로토닌 재흡수 억제제 (142~143쪽 참조)**
  심리 치료에 병행한다.

병적 방화

병적 방화 장애가 있는 사람은 고의적으로 방화를 한다. 병적 방화는 매우 보기 드문 충동 조절 장애로, 스트레스에 의해 촉발되고, 불을 지르는 행위에 의해 긴장감이나 심리적 불편감이 완화된다.

소개

병적 방화(pyromania)는 불을 지르고 싶은 강박적 욕구이다. 만성적 문제일 수도 있고 아니면 이례적인 스트레스가 발생한 기간 동안의 몇 번의 방화로 그칠 수도 있다. 이 장애가 있는 사람은 불 및 불과 관련 있는 상황에 지나치게 매료되고 화재 현장을 지켜보거나 돕는 것에서도 기쁨을 느낀다.

병적 방화와 관련된 개인적 요인으로는 반사회적 행동과 태도, 감각 추구 성향, 타인의 주목을 끌고 싶어하는 성향, 사회적 기술의 부족, 스트레스 대처 능력의 결핍 등이 있다. 부모의 방임이나 정서적 유대 결여, 부모의 심리적 장애, 또래 압력, 스트레스 사건 등에 의해 아동과 성인 모두에게서 병적 방화가 촉발될 수 있다. 이 장애를 가진 아동이나 청소년들과 면담해 보면 흔히 가정 환경이 혼란스러운 것으로 밝혀지는데 이런 경우 치료에는 가족 전체를 고려한 접근법이 필요하다.

파괴적 순환

집착과 충족의 순환은 깨기 어렵다.

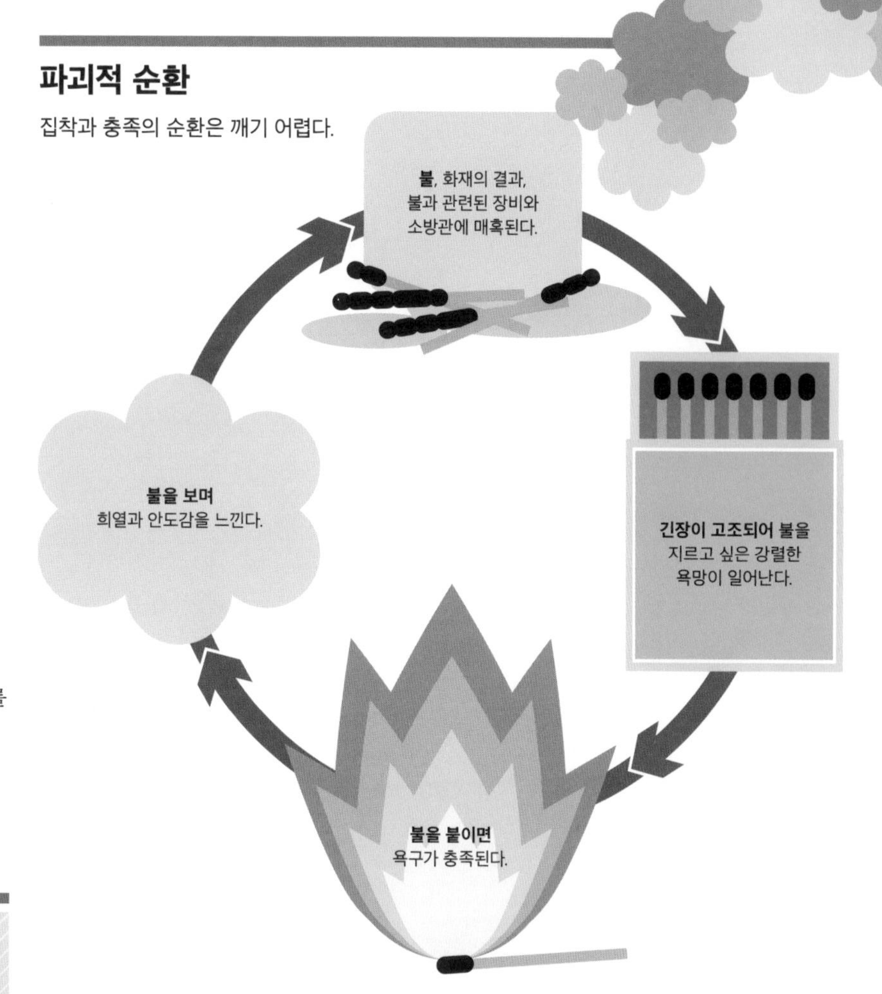

치료

› 인지 치료와 행동 치료(122~129쪽 참조)
아동의 문제 해결과 의사 소통 기술 증진, 분노 관리, 공격성 대체 훈련, 인지 재구조화 등을 돕는다. 성인에게는 장기적인 통찰 지향적 심리 치료를 제공한다.

아동, 청소년, 성인의 병적 방화

› 아동과 청소년
도와달라는 외침이거나 강한 공격성의 일부가 표출된 것일 수 있다. 십대 청소년은 그 지역 사회의 반사회적 성인에게 영향을 받을 수도 있다. 정신증적 장애나 편집성 장애(70~75쪽 참조)를 진단 받은 아이들도 있고 인지적 손상이 있는 아이도 있다.

› 성인
성인의 병적 방화는 우울한 기분, 자살에 대한 생각, 빈약한 인간 관계 등의 증상과 연결 지어져 왔다. 흔히 강박증(56~57쪽 참조) 같은 심리적 문제와 연관되어 있다.

해리성 정체감 장애

해리성 정체감 장애는 한 사람 안에 둘 이상의 각기 구별되는 인격 상태가 존재하는 것으로 극히 드물고 심각한 장애이다. 이 분리된 인격 상태들은 하나로 통합되지 않는다.

소개

해리성 정체감 장애(dissociative identity disorder)는 여러 개의 독립된 인격이 생겨난 것이라기보다는 정체성이 여러 개로 분열된 것으로, 이 장애가 과거에는 다중 인격 장애로 불리다가 현재의 명칭으로 바뀐 것도 그런 이유에서이다.

이 장애를 가진 사람은 자신 안에 다른 사람들(다른 인격(alter)이라고 불린다.)이 있는 것처럼 느낀다. 각각의 다른 인격은 저마다의 페르소나가 있어서 사고와 의사 소통 패턴, 심지어 글씨체나 신체적으로 필요한 것(예컨대 안경)까지 다르다. 해리성 정체감 장애를 가진 사람은 대개 다른 인격들이 어떠한지 잘 알지 못하고, 그냥 그들을 '우리'라고 묶어서 부르기도 한다. 이 장애를 가진 사람은 언제, 어느 다른 인격이, 얼마나 오래 장악할지를 자신이 조절하지 못한다.

해리 경험

해리성 정체감 장애를 가진 사람은 해리(주변 환경과의 단절)를 방어 기제로 사용한다. 이들은 마치 공중에 떠서 자신을 외부에서 관찰하는 듯한 느낌을 경험할 수 있다. 마치 영화 속에 있는 것 같은 상태에서 자신의 감정과 신체 부위를 느끼는 것이 아니라 관찰하기도 한다. 주변 세상이 비현실적이고 흐릿하게 보이면서 사물의 모습이 다르게 보일 수도 있다.

이 장애를 가진 사람은 개인적 정보를 기억해 내지 못하는, 현저하고 반복적인 기억의 공백이 있는데 이것은 일상적인 망각과는 차이가 있다. 이들은 먼 과거와 가까운 과거에 경험한 사람, 장소, 사건 중 일부는 기억하지 못하지만 다른 일들은 생생하게 되살리기도 한다. 또 일상적인 활동 중에 기억이 없는 순간들이 있거나 어딘가로 이동한 뒤에 어떻게 그곳에 왔는지 기억해 내지 못하는 경우도 있다.

이 장애가 있는 사람은 인격 변화와 해리 증상을 반복적으로 경험한다. 이 증상들은 흔히 아동기의 심각하고 장기적인 외상 경험에 뿌리를 둔 대처 방식으로 여겨지지만 외상이 끝나고 오랜 뒤에도 매일의 생활에 지장을 초래한다. 이런 사람은 이후의 모든 스트레스 상황에서 대처 방식으로 계속 해리를 사용한다.

진단

전문가는 해리성 정체감 장애가 의심되면 정신 건강 질문지로 증상을 파악하고 평가한다.

해리성 정체감 장애의 특징인 비정상적이고 불가해한 행동은 이 장애를 가진 사람에게 심리적 괴로움과 혼란을 초래하고, 직장 생활과 사회 생활, 친밀한 관계에 부정적 영향을 미친다. 해리성 정체감 장애를 가진 사람은 흔히 불안과 우울증(38~39쪽 참조), 공황 발작, 강박 장애(56~57쪽 참조), 환청, 자살에 대한 생각을 같이 가지고 있다.

정체성 변화

각각의 다른 인격(해리성 정체감 장애를 가진 사람의 쪼개진 정체성 조각들 각각)은 저마다 구별되는 지각과 성격 패턴을 가지며, 반복적으로 등장해 그 사람의 행동에 대한 통제권을 장악한다. 다른 인격들이 서로 알고 지내며 대화를 나누는 경우도 있고 때로는 서로 비난하기도 한다. 인격 간의 전환은 급작스럽게 일어나며 이 장애를 가진 사람은 통제권을 가질 인격을 선택할 수 없지만 특정 스트레스 요인이 특정 인격의 등장을 촉발할 수 있다.

치료

- **심리 치료**
  인지 행동 치료(125쪽 참조)를 통해 외상 경험을 재평가하고, 심리적 유연성을 키워 인격들을 해체하고 하나로 재통합하도록 돕는다.
- **변증법적 행동 치료(126쪽 참조)**
  자해나 자살 행동을 치료한다.
- **항불안제와 항우울제(142~143쪽 참조)**
  관련된 질환들에 대응하는 데 도움이 되도록 종종 처방된다.

8~13개 일반적으로 해리성 정체감 장애를 가진 사람들 안에 존재하는 정체감의 개수

어린 자아
어린아이처럼 말하거나 아예 말을 하지 못하기도 한다.

반대되는 태도
주 인격과 매우 다른 태도를 가진 인격은 생활 사건들에 대한 다른 시각을 제공한다.

다른 성이나 나이
성별이나 나이가 바뀌어 사건들에 대한 기억이나 지각이 달라진다.

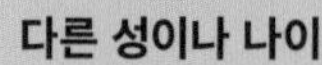

다른 이름
다른 인격의 사고 패턴으로 전환되었다는 것을 의미할 수 있다.

다른 인격들 간의 전환

다른 외모
머리색이나 옷 입는 스타일 등이 바뀌어서 주 인격의 페르소나가 달라질 수 있다.

주 인격
이 사람이 가장 자기처럼 느끼는 다른 인격(alter)을 말한다. 주 인격은 다른 인격이 장악한 동안 일어난 개인적인 일들을 기억하지 못할 수도 있다.

역할 변화
역할이 바뀌면 다른 관점에서 생활 사건들을 바라보게 될 수 있다.

이인증과 비현실감

이인증과 비현실감은 서로 연관된 해리성 장애들이다. 이인증은 자신의 생각과 감정, 신체로부터 분리된 느낌을 경험하는 상태인 반면 비현실감은 자신의 환경으로부터 분리된 느낌을 경험하는 것이 특징이다.

소개

이인증(depersonalization)과 비현실감(derealization)을 경험하는 사람은 매우 혼란스러운 느낌을 가질 수 있으며 정상적으로 기능을 수행하는 데 심각한 지장이 생길 수 있다. 어떤 사람들은 자신이 미쳐가고 있다고 두려워하거나 우울이나 불안, 공황 상태에 빠지기도 한다. 이인증을 겪는 사람은 자신이 로봇인 것 같은 느낌과 스스로의 말이나 움직임을 통제할 수 없다는 느낌을 가지며, 자신의 생각이나 기억에 대해 외부 관찰자인 것처럼 느낀다. 신체 일부가 더 크거나 작게 왜곡되어 지각되기도 한다. 비현실감을 겪는 사람은 자신의 주변 환경에 대해 낯설고 단절된 느낌을 경험한다. 어떤 사람들에게서는 이 장애들의 증상이 경미하게 짧은 기간 나타났다 사라지지만 또 어떤 사람들의 경우에는 증상이 몇 달 혹은 몇 년씩 지속되기도 한다.

이 장애들의 원인에 대해서는 거의 밝혀진 바가 없지만 생물학적 요인과 환경적 요인의 영향이 있을 수 있다고 여겨진다. 신경학적으로 정서 반응이 적거나 인격 장애(102~107쪽 참조)를 가진 사람은 다른 사람들에 비해 이 장애들을 경험하기 쉽다. 이 장애들은 심한 스트레스나 외상, 폭력에 의해 촉발될 수 있다.

임상 평가 과정에서는 병력 청취와 신체 검진을 통해 약물의 부작용이나 질병의 가능성을 배제하고, 질문지를 사용해 관련 증상 및 가능한 촉발 요인을 알아낸다. 자신이나 자신의 환경으로부터 분리된 듯한 왜곡된 지각으로 인해 지속적으로 또는 반복적으로 고통을 받는 경우에만 이인증이나 비현실감 장애(또는 둘 다)라고 진단된다. 많은 사람이 살면서 한 번쯤 자신의 생각이나 주변 환경으로부터 일시적인 해리감을 경험하지만 2퍼센트 미만의 사람만이 이인증이나 비현실감 장애(또는 둘 다)를 가진 것으로 진단된다.

치료

› 심리 치료

특히 인지 행동 치료(125쪽 참조), 심리 역동 치료(118~121쪽 참조), 마음챙김 명상(129쪽 참조)을 통해 그런 느낌들이 발생하는 이유를 이해하고, 증상을 촉발하는 상황을 관리하는 대처 전략을 익히고, 증상을 스스로 조절하는 데 도움을 얻는다.

› 약물 치료

항우울제(142~143쪽 참조) 등을 처방해 불안과 우울 같은 동반 장애를 치료할 수 있다.

육체를 벗어나는 경험

현실로부터 심하게 해리된 경우에는 현실 세계의 자신과 단절된 상태가 되어 마치 영화 속에 있는 자기 자신을 구경하고 있는 것처럼 느낄 수도 있다.

해리성 기억 상실증

해리성 기억 상실증은 해리성 장애의 하나로 스트레스나 외상 또는 질병을 경험한 뒤 자신의 개인적 기억에서 분리되는 것을 말하며 대개 오래 지나지 않아 회복된다.

소개

해리성 기억 상실증(dissociative amnesia)은 흔히 학대나 사고, 재난을 겪거나 목격하는 등의 엄청난 스트레스와 관계가 있는 것으로 여겨진다. 이렇게 스트레스에 의해 심각한 기억 손실이 초래되면 종종 아동기의 특정 기간이라든가 어떤 친구나 친척, 동료와 관련된 정보 같은 특정한 기억을 회상하지 못한다. 기억 상실이 외상적 사건에 대해 선택적으로 일어나기도 하는데, 예를 들면 범죄 피해자가 자신이 총구가 겨눠진 상태에서 강도를 당했다는 사실은 기억하지 못하면서 그날 있었던 다른 일들은 상세하게 회상할 수 있는 식이다. 어떤 경우에는 전반적 기억 상실이 일어나 자신의 이름, 직업, 집, 가족, 친구를 기억하지 못하기도 한다. 이들은 살던 곳에서 사라져 실종 상태가 될 수도 있다. 심지어는 완전히 새로운 정체성을 만들어 살면서 과거에 알던 사람들이나 장소를 알아보지 못하고 현재 상황에 이르게 된 이유를 설명하지 못하기도 한다. 이런 경우를 해리성 둔주(dissociative fugue)라고 한다.

임상 진단 과정에 포함되는 것 중 하나는 평가용 질문지로, 촉발 요인을 알아내고 환자가 자신의 증상을 파악하고 평가하는 데 도움이 된다. 기억 상실의 다른 의학적 원인을 배제하기 위해 신체 검진과 심리 검사도 실시된다.

치료

› 심리 치료

인지 행동 치료, 변증법적 행동 치료, 안구 운동 민감 소실 및 재처리, 가족 치료, 미술 또는 음악 치료, 최면, 마음 챙김 명상 등 (118~141쪽 참조)을 통해 그 장애를 촉발한 스트레스를 이해하고 처리하면서 대처 전략을 익히도록 돕는다.

› 약물 치료

기억 상실에 우울증이나 정신증이 연관된 경우, 항우울제(142~143쪽 참조) 등이 처방되기도 한다.

2~7%

해리성 기억 상실증이 있는 사람의 비율

기억의 회복

대부분의 경우 해리성 기억 상실증은 단기성 장애로, 기억이 일시적으로 떨어져 나갔다가도 대개 갑작스럽게 완전히 돌아온다. 회복은 저절로 일어날 수도 있고, 주변 환경의 무언가에 의해 촉발되어서 또는 치료 세션 중에 일어나기도 한다.

신경성 식욕 부진증

신경성 식욕 부진증은 심각한 정서적 장애로 이 장애를 가진 사람은 체중을 가능한 한 낮게 유지하고자 한다. 이들은 음식을 기피하게 되고, 먹는 양이 점점 감소함에 따라 식욕도 감소한다.

소개

신경성 식욕 부진증(anorexia nervosa)을 가진 사람은 체중 증가에 대한 두려움이 너무 커서 정상적으로 음식을 먹지 못한다. 이들은 식욕 억제제나 하제, 이뇨제(체내 수분을 내보내기 위해)를 사용하거나 음식을 먹은 후 일부러 구토를 하기도(신경성 폭식증, 92~93쪽 참조) 하지만 폭식을 하는 경우도 있다(폭식 장애, 94쪽 참조).

여러 요인이 신경성 식욕 부진증을 촉발할 수 있다. 시험이나 집단 괴롭힘(특히 체중이나 체형을 놀리는 경우) 같은 학교에서의 압력이 촉발 요인이 될 수 있고, 무용수나 운동 선수처럼 마른 몸을 '이상적'이라고 여기는 직업 역시 촉발 요인이 될 수 있다. 또한 이 장애는 아동기의 스트레스에 대한 반응이거나 실직, 관계 파탄, 가까운 이의 죽음처럼 통제력을 가질 수 없었던 생활 사건에 대한 반응일 수도 있는데, 이런 경우의 음식 섭취 거부는 자신의 권한 안에 있는 내적 과정에 과도한 통제력을 행사하는 것이라 볼 수 있다.

신경성 식욕 부진증은 남성보다 여성에게서 더 많이 나타난다. 이 장애를 가진 많은 사람이 공통적으로 가진 성격 및 행동 특징이 있다. 이들은 대개 감정을 자제하고, 우울과 불안 성향이 있고, 스트레스 대처에 어려움을 느끼고, 과도하게 걱정을 한다. 자신에게 엄격하고 과중한 목표를 부과하는 사람도 많다. 강박적 성향이 있을 수도 있지만 그렇다고 꼭 강박 장애(56~57쪽 참조)인 것은 아니다. 신경성 식욕 부진증을 가지고 살면 인간 관계를 유지하기 어려울 수 있다. 또한 이 장애는 신체에 돌이킬 수 없는 영향을 미치고 불임이나 심각한 임신 합병증을 유발할 수 있다.

진단

환자에게 개인력과 가족력, 체중, 식습관에 대해 질문한다. 진단이 내려지면 최대한 빨리 치료를 받아 합병증의 위험을 줄여야 한다. 대부분의 경우, 치료 계획에는 심리 치료 및 섭식과 영양에 대한 개인 맞춤형 조언이 포함된다. 회복하기까지는 몇 년이 걸릴 수도 있다.

치료

- **다각도의 종합적 의료 서비스**
  정신과 전문의, 전문 간호사, 영양사 등이 팀을 이루어 환자가 안전하게 체중을 늘리도록 돕고 가족과 가까운 친구들을 지원한다.
- **인지 행동 치료(125쪽 참조)**
  환자가 자신의 문제를 이해하고 문제를 촉발 요인, 사고, 감정, 행동의 순환으로 바라보도록 돕는다. 치료자와 환자가 협력해서 신경성 식욕 부진증을 유지시키는 생각의 연쇄를 끊는다.
- **인지 분석 치료**
  환자가 생각하고 느끼고 행동하는 방식을 검토하고, 과거(주로 아동기) 경험의 근저에 깔린 사건과 관계들도 들여다본다.
- **대인 관계 치료(interpersonal therapy)**
  애착 및 관계 맺기와 관련된 문제를 해결한다.
- **초점적 정신 역동 치료(focal psychodynamic therapy)**
  초기 아동기 경험이 어떤 영향을 미쳤을 수 있는지 살펴본다.
- **입원 치료**
  심각한 경우에는 입원해서 의료진의 감독 하에 엄격한 일과와 식사 계획을 통해 체중을 증가시킨다. 흔히 비슷한 사람들의 지지를 얻을 수 있는 집단 치료가 포함된다.

신경성 식욕 부진증의 증상

증상은 모두 자존감, 신체상(body image), 감정과 관계가 있으며 인지적 증상(감정과 사고), 행동적 증상, 신체적 증상이라는 세 개의 주요 범주로 나뉜다.

46%
신경성 식욕 부진증에서 완전히 회복되는 비율

자신의 체중을 너무 높게 인식하고
살을 반드시 빼야 한다고 느낀다.

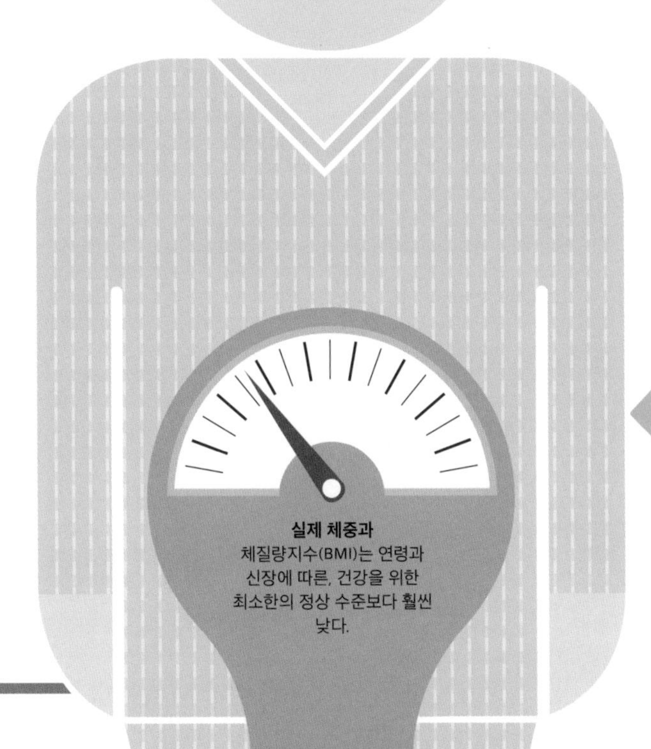

실제 체중과
체질량지수(BMI)는 연령과 신장에 따른, 건강을 위한 최소한의 정상 수준보다 훨씬 낮다.

인지적 증상

- 체중 증가에 대한 두려움을 표현하고 몸매에 집착한다.
- 마른 신체가 좋은 것이라는 믿음을 가지고 있고 자신이 과체중이라고 확신한다.
- 체중과 체형으로 자기 가치를 평가한다.
- 음식에 대한 생각과 자신이 생각하는 음식 섭취의 부정적 결과에 대한 생각이 머릿속을 떠나지 않는다.
- 과민해지고 감정 기복이 심해지고 집중력이 저하되어(부분적으로는 배고픔 때문이다.) 학교나 직장 생활에 영향을 준다.

행동적 증상

- 음식 및 식단과 관련해 강박적으로 행동하고 지나치게 칼로리를 계산한다. '살찌는 음식'을 피하고 저칼로리 식품만 먹는다. 식사를 거르기도 한다.
- 남들 앞에서 먹기를 꺼리거나 먹고 나서 구토나 하제 등의 방법으로 먹은 것을 제거한다.
- 먹은 양에 대해 거짓말을 한다.
- 반복적으로 체중을 재거나 거울로 몸매를 확인한다.
- 과도하게 운동을 한다.
- 사회적으로 위축된다.

신체적 증상

- 확연한 체중 감소
- 여성인 경우 월경 불순 또는 무월경
- 지속적인 구토로 인한 치아 건강 손상 및 구취
- 몸에 솜털이 나고 머리카락이 빠진다.
- 잠이 잘 오지 않지만 매우 피곤하다.
- 기운이 없고 어지럽다.
- 복통, 변비와 복부 팽만
- 손발이 부어 있다.

신경성 폭식증

신경성 폭식증은 심각한 식이 장애의 하나로, 음식 섭취를 극도로 제한하다가 폭식을 한 다음 위에서 음식을 제거하는 방식으로 체중을 조절하는 것이 특징이다.

소개

신경성 폭식증(bulimia nervosa)을 가진 사람은 체중 증가에 대한 비정상적인 두려움이 있어서 음식과 다이어트에 집착한다. 신경성 식욕 부진증(90~91쪽 참조)을 가진 사람들과 달리 이들은 대개 키와 체격에 비추어 체중이 정상 범위에 있다. 그러나 신경성 식욕 부진증을 가진 사람과 마찬가지로 이들은 자아상이 왜곡되어 있고 자신이 너무 뚱뚱하다고 믿는다.

신경성 폭식증을 가진 사람은 흔히 긴장되거나 불안한 모습을 보이고, 남의 눈을 피해 많은 양의 음식을 짧은 시간 안에 먹은 다음 화장실로 가서 스스로 구토를 유발한다. 이런 행동은 생활 사건들에 대처하는 기제이며(실제로는 이 행동 때문에 날마다 삶이 힘들지만) 우울, 불안, 사회적 고립과 연관되어 있다. 패션 및 미용 산업에서 장려하는 체형에 맞춰야 한다는 압박감이나 신경성 폭식증의 가족력이 있는 경우 위험성이 높아진다. 신경성 폭식증은 여성에게서 더 흔하게 나타나지만 남성에게서도 유병률이 증가하고 있다. 사춘기와 자의식이 종종 촉발 요인이 되며 뚱뚱하다고 놀림을 받은 십대 청소년은 특히 취약하다.

신경성 폭식증은 심장, 장, 치아, 생식 기능에 돌이킬 수 없는 손상을 일으킬 수 있다. 치료법은 증상의 심각도에 따라 달라지며 회복되기까지 오랜 과정이 필요할 수 있다.

신경성 폭식증의 진단

영국의 일반의(GP)들은 신경성 식욕 부진증(90~91쪽 참조), 신경성 폭식증 진단에 SCOFF 질문지를 사용한다. '예'라는 응답이 둘 이상이면 식이 장애일 가능성이 있다. 다른 나라의 의사들도 유사한 진단 기준을 사용한다.

- 음식을 먹은 후 일부러 **토하는가?**
- 먹는 양에 대해 **통제력을** 잃은 적이 있는가?
- 3개월 동안 체중이 **6킬로그램 이상** 줄었는가?
- 다른 사람들이 너무 말랐다고 하는데도 스스로는 **뚱뚱하다고** 믿는가?
- 삶이 **음식이라는 주제에** 지배되고 있는가?

폭식-제거 순환

신경성 폭식증을 가진 사람은 자존감이 낮으며 체중을 줄이는 것을 자기 가치를 높이는 하나의 방법으로 여긴다. 이들은 또한 여분의 칼로리를 태우기 위해 광적으로 운동을 하고 음식이 있는 사회적 행사를 피하기도 한다.

원인

- 양육자가 외모를 중시하는 사람으로, 이 사람의 체중이나 외모를 비판했을 수 있다.
- 자기 삶에 있어 단 하나라도 통제력을 행사하기를 원할 수 있다. 특히 외상적 사건에서 회복하는 중인 경우에 그렇다.
- 유명인들의 완벽하고 마른 몸을 보여 주는 사진이나 영상을 계기로 엄격한 다이어트를 시작한다.
- 식사 제한을 지키지 못했을 때 자포자기에 빠진다.

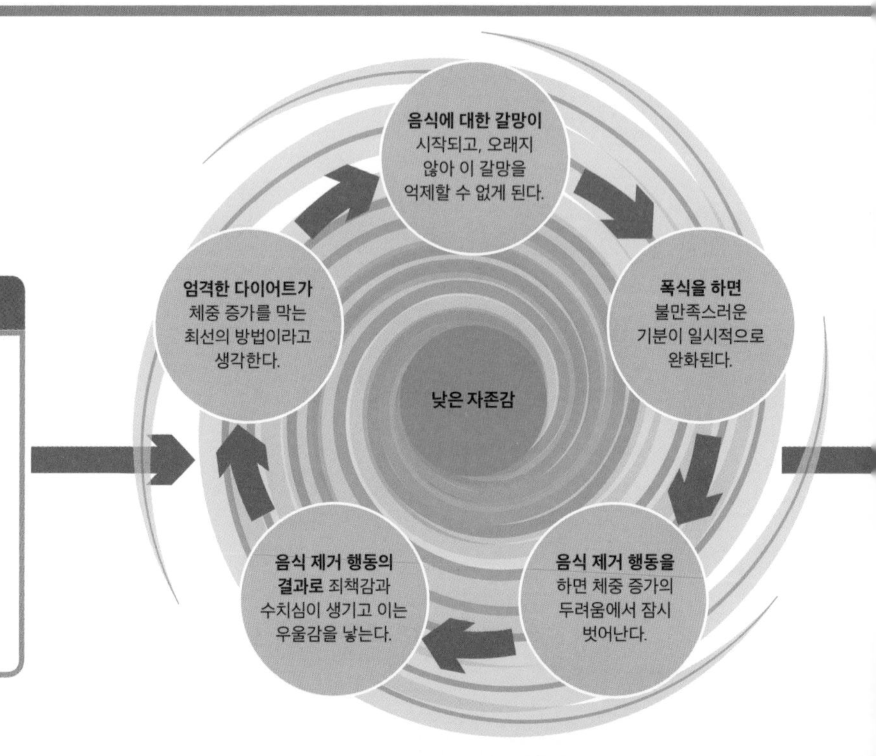

치료

심리 치료
집단 치료, 자가 관리(self-help), 일대일 인지 행동 치료(125쪽 참조), 대인 관계 치료 등이 있다.

항우울제(142~143쪽 참조)
심리 치료와 병행한다.

입원 치료
아주 심각한 경우에 필요하다.

1.5%
신경성 폭식증을 겪었거나 겪고 있는 미국 여성의 비율

신체적 결과

- 체중 증가와 감소의 반복
- 구토 시 위산으로 인한 치아 법랑질 손상, 구취, 위통, 인후염
- 건조한 피부와 모발, 탈모, 손발톱 부러짐, 무기력, 기타 영양실조의 징후들
- 하제와 이뇨제의 남용으로 인한 심장 부담 증가, 치질, 근육 약화
- 월경 불순 또는 무월경
- 복부 팽만감과 변비
- 눈의 충혈
- 구토를 유발하면서 생기는 손등의 굳은살

신경성 폭식증을 가진 사람은 자신에게 식습관을 조절할 능력이 없다고 느끼고 이로 인해 체중 증가에 대한 두려움이 커진다.

폭식 장애

폭식 장애를 가진 사람은 낮은 자존감과 심리적 고통에 대처하려고 반복적으로 과식을 하지만 실제로는 그런 지속적인 무절제한 폭식 때문에 우울과 불안이 악화된다.

소개

폭식 장애(binge-eating disorder)가 있는 사람은 자주, 많은 양의 음식을, 빨리, 배가 고프지 않아도, 혼자서 또는 은밀하게 먹으며 폭식을 한 뒤에 자괴감과 자기혐오를 느낀다. 이들은 먹는 양과 빈도를 스스로 조절할 수 없다고 느낀다.

낮은 자존감, 우울증, 불안, 스트레스, 분노, 따분함, 외로움, 신체에 대한 불만족, 말라야 한다는 압박, 외상적 사건, 식이 장애의 가족력이 모두 폭식 장애의 발병 위험을 높이는 요인들이다. 또한 혹독한 다이어트로 인해 허기지고 음식에 대한 갈망이 생긴 상태에서 이 장애가 생길 수 있다. 폭식 장애는 미국에서 가장 흔한 식이 장애이다.

이 장애의 가장 흔한 신체적 결과인 체중 증가를 근거로 이 장애를 진단할 수 있다.

치료

- **심리 치료**(118~141쪽 참조)
  집단으로 또는 일대일 방식으로 할 수 있다.
- **자가 관리 프로그램**
  책이나 온라인 과정을 통해서, 지지 집단에서 하는 프로그램의 하나로, 또는 보건의료인의 감독을 받아 수행한다.
- **항우울제**(142~143쪽 참조)
  심리 치료에 병행해 사용된다.

폭식의 순환

폭식 장애가 있는 사람은 부정적 정서의 근본적 원인을 해결할 긍정적인 방법을 찾는 대신 음식이라는, 부정적이기는 해도 즉각적인 방법을 사용해 정서적 고통을 완화한다. 그 결과 먹고, 안도감을 느끼고, 우울해지고, 다시 더 먹는 순환이 계속된다.

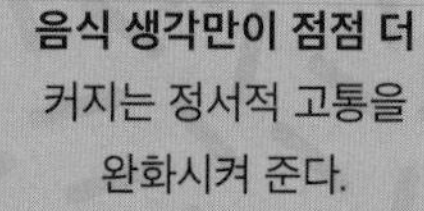

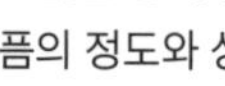

음식 생각만이 점점 더 커지는 정서적 고통을 완화시켜 준다.

우울감을 완화하기 위해 음식을 먹어야 할 필요가 절박해진다. 폭식을 계획하게 되는데, 흔히 이를 위해 특별한 음식을 산다.

많은 양의 음식을 배고픔의 정도와 상관없이 매우 빨리, 흔히 남몰래 먹으며 먹는 동안 정신이 멍한 상태이거나 먹은 후에 불쾌할 정도로 배가 부를 수 있다.

음식을 먹으면 스트레스나 슬픔, 분노 같은 감정이 일시적으로 가라앉으므로 불안이 완화된다.

폭식에 대한 죄책감과 자괴감 때문에 우울한 기분과 자기혐오가 다시 찾아온다.

음식을 먹음으로써 얻은 안도감의 효과는 오래 가지 않으므로 다시 불안이 증가하고 우울감이 시작된다.

이식증

이식증은 식이 장애의 하나로, 이 장애를 가진 사람은 흙이나 페인트처럼 음식이 아닌 물질을 반복적으로 먹는 증상을 보인다. 그 물질이 섭취 시 위험한 물질인 경우에는 심각한 합병증을 낳을 수 있다.

소개

이식증(pica)이 있는 아동이나 성인은 동물의 분변이나 진흙, 흙, 머리카락, 얼음, 페인트, 모래, 금속 물체(예컨대 종이용 클립) 등을 먹는다. 성인보다는 아동에게서 더 흔해서 1~6세 아동의 10~32퍼센트가 이식증이 생긴다. 이런 이상한 섭식 행동은 날카로운 물체로 인한 장 손상이나 납 중독 같은 합병증을 초래할 수 있다. 병원에서는 그런 섭식 행동이 최소한 1개월 이상 지속되는 경우에 이식증으로 진단한다. 특이한 물질이 먹고 싶어지는 근원적 원인으로서 영양소 결핍이나 빈혈 같은 문제를 배제하기 위해 의학적 검사를 실시한 다음 다른 장애, 예컨대 발달 장애나 강박증(56~57쪽 참조)이 있는지를 평가한다.

치료

- **행동 치료****(122~129쪽 참조)**
  건강한 섭식 행동을 정적 강화 또는 보상과 연합시킨다. 긍정적 행동 지원(positive behavior support)을 통해 가정 환경을 검토하고 재발을 최소화한다.
- **약물 치료**
  도파민 수준을 높이는 약물을 사용한다. 영양소가 결핍된 경우에는 보충제로 치료한다.

28% 임신한 여성 중 이식증 발생 비율

덜 흔한 식이 장애들

식이 장애의 특징으로는 불규칙한 식이 습관이나 특이한 물질의 섭취, 음식 섭취나 식사 시간에 대한 심리적 고통이나 회피, 체중이나 체형에 대한 염려를 들 수 있다.

	어떤 장애인가?	원인	증상	영향	치료
제거 행동 장애 (purging disorder)	음식을 먹은 후 일부러 구토를 하는 등의 제거 행동을 신체 건강에 영향을 줄 정도로 자주 반복한다.	아동기의 학대나 방임, 소셜 미디어가 주는 스트레스, 가족력이 원인일 수 있다.	음식을 먹은 후 구토, 하제 사용, 체중이나 외모에 대한 집착, 치아 부식, 충혈된 눈 등이 나타난다.	불안, 우울, 자살 생각과 그로 인해 인간 관계나 일, 자존감에 문제가 생긴다.	의학적 문제에 대한 조치, 건강한 식이 계획, 영양 교육, 심리 치료 등을 시행한다.
야간 식이 장애 (night-eating disorder)	일일 음식 섭취량의 대부분을 늦은 저녁이나 밤에 먹고 싶어진다.	우울증, 낮은 자존감, 스트레스나 다이어트에 대한 반응일 수 있다.	불면증, 저녁에 간식을 자주 먹거나 밤에 자다가 깨서 음식을 먹는다.	일, 사회적 관계, 친밀한 관계에서 문제가 생긴다. 체중 증가, 물질 남용 가능성도 있다.	이 장애에 대한 심리 교육, 영양 치료, 행동 치료가 필요하다.
반추 장애 (rumination disorder)	부분적으로 소화된 음식을 역류시켜 다시 씹어 삼키는 장애로 지적 장애를 가진 어린 아동에게서 많이 나타난다.	방임 또는 양육자와의 비정상적인 관계. 양육자의 주의를 끌기 위한 행동일 가능성이 있다.	음식을 되새김질하거나 체중 감소, 치아 건강 손상이 일어난다. 입술 피부가 벗겨진다.	대개 어릴 때 자연적으로 낫지만 지속되는 경우에는 일상 생활에 영향을 준다.	가족 치료 및 긍정적 행동 지원이 필요하다.

의사 소통 장애

의사 소통 장애는 언어적, 비언어적, 시각적 개념을 수용하거나 표현하거나 처리하거나 이해하는 능력에 문제가 있어서 말하기와 듣기, 의사 소통 등에서 어려움이 나타나는 것이 특징인 장애들을 일컫는 범주이다.

소개

의사 소통 장애(communication disorder)에 포함되는 주요한 네 가지 장애는 언어 장애, 아동기 유창성 장애, 말소리 장애, 사회적 의사 소통 장애이다. 이 장애들은 흔히 복잡한 양상을 띤다. 어떤 장애들은 영유아기에 나타나지만 또 어떤 장애들은 학교에 들어가기 전까지는 잘 드러나지 않기도 한다.

원인은 광범위하다. 의사 소통 장애는 저절로 생기는 경우도 있고 신경학적 질환에서 기인할 수도 있다. 유전적 요인도 있어서 말하기나 언어 장애 가족력이 있는 아동의 20~40퍼센트가 의사 소통 장애를 가지고 있다. 태아기의 영양 상태가 영향을 줄 가능성도 있다. 정신과적 질환, 자폐 스펙트럼 장애(68~69쪽 참조), 다운 증후군, 뇌성마비 또는 구순구개열과 난청 같은 신체적 문제 등으로 인해 의사 소통 능력이 제한될 수도 있다.

진단

아동의 발달 잠재력을 최대화하기 위해 가능한 한 조기에 치료를 받는 것이 중요하다. 장애에 따라서는 평생 관리가 필요할 수도 있다. 언어 치료 전문가가 병력 청취 과정에서 가족 배경과 의학적 질환에 대한 정보를 파악하고 교사와 기타 아이를 돌보는 사람들로부터도 정보를 얻어 치료 계획을 준비한다.

치료

› 언어 치료
언어 기술, 말소리 생성, 대화를 하기 위한 규칙, 유창성, 비언어적 의사 소통을 향상하기 위해 필수적이다. 말더듬기의 경우에는 말과 호흡의 비율을 조절하고 모니터하도록 지원한다.

› 긍정적 행동 지원
행동과 의사 소통 간의 관계를 개선한다.

› 가족 치료
특수 교육과 환경 수정을 병행해 언어 발달을 지원한다.

의사 소통 장애의 원인

둘 이상의 요인이 관여할 수 있으며 결과는 가벼운 장애에서 심한 장애까지 다양하다.

장애 / 촉발 요인	언어 장애의 가족력	아동기 발달 장애	유전성 증후군	청각 장애	정서적 장애나 정신과적 장애	조산	신경학적 질병이나 손상	부실한 식사
언어 장애	✓	✓	✓	✓	✓	✓	✓	✓
말소리 장애		✓	✓	✓			✓	
아동기 유창성 장애	✓	✓			✓		✓	
사회적 의사 소통 장애	✓	✓	✓		✓	✓	✓	✓

장애가 아동에게 미치는 영향

사고와 의사 소통에서의 오류는 매일의 상호 작용에 영향을 미치므로 아동은 자존감이 낮아지고 불안해질 수 있다.

- **발달 이정표에 도달하는 시기가** 지연된다. 아이들은 의사 소통을 통해 배우기 때문이다.
- **상호 작용을 개시하지 않고** 친구를 사귀지 못하므로 사회적으로 고립된다. 집단 괴롭힘의 표적이 되기도 한다.
- **말하기의 어려움이 해결되지 않으면** 아동이 회피 기술을 사용하게 되고 공격성이 생길 수도 있어서 행동 문제가 발생한다.

언어 장애

다른 사람의 말을 이해하지 못하거나(수용성 장애) 의사를 표현하지 못하거나(표현성 장애) 두 가지 다 못한다(수용-표현성 장애).

- **아기가 부모를 대할 때** 미소를 짓거나 옹알이를 하지 않는다. 생후 18개월에도 몇 개의 단어밖에 표현하지 못한다.
- **아동이 다른 아이들과 놀지 않고** 혼자 있으려고 한다. 사람들을 피하게 될 수도 있다.
- **아동에게 삼키기 장애가 있으면** 말하는 능력이 영향을 받을 수 있다.

말소리 장애

개별 음소의 명확한 조음과 단어 발음의 정확도가 해당 아동의 연령대에서 기대되는 정상적 수준에 미치지 못한다.

- **8세가 넘어서도** 어린아이들이 하는 것 같은 불분명한 말을 한다.
- **정확한 말소리를 내지 못하므로** 자신은 다른 사람의 말을 이해해도 다른 사람들에게 자신이 하고자 하는 말은 잘 전달할 수 없다.
- **말소리의 규칙에 대한** 이해가 부족하다.

아동기 유창성 장애

같은 소리나 음절을 반복하거나 자음 또는 모음을 길게 늘여 말하는 식으로 말을 더듬는다.

- **말하는 도중 마치 숨이 차는 듯이** 말이 끊어진다.
- **헛기침처럼 말을 산만하게 만드는 소리** 또는 머리나 몸의 움직임을 사용해 자신의 문제를 가리려 한다.
- **말더듬을 숨기려고 하다 보면** 점점 더 불안이 밖으로 드러난다.
- **불안하면 말더듬이 심해지므로** 아동이 사람들 앞에서 말하는 것을 피한다.

사회적 의사 소통 장애

아동이 언어적 정보와 비언어적 정보를 동시에 처리하지 못한다.

- **상황에 맞춰 언어를 변화시키지 못하므로** 성인이나 또래와 이야기할 때 독단적이거나 부적절할 수 있다.
- **대화나 다른 집단 활동에서** 자기 순서의 파악 같은 비언어적 의사 소통 기술이 부족하다.
- **사회적 상호 작용에 흥미가** 거의 또는 전혀 없어서 사람들에게 인사하기 같은 의사 소통을 하지 못한다.

사회적 의사 소통 장애일까 아니면 자폐 스펙트럼 장애일까?

사회적 의사 소통 장애의 증상 중 다수가 자폐 스펙트럼 장애의 증상과 겹친다. 의사가 아동을 사회적 의사 소통 장애로 진단하고 치료 계획을 수립하기 전에 반드시 평가 과정에서 자폐 스펙트럼 장애가 배제되어야 한다.

사회적 의사 소통 장애

이 장애를 가진 아동은 대화의 기본 규칙, 즉 대화를 시작하고 듣고 적절한 문장으로 질문을 표현하고 주제에서 벗어나지 않고 대화가 언제 끝나는지 아는 법을 배우는 데 어려움을 겪는다. 이 장애는 언어 장애, 학습 장애, 말소리 장애, ADHD(66~67쪽 참조) 등의 다른 발달 문제와 함께 나타날 수 있다.

자폐 스펙트럼 장애

이 장애를 가진 아동은 다른 사람과 관계를 형성하고 정서와 감정을 공유하는 데 어려움을 겪는다. 그로 인해 사회적 의사 소통 장애와 유사하게 의사 소통의 결함, 사회적 기술의 손상, 체감각과 시지각의 변화가 초래될 수 있다. 그러나 자폐 스펙트럼 장애의 또 다른 특징인 제한적이거나 반복적인 행동은 사회적 의사 소통 장애에서는 나타나지 않는다.

수면 장애

수면 장애는 잘 자는 능력에 영향을 주는 여러 질환을 통칭하는 말이다. 원인은 심리적인 것일 수도 있고 생리적인 것일 수도 있지만 이 장애들은 모두 사고와 정서, 행동에 장해를 초래할 수 있다.

소개

대부분의 사람은 때때로 수면 문제를 경험한다. 이런 문제가 자주 발생해 일상 생활과 정신 건강에 지장을 주면 수면 장애(sleep disorder)가 된다. 건강한 수면을 취하지 못하면 활력과 기분, 집중력 및 건강 전반이 부정적 영향을 받게 된다. 지남력 상실, 혼돈, 기억력 장애, 언어 장애가 초래될 수 있고, 이는 다시 수면 장애를 악화시키기도 한다.

수면 시에는 각성, 꿈을 꾸는 시기인 렘(Rapid Eye Movement, REM) 수면, 비렘(Non-Rapid Eye Movement) 수면이라는 세 가지 단계 간의 이행이 일어난다. 수면 장애에는 자는 동안만이 아니라 잠들기 직전이나 잠에서 깨고 있을 때의 비정상적인 경험도 포함된다. 예를 들어 불면증의 경우 잠들기 어렵거나 자주 깨고(혹은 두 가지 모두 겪고) 이로 인해 낮 동안 심한 피로를 느끼게 된다. 사건수면(parasomnia)의 경우에는 수면 보행증(몽유병), 악몽, 야경증, 하지불안 증후군, 수면마비(가위눌림), 수면 중의 공격적 행동 등의 비정상적인 행동이나 사건이 일어나 수면을 방해한다. 혼돈 각성 증상이 있으면 잠에서 깨어날 때 이상하고 혼란스러운 방식으로 행동한다. 렘 수면 행동 장애는 심각한 사건수면의 하나로 수면 중 신음 소리를 내거나 꿈 내용을 실제 행동으로 나타내는 등의 증상을 보인다.

원인

수면 문제는 복용 중인 약물, 기저의 의학적 질환(예컨대 기면증), 수면 관련 호흡 장애 등과 연관되었을 수 있다. 수면 관련 호흡 장애에는 코골이부터 폐쇄성 수면 무호흡증(자는 동안 목구멍 주변이 이완되어 기도가 좁아져 정상적인 호흡을 방해하는 질환)에 이르는 다양한 이상이 포함되며, 이런 이상들이 있으면 아침에 고통스러운 상태로 깨어나게 된다.

정의

불면증은 잠들기 어렵거나 잠이 자주 깨서 다음날 일어날 때 원기가 회복된 느낌이 없는 장애이다. 증상이 짧은 기간 나타났다 사라질 수도 있지만 몇 개월 또는 몇 년씩 지속되는 경우도 있다. 노년층에서 더 흔하다.

사건수면은 자는 도중 혹은 잠이 들거나 잠에서 깨는 동안 원치 않는 사건, 경험, 행동이 발생하는 장애이다. 사건 수면이 일어나는 동안 잠든 상태가 유지되며 깨어난 뒤에 그 일을 기억하지 못한다.

기면증은 만성적인 경과를 보이는 장애로 뇌가 수면과 각성을 조절하지 못할 때 생길 수 있다. 불규칙한 수면 패턴 및 부적절한 때에 갑자기 잠에 빠지는 것이 특징이다.

과면증은 과도한 졸음으로 인해 일상 생활에 지장이 초래되는 장애이다. 가벼운 증상이 짧은 기간 나타났다 사라질 수도 있고 심각한 증상이 지속될 수도 있으며 흔히 우울 증상을 동반한다. 주로 십대와 이십대에서 발생한다.

5000만~7000만 명 수면 장애를 겪는 미국 성인 수

원인	증상	영향	치료
촉발 요인으로는 걱정과 스트레스(예컨대 직장이나 가정에서의 문제, 경제적 곤란), 중요한 사건(예컨대 사랑하는 사람의 죽음), 기저 질환, 알코올이나 약물 사용 등이 있다.	잠들기 어렵거나, 밤에 자주 깨거나, 새벽에 너무 일찍 깨고 다시 잠들지 못한다. 피로로 인해 과민, 불안, 집중력 저하가 초래된다.	휴식을 취하지 못해서 과도한 피로를 느끼고 이로 인해 낮 동안 활동이 제한된다. 직업 수행 능력이 손상되고 인간 관계에 어려움이 생긴다. 밤에 잠이 안 올까 봐 불안해하고 이 스트레스 때문에 불면증이 더 악화된다.	행동 치료법(122~129쪽 참조)으로 자극 제어법, 수면 제한법, 역설적 의도(밤에 가능한 한 오래 깨어 있으려고 노력함으로써 수면에 대한 불안이 감소하는 것) 등이 있다.
사건 수면을 경험하는 사람은 흔히 가족 중에도 그런 사람이 많으므로 유전이 원인일 가능성이 있다. 복용 중인 약물 또는 수면 무호흡증 같은 신체 질환도 관련이 있다. 렘수면 행동 장애는 뇌질환과 관련되었을 수 있다.	흔히 나타나는 증상으로는 수면 보행증, 잠꼬대, 야경증, 혼돈 각성, 율동적 운동, 다리 근육 경련이 있다. 보다 심각한 증상으로는 야간 식이 장애와 렘 수면 행동 장애가 있다.	건강한 수면을 취하지 못하므로 정신 장애, 지남력 상실, 혼돈, 기억력 문제가 발생할 수 있다. 렘 수면 행동 장애가 있는 사람은 폭력적인 행동을 할 수 있다.	증상이 가볍거나 무해한 경우에는 수면 보행 중 부상을 야기할 만한 것들을 제거하는 등의 실제적인 안전 조치 이상은 필요하지 않다. 렘 수면 행동 장애의 경우에는 약물 치료가 필요할 수도 있다.
유전이 원인일 가능성도 있고 멜라토닌(수면을 조절하는 뇌의 화학 물질) 부족, 사춘기나 폐경기의 호르몬 변화, 스트레스 등이 원인일 수도 있다. 감염이나 예방 접종 후에 생길 수 있다.	낮 동안의 졸음, 갑작스럽게 잠에 빠짐(수면 발작), 크게 웃는 등 감정적으로 흥분할 때 일시적으로 몸에 힘이 빠짐(탈력발작), 수면 마비, 잠이 들 때나 잠에서 깰 때의 환각 증상 등이 나타난다.	일상 생활에 지장을 주고 정서적 측면에서 감당하기 어려울 수 있다. 갑상선 기능 저하증 및 다른 신체 증상들, 예컨대 수면 무호흡증이나 하지 불안 증후군 등이 있으면 문제가 악화될 수 있다.	건강한 식사와 생활 습관, 규칙적인 수면 습관, 일정한 간격으로 낮잠 자기 등은 낮 동안의 과도한 졸음을 관리하는 데 도움이 된다.
유전이 원인일 수도 있고, 약물이나 알코올 남용, 기면증이나 수면 무호흡증 같은 다른 수면 장애가 원인일 수도 있다. 종양, 두부 외상, 중추 신경계 부상 후에 생길 수 있다.	밤에 7시간 이상 잤는데도 낮 동안 몹시 졸린다. 하루에도 여러 번 낮잠을 자거나 잠에 빠져든다. 오래 잤는데도 깨어나기가 힘들다. 14~18시간의 수면 후에도 원기가 회복된 느낌이 들지 않는다.	일상에서 기능을 수행하는 데 어려움을 겪는다. 불안, 과민, 안절부절못함, 식욕과 활력 상실 등을 겪을 수 있다. 생각과 말이 느려지고 기억력 문제가 생길 수 있다.	신체적 원인을 먼저 치료한다. 증상이 지속되면 낮 동안의 활동을 관찰한다. 잠들기 전의 루틴(routine) 세우기, 계획한 시간들에 수면 취하기(시간 계획은 점차 바꾼다.) 같은 맞춤형 행동 치료가 있다.

틱 장애

틱이란 갑작스럽고 빠르게 비율동적으로(리듬감 없이 불규칙하게) 움직이거나 소리를 내는 것을 말한다. 틱이 반복적으로 발생하고 환경이나 상황과 연관된 것이 아닐 때 틱 장애로 진단될 수 있다.

소개

틱(tic, 제어할 수 없는 작은 움직임이나 소리)은 일반적으로 심각한 증상이 아니며 보통 시간이 지나면서 호전된다. 하지만 틱이 사라지지 않고 지속되면 스트레스를 받고 일상 활동에 지장이 생길 수 있고 특히 하나 이상의 틱을 가진 경우에는 더 그렇다.

운동을 관장하는 뇌 영역의 변화가 틱을 유발하는 것으로 여겨지고 있다. 유전적 소인도 관련이 있는 것으로 보인다. 암페타민이나 코카인 같은 약물을 사용하면 틱이 유발될 수 있고 뇌성마비나 헌팅턴병 같은 의학적 질환, ADHD(66~67쪽 참조)나 강박증(56~57쪽 참조) 같은 심리적 장애도 틱을 유발할 수 있다.

틱은 주로 아동에게서 발생하지만 성인기에 시작되는 경우도 있다. 유병률은 통계마다 수치에 차이가 있는데 아동의 0.3~3.8퍼센트가 심한 틱을 가진 것으로 나타난다. 틱이 경미한 경우에는 치료가 필요하지 않을 수 있으며 대개 스트레스나 피로를 피하는 등의 생활 습관 관리면 충분하다.

전조 증상

대부분의 사람은 틱이 발생하기 전에 이상하거나 불편한 느낌을 경험한다. 흔히들 이것을 틱을 해야만 풀릴 수 있는, 긴장이 고조되는 느낌이라고 묘사한다. 어떤 사람은 잠시 틱을 억제할 수 있지만 틱의 욕구가 너무 강해지면 결국 틱을 하게 되고 이때는 더 심하게 틱을 할 수 있다.

전조 증상
- 눈 뒤의 타는 듯한 느낌
- 특정 근육의 긴장
- 목이 칼칼한 느낌
- 가려움

긴장을 해소하려는 욕구

틱
- 눈 깜빡이기
- 특정 근육의 경련(씰룩거림)
- 킁킁 소리 내기
- 몸의 경련

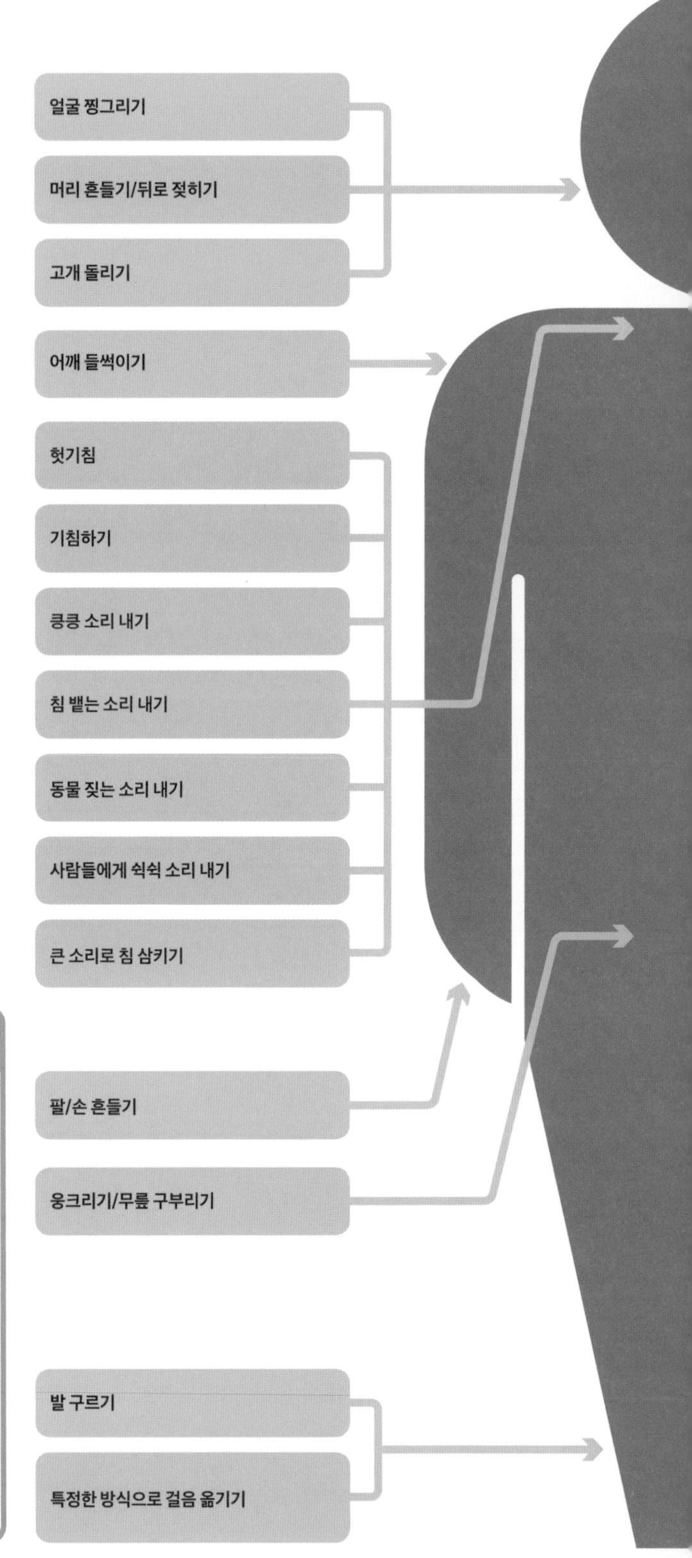

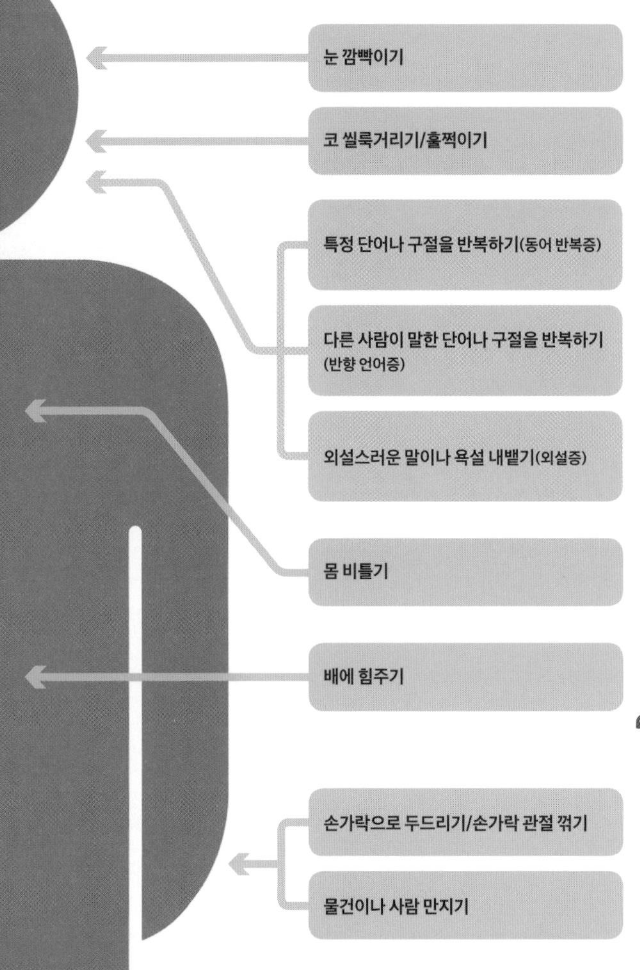

투렛 증후군

투렛 증후군은 여러 개의 틱을 특징으로 하는 장애로, 1884년에 이 장애를 처음 기술한 조르주 드 라 투렛(George de la Tourette)의 이름을 따서 병명이 붙여졌다. 투렛 증후군으로 진단되려면 여러 가지 틱이 1년 이상 지속되어야 하고 그중 하나 이상은 음성 틱이어야 한다. 대부분의 경우 운동 틱과 음성 틱이 결합해서 나타나며 그 틱들은 단순 틱일 수도 있고 복합 틱일 수도 있다. 이 장애는 흔히 유전된다.

투렛 증후군은 뇌의 기저핵에 문제가 생겼거나 아동기에 연쇄상구균에 의한 인후염에 걸린 것과 관계가 있다고 알려져 있다. 진단의 첫 단계에서는 알러지나 시력 문제 같은, 가능성 있는 다른 원인을 점검한다. 그리고 신경과나 정신과 의사가 자폐 스펙트럼 장애(68~69쪽 참조) 등의 질환을 배제한 다음 환자를 심리 치료사에게 보낸다. 환자의 3분의 1에게서는 10년 안에 틱이 감소하거나 덜 거슬리는 양상으로 나타나거나 사라지게 된다.

"음악의 리듬은 투렛 증후군 환자에게 매우 매우 중요하다."

— 올리버 색스(Oliver Sacks), 영국의 신경 의학자

단순 틱과 복합 틱

틱은 다양한 형태를 띤다. 어떤 틱은 신체의 움직임으로 나타나고 어떤 틱은 음성으로 나타난다. 또한 틱은 단순 틱과 복합 틱으로 구분되는데, 단순 틱은 눈 깜빡이기나 헛기침하기처럼 소수의 근육이 움직이는 것이고 복합 틱은 눈을 깜빡이면서 어깨를 으쓱거리거나 얼굴을 찡그리기, 고함 지르기처럼 여러 근육이 같이 움직이는 패턴을 보이는 것이다.

분류

- 운동 틱
- 음성 틱

치료

- **행동 치료(122~129쪽 참조)**
  틱을 하기 전 느끼는 불쾌한 감각을 알아내고 그 느낌을 중단시키는 반응을 격려하는 방법이 투렛 증후군에 널리 사용된다.
- **습관 반전 훈련**
  틱이 나타나려 할 때 틱과 양립할 수 없는 행동을 하는 법을 가르쳐 그 의도적인 움직임이 틱과 경쟁해 틱을 대체하게 한다.
- **생활 습관 관리**
  이완 기법이나 음악 듣기 등을 통해 틱의 빈도를 감소시킨다.
- **항우울제 또는 항불안제(142~143쪽 참조)**
  필요한 경우에 행동 치료를 보조하기 위해 사용한다.

인격 장애

인격 장애란 건강하지 않은 사고와 행동, 사회적 기능 수행 패턴이 지속적으로 일관되게 나타나는 경우를 말한다.

소개

인격 장애(personality disorder)를 가진 사람은 자신을 잘 이해하지 못할 뿐 아니라 다른 사람을 이해하고 공감하는 데에도 어려움이 있다. 인격 장애는 그 속성상 오래 지속된다는 점과 신체 질환과 비교가 불가능하다는 점에서 다른 정신 질환들과는 차이가 있다.

인격 장애가 있는 사람은 행동 양상이 사회에서 일반적으로 기대되는 수준으로부터 현저히 벗어나지만 조현병(70~71쪽 참조) 같은 심각한 질환을 가진 사람의 경우와 달리 의학적 도움 없이도 어찌어찌 생활을 유지해 나가기도 한다. 인격 장애는 흔히 물질 남용(80~81쪽 참조), 우울증(38~39쪽 참조), 불안을 동반한다.

인격 장애의 정확한 원인은 알려져 있지 않으나 인격 장애나 기타 정신 장애의 가족력, 어린 시절의 학대 또는 불안정하거나 혼란스러운 생활, 아동기에 심한 공격성과 반항으로 진단 받은 경험 등이 위험 요인인 것으로 보인다. 뇌의 화학적, 구조적 변이도 관련이 있을 수 있다.

10가지의 인격 장애가 정의되어 있으며 이들은 비슷한 장애끼리 세 개의 군(群)으로 나뉜다.

일반적으로 초기 성인기가 되기 전에는 인격 장애 진단을 내리지 않는다. 인격 장애로 진단하려면 증상(103~107쪽 참조)으로 인해 일상의 기능 수행에 문제가 생기고 주관적 고통을 느껴야 하고, 최소한 하나 이상의 인격 장애 유형의 증상이 나타나야 한다.

A군: 괴상하고 별나다.

A군 인격 장애를 가진 사람은 대부분의 사람에게 괴상하고 별나게 비칠 만한 행동 패턴을 보이고, 다른 사람과 관계를 맺는 데 어려움이 있고, 사회적 상황을 두려워한다. 본인은 자신에게 문제가 있다고 생각하지 않을 수도 있다. 이 군에는 편집성, 분열성, 분열형 인격 장애가 포함된다.

편집성 인격 장애

- 의심과 불신이 대단히 강하다.
- 남들이 자신을 속이고 있거나 조종하려 하거나 둘만의 비밀을 다른 사람에게 누설하고 있다고 생각한다.
- 악의 없는 평범한 말에서 숨은 의미를 찾아낸다.
- 친밀한 관계를 유지하는 데 어려움이 있다. 예를 들어 증거가 없는데도 배우자나 연인이 외도를 하고 있다고 믿는 경우가 많다.
- 공공연한 논쟁이나 반복적인 불평 또는 조용하지만 적대적인 냉담함의 형태로 의심과 적대감을 표현하기도 한다.
- 타인의 행동을 위협으로 해석하고 늘 과도하게 경계하므로 조심스럽고, 비밀스럽고, 솔직하지 않고, 무정한 인상을 준다.

분열성 인격 장애

- 타인에 대해 냉담하고 무관심하며 사람들로부터 동떨어져 있다.
- 혼자 하는 활동을 선호한다.
- 성적인 관계를 포함해서 모든 종류의 친밀한 관계에 대한 욕구가 없다.
- 사회적 표현의 범위가 제한되어 있다.
- 사회적 신호를 알아차리지 못하고 비판이나 칭찬에 무관심하다.
- 즐거움이나 기쁨을 경험하는 능력이 제한되어 있다.
- 여성보다는 남성에게서 많이 나타난다.
- 가족 중에 조현병(70~71쪽 참조)을 가진 사람이 있을 수도 있다. 하지만 분열성 인격 장애는 조현병만큼 심각한 장애가 아니다.

분열형 인격 장애

- 사회적 상황에서는 설령 그 상황이 익숙한 것일지라도 몹시 불안해하고 내향적인 모습을 보인다.
- 사회적 신호에 부적절하게 반응한다.
- 일상적 사건에 잘못된 과도한 의미를 부여하는 망상적 사고를 한다. 예를 들어 신문 헤드라인에 자신에게 보내는 비밀 메시지가 들어 있다고 믿기도 한다.
- 텔레파시나 다른 사람의 감정과 행동에 영향을 줄 수 있는 능력 등의 특별한 마술적 능력의 존재를 믿고 자신에게 그런 능력이 있다고 믿기도 한다.
- 장황하고 두서없고 모호하게 말하거나 말하는 도중에 주제를 바꾸는 등 말하는 방식이 괴이하다.

치료

- **편집성 인격 장애(paranoid PD)**
  도식(schema)에 초점을 둔 인지 치료(124쪽 참조)를 통해 문제들 간의 관련성(예컨대 아동기에서 기억나는 감정과 현재의 생활 패턴 간의 관련성)을 인식할 수 있게 한다. 또한 인지적 기법들을 사용해 새로운 평가와 판단을 내리게 돕는다. 그러나 본인이 치료의 필요를 느껴 찾아온 경우조차도 치료 중단율이 높은데, 이는 치료자와 환자 사이에 라포(rapport)와 신뢰를 형성하기 어렵기 때문이다.
- **분열성 인격 장애(schizoid PD)**
  인지 행동 치료(125쪽 참조)나 생활 방식 개선에 대한 지원을 통해 불안, 우울, 분노 폭발, 물질 남용을 감소시키게 돕는다. 사회적 기술을 훈련한다. 기분 저하나 정신증적 삽화가 나타날 때 약물(142~143쪽 참조)을 처방하기도 한다. 그러나 스스로 치료의 필요를 느껴 병원을 찾는 경우는 드물다.
- **분열형 인격 장애(schizotypal PD)**
  장기 심리 치료를 통해 신뢰 관계를 형성한다. 인지 행동 치료를 통해 불합리한 사고를 찾아내고 재평가하게 돕는다. 기분 저하나 정신증적 삽화에는 약물을 처방하기도 한다.

인격 장애를 가진 사람들은 대개 자신에게 문제가 있다고 생각하지 않으며 따라서 치료의 필요를 느껴 병원을 찾는 일이 드물다.

B군: 극적이고 감정적이고 변덕스럽다.

B군 인격 장애를 가진 사람은 감정 조절에 어려움을 겪는다. 이들은 대개 지나치게 감정적이고 예측 불가능하며 남들 눈에 극적이고 변덕스럽고 위협적이고 심지어 충격적으로 보이는 행동 패턴을 나타낸다. 사람들이 이런 사람 주변에서는 마음이 불편해지므로 이 사람은 사회적, 개인적 관계를 형성하고 유지하는 데 어려움을 겪고 이로 인해 다시 원래의 증상이 강화되는 악순환이 빚어진다.

정신병질

정신병질(psychopathy)은 때때로 반사회적 인격 장애(아래 참조)의 하위 유형으로 간주되며, 가장 진단하기 어려운 장애 중 하나이고 대체로 치료가 잘 되지 않는다. 정신병질자(psychopath)는 특정한 성격 특질과 행동 특성을 드러낸다. 정신 건강 전문가들은 로버트 헤어(Robert Hare)의 정신병질 체크 리스트 수정판(Psychopathy Checklist-Revised, PCL-R)을 사용해 이 장애를 진단할 수 있다. 이 체크 리스트는 정신병질자의 특징을 목록화한 20개의 문항으로 구성되어 있으며 각 문항은 0점이나 1점 혹은 2점으로 평정된다. 미국에서는 30점 이상, 영국에서는 25점 이상이면 정신병질로 진단된다. 대인 관계 특성으로는 자기 가치에 대한 과대평가, 속임수, 오만함 등이 있고 정서적 특성으로는 죄책감과 공감 능력의 결여 등이 있으며 충동적 특성으로는 문란한 성생활 및 물건 훔치기 같은 범죄적 행위 등이 있다. 이들은 억제 능력이 결여되어 있고 경험에서 배우지 못한다. 처음에는 매력적으로 보일 수 있지만 곧 이들이 죄책감이나 공감, 사랑을 느끼지 못하는 데다 되는 대로 무모하게 행동하고 애정 관계를 맺는다는 사실이 분명하게 드러난다. 이들의 많은 특성, 특히 감정에 얽매이지 않고 냉철하게 결정할 수 있는 능력은 성공한 사람들, 특히 기업가나 스포츠 선수에게서도 발견할 수 있다. 대부분의 정신병질자는 남성이며 사회적, 문화적 배경에 상관없이 고르게 나타난다.

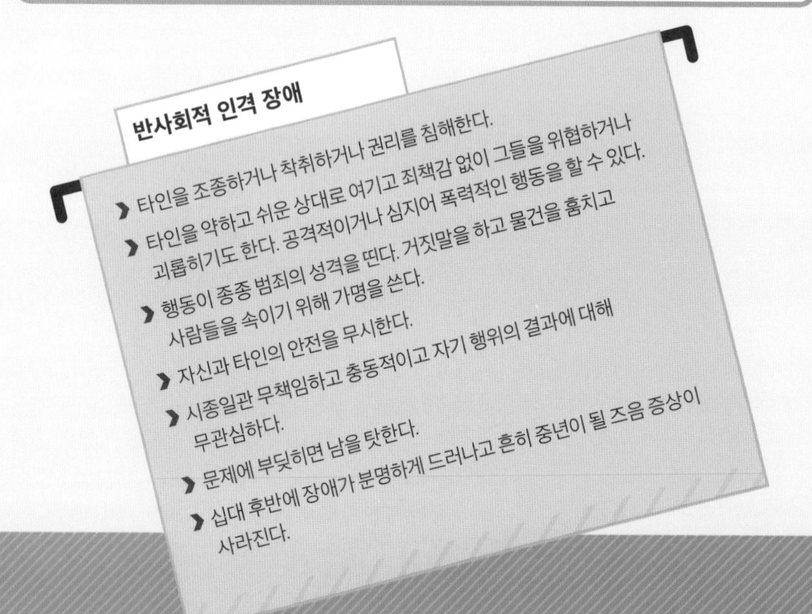

반사회적 인격 장애

- 타인을 조종하거나 착취하거나 권리를 침해한다.
- 타인을 약하고 쉬운 상대로 여기고 죄책감 없이 그들을 위협하거나 괴롭히기도 한다. 공격적이거나 심지어 폭력적인 행동을 할 수 있다.
- 행동이 종종 범죄의 성격을 띤다. 거짓말을 하고 물건을 훔치고 사람들을 속이기 위해 가명을 쓴다.
- 자신과 타인의 안전을 무시한다.
- 시종일관 무책임하고 충동적이고 자기 행위의 결과에 대해 무관심하다.
- 문제에 부딪히면 남을 탓한다.
- 십대 후반에 장애가 분명하게 드러나고 흔히 중년이 될 즈음 증상이 사라진다.

경계선 인격 장애

- 자아상이 불안정하다.
- 정서가 불안정(정동 조절 부전이라고 부르기도 한다.)해서 기분 변동이 극심하고, 심하게 화를 내는 일이 잦다.
- 대인 관계가 강렬하고 불안정하다.
- 혼자가 되는 것 또는 버림받는 것을 두려워하고 만성적으로 공허감과 외로움을 느끼며 이로 인해 과민함, 불안, 우울을 경험한다.
- 사고나 지각 패턴의 장애(인지적 왜곡 또는 지각적 왜곡이라고 부른다.)가 나타난다.
- 충동적으로 행동하고 자해 행동 및 자살 사고나 자살 시도를 하는 경향이 있다.

히스테리성(연극성) 인격 장애

- 자기중심적이고 타인으로부터 관심과 주의를 끌려고 한다.
- 복장이나 행동이 부적절하고 관심을 끌기 위해 외모를 이용한다.
- 감정 상태가 쉽게 바뀌어서 남들에게 피상적이라는 인상을 준다.
- 지나치게 연극적이고 감정을 과장되게 표현한다.
- 끊임없이 자신을 안심시켜주는 말을 듣거나 인정을 받으려고 한다.
- 피암시성이 높다(다른 사람이나 환경의 영향을 쉽게 받는다.).
- 다른 사람과의 관계를 실제보다 더 친밀한 것으로 생각한다.
- 사회적, 직업적 면에서 기능 수준이 매우 높을 수도 있다.

자기애성 인격 장애

- 자신의 중요성을 과장되게 지각하고, 우월한 사람으로 보이기를 기대하며, 자신의 능력을 과장한다.
- 성공, 권력, 명석함, 아름다움, 완벽한 연인에 대한 환상에 집착한다.
- 자기만큼 중요한 사람들하고만 교제할 수 있다고 생각한다.
- 남들에게서 특별대우와 무조건적인 순응을 기대하고 자신이 원하는 것을 얻기 위해 타인을 이용한다.
- 타인의 느낌이나 요구를 인식하지 못하고 인식하려고도 하지 않는다.
- 남들이 자신을 부러워하고 시기한다고 믿는다.

치료

- **반사회적 인격 장애(antisocial PD)**
  인지 행동 치료(125쪽 참조)가 도움이 된다. 그러나 이런 사람은 범죄 행위 때문에 판사로부터 치료 명령을 받은 경우에만 치료를 받으러 올 가능성이 있다.
- **경계선 인격 장애(borderline PD)**
  변증법적 행동 치료와 정신화 기반 치료(mentalization-based treatment)에 정신 역동 치료(118~121쪽 참조), 인지 행동 치료(122~129쪽 참조), 체계론적 치료(138~141쪽 참조), 생태학적 접근을 결합한 치료법, 미술 치료(137쪽 참조)가 효과가 있다. 증상이 가벼운 경우에는 집단 심리 치료를 받을 수 있고, 중등도에서 중증인 경우에는 공동 관리 프로그램(coordinated care program)이 적용될 수 있다.
- **히스테리성 인격 장애(histrionic PD)**
  지지적, 해결 중심적 심리 치료(118~141쪽 참조)를 통해 정서를 조절하게 돕는다. 그러나 이런 사람은 흔히 자신의 기능 수준을 과장하기 때문에 치료가 어렵다.
- **자기애성 인격 장애(narcissistic PD)**
  심리 치료를 통해 자기 정서의 원인을 이해하고 정서를 조절하게 돕는다.

C군: 불안하고 두려움이 많다.

C군 인격 장애의 특징은 생각이나 행동에 걱정과 겁이 많다는 것이다. C군에 해당하는 장애를 가진 사람은 지속적으로 과도한 두려움과 불안을 겪으며 대부분의 사람 눈에 비사교적이고 위축되었다고 비칠 만한 행동 패턴을 보이기도 한다. C군에는 의존성, 회피성, 강박성 인격 장애가 포함된다. 의존성(아래 참조) 인격 장애와 경계선 인격 장애(105쪽 참조)는 증상이 일부 겹치므로 정신과적 평가를 통한 감별이 필요하다.

의존성 인격 장애

- 혼자가 되어 스스로의 힘으로 살아가야 하는 상황이 되는 것을 두려워한다.
- 인정이나 지지를 잃을까봐 두려워서 늘 사람들의 비위를 맞춰 주며 이의를 표현하지 못한다.
- 비판에 지나치게 민감하고 비관적이다.
- 자신에 대해 불신과 회의감을 느끼고, 자신의 능력과 자산을 과소평가한다. 스스로를 멍청하다고 표현하기도 한다.
- 자신에 대한 애정이나 지지를 계속 확인하려 하고 수동적, 순종적이고 매달리는 행동 양상을 보인다. 학대를 참고 견디기도 한다.
- 자신을 지지하고 돌봐 주던 사람과 헤어지게 되면 그렇게 해줄 다른 사람을 급히 찾는다.
- 종종 실패가 두려워 어떤 일을 시작하지 못한다.

회피성 인격 장애

- 인정받지 못하는 것이나 비판, 거절을 심하게 두려워해서 사람들과 관계를 형성하기가 어렵다.
- 인간 관계를 맺는 데 극도로 신중을 기한다.
- 자신에 대한 정보나 감정을 공유하기를 꺼리며, 이로 인해 그나마 맺고 있는 인간 관계도 유지하기 어려워질 수 있다.
- 대인 접촉을 해야 하는 직업적 활동을 피한다.
- 자신이 부적절하고 열등한 사람이라고 굳게 믿어서 사회적 상황을 멀리한다.
- 항상 자신의 부적절함, 무능 등이 '발각'되어 사람들로부터 거부나 비웃음, 창피를 당할까 봐 걱정한다.

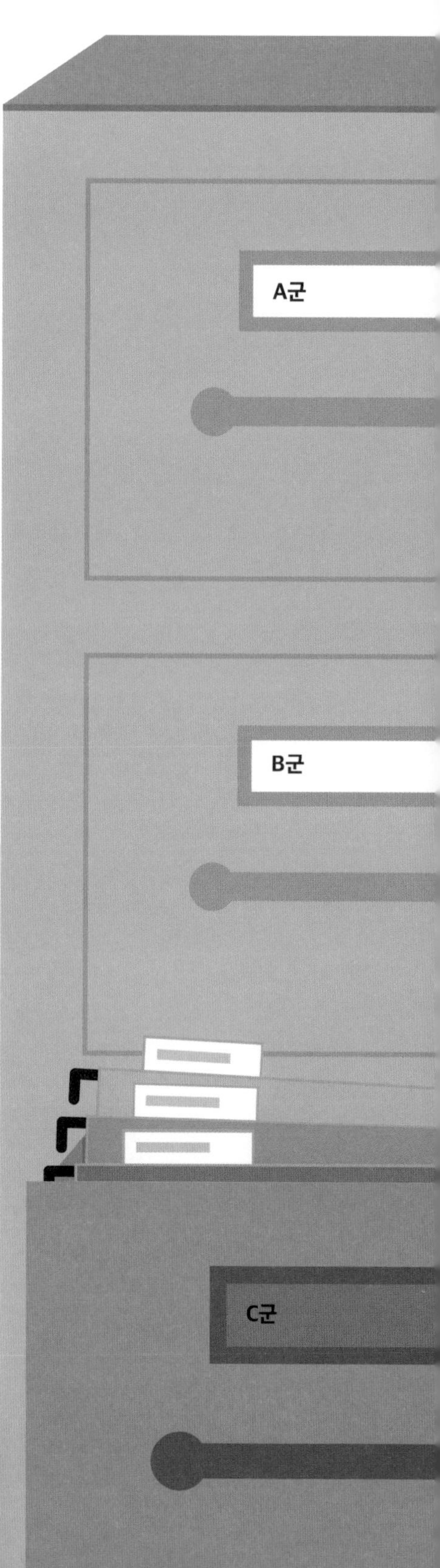

10%

전 세계 인구 중 적어도 한 가지의 인격 장애를 가진 것으로 추정되는 비율

강박 장애와 강박성 인격 장애

강박적 사고와 충동이 반복되어 극심한 불안이 유발되고 이를 완화하기 위해 특정 행위나 생각을 수행하고 싶어진다는 특징은 강박성 인격 장애와 강박 장애 모두에 해당된다. 하지만 강박성 인격 장애는 성인기 초기에 시작되는 데 비해 강박 장애는 살아가는 동안 언제든 생길 수 있다.

강박성 인격 장애는 성격 스타일이 과장되게 표현된 것으로 일상 생활에 지장을 주는 문제가 되는 반면 강박 장애는 자신이나 주변 사람에게 안 좋은 일이 생기는 것을 예방하려는 과장된 책임감에 기반을 둔다. 강박성 인격 장애를 가진 사람은 자신의 사고가 완전히 합리적이라고 생각한다. 강박 장애를 가진 사람은 자신의 사고에 장애가 있으며 자신의 불안을 유지시키는 순환 고리가 있다는 것을 인식하고 있다.

강박성 인격 장애

- 질서정연함, 완벽함, 마음의 통제, 대인 관계의 통제에 집착한다.
- 엄격하고 완고하게 자신의 원칙을 고수한다.
- 지나치게 일에 몰두한 나머지 친구와의 교제나 여가 활동을 등한시하므로 의미 있는 사회적 관계를 형성하거나 유지하지 못한다.
- 지나치게 성실하고 꼼꼼하다. 계속해서 완벽을 기하다가 일의 마감일을 지키지 못하기도 한다.
- 도덕이나 윤리에 관해 융통성이 없다.
- 감정적인 가치가 없는데도 낡거나 쓸모없는 물건을 버리지 못한다.

치료

의존성 인격 장애(dependent PD)
자기 주장 훈련을 통해 자신감을 키우고 인지 행동 치료(125쪽 참조)를 통해 자신에 대해 보다 강건한 태도와 관점을 가지도록 돕는다. 장기 정신 역동 치료(118~121쪽 참조)를 통해 어린 시절의 경험을 검토하고 성격을 재건하게 돕는다.

회피성 인격 장애(avoidant PD)
정신 역동 치료(119쪽 참조)가 도움이 될 수 있다. 인지 행동 치료를 통해 자신에 대해 그리고 남들이 자신을 어떻게 볼지에 대해 가지고 있는 강한 믿음을 찾아내고 행동 기술과 사회적 기술을 변화시켜 직장 생활과 사회적 생활을 향상시키게 돕는다.

강박성 인격 장애(obsessive compulsive PD)
상담과 심리 치료를 통해 그 사람이 가진 강한 믿음들을 빠짐없이, 특히 세상과 타인에 대한 융통성 없는 시각을 검토한다. 인지 행동 치료와 정신 역동 치료를 통해 자신이 특정 상황에 대해 어떻게 느끼는지를 밝혀낸 다음 왜 자신이 그 동안 해 온 통제들이 문제를 해결하는 것이 아니라 유지하는 것이었는지를 깨닫도록 돕는다.

기타 장애

생리적, 발달적 혹은 문화적 원인에서 비롯되는 질환 중에도 인지와 행동 기능에 부정적 영향을 미칠 수 있는 질환이 많다.

소개

신체 질환 중에도 환자의 수행 능력을 저하시키고 기능을 제한하고 심리적 고통을 주어 행동 문제와 우울 및 불안 증상을 초래하는 것들이 많다. 발달적 문제(예컨대 다운 증후군), 생리적 질환(예컨대 운동의 협응에 문제가 생기는 통합 운동 장애), 퇴행성 질환(예컨대 파킨슨병) 등이 여기 포함된다. 비록 정신과적 문제가 원인인

장애명	정의	증상
신체 증상 장애 (somatic symptom disorder)	통증, 피로 등의 신체 증상에 대한 염려에 과도한 에너지를 소모해 심한 불안 및 기능 수행에서의 문제가 초래되는 경우이다.	불안 수준이 높다. 신체 증상에 공포를 느끼고 그 증상이 심각한 질환을 의미한다고 믿는다.
뮌하우젠 증후군(Munchausen's syndrome, 인위성 장애)	의학적 관심을 얻기 위해 증상을 꾸며내거나 자해하거나 다른 사람(예컨대 자녀)의 질병이나 부상, 장애를 꾸며내는 경우이다.	본인 또는 자신이 돌보는 대상에게서 의도적으로 신체 증상을 가장하거나 유발하거나 과장하고, 병원을 전전하며 치료를 받는다.
다운 증후군 (Down's syndrome)	지적, 신체적, 사회적 기능에 다양한 영향을 미치는 발달 장애이다.	범불안 장애, 강박 장애, 수면 장애, ADHD(아동인 경우), 자폐 스펙트럼 장애가 나타나기도 한다.
성별 불쾌증 (gender dysphoria)	생물학적 성과 성 정체감의 불일치로 갈등을 겪는 경우이다.	반대 성의 감정과 행동을 보이고 사춘기에 심리적 고통을 겪는다. 자신의 생식기에 혐오감을 느낀다.
성기능 장애 (sexual dysfunction)	신체적 또는 심리적 문제로 인해 성 행위를 즐기지 못하는 경우이다.	남성에게서는 발기 부전, 조루, 지루 등이, 여성에게서는 성욕 상실이나 성교통 등이 나타난다.
성도착 장애 (paraphilic disorder)	특정한 사물이나 행위 또는 동의하지 않는 상대에 의해서만 성적 흥분이 일어나는 경우이다.	특정한 변태 성욕의 대상이나 상황에 의해서만 성적 흥분과 만족을 얻을 수 있다. 그 성욕의 대상을 무시하고 하찮게 여긴다.
배설 장애 (elimination disorder)	반복적으로 화장실이 아닌 곳에 소변(유뇨증)이나 대변(유분증)을 불수의적 또는 의도적으로 보는 경우이다.	부적절한 곳에 소변이나 대변을 본다. 식욕 부진, 복통, 사회적 위축, 우울 등이 나타난다.
코로 (koro, 성기 수축 증후군)	성기가 몸 안으로 수축해 사라질 것 같다는 불합리한 공포를 겪는 망상 장애이다.	근거가 없는데도, 음경(여성은 유두)이 함몰되고 있고 그로 인해 죽음이 야기될 것이라고 강하게 믿는다.
아모크 증후군 (amok syndrome)	말레이 인에게서만 나타나는 보기 드문 문화 특정적 장애로, 일정 기간 심각하게 생각에 잠겼다가 갑자기 난폭한 행동을 보이는 경우이다.	갑자기 미친 듯이(흔히 무기를 들고) 폭력을 휘둘러 자신과 타인에게 심각한 부상을 입힌다. 나중에 그 사건을 기억하지 못한다.
대인 공포증 (対人恐怖症, taijin kyofusho)	일본 문화에서만 나타나는 장애로, 자신의 존재가 타인에게 폐를 끼칠까 봐 두려워하는 경우이다.	자신이 혐오스럽고, 너무 눈에 띄고, 사람들의 못마땅한 시선을 유발한다고 믿는다.

질환들은 아니지만 기능의 손상이나 심리적 고통이 심해 치료가 필요한 경우도 있다.

이런 장애 중에는 코로나 아모크처럼 특정 문화에서만 발생하는 것도 있고, 개인과 그가 속한 사회 또는 문화 사이의 갈등에서 유발되는 것도 있다. 몇몇 서양의 장애의 경우 그에 상응하는 비슷한 장애가 동양에도 있으며 그 반대의 경우도 있다. 예를 들면 타이진 교후쇼라는 일본의 장애는 사회 불안 장애(53쪽 참조)와 유사하다.

10~20%
대인 공포증을 겪는 일본인의 비율

가능성 있는 원인	영향	치료
유전적 요인, 통증에 대한 정서적 민감성, 부정적 정서 등의 성격 특질, 행동의 학습, 정서 처리 과정의 문제 등이 원인이다.	자신에게 심각한 질병이 있을 것이라는 생각에 집착하고, 대인 관계의 문제, 건강 약화, 우울, 의사 소견에 대한 불신이 초래된다.	인지 행동 치료를 통해 건강에 대한 염려를 지속시키는 불합리한 사고와 행동을 찾아내어 교정한다.
심리적 요인, 스트레스 경험, 콤플렉스, 아동기의 외상적 관계 등이 복합적으로 영향을 미친다.	기만 행위로 인해 사회적 관계가 손상된다. 불필요한 의학적 치료로 인해 심각한 건강 문제가 초래된다.	심리 치료를 통해 자신을 통찰하고 스트레스와 불안에 대처하는 다른 방법을 찾는다.
염색체 이상이 원인으로, 체내의 모든 세포 또는 일부 세포에 21번 염색체가 하나 더 존재한다.	경도에서 중등도의 인지 장애, 단기 및 장기 기억 손상이 나타나고 신체 기술과 언어 기술의 습득 속도가 느리다.	부모 지원 및 훈련과 함께 조기 개입을 통해 여러 기법을 사용해 아동의 발달을 지원한다.
태아기에 특정 호르몬의 영향을 받았거나 간성(intersex, 생식기가 완전히 남성도 아니고 여성도 아닌 경우)인 것이 원인일 가능성이 있다.	스트레스, 우울과 불안, 자해, 자살 생각이 나타날 수 있다.	심리 치료로 원하는 성 정체성으로 살아가는 것을 지원한다. 수술로 외모를 일부 바꾸거나 성을 완전히 전환할 수도 있다.
질병, 약물 치료, 물질 남용 등의 신체적 원인, 스트레스, 수행 불안, 우울증과 관련이 있다.	자신감 저하, 사회 불안, 자존감 저하, 우울, 불안, 공황 발작이 초래될 수 있다.	신체적 문제가 있는 경우에는 각 상태에 맞는 특수한 치료를 받는다. 부부(커플) 대상의 불안 및 스트레스 관리 치료와 성 치료를 받을 수 있다.
아동기의 성적 학대나 외상적 경험이 영향을 줄 수 있다. 반사회적 인격 장애나 자기애성 인격 장애 같은 심각한 인격 장애와 관련되었을 수도 있다.	부부(연인) 관계에 부정적 영향이 초래된다. 위험하거나 불법적인 행동을 하게 된다.	정신 분석, 최면 치료, 행동 치료 등의 방법이 있다.
정신적 외상과 스트레스, 발달 지연, 소화기계 문제일 수 있다.	사회적 자신감 저하, 비밀스러운 행태, 학교에서의 집단 괴롭힘과 그 밖의 문제들이 초래된다.	행동 치료를 통해 좋은 배변 습관을 유도한다. 심리 치료를 통해 수치심, 죄책감, 자존감 저하를 완화한다.
다른 정신 장애가 있거나 사춘기에 성심리 교육을 받지 못했을 수 있다.	심한 수치심, 공포, 비밀스러운 행동, 우울, 불안이 초래된다.	심리 치료와 약물 치료를 통해 이 장애에 동반된 우울증이나 신체 이형 장애, 조현병을 치료한다.
지리적 고립의 영향일 수 있다. 종교적 풍습이 자기 충족적 예언의 실현을 부채질하는 것일 수 있다.	만성적 신체 손상, 사회적 고립, 정신 병원 강제 수용, 투옥 등의 결과가 초래될 수 있다.	심리 치료를 통해 이 장애에 동반된 정신 장애나 인격 장애를 치료한다. 심리 사회적 스트레스원에 대한 내성을 키운다.
얼굴 붉어짐, 신체의 변형, 시선 접촉, 불쾌한 체취 등에 대한 특정 공포증과 관련되어 있다.	우울, 불안, 사회적 고립, 자신감 저하가 초래된다.	인지 행동 치료를 통해 과장된 믿음을 검토하고 재평가하게 돕는다.

심리 치료법

심리학에 대한 접근법만큼이나 다양한 유형의 치료법이 있다. 각 개인이 저마다 경험하는 장애에 적합한 치료법을 적용받는 것은 마음의 평화를 회복하는 데 가장 중요하다.

건강과 치료

보건 영역에서 일하는 심리학자들은 개인과 특정 집단 그리고 그보다 넓은 범위의 사람들의 정신 건강 및 그와 연관된 신체 건강을 향상시키는 것을 목표로 한다. 여기에는 정신 장애의 예방과 치료, 전반적인 심신의 안녕 증진을 위해 치료법(therapy)를 고안하고 수행하는 것이 포함된다. 치료를 통해 건강이 어떻게 개선되었는지, 어느 치료가 가장 효과적인지를 평가하는 일도 한다. 이러한 평가는 개인과 공중 수준에서 심리학적 치료를 어떻게 제공할 것인가에 영향을 준다.

심리학자의 역할

단독으로 일하든, 여러 분야의 전문가가 모인 의료 서비스팀의 일원이든, 연구 기관에 속해 있든 간에 심리학자들은 정신 건강과 전반적인 안녕을 향상시키는 데 관여한다. 그들의 역할이 각기 다른 것은 개인 또는 집단에게서 이 목표를 달성하기 위한 방법이 다양하기 때문이다.

누가 치료를 제공할 수 있나

많은 정신 건강 전문가들이 심리 평가, 치료, 상담(카운슬링)을 제공할 수 있지만 그중 일부만이 장애 치료를 위해 약물을 처방할 수 있다.

심리학자

심리학자는 심리 평가를 하고, 개인 혹은 집단에게 그들의 필요에 맞춰 다양한 대화 치료(talking therapy)나 행동 치료를 한다.

정신과 의사

정신과 의사는 정신 장애의 치료를 전문으로 하는 의사로, 환자 치료의 일환으로 정신과 약물을 처방할 수 있는 면허를 가지고 있다.

일반 의료 전문가

의사 및 전문 간호사는 약물이나 기타 치료를 처방할 수 있다(한국과 달리 영국, 미국 등에서는 전문 간호사가 약물을 처방할 수 있다. — 옮긴이).

기타 정신 건강 전문가

사회 복지사, 정신과 간호사, 상담 전문가(카운슬러)는 단독으로 또는 정신 건강 의료팀의 일원으로 치료를 할 수 있다.

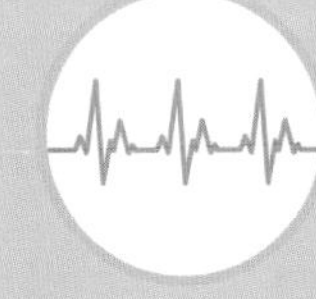

건강 심리학자

무슨 일을 전문으로 하는가?

건강 심리학자는 사람들이 질병에 대응하는 방식 및 건강에 영향을 미치는 요인에 관심을 가진다. 건강을 개선하고 질병을 예방하기 위한(예컨대 체중 감량을 촉진하거나 금연을 돕는) 전략을 연구, 수행하기도 하고 개인이 암이나 당뇨병 같은 특정 질병을 관리하는 것을 돕기도 한다.

누가 도움을 얻을 수 있는가?

- **만성 질환자** 중병에 적응하거나 통증을 관리하는 데 도움이 필요하다.
- **인구 집단들** 질병 예방을 위한 생활 습관에 대한 조언이 필요하다.
- **보건 서비스 제공자** 자신의 서비스를 향상시킬 방법을 알고 싶어한다.
- **환자 집단** 당뇨병 환자들처럼 자신의 병을 관리하는 데 도움이 될 조언이 필요하다.

어디에 있는가?

병원, 보건소, 공중 보건 담당 부처, 지방 정부, 연구 기관.

자격 요건

박사 학위 및 학위 취득 이후 실습과 지속적인 전문성 개발.

84%

영국 일차 의료 기관의 진료 건수 중 스트레스 및 불안에 관련된 문제의 비율

심리 교육

쉽게 치유될 수 없는 정신 장애를 가진 경우 정신 건강 문제와 함께 살아가는 것에 대한 의식을 제고하는 것은 치료 과정의 주요한 부분이 되었다. 대상이 개인이든 집단이든 또는 인터넷을 통해서든 간에 심리 교육은 정신 장애를 가진 사람이 자신의 장애와 그 치료법을 보다 잘 이해하도록 돕고, 가족과 친구, 돌보는 사람도 보다 효과적인 지원을 제공하도록 돕는다. 자세한 정보를 가지고 있으면 생활을 보다 잘 관리하고 증상에 대처하는 데 도움이 될 조치를 취하는 것이 가능해진다. 또한 의사의 지시를 보다 잘 따르게 되어 흔히 정신 장애에 따라붙곤 하는 오명에서 벗어나는 데 도움이 될 수 있다.

임상 심리학자

무슨 일을 전문으로 하는가?

임상 심리학자는 사람들이 불안, 중독, 우울증, 인간 관계 문제 등의 심리적 문제 및 신체 건강 문제에 대처하도록 돕는다. 심리 검사나 대화, 관찰을 통해 개인을 임상적으로 평가한 다음 적절한 치료를 제공한다.

누가 도움을 얻을 수 있는가?

- **불안이나 우울증이 있는 사람** 학습 장애나 행동 문제가 있는 아동 등 개인이나 집단 치료 세션이 필요하다.
- **물질 남용자** 중독을 극복하는 데 도움이 필요하다.
- **외상 후 스트레스 장애(PTSD)를 겪는 사람** 과거의 충격적 사건과 경험을 극복하기 위한 치료가 필요하다.

어디에 있는가?

병원, 지역 사회 정신 건강 복지 센터, 보건소, 사회 복지 서비스, 학교, 사설 심리 상담 센터.

자격 요건

임상 심리학 박사.

상담 심리학자

무슨 일을 전문으로 하는가??

상담 심리학자는 가까운 사람과의 사별이나 가정 폭력 같은 힘든 문제를 겪고 있는 사람들과 정신 장애가 있는 사람들을 돕는다. 내담자와 공고한 관계를 형성해 변화를 유도한다. 자신이 상담자로서 하는 상담을 향상시키기 위해 스스로도 심리 치료를 받기도 한다.

누가 도움을 얻을 수 있는가?

- **가족** 구성원 간의 관계에서 문제를 겪고 있는 경우.
- **아동** 사회적, 정서적 또는 행동적 문제를 겪고 있거나 어떤 유형이든 학대를 당한 경우.
- **스트레스로 고통 받는 사람** 근저에 깔린 문제를 다루는 데 도움을 받을 수 있다.
- **가까운 사람과 사별한 사람** 정서적 지원과 조언이 필요하다.

어디에 있는가?

병원, 보건소, 사회 복지 서비스, 기업체, 교도소, 학교.

자격 요건

박사 학위 및 학위 취득 이후 실습과 지속적인 전문성 개발.

신체적 건강과 심리적 건강

과학 연구들을 통해 우리의 정신 건강과 신체 건강의 연관성이 점점 더 많이 드러나고 있고, 이 분야의 심리학자들은 우리 몸과 마음의 관계(mind-body connection)를 평가하고 향상시키기 위한 도구를 개발해 왔다.

몸과 마음을 연결하기

건강 심리학자는 개인의 심리 상태(예컨대 날마다 스트레스에 시달리는 경우)가 신체에 어떻게 영향을 미치는지를 파악하고, 개인이 사고방식을 바꿔 신체 건강을 향상시킬 수 있도록 돕기 위한 방법을 모색한다. 여기에는 그 사람의 생활 습관, 사회관계망, 태도, 인식을 변화시키는 것이 포함된다. 건강 심리학자는 지역 사회에서 환자 및 취약 집단을 돕거나 공공 기관에 보건 정책에 대한 조언을 하거나 병원에서 일하는 등 다양한 분야에서 활동한다.

개인을 평가할 때 건강 심리학자는 질병이나 문제에 원인으로 작용할 법한 모든 요인을 살펴보고 변화를 위한 전략을 세운다. 여기에는 흡연이나 부실한 식사처럼 건강을 저해하는 행동을 찾아내고, 운동, 건강한 식사, 구강 위생, 건강 검진, 자가 검진 같은 긍정적인 행동을 장려하고, 수면 습관을 개선하고, 예방 차원의 질병 검진 일정을 세우는 것이 포함된다. 건강 심리학자는 또한 개인의 인지 행동 변화를 촉진해 그 사람이 자신의 삶에 좀 더 통제력을 가지게 하기도 한다.

생물 심리 사회 모형

건강 심리학자는 생물 심리 사회 모형(biopsychosocial model)을 사용해 한 사람의 삶에서 벌집처럼 맞물려 있는 세 가지 힘을 평가한다. 생물학적(신체적 특성의 영향), 심리적(사고 패턴과 태도), 사회적(생활 사건들과 다른 사람들의 영향) 힘이 그 세 가지 힘이다. 심리학자들은 이 세 가지 힘이 건강과 행복에 긍정적인 영향을 줄 수도 부정적인 영향을 줄 수도 있음을 인식하고 있다.

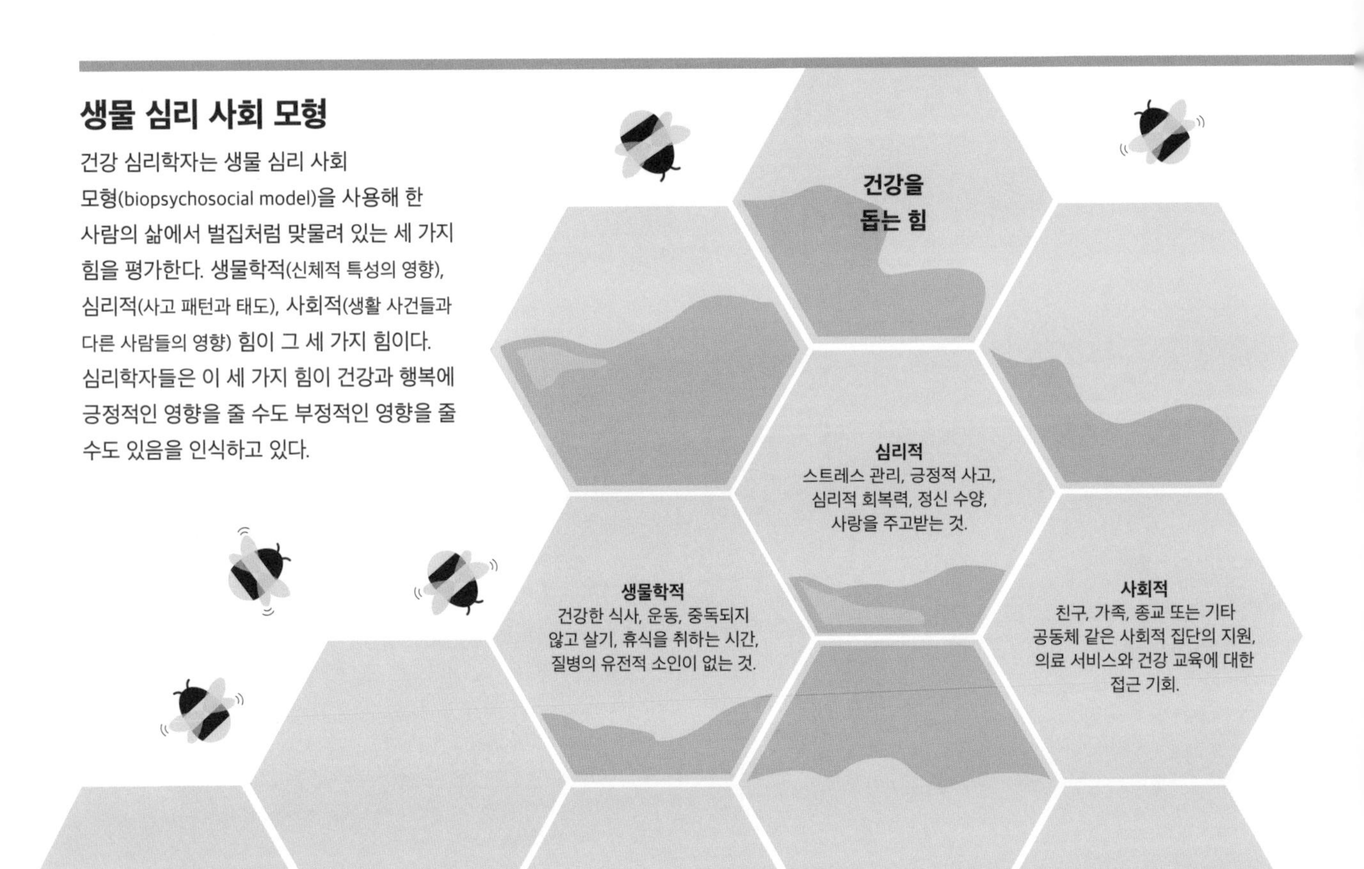

건강 상태 관리하기

건강 심리학자는 암 또는 알코올이나 약물 중독처럼 입원해야 하거나 장기 치료가 필요한 질병을 진단 받은 사람들에게 도움을 줄 수 있다. 건강 심리학자는 그 사람의 신체적 고통이나 불편함, 그리고 그 질병이 삶에 주는 타격에 대한 심리적 대처 능력을 증진하기 위해 무엇을 변화시킬 수 있을지 평가할 것이다.

재활을 돕는 데에도 다양한 전략이 사용된다. 심리적 측면에서, 건강 심리학자는 환자의 자존감과 동기를 키우고 유지하면서 환자가 보다 긍정적으로 사고하도록 훈련시킨다. 친구와 가족, 다른 보건 의료 전문가들의 지원을 한데 모으는 것도 이 과정의 일부이다. 신체적 측면에서는, 환자의 안녕 증진, 알코올이나 약물에 대한 갈망 제어, 우울 극복 등을 위해 요가나 침술 등의 대체 요법을 사용하기도 한다. 또한 규칙적인 운동, 영양 관리 프로그램, 비타민 요법을 권할 수도 있다.

정신 건강의 평가

정식 평가가 필요할 때 심리학자는 질문지를 사용해 개인의 심리 상태를 평가 또는 측정하는데 이때 심리적 건강과 정서적 안녕을 구별한다.

심리적 건강 질문

- **기분** 당신의 기분은 대체로 긍정적입니까?
- **긍정적인 관계** 친구 또는 긍정적인 정서적 유대관계가 있습니까?
- **인지 기능** 적절히 생각하고 정보를 처리하는 데 어려움을 겪고 있지는 않습니까?

정서적 안녕 질문

- **불안** 불안을 겪고 있습니까?
- **우울** 우울합니까?
- **통제** 자제가 되지 않는다거나 감정을 제어할 수 없다고 느낍니까?

스트레스는 신체에 어떤 영향을 줄까

스트레스는 자연이 우리로 하여금 위험에 대해 경계 태세를 취하게 하는 방식으로, 우리의 몸을 원시적인 '투쟁 혹은 도피' 모드로 만든다(32~33쪽 참조). 뇌는 스트레스에 대한 반응으로 여러 화학 물질을 분비해 몸 전체에서 변화를 일으킨다.

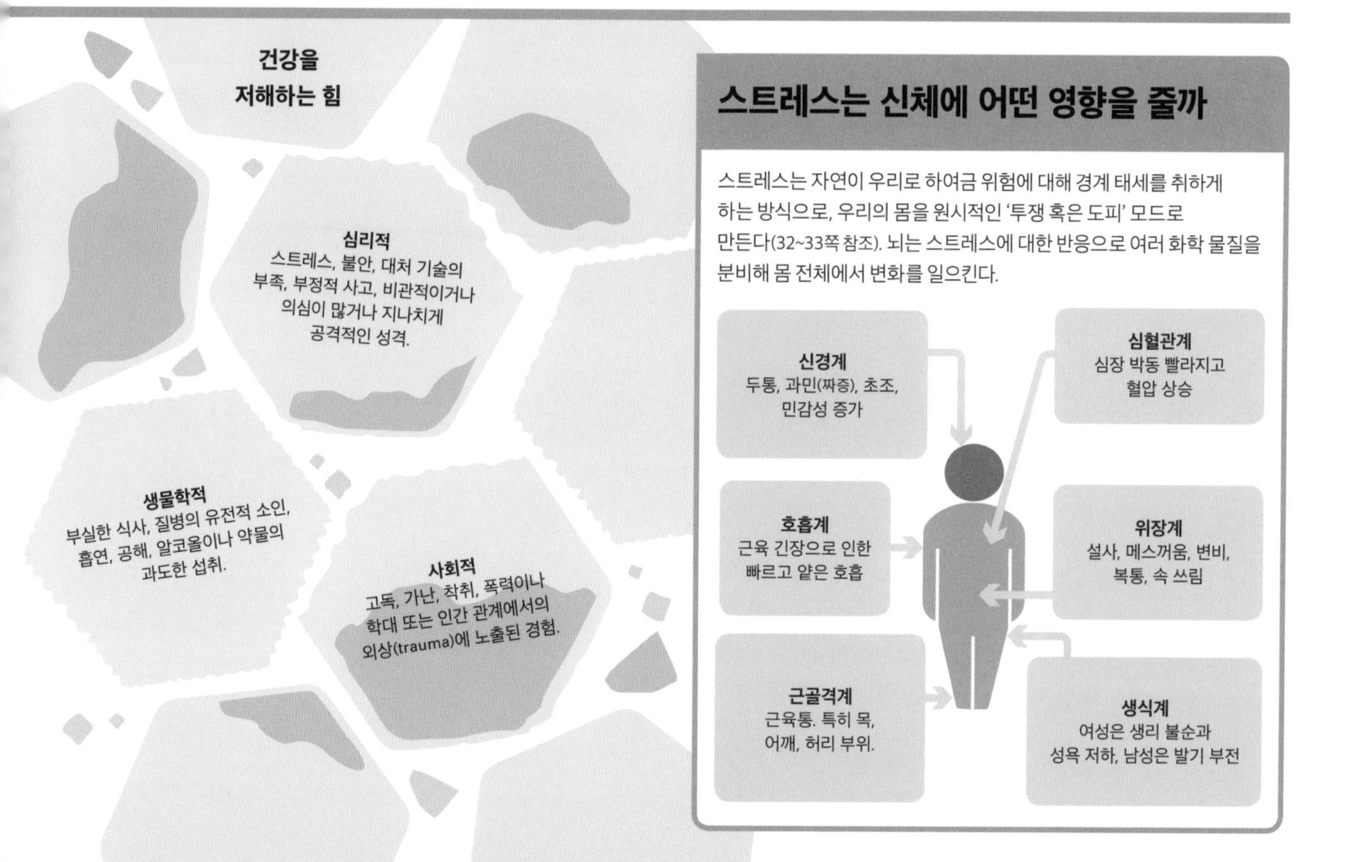

치료의 역할

심리 치료들은 다양한 전략을 사용해 사람들이 신체적 또는 정신적 건강에 해로운 사고, 행동, 정서를 수정하고 자기 인식(self-awareness)을 증진하도록 돕는다.

치료 행위

심리 치료는 흔히 '대화 치료'라고 불리는데 그것은 치료자와의 의사소통이 변화를 위한 핵심 요소이기 때문이다. 심리 치료의 목적은 어려움을 관리하고, 잠재력을 최대화하고, 생각을 명료화하고, 지지와 격려, 설명(accountability)을 제공하고, 마음의 평화와 의식의 깊이를 키우는 것이다. 심리 치료는 내담자가 자신과 타인 그리고 자신이 맺고 있는 관계의 역동을 보다 잘 이해할 수 있도록 돕는다. 또한 개인적 목표를 명확히 하고 달성 가능한 체계에 맞춰 행동을 조직하는 데에도 도움이 될 수 있다.

심리 치료는 오래된 상처를 파헤쳐 내담자로 하여금 과거의 부정적인 경험이 현재 어떤 불건강한 영향을 주고 있는지 이해하게 도울 수 있다. 또한 외부 자극에 반응하는 방식과 경험을 내적으로 처리, 해석하는 방식을 변화시킴으로써 내담자가 현재의 사고 및 행동 상태를 벗어나 앞으로 나아가게 도울 수 있다. 심리 치료는 내담자가 자신의 심령(psyche)과 영적인 자아를 탐색하고 삶에서 더 많은 만족을 얻을 수 있게 돕기도 한다. 자기 수용(self-acceptance)과 자신감을 증진하고 도움이 되지 않는 부정적 혹은 비판적 사고를 감소시키는 것도 심리 치료의 목표이다.

심리 치료의 유형

치료적 접근법과 방법은 마음 자체만큼이나 다양하고 창의적이어서 심리적 진전은 수많은 방법을 통해 얻어질 수 있다. 심리 치료의 주요 유형은 치료의 기반이 되는 철학에 따라 분류된다. 치료의 방법은 다양한데, 개인 세션, 집단 치료, 온라인 지도(guidance) 및 과제 수행 등이 있다.

28%
심리 치료사에게 상담을 받는 영국인의 비율

정신 분석 치료와 정신 역동 치료

이 접근법들은 부적응적 사고와 행동의 기저에는 무의식적 신념이 깔려 있다는 개념에 기초한다. 이런 신념들에 대해 통찰을 얻으면 문제를 밝히고 완화할 수 있다. 치료자와 내담자는 또한 이전에는 억압되었던 이런 감정들을 다루는 보다 건강한 방법을 개발하고 문제를 감당하는 내담자의 내적 자원과 역량을 강화하기 위해 노력한다.

인지 치료와 행동 치료

이 치료법들은 우리의 마음을 힘들게 하는 것은 우리에게 일어난 일이 아니라 우리가 자신에게 일어난 일에 대해 생각하는 방식과 자신의 경험에 부여하는 의미라는 믿음에 근거한다. 인지 및 행동 치료들은 자신에게 상황에 대해 생각하는 방식과 그에 따른 반응과 행동 방식을 바꿀 힘이 있음을 사람들에게 보여 준다.

집단 치료

12단계 프로그램

12단계 모형(12-step programme)은 집단 치료 접근법의 하나로 특히 중독(약물, 알코올, 섹스 등)과 강박적 행동(예컨대 섭식 장애)의 치료에 사용된다. 중독이나 강박적 행동의 극복에 필수적인 요소가 공동체의 지지와 연결이다. 집단 치료는 고립감 및 그에 따른 자괴감을 감소시키고, 자기 혼자만 그 싸움을 하고 있는 것이 아님을 보여 주고, 지지와 설명(accountability)을 얻을 수 있는 네트워크를 제공한다.

자조 집단

자조 집단(self-help group) 등 지지 집단들은 자기 노출(self-disclosure)에 중점을 둔다. 전문가가 지도하는 집단도 있지만 그 외의 경우에는 지도자 없이 당사자들끼리 이끌어간다. 전문 지식보다는 경험의 공유에 가치를 둔다.

집단 안에서 경험을 공유하면 서로 지지와 피드백을 주고받을 수 있고 변화를 위한 전략을 모을 수 있다.

인본주의 치료

이 접근법은 관찰보다 경청에 우선 순위를 둔다. 이를 위해 치료자는 성격을 살펴볼 수 있는 개방형 질문과 질적 측정 도구를 사용하며, 내담자로 하여금 자신의 사고, 정서, 감정을 탐색하게 격려한다. 치료자는 내담자를 결함 있는 무의식적 충동들의 집합체로 보는 것이 아니라 개인적 성장의 능력과 책임을 원래부터 가진 존재로 본다.

체계론적 치료

'체제(systems)' 접근은 관계들 내 상호 작용에서 생기는 문제를 해결하게 해 준다. 치료자는 한 체계(가족 또는 집단) 안의 모든 사람을 상대로 각기 다른 견해를 듣고 구성원 간 상호 작용을 관찰함으로써 문제를 보다 깊이 이해하게 된다. 이는 사람들이 큰 집단의 일부로서의 자신의 정체성을 탐색할 수 있게 해 줄 뿐 아니라 공동체 네트워크가 강화되는 이점이 있는데 이런 공동체 망 강화는 중독처럼 고립에 의해 악화되는 문제에 대응하는 데 유용하다.

의약의 역할

뇌와 행동은 끊임없이 상호 영향을 준다. 약물 치료는 뇌의 화학 물질 수준을 변화시켜 기분, 집중력, 기억, 의욕을 개선하고 활기를 증가시키고 불안을 감소시킬 수 있다. 이렇게 기능이 개선되면 정신 질환의 증상이 완화되고 긍정적인 행동 변화가 가능해질 수 있다.

정신 역동 치료

모든 분석적 심리 치료를 통칭하는 용어인 정신 역동 치료는 그 자체도 하나의 치료 방법이다. 분석적 심리 치료는 지그문트 프로이트의 근본 목표를 따르는데 그 목표란 무의식을 의식으로 끌어내는 것이다.

소개

정신 역동 접근법은 무의식 안에 (특히 아동기의) 감정과 기억이 숨겨져 있으며 이 감정과 기억들이 성인기의 사고 패턴과 행동을 형성한다는 원리에 기반하고 있다. 치료자는 내담자가 이런 (대개는 원치 않는) 감정들에 대해 이야기하고, 그럼으로써 의식으로 끌어내도록 돕는다. 불쾌한 기억을 묻어 두면 불안, 우울, 공포증이 유발되는데 그런 기억을 밖으로 끌어내면 내담자가 성인으로서 자신의 심리적 문제를 해결하기 위한 수단을 얻는다.

묻혀 있던 기억을 인정하는 것은 내담자가 고통스러운 현실을 경험하지 않기 위해 혹은 불쾌한 사실과 반갑지 않은 생각을 직면하지 않기 위해 개발한 방어 기제들을 밝혀내고 직시하고 궁극적으로는 변화시키는 데 도움이 된다. 이런 방어 기제들은 보통 무의식적인 전략으로, 부정(현실을 받아들이기를 거부하는 것), 억압(원치 않는 생각이나 감정을 묻어 두는 것), 구획화(상충하는 정서나 신념들을 정신적으로 분리하는 것), 반동 형성(감정과 반대로 행동하는 것), 합리화(용납할 수 없는 행동을 자기 나름대로 정당화하는 것) 등이 있다.

모든 정신 역동 치료에서 치료자는 내담자가 자신이 의식하고 있는 문제에 대해 이야기하는 것을 들으면서 그 속에서 내담자의 잠재의식 속 감정을 암시하는 패턴, 행동, 감정을 찾는다. 목표는 내담자로 하여금 내면의 갈등에 긍정적으로 대처할 수 있게 하는 것이다.

치료 세션

모든 형태의 정신 역동 치료는 친숙하고 안전하고 정중하고 비판단적인 환경에서 행해진다. 세션은 대개 일대일로 50~60분간 진행된다.

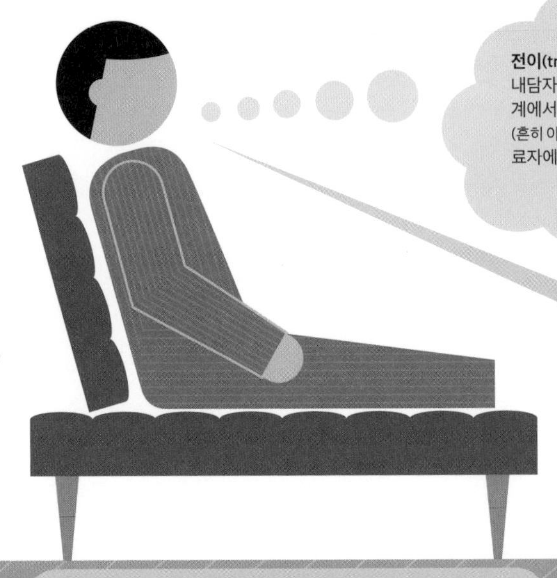

전이(transference)
내담자의 무의식적 갈등이 치료자와의 관계에서 수면 위로 올라온다. 내담자는 과거(흔히 아동기)에 경험했던 정서와 감정을 치료자에게 치환한다.

꿈의 분석
꿈을 분석하는 것은 무의식에 접근하는 수단으로, 숨겨진 정서, 동기, 연합(association)을 드러낼 수 있다.

저항의 분석
내담자에게 그 자신이 생각, 개념, 정서에서 무엇을, 어떻게, 왜 저항하고 있는지 보여 줌으로써 그가 사용하고 있는 방어 기제를 알려줄 수 있다.

자유 연상(free association)
내담자는 마음속에 떠오르는 것을 수정하거나 순서대로 정리하지 않고 내키는 대로 말한다. 진짜 생각과 감정이 모습을 드러낸다.

말 실수(Freudian slip)
내담자는 의도한 말과는 다른 말을 실수로 함으로써 마음속으로 진짜 신경 쓰는 것(무의식적 생각)을 드러낸다.

내담자
전통적인 프로이트식 분석에서 내담자는 긴 의자에 누워 있어서 치료자를 보지 못한다. 좀 더 상호 작용이 많은 형태의 분석에서는 내담자가 치료자를 볼 수 있다.

정신 분석

구체적인 치료 방법으로서의 정신 분석과 정신 역동 치료는 무의식과 의식의 통합이라는 유사한 목표를 추구하지만 그를 위한 과정의 깊이는 다르다.

소개

정신 분석의 창시자인 지그문트 프로이트는 파리에서 장 마르탱 샤르코(Jean-Martin Charcot) 밑에서 수학한 뒤에 '대화 치료'를 개발했다. 샤르코는 신경 의학자로, 자신의 환자가 과거의 트라우마에 대해 대화하고 나서 증상이 완화되는 것을 발견했다.

1900년대 초반 프로이트는 자유 연상, 꿈 분석, 저항 분석 같은, 오늘날에도 널리 사용되는 기법들을 수립했다. 치료 중의 침묵은 종종 말만큼이나 의미가 있다. 모든 정신 분석에서 가정하는 바에 따르면 심리적 문제는 무의식에서 기인하고, 무의식에 감춰진 미해결된 문제나 억압된 트라우마가 불안이나 우울 같은 증상을 일으키고, 치료는 이런 갈등을 표면으로 끌어올려 내담자가 해결할 수 있게 하는 것이다.

정신 분석은 내담자의 신념 체계 전체를 해체하고 다시 세우는 작업으로 대개 여러 해가 걸린다. 외견상 성공적인 삶을 살고 있지만 관계를 지속하지 못하는 등의 장기적 불편감이나 고통을 의식하고 있는, 정신적으로 강인한 사람에게 유익한 치료이다. 정신 역동 치료는 비교적 강도가 낮고, 공포증이나 불안 같은 현재의 문제에 초점을 맞춘다.

	정신 분석	정신 역동 치료
횟수	일주일에 2~5세션	일주일에 1~2세션
기간	장기, 몇 년	중단기, 몇 주 또는 몇 달
방식	환자는 대개 긴 의자에 눕고 치료자는 뒤에 있으므로 환자에게 치료자가 보이지 않는다.	환자는 대개 치료자를 마주 보므로 치료자가 계속 보인다.
치료자와의 관계	치료자는 중립적이고 거리를 두는 전문가의 태도를 취한다.	상대적으로 치료자가 소통을 많이 하고 변화의 동인 역할을 한다.
초점	보다 깊은 장기적 변화와 행복 증진	당면한 문제에 대한 해결책 제공

융의 분석 심리학적 치료

카를 융은 프로이트의 개념들을 확장했다. 그는 개인적 무의식보다 훨씬 더 심층적인 무의식이 인간 행동 양식의 핵심에 존재한다고 보았다.

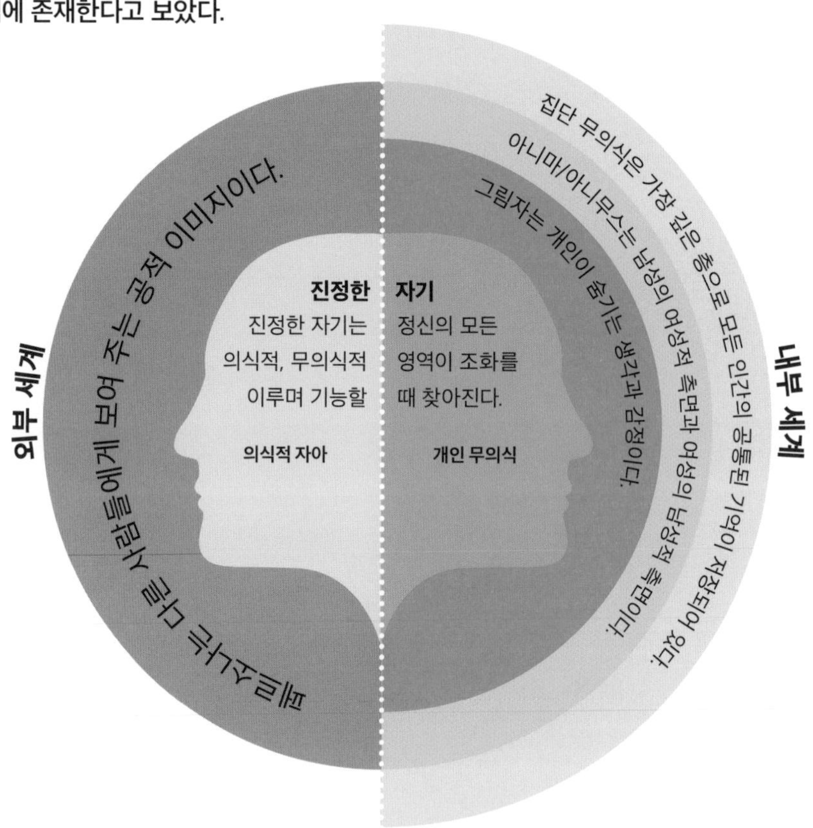

소개

동료였던 프로이트처럼 융도 정신의 의식적 영역과 무의식적 영역의 균형이 깨졌을 때 심리적 고통이 발생한다고 보았다. 그러나 융은 개인의 기억이 그보다 훨씬 큰 전체의 일부라고 생각했다.

융은 세계 어느 곳, 어느 문화에서나 동일한 신화와 상징이 나타난다는 사실에 주목했다. 그는 이것이 인류가 공유하는 경험과 지식이 있기 때문이고 모든 사람은 무의식의 형태로 그것들을 기억한다고 생각했고, 이런 무의식을 집단 무의식(collective unconsciousness)이라고 불렀다. 무의식의 가장 깊은 층에 위치한 이런 기억들은 원형(archetype)의 형태를 띠는데 원형이란 즉각 알아볼 수 있는 상징들로, 행동 양식을 형성한다. 의식적 자아란 세상을 향해 보여 주는 공적인 이미지이다. 의식적 자아의 원형은 페르소나(persona)로, 사회의 행동 규범이나 역할을 수행하는 모습을 말한다. 대부분의 사람이 숨기는 정신의 어두운 측면을 융은 그림자라고 불렀다. 또 다른 원형으로 아니마(남성 안의 여성적 특성)와 아니무스(여성 안의 남성적 특성)가 있는데 이들은 종종 의식적 자아 및 그림자와 충돌을 일으킨다. 진정한 자기를 찾기 위해서는 성격의 모든 층이 조화를 이루며 기능해야 한다.

정신 분석이 내담자의 무의식 중 맨 위층을 탐색하는 데 비해 분석 심리학적 치료(Jungian therapy)는 모든 층을 탐색한다. 치료자의 역할은 내담자가 원형들을 사용해서 자신의 행동을 이해하고 변화시키도록 돕는 것이다.

분석 심리학적 치료자는 꿈의 분석이나 단어 연상 같은 기법을 사용해 내면의 원형과 외부 세계의 경험이 충돌하는 지점을 밝혀내고자 한다. 이런 분석 과정을 통해 내담자는 자신의 정신의 어느 층이 갈등을 겪고 있는지를 이해한 후 균형을 회복하기 위해 긍정적 변화를 이루어낼 수 있다. 정신 분석과 마찬가지로 이 치료는 정신으로의 매혹적인 여행이며 여러 해가 걸릴 수 있다.

알아 두기

- **단어 연상** 치료자가 단어를 제시하면 내담자는 마음속에 떠오르는 대로 단어를 말한다.
- **외향형(extravert)** 관심이 외부 세계와 타인을 향해 있는 사람. 사교적이고 반응을 잘하고 적극적이다 못해 무모하기까지 할 수도 있고 결단력이 있다.
- **내향형(introvert)** 관심이 내부, 즉 자신의 생각과 감정을 향해 있는 사람. 수줍음이 많고 사색적이고 속마음을 드러내지 않고 자신에게만 몰두하고 우유부단하다.

자기 심리학과 대상 관계 이론

이 두 치료 모두 프로이트의 정신 분석에서 나온 분파이다. 치료자는 공감을 사용해 삶에 대한 내담자의 독특한 시각을 이해하고, 관계를 향상시키는 행동 패턴을 조성한다.

소개

자기 심리학(self psychology)과 대상 관계 이론(object relations theory)은 내담자의 현재 관계들을 이해하고 개선하기 위한 방법으로 내담자의 생애 초기 경험에 초점을 맞춘다. 자기 심리학은 생애 초기에 공감과 지지를 받지 못하면 성인이 되어도 자족(self-sufficiency)과 자기애(self-love)를 발달시키지 못한다고 전제한다. 치료자는 타인을 통해 자신의 필요를 만족시키려는 내담자의 욕구를 충족시켜 주며 자기 가치(self-worth)와 자기 인식을 제공해 그것들이 내담자의 다른 관계들로 이어질 수 있게 한다. 대상 관계(중요한 타인과의 관계를 의미하며, 유아동기의 관계는 성인이 된 후의 대인 관계에서도 반복된다고 가정한다.) 치료에서는 치료자에 대한 공감을 발판으로 사용해 과거의 상호 작용과 정서들을 분석하고 새로운 긍정적인 행동 모형을 적용한다.

대상 관계 치료자는 내담자가 아동기부터 반복해 온 관계들을 포기하고 그것들을 성인으로서의 삶에 적절한 행동 모형들로 대체하도록 돕는다.

교류 분석

의식을 설명하기 위해 무의식을 탐색하는 대신 교류 분석은 성격의 세 '자아 상태(ego states)'에 초점을 맞춘다.

소개

치료자는 내담자에게 내담자 자신에 대한 질문을 하는 대신 내담자가 어떻게 상호 작용하는지를 관찰하고 분석한다. 그런 다음 내담자로 하여금 어렸을 때 양육자가 자신을 대했던 방식을 그대로 따라하거나(부모 자아 상태) 양육자의 그런 반응 때문에 아동기의 자신이 느끼고 행동했던 그대로 재연하는(아동 자아 상태) 대신 성인 자아 상태에서 작동하기 위한 전략을 세우도록 돕는다.

한 사람이 동시에 서로 다른 상태로 작동할 때, 예컨대 성격의 한 부분은 부모 자아 상태에서 지시를 내리고 다른 부분은 아동 자아 상태에서 방어적으로 반응할 때 갈등이 발생한다.

교류 분석(transactional analysis)은 내담자가 이런 세 상태를 인식하고 모든 상호 작용에서 성인 상태를 사용하도록 이끈다. 교류 분석은 내담자가 아동기에 형성된 패턴에 방해받지 않고 자신이 바라는 대로 의사 소통하도록 돕는다. 성인 자아 상태는 현재에 기반을 두며, 아동 상태와 부모 상태로부터의 데이터를 평가해 논리적, 이성적 결론을 끌어내어 그에 따라 행동한다.

자아 상태들
(한 사람의 성격을 구성하는 요소들)

인지 및 행동 치료

우리의 생각은 우리의 감정과 행동에 영향을 미친다. 이 유형의 치료들은 생각이 행동에 어떻게 영향을 미치는가에 초점을 맞추고 사람들이 부정적인 패턴을 변화시키도록 돕는 것을 목표로 한다.

소개

이 치료법들은 우리에게 일어난 일 자체가 아니라 그 일에 대해 우리가 어떻게 생각하는지가 우리를 고통스럽게 한다는 믿음에서 시작되었다. 자신에게 일어난 일에 대한 이런 생각들은 그릇된 가정에 기초한 행동으로 이어질 수 있다. 인지 기반 치료는 부정적 사고 패턴을 변화시키고자 한다. 행동 기반 치료는 도움이 되지 않는 행동을 긍정적인 행동으로 대체하고 그럼으로써 기저의 감정을 변화시키는 것을 목표로 한다. 이 유형의 많은 치료들이 인지 이론적 요소와 행동 이론적 요소 양쪽 모두를 가지고 있다. 치료자는 내담자가 자동적 사고를 찾아내 변화시키고 새로운 반응 방식을 연습하도록 돕는다. 일단 내담자가 자신의 관점을 변화시킬 수 있으면 감정과 행동도 바꿀 수 있다.

비합리적 사고와 행동

현실이 절대적인 것처럼 느껴지지만 사실 현실은 주관적이고 개인의 사고 패턴에 영향을 받는다. 같은 상황인데도 두 사람이 전혀 다르게 느끼고 반응할 수 있는 것이다. 많은 사람이 자동적으로 부정확한 가정을 세우고 그에 기초해 행동한다. 치료자는 사람들이 이런 가정에 의문을 제기하고 변화시키도록 돕는다.

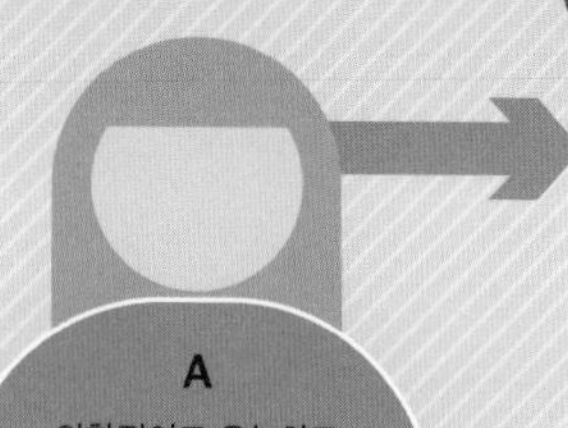

A

외향적이고 유능하고 자신감이 있으며 인간 관계망이 탄탄하다.

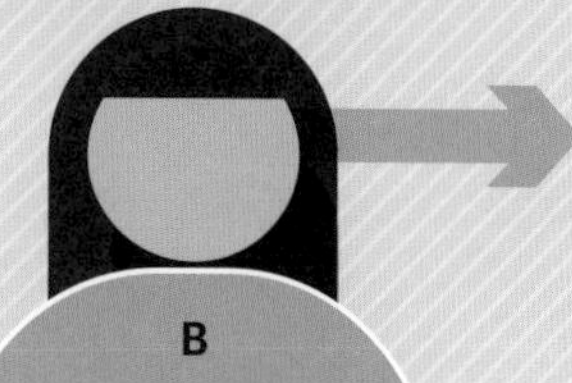

B

자신감이 없고 수줍음을 타고 자존감이 낮으며 사회적 지지망이 약하다.

정서적 자극

두 사람(A와 B)에게 공통의 친구가 있는데 그 친구가 파티를 하면서 자신들을 초대하지 않은 것을 알게 되었다. 동일한 정서 자극임에도 불구하고 A와 B는 각자의 인지 패턴에 기초해 그 정보를 매우 다른 방식으로 처리한다. A는 자신이 초대받지 않은 이유에 대해 합리적 가능성들을 분석하거나 그 친구에게 세련되게 따지는 반면 B는 자신이 계획적으로 배제되었다고 자동적으로 결론짓는다.

합리적 사고

- **기술적 오류** 아마 초대장이 분실되었을 것이다.
- **업무상 모임** 아마 직장 동료끼리의 파티이고 그 업계 사람들만 불렀을 것이다.
- **초대 손님 수의 제한** 아마 내가 속하지 않은 오래된 친구 그룹이 단출하게 모이는 자리일 것이다.

비합리적 사고

- **부정적인 개인적 감정** 초대장을 보내지 않았다는 것은 그 친구가 나에 대해 어떤 감정인지를 보여 준다.
- **계획적인 배제** 내가 삼삼오오 모이는 자리에서 잘 어울리지 못하기 때문에 그 친구가 나를 초대하길 원치 않은 것이다.
- **자기 파괴적인 패턴** 나한테는 좋은 일이 일어나는 적이 없으니 초대받지 못하는 것도 당연하다.

협력적 접근

인지 및 행동 치료들은 내담자가 치료 과정에 적극적으로 참여할 것을 요구한다. 치료자가 리더 역할을 하는 것이 아니라 내담자와 치료자가 협력해서 문제를 해결한다. 친밀함과 정직성은 치료 과정에 필수적이다.

많은 유형의 심리 치료에서 치료자는 적극적으로 내담자를 진단하고 대화와 세션의 흐름을 지휘하며 치료 과정을 이끈다. 이런 권위주의적 접근에 대해 어떤 내담자는 소외감을 느낄 수 있는데 특히 지시나 통제를 받는다는 느낌이 들면 잘 반응하지 않는 사람, 판단이나 평가를 당하는 것에 민감한 사람, 의료인이나 권위 있는 인물과 관련해 심리적 문제가 있는 사람, 과거에 심리 치료에서 부정적인 경험을 한 사람이 그러하다.

반면 협력적 치료에서는 내담자와 치료자의 관계가 평등하고 상호적이고 유연하다. 내담자와 치료자 양쪽이 다 관찰을 하고, 대화를 지휘하고, 진척 상황을 평가한다. 대화는 내담자가 자신의 문제를 새로운 관점으로 바라보고, 그럼으로써 행동 패턴을 바꾸기 위해 움직이게 하는 데 도움이 된다. 이 치료 과정은 시행착오의 과정이기 때문에 한 행동 방침이 내담자의 고통을 증가시키기만 한다면 내담자와 치료자가 대안적 행동을 논의해서 내담자에게 개인적으로 효과가 있는 행동을 강화할 수 있다. 내담자는 전체 치료 세션에서 적극적으로 참여하고 치료 과정에서의 자기 역할에 대해 똑같이 책임을 진다.

합리적 행동

- **접촉하기** 파티를 여는 친구를 만나거나 전화해서 일상적인 대화를 나눈다.
- **답을 얻기** 미리 단정하지 않고, 사려 깊고 세련된 질문을 통해 자신이 초대받지 못한 진짜 이유를 알아낸다.

비합리적 행동

- **회피하기** 그 친구에게 또는 상황에 맞서지 않는다. 너무 어려운 일이기 때문이다.
- **화내며 맞서기** 수세에 몰린 느낌에 휩싸여 그 친구와 다툼을 벌이며 상대가 생각이 짧다거나 배려심이 없다거나 고의적으로 쌀쌀맞게 군다고 비난한다.
- **방어적으로 행동하기** 보복으로 그 친구를 불친절하게 대한다.

치료

B의 부정적인 사고 패턴은 실제 상황과 상관없이 본인의 지각에 기초해 현실을 오해하게 만들었다. 치료는 다음과 같이 도움을 줄 수 있다.

- **정서적 습관을 인식하기** 이 사례의 경우 소외되었다고 느끼고 자신과 남을 탓하는 경향이 있음을 인식한다.
- **자기 인식** 불안이나 낮은 자존감 같은 정서적 습관이 어떻게 형성되는지, 어떤 상황에서 비합리적 사고가 유발되는지를 이해한다.
- **행동 전략** 자기 주장 훈련을 하거나 의사 소통 기술을 향상시킨다.
- **연습** 비합리적이고 부정적인 사고 패턴을 논박하고 다른 가능성들이 맞을 확률이 더 높다는 사실을 인식하는 것을 배운다.
- **변화** 행동적, 인지적 전략을 연습해 향후에 바람직한 결과를 얻는 데 필요한 심리적 도구들을 갖춘다.

행동 치료

행동이 학습될 수 있는 것이라면 행동을 탈학습할 수도 있을 것이라는 생각을 기초로, 이 행동 기반 접근은 원치 않는 행동을 긍정적인 행동으로 대체하는 것을 목표로 한다.

소개

이 접근은 고전적 조건 형성(연합에 의한 학습)과 조작적 조건 형성(강화를 통한 학습) 개념에 기반을 두고 있다(16~17쪽 참조).

고전적 조건 형성은 중성적 자극을 무조건 반응과 연결시킴으로써 행동을 수정한다. 시간이 흐르면서 그 자극은 새로운 조건 반응을 불러온다. 예를 들어 한 아이가 넘어져서 다치는 순간에 개 짖는 소리(중성적 자극)를 들었다면 그 아이는 개에 대한 공포를 가지게 될 수도 있다. 행동 치료는 그 과정을 뒤집어 아이를 둔감화시킬 수 있다. 조작적 조건 형성은 보상에 기반한 체계를 사용해 바람직한 행동을 개발, 강화하고 원치 않는 행동은 저지, 처벌한다. 바람직한 행동을 하면 토큰을 주는 것이나 아이가 성질을 부리면 '타임아웃(time out)'을 사용해 진정시키는 것이 이런 전략에 해당한다.

긍정적인 행동을 이끌어내는 과제를 반복함으로써 내담자는 자극에 대한 반응을 재학습하게 된다. 행동 치료는 공포증(48~51쪽 참조), 강박 장애(56~57쪽 참조), ADHD(66~67쪽 참조), 물질 사용 장애(80~81쪽 참조)의 치료에 유용하다.

인지 치료

1960년대에 정신과 의사 아론 벡이 개발한 이 치료법은 문제 행동을 낳는 부정적인 사고 과정과 신념을 변화시키는 것을 목표로 한다.

소개

벡의 주장에 따르면 자기나 타인 또는 세상에 대한 부정적이거나 부정확한 사고와 신념은 정서와 행동에 부정적인 영향을 준다. 그리고 이는 다시 행동이 왜곡된 사고 과정을 강화하는 악순환으로 이어질 수 있다.

인지 치료는 이런 패턴을 깨기 위해 내담자가 부정적 사고를 밝혀내고 그것을 보다 유연하고 긍정적인 사고방식으로 대체하도록 돕는 데 중점을 둔다. 치료자는 내담자에게 자신의 생각을 관찰하고 모니터해서 그 생각이 현실을 나타내는지 아니면 불합리한지를 평가하는 법을 가르친다. 일기 쓰기 등의 과제를 주는 것은 내담자가 자신의 부정적 신념들을 알아내서 그것들이 틀렸음을 증명하는 데 도움이 될 수 있다. 기저에 깔린 신념이 바뀌게 되면 관련된 행동도 바뀌게 된다. 인지 치료는 특히 우울증(38~39쪽 참조)과 불안(52~53쪽 참조)의 치료에 적합하다.

치료의 실제

강박 장애처럼 인지적 요소와 행동적 요소를 모두 가진 장애의 경우, 강박 장애를 초래하는 사고를 변화시키려는 치료나 그런 사고에 대한 반응으로서의 행동을 변화시키려는 치료 혹은 둘 다를 변화시키려는 치료가 도움이 될 수 있다.

행동 치료

- 두려움을 줄이기 위해 강박 행동을 수행하는 사람에게 적합하다.
- 내담자가 특정 대상(또는 상황)과 두려움 간의 연결을 끊도록 돕는다.
- 내담자는 의식(ritual)을 수행하지 않고 불안을 직면하는 법을 익힌다.
- 이를 통해 내담자의 불안이 감소되어 병적인 행동이 중단될 수 있다.

인지 치료

- 정신적, 물리적으로 확인 행동, 의식, 회피 행동을 수행하는 사람에게 적합하다.
- 내담자가 신념들을 탈학습하고 사고 패턴을 재구성하도록 돕는다.
- 그런 사고들에 내담자가 부여하는 의미에 대해 이의를 제기하고 반박함으로써 그런 사고가 힘을 잃게 만든다.
- 내담자는 의식을 수행할 필요가 없게 된다.

인지 행동 치료

이 치료는 감정과 행동에 부정적 영향을 줄 수 있는 왜곡된 사고를 밝혀내어 이해하고 교정하도록 돕는다.

소개

인지 행동 치료는 실용적이고 구조화된 문제 해결적 접근법으로, 인지 치료(124쪽 참조)에서 쓰는 이론을 사용해 내담자의 사고를 재구성하고 행동 치료(124쪽 참조)에서 쓰는 전략을 사용해 내담자의 행동 방식을 바꾼다. 이 치료의 목표는 내담자에게 심리적 불편감을 초래하는 부정적인 사고와 행동의 순환을 바꾸는 것이다.

사고와 행동의 관계를 이해하기 위해 치료자는 내담자의 행동, 사고, 감정, 신체 감각을 분석해서 문제를 각각의 부분들로 나눈다. 이렇게 하고 나면 치료자는 내담자의 내면의 대화와 자동적 사고(대개 부정적이고 비현실적이다.)가 행동에 미치는 영향을 이해할 수 있다. 치료자는 내담자로 하여금 어떤 경험 혹은 상황이 그런 부정적인 사고를 촉발하는지 인식하도록 돕고 자동적 반응을 바꾸는 기술을 알려 준다.

이 치료가 효과를 발휘하려면 이런 기술을 배우고 연습하는 과정이 반드시 필요하다. 치료자는 내담자에게 집에서 연습할 과제를 준다. 일상 생활에서 새로운 전략을 반복적으로 실행함으로써 내담자는 새로운 긍정적 행동과 현실적 사고의 패턴을 만들고 향후 그 패턴을 적용하게 된다.

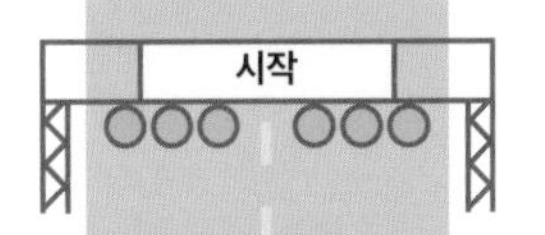

1단계

내담자에 대해 알아가고 신뢰를 쌓고 아래의 순환을 설명한다.

사고, 감정, 행동의 순환

부정적 사고가 감정을 불러일으킨다.

감정이 원치 않는 행동을 불러일으킨다.

행동이 사고를 강화한다.

2단계

이 순환을 깨는 것을 목표로 한다.

문제가 되는 내담자의 사고와 행동을 살펴본다.

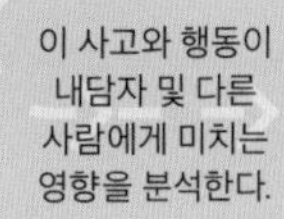

이 사고와 행동이 내담자 및 다른 사람에게 미치는 영향을 분석한다.

이 사고와 행동을 바꾸기 위한 계획을 함께 세운다.

3단계

순환을 깨기 위해 다양한 수단을 사용한다. 이완 기법, 내담자와 같이 문제 해결 하기, 노출 치료(128쪽 참조) 등.

세션과 세션 사이에 생각 일지(thought log) 쓰기, 불안 수준 기록하기, 즐거운 활동의 일기 쓰기 등의 과제를 수행한다.

어떤 방법이 내담자에게 도움이 되는지 모니터한다.

4단계

내담자가 치료 후에도 이런 기법을 연습하도록 격려한다.

변화로 가는 길

치료자는 내담자가 구조화된 작은 단계들을 따라가며 연습해 새로운 문제가 생겼을 때 스스로 해결할 수 있는 기술을 얻도록 돕는다.

인지 행동 치료

- 상황과 두려움을 연결시키고 생각을 과장하는 사람에게 적합하다.
- 내담자가 정신적, 물리적 강박 행동을 멈추도록 돕는다.
- 내담자는 자신이 강박 행동을 수행하지 않아도 나쁜 일이 생기지 않는 것을 익힌다.
- 내담자의 불안이 감소되고 사고의 순환이 깨져 문제의 행동이 중단될 수 있다.

제3세대 인지 행동 치료

새로운 흐름으로 등장해 발전 중인 이 치료법들은 인지 행동 치료의 접근법을 확장하고 목표도 바꾼다. (증상의 경감은 물론 이로운 것이지만) 이 치료법들은 증상을 줄이는 데 초점을 맞추기보다는 내담자가 도움이 되지 않는 사고로부터 한발 떨어지도록 돕는다.

소개

제3세대 인지 행동 치료에 속하는 두 치료법은 수용 전념 치료(acceptance and commitment therapy)와 변증법적 행동 치료(dialectical behavior therapy)이다.

수용 전념 치료는 내담자가 자신의 생각과의 관계를 변화시키는 것을 목표로 한다. 원치 않는 생각을 바꾸거나 멈추려고 하기보다 그런 생각을 수용하고 관찰하는 법을 배우는 것이다. 내담자는 "나는 뭐 하나 제대로 하는 법이 없어."라고 생각하는 대신 "나는 내가 뭐 하나 제대로 하는 법이 없다는 생각을 하고 있어."라고 바꿔 생각하는 법을 배운다. 자신의 생각을 관찰하게 되면 그 생각이 자신의 존재와 심리 상태에 행사하는 힘이 줄어든다. 그 생각이 이끄는 대로 반응하거나 행동할 필요가 없어지고 대신에 자신의 가치에 근거해서 행동을 선택할 수 있게 되는 것이다.

어떤 사람들의 경우에는 강렬한 정서 반응을 경험하지만 자신의 강렬한 감정에 대처하는 능력은 거의 없다. 이런 경우 자해나 물질 남용 등의 해로운 행동으로 이어지기도 한다. 변증법적 행동 치료는 고통을 수용하고 인내하는 기술과 심리적 동요를 일으키는 정서적 자극을 다루는 기술을 가르친다. 이 과정에는 행동에 대한 제어력을 얻고 그런 다음 정서적 스트레스를 억압하지 않고 일어나는 그대로 경험하는 것이 포함되며 보다 구체적으로는 과거의 외상적 경험에 대해 이야기하고 수용하는 것, 자기 비난과 역기능적 사고를 극복하는 것이 포함된다.

예컨대 시각화(visualization) 같은 마음 챙김(129쪽 참조) 기술은 내담자로 하여금 일상에서 정서적 균형을 유지하고, 문제에 차분히 대응할 수 있는 자신감을 형성하고, 기쁨을 느끼는 능력을 키우도록 돕는다.

수용 전념 치료의 방법

치료자는 내담자에게 자신에 대한 부정적인 판단의 영향력을 완화하는 법을 가르친다.

- **가치** 자신에게 가장 중요한 것이 무엇인지 분명하게 밝힌다.
- **수용** 생각을 통제하거나 바꾸려고 하는 대신 생각을 비판단적으로 수용한다.
- **인지적 탈융합(cognitive defusion)** 자신의 마음에 대한 해석에서 한발 거리를 두고 그냥 관찰한다.
- **관찰하는 자기(the observing self)** 외부의 자극이 어떠하든 내면의 의식과 자각 상태를 안정되게 유지한다.
- **전념** 행동 변화의 목표를 세우고 그 목표에 전념한다. 방해되는 생각이나 정서에 구애 받지 않는다.

변증법적 행동 치료의 네 가지 기술

스스로의 감정에 속수무책으로 휘둘린다고 느끼는 사람들은 이 기술 훈련을 통해 자기 자신과 자신의 생각을 수용하는 법과 역기능적 행동을 긍정적 행동으로 대체하는 법을 배운다.

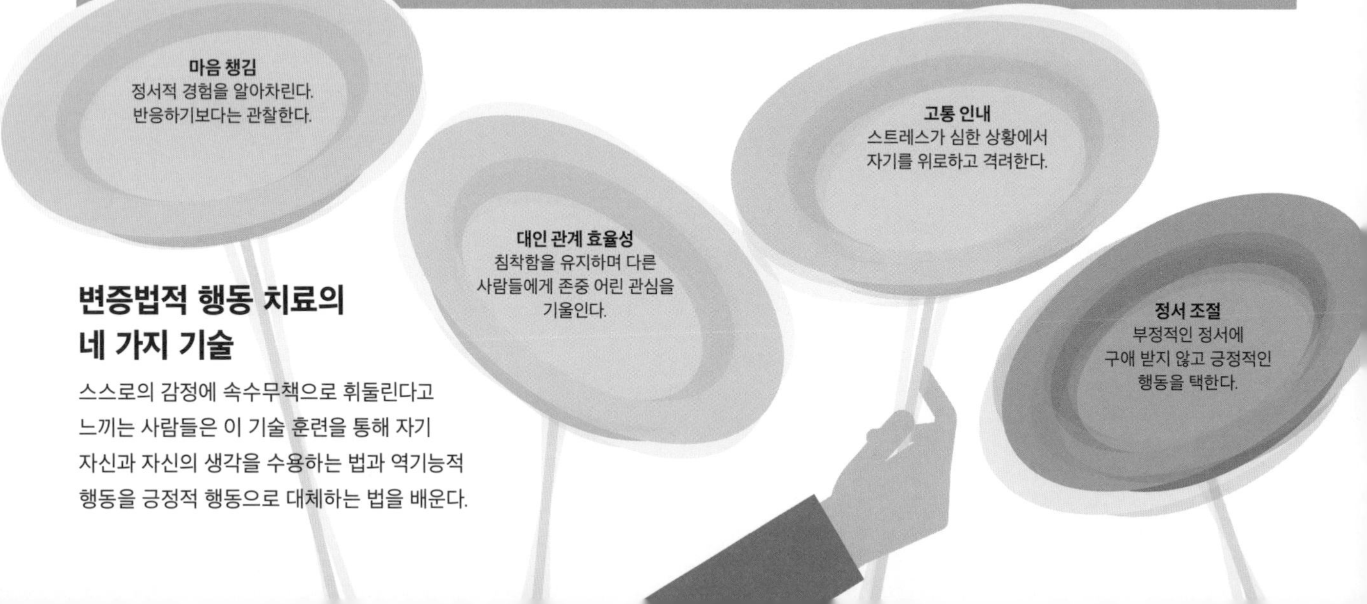

마음 챙김
정서적 경험을 알아차린다.
반응하기보다는 관찰한다.

대인 관계 효율성
침착함을 유지하며 다른 사람들에게 존중 어린 관심을 기울인다.

고통 인내
스트레스가 심한 상황에서 자기를 위로하고 격려한다.

정서 조절
부정적인 정서에 구애 받지 않고 긍정적인 행동을 택한다.

인지 처리 치료

인지 처리 치료는 사람들이 외상적 사건 이후에 반복적으로 떠오르는, 공포에 근거한 부정적인 생각을 검토하고 변화시켜 보다 안정감과 안전감을 느끼도록 돕는다.

소개

인지 처리 치료(cognitive processing therapy)는 외상 후 스트레스 장애(62쪽 참조)를 가진 사람에게 특히 효과적이다. 외상 후 스트레스 장애를 겪는 사람은 회복을 지연시키는 편향된 부정적 생각(교착점(stuck point)이라고 불린다.)을 자주 경험하는데 여기에는 신뢰와 통제감과 자기 가치감의 상실, 무력감, 비난, 죄책감이 포함된다. 이런 '교착점'은 외상 후 스트레스 장애 환자가 증상에서 벗어나지 못하게 하는 데 한몫을 하며 대개는 실제로 일어난 일에 근거하고 있지 않다. 인지 처리 치료는 내담자가 이런 교착점들을 평가하고 '내 생각이 사실들에 부합하는가?'라고 질문하도록 돕는 것을 목표로 한다. 내담자는 외상적 사건을 재평가해 자신의 인지에 왜곡이 있음을 인식하고 외상적 경험 후에 얻은 부정적 관점을 수정하게 된다. 이런 인지적 재구조화를 통해 내담자는 진짜로 위험한 것과 안전한 것을 정확히 구별하고, 앞으로 도움이 되지 않는 생각들을 바꿀 수 있게 된다.

단계

인지 처리 치료의 단계들은 내담자로 하여금 외상이 자신의 인지에 미친 영향을 이해하게끔 만들어졌다.

심리 교육
외상 후 스트레스 장애의 증상, 생각, 정서에 대해 논의한다.

외상을 정식으로 처리하기
외상을 기억해 내서 자신이 왜곡된 생각을 가지고 있음을 인식한다.

새로운 기술 사용하기
생각을 검증하고 행동을 수정하는 기술을 배워 연습한다.

합리적 정서 행동 치료

합리적 정서 행동 치료를 통해 내담자는 사건 자체보다 사건에 대한 자신의 견해가 더 중요하다는 것을 이해하게 된다.

소개

합리적 정서 행동 치료(rational emotive behavior therapy)는 고통과 자기 패배적 행동을 낳는 비합리적 신념을 생산적이고 합리적인 사고로 대체하는 것을 목표로 한다. 치료를 통해 내담자의 경직된 사고 패턴(흔히 '반드시', '당연히' 등의 단어로 당위성이 반영되어 있다.)이 깨지게 되는데 예컨대 오로지 부정적인 측면만 생각하는 것, 흑백 논리로 사고하는 것(특히 자신에 대해서), '나는 완전히 바보야.'와 같이 포괄적으로 평가하는 것이 이런 사고 패턴에 해당된다. 내담자는 ABC모형(오른쪽)을 이해함으로써 자신과 타인을 수용하는 법, 불쾌한 심리적 자극을 위기와 구별하는 법, 관용과 당당함을 가지고 인생의 시련에 대처하는 법을 배운다. 합리적 정서 행동 치료법은 불안 및 사회 불안 장애(52~53쪽 참조)와 공포증(48~51쪽 참조) 치료에 유용하다.

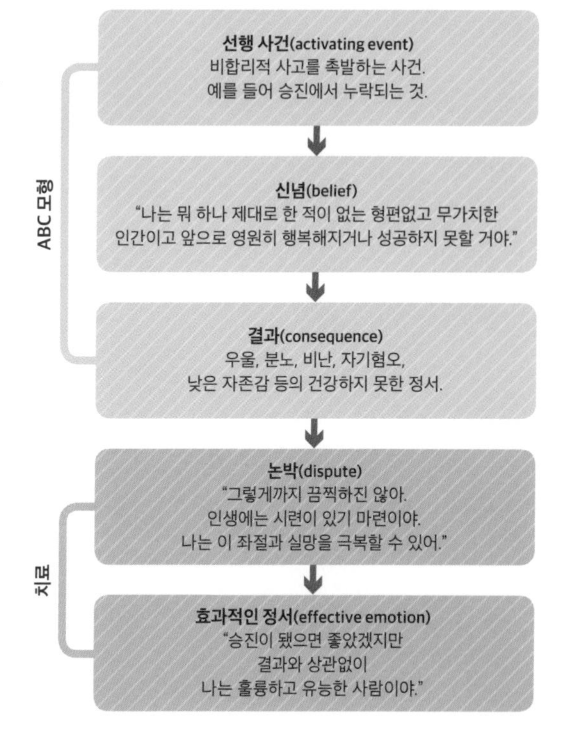

인지 행동 치료의 기법들

사람들은 종종 잘못된 대처 방식을 사용함으로써 스트레스나 두려움을 악화시킨다. 실용적인 전략을 제공하는 치료법으로 스트레스 면역 치료와 노출 치료가 있다.

소개

스트레스 면역 치료(stress inoculation therapy)는 내담자로 하여금 스트레스 반응을 일으키는 촉발 요인과 왜곡된 사고 과정을 인식하도록 돕는다. 많은 내담자가 상황의 위협 수준을 과대평가하고 그 상황에 대한 자신의 대응 능력을 과소평가한다.

치료자는 역할 놀이, 상상하기, 스트레스 유발원을 녹화한 것 등을 통해 내담자를 불안 유발 상황에 노출시킨다. 이에 대응해 내담자는 이완 및 마음 챙김(129쪽 참조) 기법과 자기 주장 등의 새로운 대처 기술을 배워 연습한다. 점차 내담자는 이전처럼 도움이 되지 않는 방식으로 반응하는 대신 스트레스에 대한 자신의 반응을 바꿔 대처하는 법을 익힌다.

외상적 경험을 했거나 공포증이 있는 사람은 두려움을 일으킬 가능성이 있는 상황이나 사물, 장소('촉발 요인')에 노출되는 것을 피하는 경향이 있다. 이렇게 회피하게 되면 흔히 두려움이 계속 커져 문제가 악화되는 결과를 낳는다. 노출 치료(exposure therapy)에서 치료자는 의도적으로 내담자를 불안 유발 자극에 노출시켜 두려움이 약화되게 만든다.

노출은 점진적으로 이루어지며 '상상' 노출, 즉 두려움의 대상을 상상하거나 외상적 기억을 회상하는 것에서부터 시작한다. 노출의 강도는 '실제' 노출, 즉 불안을 유발하지만 진짜 위험하지는 않은 현실 상황에서의 노출 단계에서 증가한다. 다양한 모형이 사용될 수 있다(오른쪽 참조).

노출의 방법들

- **홍수법(flooding)** 두려워하는 대상에 강도 높게 노출시킴으로써 공포 반응이 소실되게 한다.
- **체계적 둔감화(systematic desensitization)** 공포에 점진적으로 노출시켜 공포를 없앤다.
- **점진적 노출(graded exposure)** 불안 유발 자극들을 강도에 따라 위계를 정해서 점점 더 높은 단계로 진행하고 가장 두려워하는 자극을 마지막에 상대한다.
- **노출 및 반응 방지(exposure and response prevention)** 강박증 환자를 증상 유발 요인에 노출시키면서 평소와 같은 의식을 수행하지 못하게 한다. 예를 들어 강박적으로 손을 씻는 사람의 경우, 손을 씻지 못하게 함으로써 손을 씻지 않아도 파국적 결과가 생기지 않음을 깨닫고 강박 행동이 감소하게 된다.
- **혐오 치료(aversion therapy)** 원치 않는 행동과 불쾌한 자극을 짝 지음으로써 그 행동을 변화시킨다.

노출 치료의 실제 적용

치료자들의 경험에 따르면 노출 치료는 특히 공포증에 효과적이다.

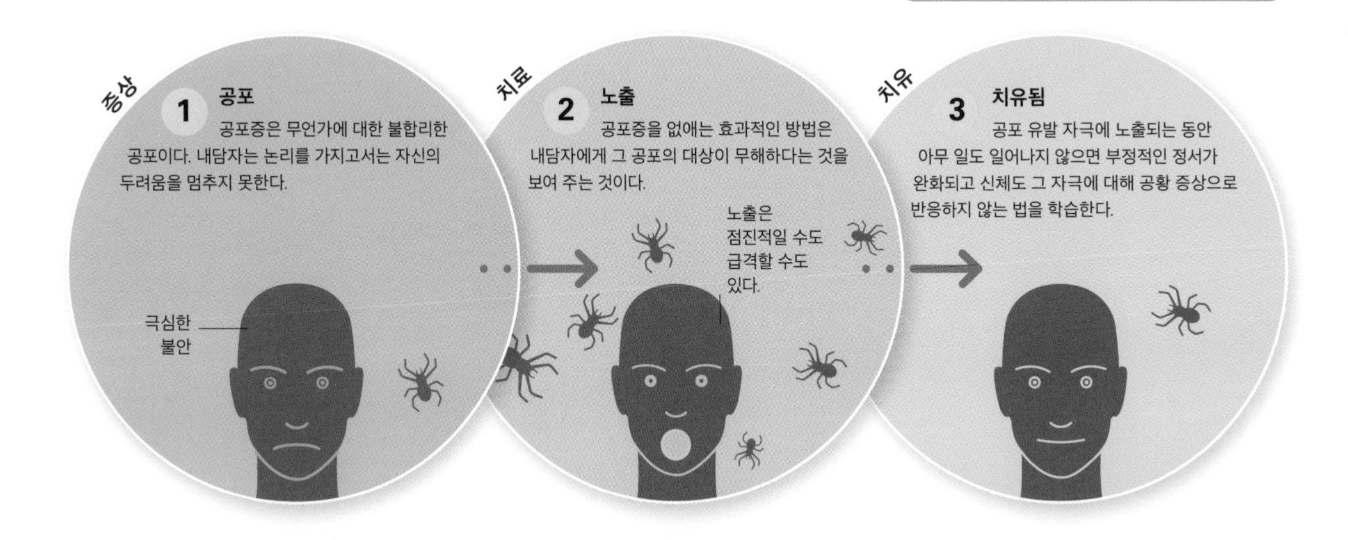

마음 챙김

마음 챙김이란 현재에 자각을 집중하는 것, 달리 말해 주어진 매 순간 일어나는 자신의 생각, 감정, 신체 감각을 관찰하는 것을 의미한다. 마음 챙김을 배우면 바람직하지 않은 반응을 이해하고 대응하는 데 도움이 될 수 있다.

소개

마음 챙김 기법들은 주변과 자신에게 일어나는 일들에 완전한 주의를 기울이도록 돕는다. 이런 경험과 감각을 거리를 두고 비판단적으로 관찰하고 수용할 때 우리는 자신의 생각과 행동이 역기능적인지 여부를 평가하고 그런 후 반응을 수정할 수 있는 여지를 가지게 된다. 마음 챙김을 증진하는 수련법으로는 호흡, 심상, 듣기 훈련과 요가, 태극권, 명상 등이 있다.

마음 챙김의 이득

자신의 생각에 지배당하는 것이 아니라 생각을 관찰하는 법을 배우면 힘든 경험과 불안을 예측해 보다 효과적으로 대응하고 부정적인 사고 패턴을 바꾸는 것이 가능해진다. 마음 챙김 수련은 사람을 차분하게 하는 효과도 있다. 스트레스에 의해 활성화되는 뇌 영역의 흥분을 가라앉히고 자각과 의사 결정에 관여하는 영역을 활성화시키는 것인데, 이는 우리로 하여금 안녕(wellbeing)의 증진을 위한 긍정적 행동에 집중할 수 있게 해 준다.

> "인간의 안식처는 마음이고, 마음의 안식처는 마음 챙김이다."
>
> — 석가모니

마음 챙김 훈련

마음 챙겨 걷기
걷는 동안 보고 듣고 냄새 맡는 것, 떠오르는 생각, 걷는 것의 신체적 감각에 대한 자각(알아차림)에 집중하면 현재와 연결될 수 있다.

마음 챙겨 먹기
천천히 시간을 들여 자신이 먹는 과정과 감각에 완전한 주의를 기울이면 마음을 집중하게 되고 반응을 변화시킬 수 있다.

마음 챙겨 신체 자각하기
요가 또는 '보디스캔(body scan, 신체 각 부위에 차례로 주의를 기울여 어떤 감각이 느껴지는지 살펴보는 것)'을 하면 몸과 마음이 집중하게 된다.

마음 챙겨 호흡하기
호흡의 흐름에 집중하는 수련은 마음을 차분하게 만드는 유용한 명상 기법으로 스트레스, 불안, 부정적 정서를 완화한다.

긍정 심리학

전통적인 심리 치료가 장애와 문제 행동을 다루는 데 치중하는 것에 비해 인본주의 치료 같은 긍정 심리학(positive psychology)은 변화를 위한 촉매로서 자아 실현과 안녕이라는 목표에 초점을 맞춘다. 긍정적으로 사고하고 자신을 행복하게 하는 것에 집중하는 법을 배우면 개인적, 사회적 차원에서 긍정적인 행동을 추구하게, 즉 자신의 강점을 키우고 관계를 향상시키고 목표를 달성하게 된다. 마음 챙김 기법들은 종종 사람들이 긍정적인 행동에 마음과 행동을 집중시키고자 할 때 사용된다.

PERMA 모형

심리학자 마틴 셀리그먼(Martin Seligman)이 개발한 이 모형은 행복을 증진하는 다섯 가지 요소로 긍정적 정서(positive emotion, P), 몰입(engagement, E), 긍정적 관계(positive relationships, R), 의미(meaning, M), 성취(accomplishments, A)를 제시한다. 이 요소들의 중요성을 이해하고 매일 생각과 행동으로 그 요소들을 추구하기 위해 행동을 취할 때 우리는 자신의 강점과 자원을 기반으로 미래에 행복을 성취할 수 있다.

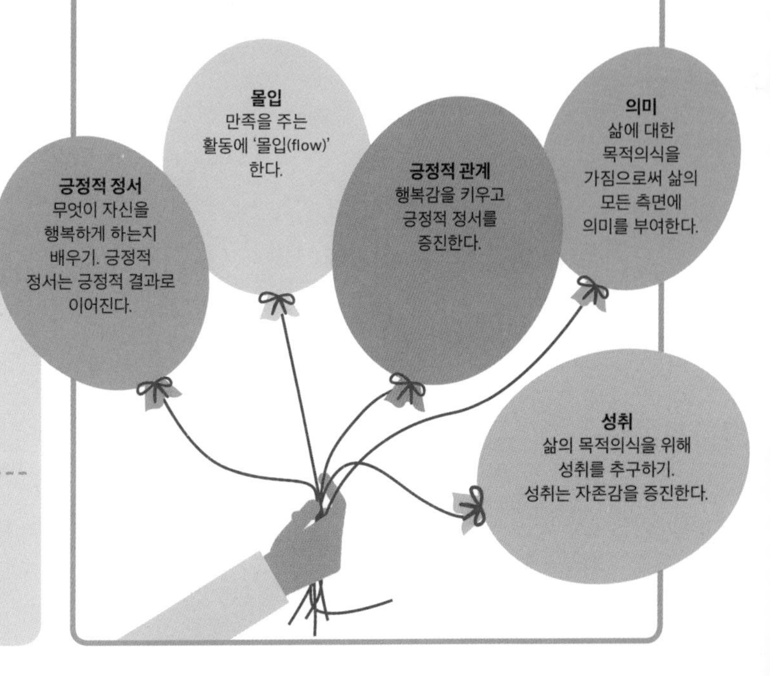

인본주의 치료

인본주의 치료법들은 개인으로 하여금 자신의 내면에 존재하는 성장의 잠재력을 인식, 이해, 사용해 자신의 문제를 해결하고 더 훌륭한 존재로 성장할 수 있도록 돕는다.

소개

1950년대 후반 인본주의 심리학이 등장하기 전까지 심리적 문제라는 것은 개인이 가진 결함으로서 집중적인 행동 치료 또는 정신 분석 치료를 요한다고 간주되었다. 심리학 이론들은 행동의 측정과 기타 과학적인 양적(통계적) 연구에 의존해 사람들을 평가하고 분류했다. 인본주의 심리학자들은 이런 구체적이고 체계적인 접근이 인간 경험의 폭넓고 다채로우며 개성이 강한 특성을 파악하기에는 한계가 있다고 보았다. 정신 분석이 인간을 미리 정해진 추동, 욕구, 행동의 집합체로 보는 데 비해 인본주의 치료들은 내담자를 자유 의지를 행사하고 능동적 선택을 할 수 있는 전인적 존재(whole being)로 본다. 치료자는 문제를 해결해 나가는 토대로서 내담자 내면의 강점과 자원, 잠재력을 강조한다. 삶은 도전과 고통으로 가득할지도 모르지만 인간은 본질적으로 선하고 회복력이 있으며 어려움을 견디고 극복하는 능력이 있다. 인본주의 심리학자들은 또한 중증 신경증의 치료라는 심리 치료의 기존 개념을 자신을 향상시키고자 하는 사람이라면 누구에게나

치료적 관계

인본주의 치료자들은 내담자를 소중히 여기며 진실하고 무조건적인 긍정적 존중을 보임으로써 긍정적이고 건설적인 관계를 구축하고자 한다. 이런 환경은 내담자의 자기 이해, 자신의 선택에 대한 확신, 정서 발달을 키워 내담자가 자기를 실현할(잠재력을 다 발휘할) 수 있게 한다.

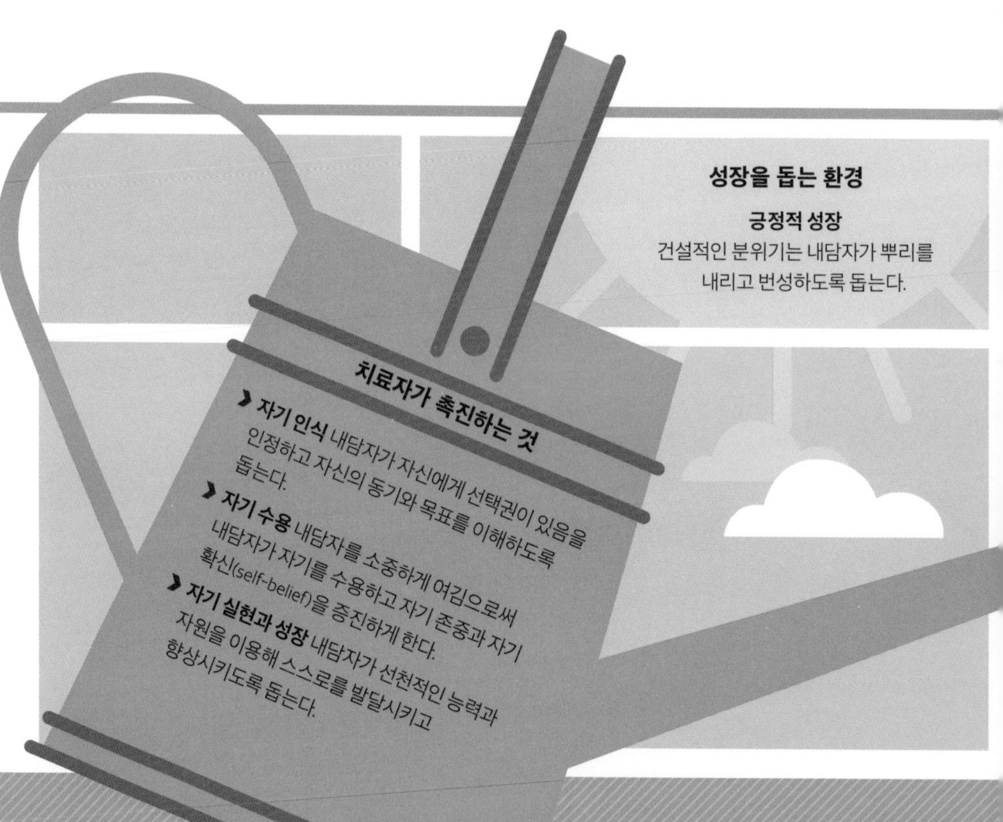

폭넓게 적용할 수 있는 접근으로 확장했다. 그들은 사람에게는 문제를 극복하고, 행복을 추구하고, 더 나은 세상을 만들고, 만족스럽고 자기를 실현하는 삶을 살려는 선천적 욕구가 있으며 이 욕구가 인간의 가장 중요한 동기라고 보았다. 자신의 잠재력을 실현하고 목표와 꿈을 실현하려는 욕구를 자아 실현 욕구라고 부른다.

인본주의 심리학자들은 사람에게 변화와 성장의 능력이 있으며 이렇게 변화시키고 성장하는 것은 의무이기도 하다고 믿었다. 이 생각을 따르면 개인은 자신의 선택과 목표에 대해 완전한 통제권을 가진 존재가 된다.

내담자를 이해하기 위한 인본주의 접근법들은 개개인의 사람들만큼이나 창의적이고 다양하지만 모두 대화와 신뢰에 기초한다는 점은 같다. 치료 세션에서 치료자는 자신의 관찰에 의존하기보다는 내담자에게 개방형 질문을 던지고 내담자가 스스로의 행동과 성격을 어떻게 생각하는지를 듣는다. 모든 인본주의 치료자는 공감과 이해를 사용해 내담자가 자신을 수용하도록 돕는다.

✓ 알아 두기

- **치료자/내담자 관계** 긴밀하고 협력적인 상담 분위기에서 치료자는 내담자로 하여금 스스로의 자원을 사용해 해결책을 찾도록 격려한다.
- **질적 방법** 질문지(양적 방법)로 행동을 평가하기보다는 내담자의 이야기를 듣는 것에 치료의 기반을 두는데, 내담자의 경험에 대해서는 내담자 본인이 전문가라고 보기 때문이다. 치료자는 내담자가 자신에 대해 더 많이 깨닫도록 인도한다.

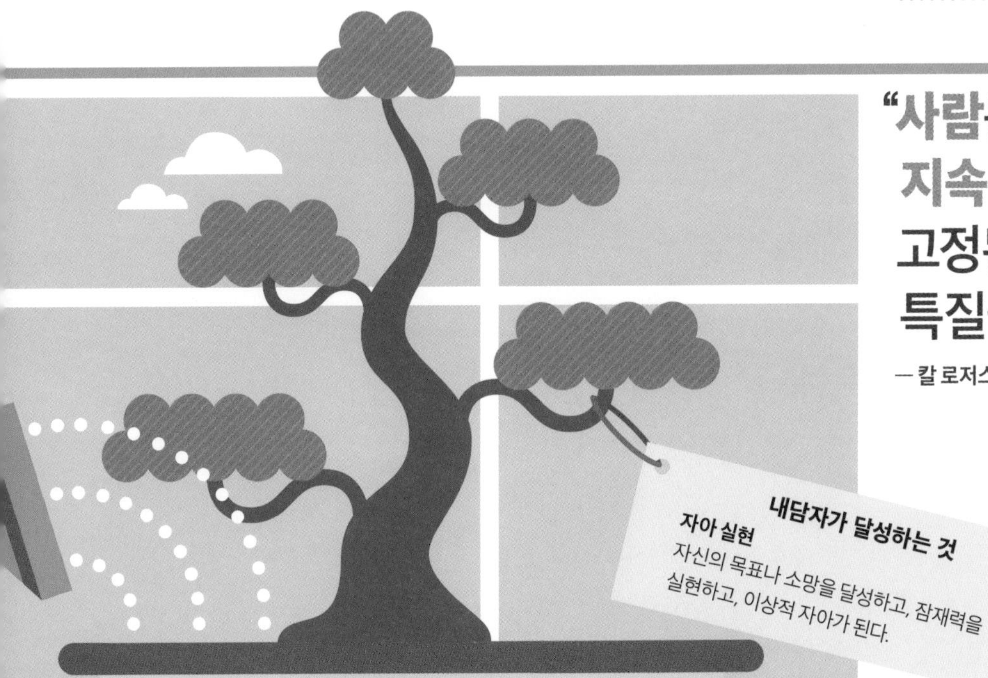

> **"사람은 잠재력들의 지속적인 집합체이지 고정된 양의 특질들이 아니다."**
>
> — 칼 로저스, 미국의 인본주의 심리학자

인간 중심 치료

인간 중심 치료는 치료자와 내담자 간의 수용적, 지지적 관계를 통해 자기 확신과 자신감, 개인적 성장을 촉진한다.

소개

인본주의 이념에 충실한 치료법인 인간 중심 치료(person-centered therapy)에서는 사람은 누구나 통찰을 얻고 개인적 성장을 경험하고 태도와 행동을 변화시켜 완전한 잠재력을 발휘하는 (즉 자아를 실현하는) 데 필요한 능력을 가지고 있다고 간주한다.

치료 세션에서는 과거보다는 현재와 미래에 초점을 맞추며 내담자가 대화를 이끈다. 치료자는 내담자의 경험에 귀를 기울이면서 평가나 판단을 하지 않고 반응한다.

이 관계의 깊이와 진실성(congruence, 치료자가 내담자와 주고받는 메시지와 치료자 자신이 실제로 내적으로 경험하는 것이 일치하는 것을 의미한다. — 옮긴이)은 내담자가 자유롭게 생각과 감정을 표현할 수 있게 해 준다. 치료자의 무조건적인 긍정적 존중을 통해 내담자의 감정, 태도, 관점이 인정받게 되고 치료자의 수용을 통해 내담자는 자신을 진정으로 수용하게 된다. 자존감, 자기이해, 자신감이 향상되고 죄책감과 방어적 반응은 줄어든다.

자기 수용은 내담자가 자신의 능력에 더 믿음을 가지고, 자신을 더 잘 표현하고, 관계들을 향상시킬 수 있게 하며 신체 이형 장애를 가진 사람의 경우 신체 지각을 개선하는 데 도움이 될 수 있다.

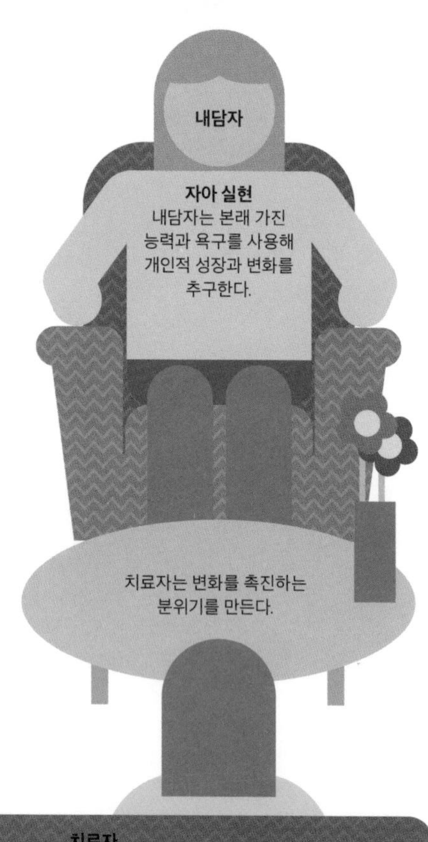

내담자/치료자 관계
치료자는 내담자의 자기 향상을 위한 매개체이다.

현실 치료

이 문제 해결적 치료법은 내담자가 자신의 현재 행동과 사고 과정을 평가하고 변화시키도록 돕는다. 인간 관계 문제에 특히 유용하다.

소개

현실 치료(reality therapy)에서 치료자는 내담자로 하여금 행동을 바꾸고 그런 다음 생각을 바꾸게 돕는다. 행동과 생각이 감정이나 반응보다 통제하기 쉽기 때문이다. 이 치료에서는 개인이 통제할 수 있는 유일한 행동은 자신의 행동이며 그 행동은 다섯 가지 기본적 욕구(오른쪽 그림)를 충족시키려는 동기에서 비롯된다고 간주한다. 그리고 현재에 초점을 맞춘다. 비판, 비난, 불평, 변명은 인정되지 않는데 이들은 모두 관계에 해를 끼치기 때문이다. 대신에 내담자와 치료자는 함께 행동 패턴을 밝혀내 모니터하고 변화를 위한 실행 가능한 계획을 만든다.

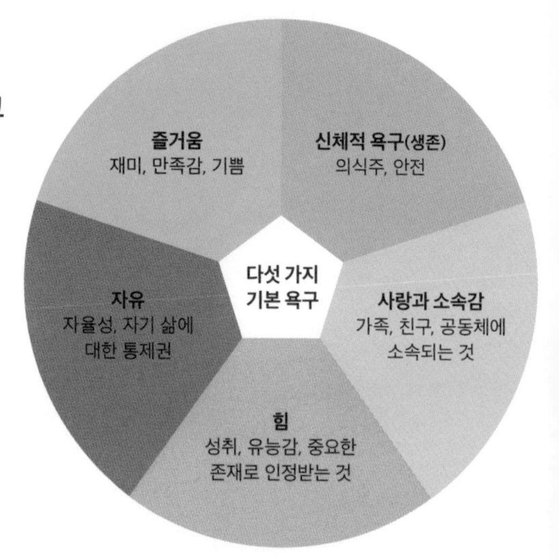

실존주의 치료

이 철학적인 치료는 내담자가 자신의 행동을 선택하고 책임짐으로써 인간이라는 존재 본연의 특정한 도전들을 받아들이는 법을 배우도록 돕는다.

소개

실존주의 치료는 사람들이 실존적 조건(오른쪽 참조)을 이해하고 수용하게 되면 불안을 경험하지 않으면서 더 충만하고 즐거운 삶을 살 수 있다는 전제에 기초한다. 실존주의에서는 사람들이 자유의지를 가지고 있으며 자신의 삶에 있어서 능동적인 참여자라고 간주한다. 치료는 자기 인식을 증진하는 데 중점을 두며 이는 내담자 삶의 의미와 목적, 가치를 탐색하고 내담자로 하여금 자신이 욕구와 충동의 수동적 희생자가 아니고 자신이 책임자임을 이해하게 돕는 과정을 통해 이루어진다.

치료 세션에서 다음과 같은 질문들을 다룰 수도 있다. "왜 우리는 여기에 있는가?", "삶에 고통이 포함되어 있다면 어떻게 삶이 좋은 것일 수 있는가?", "왜 나는 이렇게 외로운가?"

정서적 고통을 초래한 과거의 결정들에 대해 책임을 인정하는 법을 배움으로써 내담자는 자신의 경험에 대한 통제권을 갖게 된다. 치료자는 내담자가 자신에게 섬세하게 맞춰진 해결책을 찾도록 돕는다. 그리고 수용과 성장, 미래의 다양한 가능성을 기꺼이 받아들이는 것이 핵심 주제로 다뤄진다.

실존적 조건

- **죽음의 불가피성** 존재를 유지하려는 자연적인 추동(drive)은 죽음이 불가피하다는 인식과 충돌을 일으킨다.
- **존재론적 고독** 사람은 누구나 세상에 홀로 왔다가 홀로 떠난다. 어떠한 관계나 연고를 가지고 있든 간에 인간은 본질적으로 고독하다. 하지만 인간은 관계를 추구한다.
- **무의미성** 인간은 목적을 추구하지만 존재의 의미를 찾고 이해하기는 보통 쉽지 않다.
- **자유와 책임** 삶에는 미리 정해진 목적이나 구조가 없다(실존주의에서 말하는 자유는 이런 의미이다. — 옮긴이). 그러므로 모든 사람은 자신의 목적과 구조를 창조할 책임이 있다.

게슈탈트 치료

활기 넘치고 즉흥성을 띠는 치료로, 내담자를 자유로워지게 하고 내담자가 자신의 생각, 감정, 행동, 그리고 자신이 환경에 미치는 영향에 대한 자각을 높이도록 돕는다.

소개

독일어 'gestalt'는 '전체' 정도로 번역될 수 있는데, 개인은 그를 구성하는 부분들의 합 이상의 존재이고 저마다 외부 세계에 대한 독특한 경험을 가진다는 믿음을 나타낸다. 게슈탈트 치료자들은 대화만으로는 죄책감이나 미해결된 분노, 분개심, 슬픔을 완화할 수 없다고 여긴다. 내담자가 부정적 감정을 해결하기 위해서는 '지금-여기'에서 그 감정을 불러와 경험해야 한다. 치료자는 역할 놀이, 환상, 심상이나 기타 자극을 사용해 과거의 부정적 감정을 불러일으킴으로써 내담자가 자신이 특정 상황에 어떻게 반응하는가에 대한 통찰을 얻게 한다. 이렇게 자기 인식이 증진되면 내담자는 패턴을 찾아내어 자기 행동의 (지각된 효과가 아니라) 진짜 효과를 알 수 있게 된다. 게슈탈트 치료는 중독 치료를 위해 개발되었지만 우울증, 큰 슬픔, 트라우마, 양극성 장애에도 도움이 된다.

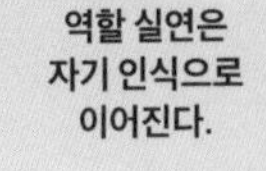

빈 의자 기법
내담자는 빈 의자가 자신의 삶에서 중요한 어떤 인물이라 생각하고 의자에 대고 말한다. 그런 다음 역할을 바꿔 상대방의 시각을 이해한다. 감정과 정서를 발산함으로써 자기 인식이 증진된다.

정서 초점 치료

이 치료법은 내담자가 자신의 정서를 보다 잘 이해하고 인정하고, 이 새로 얻은 자기 인식을 사용해 행동을 인도하도록 돕는다.

소개

정서 초점 치료(emotion-focused therapy)는 정서가 정체성의 토대를 이루고 의사 결정과 행동을 좌우한다는 전제에 기초한다. 이 치료법은 내담자가 현재 감정이나 과거 상황에서의 감정에 대해 대화하고 분석함으로써 자신에게 도움이 되는 정서 또는 도움이 되지 않는 정서가 무엇인지 밝혀내고 자신의 정서 반응을 이해하도록 격려한다.

자각이 증진되면 내담자는 자신의 정서를 더 명확하게 말하고, 그 감정이 상황에 적절한지 여부를 평가하고, 긍정적 정서를 사용해 행동을 인도하는 법을 배울 수 있다. 도움이 되지 않는 정서(외상적 경험과 관련된 것을 포함하여)가 선택과 행동에 미치는 부정적 영향을 인식하는 것은 내담자가 그런 감정들을 조절하는 데, 그리고 정서 상태를 변화시키기 위한 전략을 세우는 데에도 도움이 된다. 전략으로는 호흡 기법과 심상 및 시각화 사용하기, 긍정적인 문장 반복하기, 새로운 경험으로 긍정적 정서 이끌어내기 등이 있다.

정서 중심 치료

명칭은 비슷하지만 정서 중심 치료(emotionally focused therapy)는 정서 초점 치료와 다른 치료법이다. 이 치료법은 관계에서 문제를 겪는 부부(커플)나 가족을 위한 치료로, 자신들의 상호 작용을 지배하는 정서를 이해하도록 돕는다. 부정적 행동과 갈등 패턴은 정서적 욕구가 충족되지 않을 때 발생할 수 있는 만큼 치료자는 내담자들이 자신의 감정을 인식하고 가족 구성원들 혹은 배우자(연인)의 감정을 인정해 주도록 돕는다. 정서를 표현하고 조절하는 법, 상대방의 말에 귀 기울이는 법, 정서를 긍정적으로 사용하는 법을 배우면 배우자 혹은 가족 구성원들과의 유대가 강화되고, 과거의 문제를 해결하게 되고, 미래를 위한 전략을 가지게 된다.

해결 중심 단기 치료

이 전진적인 치료법은 내담자가 과거를 곱씹거나 분석하기보다 자신의 강점에 초점을 맞추고 달성 가능한 목표를 향해 긍정적으로 노력해 나가도록 격려한다.

소개

해결 중심 단기 치료(solution-focused brief therapy)는 사람은 누구나 자신의 삶을 향상시키기 위한 자원을 가지고 있지만 어떤 경우에는 계획을 조직화하는 데 도움이 필요할 수도 있다는 믿음에 기초한다. 흔히 치료자가 '기적 질문'이라 불리는 질문("~을 하면 삶이 어떻게 다를까요?")을 던져 내담자로 하여금 자신의 문제가 해결되었을 때 삶이 어떨지 마음속에 그려보게 한다. 여기서부터 내담자는 목표를 명확히 하고, 가능한 해결책을 찾고, 목표 도달에 이르는 구체적 단계들을 개략적으로 정할 수 있다. "과거에는 이것을 어떻게 해결했나요?"와 같은 '대처 질문'도 내담자가 이전의 성공에 초점을 맞추게 격려하고 내담자 자신이 긍정적인 결과를 성취하기 위한 기술과 수완, 회복력을 이미 가지고 있음을 알게 해 준다.

치료는 대개 다섯 세션으로 이루어진다. 치료자가 설명 책임(accountability)과 지지를 제공하기는 하지만 내담자는 항상 자기 자신의 문제에 대한 전문가로 간주된다. 이 치료법은 특히 젊은 사람에게 효과적인데, 젊은 사람들은 과거에 대한 면밀한 분석보다는 단기적이고 구조화된 접근을 선호할 수도 있기 때문이다.

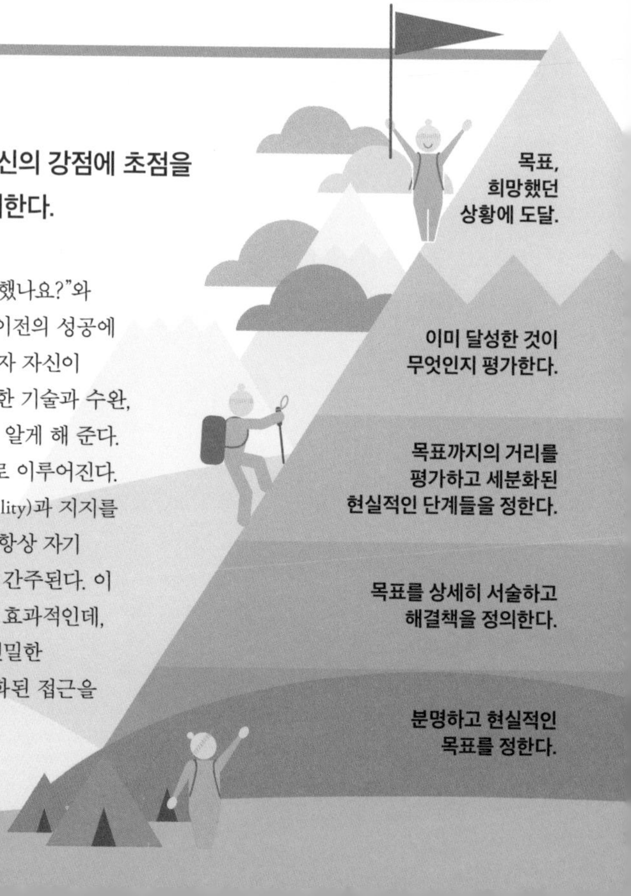

신체 심리학적 치료

신체 심리학적 치료는 미해결된 정서적 문제가 심리적으로뿐만 아니라 생리적으로도 축적된다는 생각에 기초한 치료법들로, 신체에 작용해 부정적인 긴장을 풀어주고 정신 건강을 회복시킨다.

소개

가끔 어떤 방법을 통해 심리적 치유가 일어났는데 그 원리가 완전히 설명되지는 않지만 효과가 있는 것은 분명한 경우가 있다. 많은 심신 치유 치료법들이 그러한데, 때로 에너지 심리학이라고도 불리는 이 치료법들은 몸과 마음을 전체론적으로(holistically) 다룬다.

신체 심리학적 치료(somatic therapy)들은 몸과 마음의 통합이 정신 건강에 필수적이라고 간주한다. 마사지, 바디워크(body work, 신체적 균형의 회복을 통해 몸과 마음을 건강하게 하는 치료법 — 옮긴이), 호흡요법, 요가, 태극권, 에센셜 오일이나 꽃 에센스의 사용 등이 모두 신체 심리학적 치료법의 예로, 신체적 및 정서적 긴장을 풀어 주는 효과가 있을 수 있다.

특정 신체 부위들은 심리적 문제와 관련되어 있다. 예를 들어 많은 사람이 어깨에 스트레스를 짊어지고 다니고, 정서적 외상은 신체 통증이나 소화 장애를 일으키기도 한다. 신체 자세를 바꾸면 심리적 경험이 바뀔 수 있다. 예를 들어 크게 상심한 사람은 흔히 어깨가 앞으로 기울어진, 심장을 보호하는 구부정한 자세가 되고, 패배감은 시선을 아래로 향하게 만든다. 내담자로 하여금 어깨를 뒤로 젖히고 허리를 똑바로 펴고 턱을 위로 들게 하면 내담자가 스스로를 강하다고 느끼고, 더 낙관적인 기분이 들고, 더 열린 마음으로 세상을 마주하는 데 도움이 될 수 있다.

트라우마는 자율신경계를 교란시킨다. 심리적 문제들은 몸과 마음에 축적된다.

요가 등 신체 심리학적 요법은 몸에 담긴 부정적 정서를 발산시켜 균형을 회복시킨다.

치유의 힘(healing power)은 심리 상태를 향상시키고 신체적 통증을 완화한다.

정서 자유 기법

전체론적(holistic) 치료법인 정서 자유 기법(emotional freedom technique)은 침술 및 지압에서와 동일한 경락(에너지가 흐르는 통로)에 작용한다. 외상적 경험이 에너지 흐름을 막아 지속적인 고통을 유발할 수 있다는 이론에 기반하고 있다. 치료자가 내담자 몸의 경혈을 손가락 끝으로 두드릴 때 내담자는 특정한 문제나 이미지, 부정적 감정을 떠올리고 긍정적 확언(positive affirmation)을 입으로 말한다. 경혈을 두드리는 것은 편도체(정서를 처리하고 투쟁-도피 반응을 관장하는 뇌 부위)를 진정시키는 효과가 있는 것으로 보인다. 시간이 흐르면서 이 과정은 부정적 정서를 없애고 그것을 새로운 긍정적 감정과 행동으로 대체하면서 내담자의 사고를 다시 프로그래밍하게 된다. 내담자가 스스로 두드리는 순서를 배워서 실행할 수도 있다.

두드리는 점
바깥쪽 손날 부위(karate chop point)를 두드린 다음 머리에서부터 아래쪽으로 1번에서 8번 경혈을 두드린다.

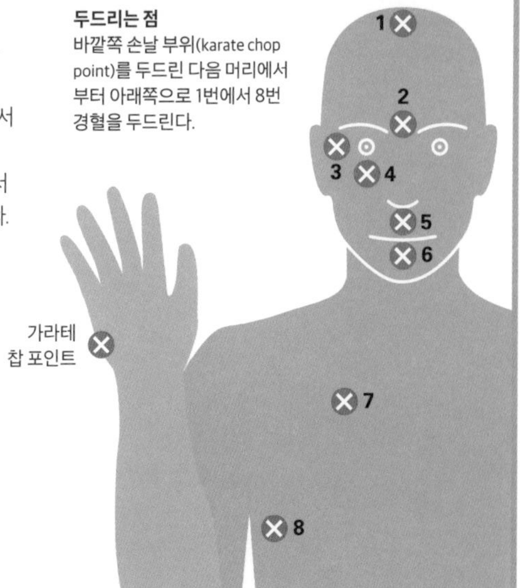

80% EFT 치료를 받고 긍정적 효과를 보았다고 답한 비율

안구 운동 민감 소실 및 재처리

이 치료는 안구 운동을 통해 뇌를 자극하고 외상적 기억을 재처리해 그 기억이 더 이상 마음을 동요시킬 수 없게 만들고, 내담자에게 정서적 동요를 다스리는 기법을 가르친다.

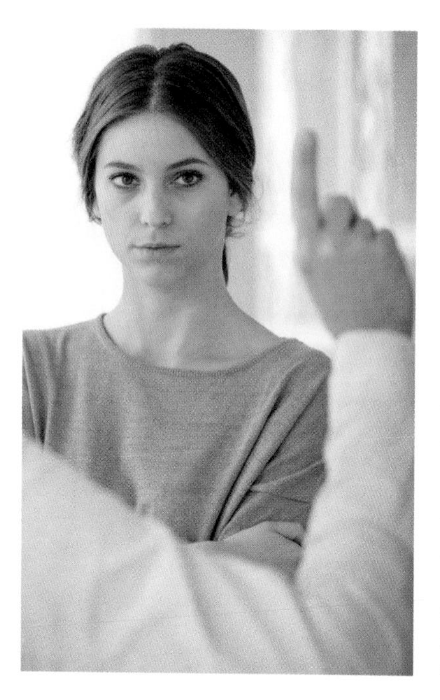

양측성 자극을 좇는 좌우 안구 운동은 뇌가 외상적 기억을 소화하고 그 기억의 심리적 저장 방식을 재조직하도록 돕는다.

소개

안구 운동 민감 소실 및 재처리(eye movement desensitization and reprocessing) 치료에서 내담자는 과거의 트라우마로부터 어떤 모습이나 장면, 감정을 회상하면서 양측성 자극, 예컨대 치료자의 손이 자신의 시야를 가로질러 좌우로 왔다갔다 움직이는 것을 눈으로 좇는다. 내담자는 트라우마에 관련된 부정적 진술(예컨대 매사에 못마땅해 하는 부모 때문에 아동기가 망쳐진 사람의 "나는 쓸모없는 사람이야.")을 떠올리고 그것을 긍정적인 자기 진술로 대체한다.

이 치료는 부정적인 신념 체계가 내담자의 신경계에 갇혀 버려서 실제의 위험이 사라진 지 오래일지라도 그 신념 체계가 유지되고 있다는 생각에 기초해 안구 운동과 심리적 회상의 결합을 통해 외상적 기억과 그것의 부정적 효과를 신경계에서 방출한다. 이는 그 기억이 중성적인 기억으로 저장될 수 있게 하며 새로운 건강한 신념 체계가 자리 잡게 돕는다.

이 과정은 REM(rapid eye movement, 급속 안구 운동) 수면 중 꿈을 꿀 때 일어나는 기억 처리 및 신체 움직임과 닮았다. 이 치료는 외상 후 스트레스 장애(62쪽 참조)가 있는 사람에게 특히 효과가 있으며 90분 세션 세 번 만에도 증상이 상당히 감소될 수 있다.

최면 치료

최면 치료 동안 내담자는 가수면(trance) 비슷한 깊은 이완 상태에 빠져 의식이 억제되고 대신 잠재의식이 더 활성화되고 정보나 제안을 더 잘 수용하게 된다.

소개

치료자는 최면 암시의 힘을 사용해 뇌의 분석적 영역을 침묵시키고 내담자의 주의를 잠재의식에 집중시킨다. 내담자가 깊은 이완 상태가 되면 치료자는 암시를 통해 다른 뇌 활동 패턴을 주입함으로써 내담자의 지각, 사고 과정, 행동을 변화시킨다.

최면 치료(hypnotherapy)는 흡연이나 과식 같은 원치 않는 습관을 극복하고자 하는 내담자에게 특히 도움이 된다. 또한 출산이나 수술, 치과 치료처럼 통증을 예상한 상황이 왔을 때 통증을 줄이기 위해서도 사용될 수 있다. 또 억압되거나 숨겨진 기억을 수면 위로 올라오게 해 관련된 문제와 정서들을 확인하고 해결할 수 있게 하는 데에도 사용된다.

내담자들은 치료 효과를 강화하기 위해 세션과 세션 사이에도 깊은 이완을 실행하며 이 때 흔히 치료자의 목소리를 녹음한 것을 사용한다.

예술 기반 치료

예술 기반 치료(arts-based therapy)의 접근법들은 미술과 음악이라는 대안적 언어를 사용해 자기 발견, 자기 표현, 안녕을 증진한다. 이 치료법들은 내담자가 생각과 감정을 분명하게 표현하고 정서를 조절하도록 도움을 줄 수 있다.

소개

어떤 사람에게는 말로써 정서와 지각 경험을 표현하는 것이 어려울 수 있다.

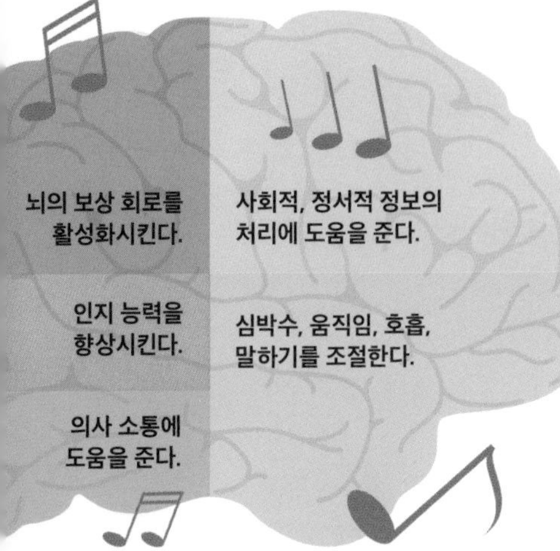

미술 치료는 이런 사람들에게 자신의 내면 세계를 표현하고, 생각과 감정을 들여다보고 인정하고, 자기 인식을 증진할 수 있는 방법을 제공한다. 미술 작품을 만드는 물리적 행위는 몸과 마음을 창조적인 하나의 목표에 집중시킨다는 점에서 그 자체가 기분이 좋아지게 하는 효과가 있다.

미술 치료는 예술적 기량에 초점을 맞추기보다는 의사 소통의 한 형태로서의 창조 과정에 초점을 맞춘다. 작품을 사람들 앞에 전시하는 것은 내담자가 자의식과 자기 비판을 극복하는 데, 그리고 자신을 더 수용하고 자아 존중감을 높이는 데 도움이 될 수 있다.

음악 치료는 다른 역할을 한다. 음악이 뇌를 자극하면(왼쪽 그림) 수많은 감각 신경 연결이 활성화되며 그 결과 신체적, 정서적 상태가 바뀔 수 있다. 음악은 뇌 전체의 신경 경로에 작용해 내담자가 정보를 처리하고, 정서를 경험 및 표현하고, 언어를 사용하고, 타인과 관계를 맺고, 움직이는 방식을 바꾼다.

음악은 우울증이나 불안 증상의 감소 같은 장기적인 행동 및 정서 변화를 촉진할 수 있다. 음악의 생리적 효과로는 도파민 같은 기분을 향상시키는 화학 물질 분비, 심박수 저하 등이 있다.

어떤 스타일의 음악이든 사용될 수 있으며, 치료 세션에 음악 듣기나 악기 사용하기, 노래하기, 즉흥 연주 혹은 작곡이 포함될 수 있다.

동물 매개 치료

동물 매개 치료(animal-assisted therapy)는 사람과 동물의 유대를 이용해 의사 소통 기술, 정서 조절, 독립성을 향상시키고 외로움과 고립감을 감소시킨다.

소개

동물과 상호 작용하면 옥시토신(친밀감과 신뢰를 촉진하는 호르몬)과 엔도르핀(기분이 좋아지게 한다.) 수준이 높아진다. 동물을 다루는 법을 배우는 것도 행동적, 사회적 기술을 향상시키고 자존감을 증진하는 효과가 있다.

고양이 쓰다듬기, 정기적으로 개나 말을 돌보기, 돌고래와 수영하기 등은 심리적으로 취약한 사람들이 한계선(어디까지 되고 어디서부터 안 되는지를 나누는 선 — 옮긴이), 존중, 신뢰를 배우고 자립(self-reliance)과 독립성을 발달시킬 수 있는 방법이다.

분노 조절이나 물질 남용 집단 치료를 할 때 동물의 존재는 참가자들이 마음을 터놓고 잃어버린 순수성과 난폭했던 과거에 대해 말하도록 격려해 자신을 더 수용하고 용서하게 이끄는 효과가 있다.

> **"반려 동물은 부작용 없는 약이다."**
>
> — 에드워드 크리건(Edward Creagan) 박사, 미국의 종양학자

체계론적 치료

이 접근법들은 인간은 관계망의 한 부분이며 그 관계망이 인간의 행동과 감정, 신념을 형성한다고 인식한다. 이 치료법들은 개인만이 아니라 전체 시스템에 영향을 미치고자 한다.

소개

체계론적 치료법(systemic therapy)은 체계 이론(systems theory)의 개념을 사용하는데, 체계 이론에서는 모든 개별 객체는 상대적으로 더 크고 복잡한 체계의 한 부분일 뿐이라고 간주한다. 인간의 경우를 놓고 보자면 가족, 직장, 조직 또는 사회 공동체가 그 체계일 수 있다.

체계의 한 부분에 문제가 생기면 그 관계망의 다른 부분들이 영향을 받거나 균형이 깨질 수도 있다. 예를 들어 우울증을 겪는 사람은 자신의 우울증이 가족 구성원들과의 관계에 지장을 초래하고 있다고 느낄 수 있지만 그 우울증은 직장 동료 및 친구들과의 상호 작용에도 영향을 주고 있을지 모른다. 그래서 체계론적 치료는 개인의 문제를 따로 놓고 다루는 것이 아니라 체계 전체의 맥락에서 다루며 모든 이에게 작용하는 해결책을 찾는다. 체계의 한 부분에 변화를 일으키는 것(그 개인에게 직장에서 좀 더 지원을 제공한다든지 하는)은 그 관계망의 모든 구성원에게 이로울 수 있다.

체계를 전체로서 보는 것에 더해 이 치료법들은 체계의 역동을 검토하며 깊이 자리 잡은 패턴과 경향성을 밝혀내고자 한다. 예를 들어 많은 가족의 경우 일련의 불문율과 무의식적 행동에 의해 역학 관계가 지배된다.

이 치료법들은 개인들로 하여금 자신들이 어떻게 서로 상호 작용하고 영향을 주는가를 자각하게 함으로써 그 집단의 역동에 이익이 되는 긍정적 변화를 일으키게 돕는다. 여기에는 그 집단 내 모든 사람의 관점, 기대, 욕구(needs), 성격을 고찰하는 일과 많은 대화를 통해 각 개인이 다른 구성원들의 역할과 욕구에 대한 통찰을 얻게 하는 일이 포함된다.

문제를 해결하기 위해서는 집단의 모든 구성원이 변화의 필요성을 인정하고 자신의 행동이 다른 구성원들에게 미치는 영향을 인식해야 한다. 많은 경우, 개인의 작은 변화들이 집단의 행동에 큰 변화를 가져올 수 있다.

또한 문제를 체계론적으로 바라보면 어떻게 외견상 관계없어 보이는 문제들이 밀접하게 연관되어 있을 수 있는지가 드러난다. 그러므로 하나의 문제를 해결하는 것은 그 체계의 다른 부분들에게도 유익한 효과를 가져다준다는 보너스가 있다.

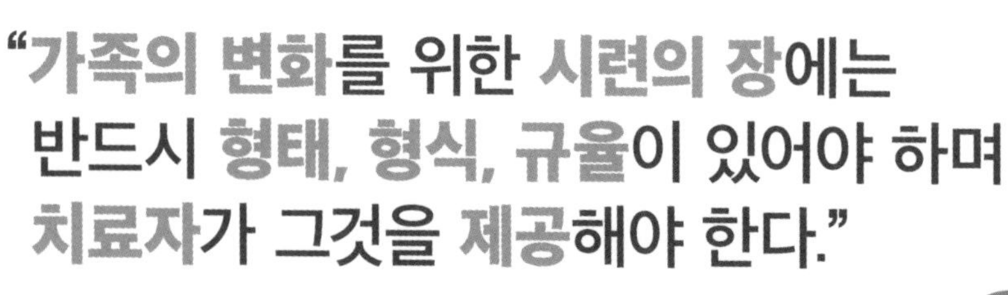

관계의 균형

두 사람 사이에 갈등이 일어났을 때 그 문제를 두 사람 사이에서 해결하는 것이 아니라 제삼자에 초점을 맞춤으로써 관계를 안정시키려 할 수 있다. 이런 경우, 정서적 관계가 삼각관계로 보일 수 있다. 기존 관계에 제삼자를 추가하는 것(예컨대 아기의 탄생)은 항상 유익하지만은 않으며 원래의 두 사람 사이에 마찰을 야기할 수 있다.

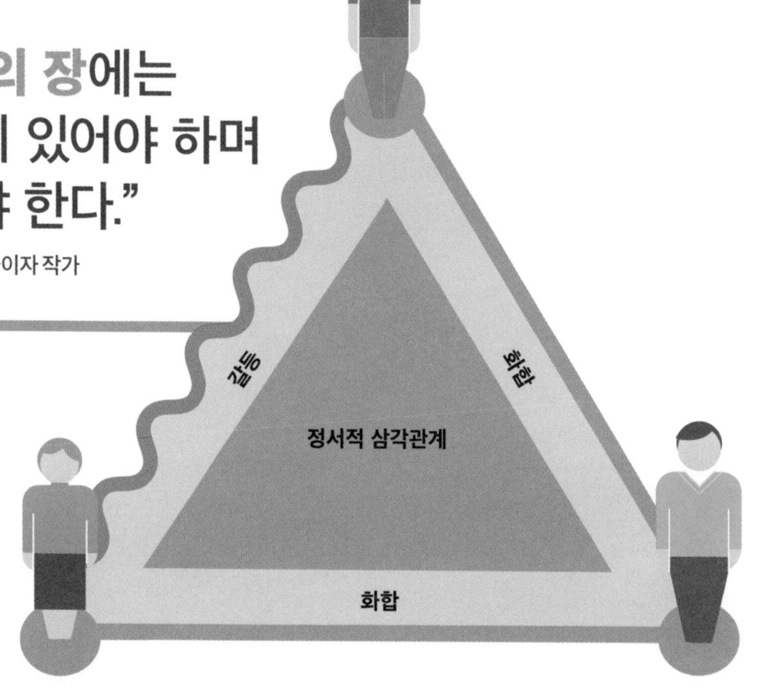

가족 체계 치료

집단 역동에 초점을 맞추는 치료적 접근으로, 가족 단위 내의 관계들을 문제의 근원적 원인이자 동시에 그 문제를 해결할 수단으로 간주한다.

소개

가족 체계 치료(family systems therapy)는 정신과 의사 머리 보웬(Murray Bowen)의 이론에 기초하고 있다. 보웬은 여덟 가지 상호 연관된 개념을 통해 출생 순위, 개인의 가족 내 역할, 성격과 유전적 특성이 가족 체계 안에서 개인들이 서로 관계 맺는 방식에 어떤 영향을 미치는지를 알아내고자했다. 그는 가족을 그 안의 사람들과 그 사람들이 상호 작용하는 방식 양쪽 모두로 정의했다.

가족을 이렇게 하나의 정서적 단위로 보게 되면 개인들이 문제 해결을 위해 협력하는 것이 가능해지는데, 이때 해결하려는 문제는 죽음이나 이혼처럼 가족 전체에 영향을 주는 정서적 문제 혹은 구성원 한 명과 관련된 특정한 문제로 나머지 가족에게 영향이 미치는 문제일 수 있다.

치료자는 가족 구성원들이 자신의 역할을 어떻게 보고, 표현하는지 탐색한다. 이런 탐색을 통해 각 구성원은 자신의 행동이 다른 구성원들에게 어떤 영향을 미치는지, 그 결과 자신이 다시 어떤 영향을 받게 되는지 이해할 수 있게 된다.

외부 요인이 가족 내 관계들에 어떤 영향을 미치는지, 그리고 패턴들이 세대에 걸쳐 어떻게 반복되는지를 이해하는 것도 이 치료에서 핵심적이다. 예를 들어 (아마도 위압적인 부모 때문에) 자신의 개별성에 대한 감각이 뚜렷하지 않은 자녀는 자기와 비슷하게 개별화 수준이 낮은 배우자를 선택할 수도 있다. 그렇게 되면 이제 그 두 사람은 이런 특성과 관련된 갈등이나 문제를 자신의 자녀들에게 전달하게 된다. 의사 소통과 자기 인식, 공감을 향상시키면 개인들이 이런 대물림되는 패턴을 깨는 데, 그리고 가족 단위가 강점을 발전시키고 가족의 상호 의존성을 이용해 긍정적 변화를 일으키는 데 도움이 될 수 있다.

보웬의 여덟 가지 상호 연관된 개념

자기 분화
개인이 어떻게 자신의 개별성에 대한 감각을 유지하면서 동시에 집단의 구성원으로서도 기능하는가?

정서적 삼각관계
인간 관계 체계에서 가장 작은 관계망(많은 경우, 부모 두 명과 자녀 한 명으로 구성된다.)이 어떻게 작동하는가?

가족 투사 과정
부모의 정서나 갈등, 문제가 어떻게 자녀에게 전달되는가?

정서적 단절
개인들이 어떻게 거리를 둠으로써 가족 관계망 내의 갈등을 다루는가?

형제 순위
출생 순위는 부모가 자녀들을 대하는 방식에 어떻게 영향을 주는가? 기대의 차이가 자녀들이 맡는 역할의 차이를 낳는다.

다세대 간 전이
사람들이 어떻게 분화 수준이 비슷한 배우자를 찾고 그 결과 패턴이 대대로 반복되는가?

사회적 정서 과정
가족 정서 체계가 어떻게 더 큰 체계(예컨대 직장)에까지 영향을 미치는가?

핵가족 정서 과정
가족 내의 갈등들이 어떻게 그 가족 단위 안의 관계 패턴에 영향을 주는가?

전략적 가족 치료

치료자는 핵심적인 역할을 담당한다. 치료자는 가족이 자신들의 관계에 영향을 미치는 문제가 무엇인지 찾아내고 그것을 해결하기 위한 구조화된 계획과 맞춤형 개입 방법을 세우도록 돕는다.

소개

이 해결 중심적인 기법은 심리 치료사인 제이 헤일리(Jay Haley)의 이론에 기반하고 있으며 각 가족의 특유한 구조와 역동에 맞춰 전략을 사용한다. 과거의 원인과 사건의 분석이 아니라 현재의 문제와 해결에 항상 초점을 맞춘다.

전략적 가족 치료(strategic family therapy) 접근에서 치료자는 가족이 자신들의 문제를 알아내도록 돕는 과정에서 능동적인 역할을 한다. 치료자와 가족은 비교적 단기간에 달성 가능한 목표를 합의 하에 정한다. 치료자는 가족 구성원들로 하여금 이전에는 고려해 보지 않은 새로운 상호 작용 방식을 채택하게 돕기 위한 전략적 계획을 수립한다. 치료자는 가족 구성원들에게 평소의 상호 작용이나 대화를 재연해 보도록 시키기도 하는데, 이는 자신들이 어떻게 작동하고 어떻게 문제가 일어나는지에 대한 가족의 인식을 높이려는 목적이다.

변화를 위한 전략은 가족 구성원들의 강점을 기초로 한다. 이는 가족이 자신들의 자원을 사용해 서로 긍정적인 행동 변화를 지원하고 하나의 단위로서 가족의 목표를 성공적으로 달성할 수 있게 한다.

> "치료자는 사람들에게 직접적으로 영향을 줄 책임을 맡는다."
>
> — 제이 헤일리, 미국의 심리 치료사

치료자의 전략적 역할

- **해결 가능한 문제의 파악** 가족을 관찰해 문제를 찾아낸다. 예컨대 십대 아들인 톰이 대화를 하지 않는 것.
- **목표 설정** 가족이 명확한 목표를 정하도록 돕는다. 예컨대 톰이 자기가 지금 어디에 있는지 부모에게 꼭 말하는 것.
- **개입 계획** 가족 내의 그 문제를 겨냥한 계획을 세운다. 예컨대 앞으로 톰이 집에 자주 전화하게 한다.
- **계획 실행** 역할놀이, 토의, 숙제를 고안해서 하게 하고 논평해 가족으로 하여금 톰이 연락하기 꺼리는 이유를 이해하게 돕는다.
- **결과 점검** 톰뿐 아니라 부모도 긍정적 변화를 이루었는지 확인한다.

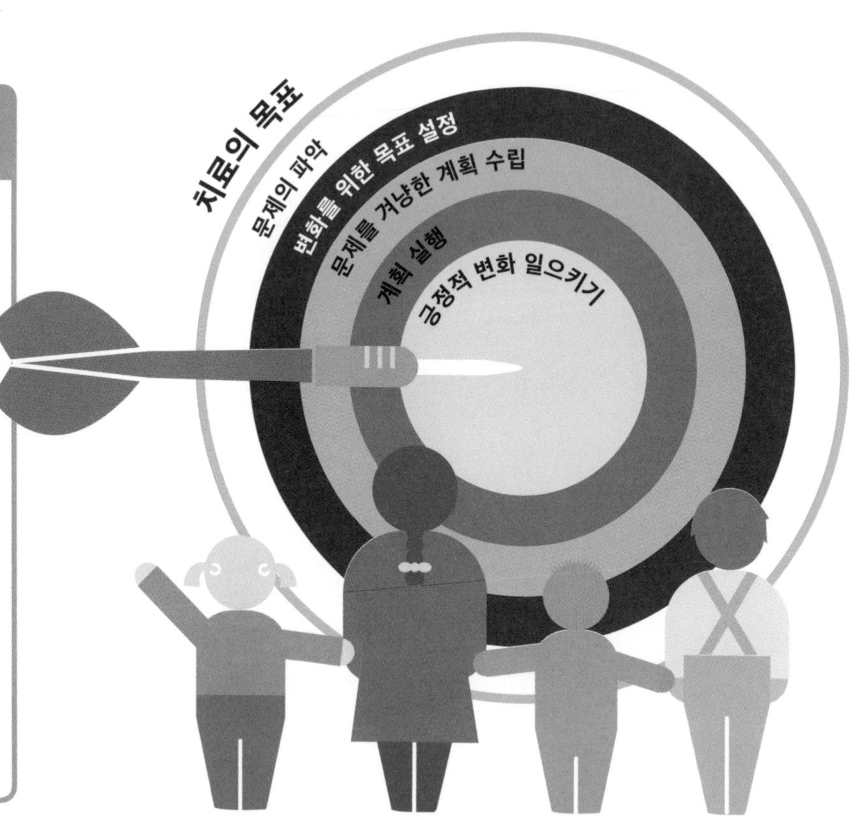

양자 발달 치료

정서적 외상을 경험한 아동에게 부모(또는 돌보는 사람)와 안정된 애착 및 애정 어린 관계를 형성할 수 있는 단단한 토대를 제공하는 것을 목표로 한다.

소개

방치되거나 학대받거나 적절한 보살핌을 받지 못한 아동은 규칙 무시와 공격적 행동, 사고·주의·성격 장애, 불안, 우울증, 건강한 애착 형성 곤란 등을 보이는 경향이 있다.

양자 발달 치료(dyadic developmental therapy)는 그런 배경을 가진 아동에게 안전하고 공감해 주고 보호해 주는 환경을 조성함으로써 아동이 새로운 의사 소통과 행동 패턴을 배울 수 있게 하는 것을 목표로 한다. 치료자는 아동과 부모(또는 돌보는 사람) 양쪽 모두와 협력적 관계를 형성해야 하며 이 관계는 아동과 부모(또는 돌보는 사람) 사이의 강한 유대를 촉진하기 위한 기초가 된다. 아동과의 상호 작용에는 PACE 원칙(playful, accepting, curious, empathetic, 쾌활하고 수용적이고 궁금해하고 공감적인 접근)이 사용된다. 그러면 아동은 안전하고 존중되고 이해받고 있다고 느끼게 관계에서 보살핌과 지원을 기꺼이 받아들일 수 있게 된다.

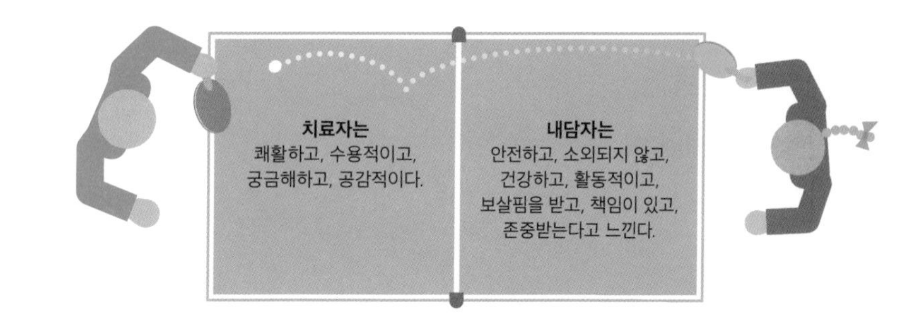

맥락적 치료

맥락적 치료의 목표는 가족 내의 균형을 회복시켜 구성원 모두의 정서적 욕구가 완전히, 공정하게, 상호적 방식으로 충족되게 하는 것이다.

소개

가족 내 관계의 불균형은 가족 구성원이 다른 구성원들이 자신을 부당하게 대우한다거나 자신의 욕구를 무시한다거나 정서적으로 받기만 하고 자신에게 돌려주지는 않는다고 느낄 때 발생할 수 있다.

맥락적 치료(contextual therapy)는 관계 윤리(오른쪽 참조)라고 부르는, 공정성 및 동등한 권리와 책임의 개념을 사용하며, 이 개념은 가족 내 관계 문제를 이해하는 출발점이 된다. 관계 윤리는 또한 균형과 조화의 회복을 위한 전략을 세우는 토대이기도 하다. 가족 구성원들의 나이와 배경, 심리적 특성 같은 요인들을 통해 불만이 생겨난 배경을 이해할 수 있다. 치료자는 각 구성원으로 하여금 그 갈등에 대한 자신의 입장을 표현하고 다른 구성원들의 견해를 듣게 한다. 그리고 각 구성원이 다른 구성원들의 긍정적인 노력을 인정하는 동시에 스스로의 행동에 대한 책임도 받아들이도록 돕는다.

가족 내 모든 사람에게 자신의 욕구를 충족시킬 자격이 있음을 이해하고 이를 위해 상호 책임을 지는 법을 배우게 되면 가족은 주고받는 것의 균형을 맞추는 새로운 행동 패턴을 만들어갈 수 있다.

가족 역동을 좌우하는 요인

- **배경(background)**
  나이, 사회적·문화적 요인들, 각 구성원을 개별적인 인간으로 만드는 경험들.
- **개인 심리**
  각 구성원의 성격과 심리적 특성.
- **가족 내 교류(systemic transactions)**
  정서적 삼각관계, 동맹, 힘겨루기 같은, 구성원들이 서로 관계 맺는 방식. 여기에는 다세대 간 관계와 물려받은 행동 패턴도 포함된다.
- **관계 윤리(relational ethics)**
  주고받는 것의 균형 및 가족 역동을 지배하는 정서적 욕구와 충족. 균형을 이루려면 모든 구성원이 자신의 행동 및 다른 구성원과의 교류에 대한 책임을 져야 한다.

생물학적 치료

이 치료법들은 생물학적 또는 신체적 요인이 정신 장애에 큰 영향을 준다는 생각에 기초한다. 이 치료법들의 목표는 뇌의 구조나 작동 방식을 바꿔 증상을 완화하는 것이다.

소개

심리 치료가 환경적, 행동적 요인들에 초점을 맞추고 내담자-심리 치료자 관계를 치료의 동인으로 사용하는 것과 달리 생물학적 치료는 정신과 의사에 의해 처방되고 뇌의 기계적 작동 방식을 대상으로 삼는다. 일반적으로 약물을 투여하는 형식 또는 (아주 심한 경우에) 전기 충격 요법, 경두개 자기 자극법(transcranial magnetic stimulation, TMS), 정신외과 수술 같은 개입을 통해 치료가 이루어진다. 이런 치료법 중 일부는 정신 질환, 예컨대 양극성 장애와 조현병의 증상과 연관이 있는 생물학적 이상을 바로잡기 위한 것이다. 이런 이상은 유전, 뇌 구조의 이상, 뇌 영역 간 상호 작용 방식의 이상에서 비롯될 수 있다.

생물학적 치료는 대개 증상을 억제하면서 행동적 치료나 인지적 치료 같은 비생물학적 접근과 병행하기 위해 사용된다. 행동적 치료나 인지적 치료는 환자가 질환의 원인으로 작용하는 요인 및 증상을 관리하게 돕는다.

약물 치료

환각, 기분 저하, 불안, 급격한 기분 변동 등의 특정 증상을 완화하기 위해 약물이 사용될 수 있다. 비록 정신과 약물들이 근본적인 정신 건강 문제를 변화시키는 것은 아니지만 사람들이 좀 더 잘 대처하고 더 효과적으로 기능하도록 도움을 줄 수 있다.

범주	적응증	약물의 유형
항우울제	의기소침한 기분을 포함한 우울증, 무쾌감증(즐거움을 느끼지 못하는 것), 무망감(희망이 없다고 느끼는 것). 가끔 불안에도 사용된다.	선택적 세로토닌 재흡수 억제제, MAO 억제제(모노아민 산화효소 억제제), 세로토닌-노르에피네프린 재흡수 억제제, 삼환계 항우울제
항정신병약	양극성 장애, 조현병, 기타 다음과 같은 증상: 환각, 망상, 사고 장애, 급격한 기분 변동	도파민의 작용을 억제하는 약물들. 1세대 항정신병약을 '정형' 항정신병약으로, 2세대는 '비정형' 항정신병약으로 부른다.
항불안제	범불안 장애, 공황 장애, 사회 불안 장애, 외상 후 스트레스 장애, 강박 장애, 공포증	벤조디아제핀계 약물, 부스피론, 베타 차단제, 선택적 세로토닌 재흡수 억제제, 세로토닌-노르에피네프린 재흡수 억제제
기분 안정제	양극성 장애. 그 외에도 조현병, 우울증, 경련 장애에 관련된 기분 문제에 사용될 수 있다.	리튬(조증), 카바마제핀 등의 항경련제(우울증), 아세나핀 등의 항정신병약
정신 자극제	기면증, ADHD	암페타민 계열 약물, 카페인, 니코틴
수면제	수면 장애	항히스타민제, 진정 최면제, 벤조디아제핀계 약물, 수면-각성 주기 조절제
치매 치료제	치매 관련 증상을 개선하고 치매의 진행 속도를 늦춘다(근본적인 원인은 치료하지 못한다.).	콜린에스테라제 억제제

치료

정신과 약물은 도파민과 노르아드레날린(모두 보상 및 쾌락과 관련), 세로토닌(기분 및 불안을 조절) 등의 신경 전달 물질에 작용한다(28~29쪽 참조). 이런 약물들은 증상 완화에 매우 효과적일 수 있지만 졸음이나 오심(메스꺼움), 두통 등의 부작용이 있을 수도 있다.

약물 치료가 효과가 없는 경우 가끔 뇌의 전기 신호를 물리적으로 방해하거나 자극하는 치료가 사용된다. 전기 충격 요법이나 TMS에서는 뇌에 약한 전류를 통과시킨다. 아주 간혹 정신외과 수술로 뇌의 작동을 바꾸는 경우도 있다. 변연계의 연결들(26~27쪽 참조)을 중단시키기 위해 뇌에 작은 손상을 가하는 수술이 여기에 포함된다.

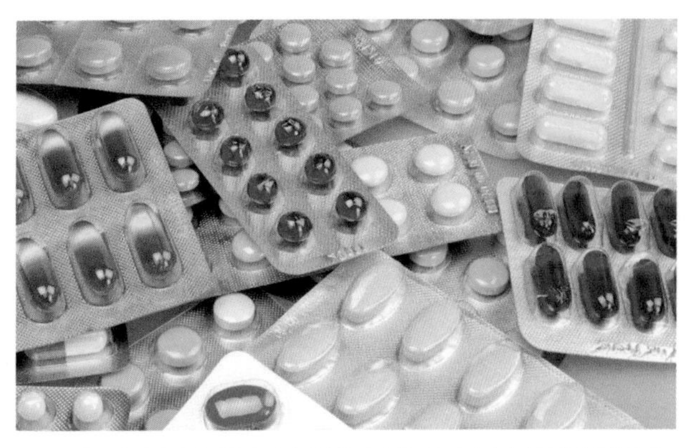

약물은 뇌 속의 여러 가지 화학적 신경 전달 물질의 활동을 차단하거나 증가시킨다. 특정 신경 전달 물질의 분비를 증가시키거나 신경 전달 물질이 뇌의 수용체에 흡수되는 것을 방해하거나 수용체에 직접 작용하는 식이다.

항우울제 사용은 1999~2014년에 65퍼센트 가까이 증가했다.

— 미국 질병 통제 예방 센터, 2017년

작용	효과	부작용
기분을 좋게 하는 신경 전달 물질들(세로토닌, 도파민, 노르아드레날린)을 활성화시켜 뇌에 더 많이 흡수되게 한다.	기분과 안녕감(sense of wellbeing) 향상, 의욕과 낙관적 태도 증가, 활력 수준 상승, 수면 패턴 개선	체중 증가, 졸음, 성욕 감퇴 및 오르가즘 장애, 수면 장애, 입 마름, 오심, 두통
뇌의 도파민 흡수를 차단한다. 도파민 시스템의 과활성화가 정신병 증상을 유발하기 때문이다.	환청 및 환각의 감소, 기분 안정, 사고의 명료성 향상	과민성과 감정 기복 등의 정서적 효과, 신경·근육계 증상, 체온 조절 이상, 어지러움
약물마다 작용이 매우 다르다. 어떤 약물은 신경 전달 물질을 조절하고 어떤 약물(베타 차단제)은 신체 증상을 완화한다.	스트레스 관리 및 도전 대처 능력 향상, 근육 긴장 완화, 심리적 촉발 요인에 대한 반응 감소	어지러움, 균형이나 협응 기능의 이상, 불분명한 발음, 기억력 감퇴, 집중력 저하, 금단 증상
약물마다 작용이 다르다. 어떤 약물은 도파민 같은 신경 전달 물질을 조절하고 어떤 약물은 진정시키는 화학 물질을 증가시킨다.	조증 증상 완화, 조증과 우울 삽화의 순환을 방지, 우울증 완화	체중 증가, 정동 둔마(정서 반응의 결여), 입 마름, 여드름, 안절부절못함, 성기능 장애, 햇빛 알레르기
뇌에서 도파민과 노르아드레날린 같은 신경 전달 물질의 활동을 증가시켜 사람의 활동성을 증진한다.	정신적 민첩성과 집중력 향상, 사고의 명료성과 체계성 증가, 에너지 수준 상승	불안, 불면, 식욕 저하, 체중 감소, 심박수 증가, 턱 떨림
히스타민을 억제(항히스타민제), GABA(29쪽 참조)의 효과를 강화(진정 최면제, 벤조디아제핀계), 멜라토닌에 작용(주기 조절제)	수면 유도, 수면 유지(약물에 따라 두 가지 효과가 다 있기도 하고 한 가지 효과만 있기도 하다.)	기억력 감퇴, 낮에 졸린 증상, 낙상 위험 증가, 내성 및 의존성의 위험
콜린에스테라제(아세틸콜린을 분해하는 효소. 아세틸콜린은 기억에 중요한 역할을 하는 신경 전달 물질이다.)의 작용을 억제한다.	뇌졸중의 연속적 발생을 예방, 인지 기능의 저하 지연	체중 감소, 오심, 구토, 설사

실생활 속 심리학

분야별로 전문화된 심리학자들은 우리 사회의 모든 방면에 대해 연구한다. 이들의 목표는 사람들이 아이부터 어른까지, 일할 때와 놀 때 어떻게 상호 작용하는지를 이해하고 궁극적으로는 모든 사람들의 세상에 대한 경험을 향상시키는 것이다.

자아 정체성의 심리학

자신이 누구인지, 그리고 자신과 사회의 관계는 무엇인지에 대한 개개인의 인식은 자아 정체성을 형성하고 그들의 성격을 통해서 표현된다. 개인 간 차이 분야의 심리학자들은 충분한 자아 존중감을 가진 사람은 자신에 대한 인식과 세상과 맺는 관계를 발전시키기를 원한다는 전제로부터 시작한다. 시간이 흐름에 따라 한 개인의 정체성은 변화하거나 진화할 수도 있고, 더 강한 자아감을 발전시킬 수도 있으며, 심지어는 자아 실현이라는 최정점에 도달할 수도 있다.

자아 정체성의 거미줄

내가 누구인지에 대한 인간의 감각 중 일부는 그 사람의 사회적 정체성이나 집단 정체성에서 시작된다. 개인이 소속한 집단은 그 개인의 신념과 가치관을 강화하고, 개인을 인정해 주고 자존감을 부여한다. 한 인간이 삶을 헤쳐 나가는 동안, 경험을 축적하고, 새로운 사람을 만나고, 직업을 바꾸고, 선택과 개입을 해가면서 그는 이런 정체성의 거미줄을 조금씩 덧붙여간다. 소셜 미디어와 신기술은 사적인 자아와 공적인 자아간의 경계선을 흐릿하게 만듦으로써 인간이 자신의 정체성을 형성하는 방법에 변화를 가져왔다.

개인 정체성

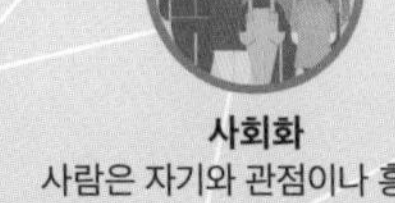

사회화
사람은 자기와 관점이나 흥미를 공유하는 친구 및 다른 사회 집단과의 관계 속에서 자기 자신을 바라본다.

종교
어떤 종교 집단에 소속되는 것은 그 개인의 사적인 신념 체계뿐만 아니라 문화적, 사회적 정체성에 영향을 줄 수 있다.

하위 문화
특정한 패거리나 동호회와 자신을 동일시하는 것은 더 넓은 사회나 문화 속에서 자신을 정의하는 방법이 될 수 있다.

지역
한 사람이 태어난 곳이나 살기로 선택한 곳은 그 사람의 정체성에 어떤 특성을 부여할 수 있다.

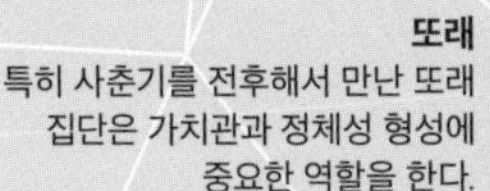

또래
특히 사춘기를 전후해서 만난 또래 집단은 가치관과 정체성 형성에 중요한 역할을 한다.

교육
어떻게, 어디서, 어느 수준까지 교육을 받는지는 개인적 정체성과 습득된 가치관에 영향을 준다.

취미
같은 관심사를 공유하는 사람들의 집단에 속하는 것은 자존감과 정체성을 키우는 효과가 있다.

지위
개인의 사회적, 경제적 지위는 그 사람이 자신에 대해 어떻게 느끼는지 그리고 남들이 자신을 어떻게 본다고 느끼는지에 영향을 미친다.

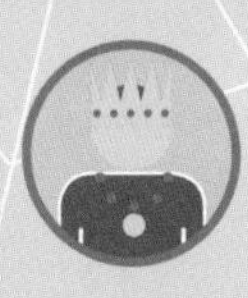

자아 존중감과 자기 인식

- **자아 존중감(self-esteem)**
  자신이 가치 있다는 느낌이다. 자신의 생각, 신념, 감정, 선택, 행위 그리고 외모 등에 대한 스스로의 평가에 기초한다. 심리학에서는 성격적 특질로 간주하는데, 이것이 안정적이고 오래 지속된다는 뜻이다.
- **사적인 자기 인식(private self-awareness)**
  개개인의 (겉으로 드러나지 않는) 생각, 감정, 그리고 느낌이다. 여기에는 그 사람이 자신과 타인을 보는 관점, 어떤 사람이 되고 싶은지, 그리고 자아 존중감이 포함된다.
- **공적인 자기 인식(public self-awareness)**
  개개인의 신체적 특징과 연결된 자기 인식이다. 그 사람이 가진 아름다움, 신체 언어, 신체능력, 공적인 행위, 그리고 소유물에 대한 개념이 여기에 포함된다. 또한 한 개인이 공적인 자아 표현을 함에 있어 문화적, 사회적 규범을 어느 정도까지 따르기로 선택했는지도 포함된다.

> **"동조를 해서 얻는 보상은 모두가 당신을 좋아한다는 것이다. 당신 자신을 빼고는."**
>
> — **리타 메이 브라운(Rita Mae Brown), 미국의 작가이자 사회 운동가**

규범
한 개인이 문화적 혹은 사회적 규범을 따르려고 애쓰는지 아니면 무시하는지가 그 사람이 어떤 사람인지를 규정한다.

정치
한 개인의 정치적 성향은 그 사람의 공동체의식을 반영하며 그 사람의 가치관과 신념에 대한 공적 표현이다.

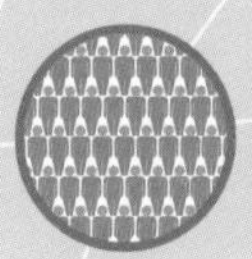

문화
주류 문화는 심상, 가치관, 신념, 사회적 규칙을 통해 자아 정체성에 영향을 미친다.

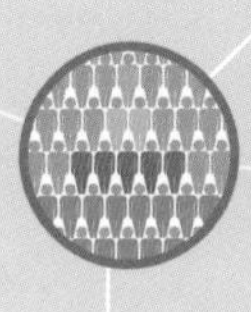

계층
어느 계층 집단에 속했거나 그 집단에서 배제되었다는 사회적 범주화는 정체성의 일부를 이룬다.

가족
가족은 개인에게 유전적인 정체성뿐만 아니라 가치관 및 그 안에서 어떤 역할을 수행해야 할 사회적 네트워크도 제공한다.

연령
한 개인의 연령 집단은 그 사람이 자기 자신을 어떻게 보는지, 남들이 그 사람을 어떻게 보는지를 반영한다.

역할
한 개인이 수행하는 다양한 공적인 역할(자식, 형제, 변호사, 아내, 테니스 주장)은 자아감에 반영된다.

소셜 미디어
신기술 덕분에 사람들은 자신의 흥미와 신념을 반영하는 하위 집단과 연결될 수 있게 되었다.

성
한 개인의 성별은 그 사람의 자아관, 남들과의 관계, 그리고 사회에서의 그 사람의 위치에 지배적인 영향을 미친다.

가치관
아이들은 부모의 가치관을 받아들인다. 나중에는 다른 집단으로부터 가치 체계를 받아들일 수 있다.

직업
직장과 직장 동료는 지위, 자존감, 흥미, 선택이라는 측면에서 그 개인을 정의한다.

정체성 형성

개별화(individuation), 즉 개인 정체성의 형성은 아동기에 시작되어 사춘기에 자아감 및 세상에서의 자신의 역할을 탐색하면서 검증을 받고 성인기까지 이어진다.

나는 누구인가?

"나는 누구인가?" 그리고 "나는 뭐가 특별한가?" 같은 질문이 개인 정체성의 발달에 밑바탕이 된다. 유아에게 있어서는 자신의 양육자가 자기를 어떻게 대하는지가 이런 질문의 대답이 된다. 3세부터 아이들은 자기 자신에 대해 눈을 뜨고 자신의 연령, 성별, 문화적 혹은 종교적 배경, 흥미와 같은 요인뿐 아니라 자기만의 특성과 능력에 따라 세상에서 자신의 자리를 만들어가기 시작한다. 이 시기에 주변의 지지를 많이 받은 아이들은 자신감과 자존감의 근간이 되는 든든하고 긍정적인 정체감을 형성한다. 안정된 정체성은 또한 나와 다른 존재로부터 위협을 느끼기보다는 기꺼이 수용하려는 관용적 태도를 북돋워 준다.

아동기에는 자신이 누구인지에 대해 더 상세한 개념을 형성하면서, 남들과 자신을 (성격, 외모, 능력 등으로) 비교하고, 남들에게 자기가 어떻게 보이는지를 인식하고 내면화하기 시작한다.

사춘기는 지금까지 그들이 만들어 왔던 정체성에 대해 의문을 던져 혼란의 시기를 초래할 수 있다. 신체적 변화와 정신적 변화뿐만 아니라 새로운 외부적 영향력은 십대들로 하여금 자아 감각을 다시 정의하도록 촉진한다. 그들의 자아 정체성은 독립성이 커질수록, 그리고 가족에 대한 애착으로부터 친구들과의 관계로 이동해감에 따라 강화된다.

성인이 되면 정체성 혹은 자아감의 어떤 측면은 고정될지 모르지만 다른 측면은 발달을 계속할 수 있다. 독특한 개성에 더해 내적 혹은 외적인 요인들이 개개인의 태도, 목표, 그리고 직업적, 사회적 관계망에 변화를 일으키고, 그들의 사적, 공적 정체성의 여러 측면들을 수정한다.

정체성 발달의 단계들

심리학자 에릭 에릭슨(Erik Erikson)은 정체성 발달의 과정은 8개의 단계로 명확히 나눌 수 있으며, 각 단계는 그 개인에게 주어진 환경과의 상호 작용에 영향을 받는다고 주장했다. 각각의 단계를 거치는 동안 그 단계에 해당하는 심리적인 위기(갈등)가 벌어진다. 개인의 발달(어떤 '덕성'의 성취)은 이들 위기가 어떻게 해소되는지에 달려 있다.

생애 초기

아이들은 '자아 개념(그것으로 자신을 정의한다고 믿는 자신의 능력, 특성, 가치 등)'을 키워나간다. 양육자, 또래, 그리고 이후 교사들과의 상호 작용은 이 자아개념 및 자존감과 자신감의 발달에 영향을 미친다.

1. 연령
2. 위기(갈등)
3. '덕성'

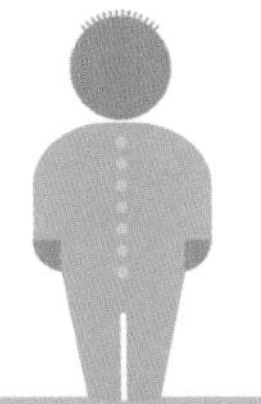

0~18개월
신뢰 대 불신
'희망'

유아는 세상에 대해 확신이 없다. 보살핌을 잘 받으면 공포가 신뢰로 바뀐다.

1~3세
자율 대 수치심
'의지'

아이들은 독립성을 연습하기 시작한다. 그러나 실패할까 두렵다.

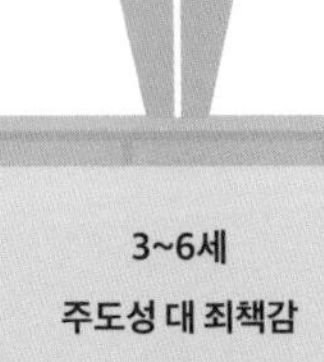

3~6세
주도성 대 죄책감
'목적'

아이들은 자기 마음대로 행동하기 시작한다. 그러나 이 시도가 양육자로부터 억압을 받으면 죄책감을 느낀다.

청소년기

정체성 형성에 있어 결정적인 이 시기에 청소년들은 자신이 누구인지를 탐색하고 종종 여러 가지 다른 역할, 활동, 행동들을 시도한다. 이들이 여러 가지 선택들을 해나가는 과정에서 이런 것들이 혼란(정체성 위기)을 초래할 수도 있다. 이런 위기를 해결하는 것은 청소년들로 하여금 성인으로서의 단단한 자아 감각을 형성할 수 있도록 도와준다.

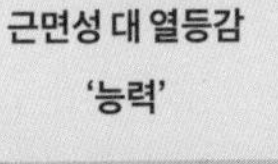

6~12세
근면성 대 열등감
'능력'

아이들은 자신의 능력을 또래의 다른 아이들과 비교한다. 그러다가 자기 능력이 부족하다고 느끼기도 한다.

12~19세
정체성 대 역할혼미
'충실성'

청소년은 폭넓은 신념들과 가치관들을 탐색하면서 자아 감각을 찾으려 한다.

20~25세
친밀감 대 고립감
'사랑'

젊은 성인은 홀로될까 두려워하며 자신에게 맞는 배우자를 찾을 수 있을지 걱정하기 시작한다.

26~64세
생성감 대 침체감
'돌봄'

성인들은 더 넓은 사회에 기여하지 못하면 스스로 비생산적이라고 느낀다.

65세~죽음
자아 통합 대 절망
'지혜'

사람들은 자신의 삶의 목표를 성취하지 못했다고 느끼면 우울해질 수 있다.

정체감 지위 이론

사춘기에 대한 에릭슨의 이론에 기초해서 심리학자 제임스 마샤(James Marcia)는 정체성은 젊은이가 학교, 대인 관계, 가치관 같은 영역에서 자신이 직면한 위기를 해결(자신의 선택을 평가)하거나 개입(특정한 역할이나 가치관을 선택)하면서 발달한다고 제안했다. 마샤는 정체성 발달의 연속선상을 따라 크게 4개의 상태가 존재할 것이라고 보았다.

- **정체성 혼미(identity diffusion)** 아직 특정한 정체성을 가지거나 삶의 방향이나 목표를 설정하지 않은 상태의 청소년
- **정체성 유실(identity foreclosure)** 자신만의 관점을 탐색하지 않고 전통적인 혹은 외부에서 부여된 가치관을 받아들임으로써 정체성에 너무 이르게 개입하는 상태
- **정체성 유예(identity moratorium)** 지금과는 다른 역할과 선택지를 적극적으로 탐색하지만 아직 특정한 정체성에 개입하지는 않은 상태
- **정체성 성취(identity achievement)** 다양한 선택지를 탐색한 후 일단의 목표, 가치관, 그리고 신념을 선택해 개입함으로써 정체성 문제를 해결한 상태

성격

심리학자들은 오랫동안 성격(개인이 자신의 정체성을 표현하는 방식)이 어떻게 발달하는지를 이해하려고 노력해 왔다. 유전자, 생애 경험, 그리고 환경은 이 과정에 개입하는 요인 중 일부일 뿐이다.

성격이란 무엇인가?

성격은 사람들이 자기 자신과 타인 그리고 자신을 둘러싼 세상을 받아들이는 방식에 영향을 미치는 생각, 감정, 동기, 그리고 행동의 특징적인 패턴이다. 성격은 사람들이 느끼는 방식, 생각하는 방식, 원하는 대상, 그리고 행동 방식을 특정한 방향으로 이끌어간다. 성격은 우리들 각자에게 고유성을 부여하고 대인 관계에서부터

성격에 대한 대표적인 접근법

이들 접근법은 성격을 둘러싼 복잡한 문제들을 이해하고 설명하려고 시도한다. 어떤 접근은 성격이 어떻게 발달하는지에 초점을 맞추는 반면, 다른 접근법은 성격의 개인차를 설명하는 데에 더 관심을 쏟는다.

생물학적 접근

한스 아이젱크(Hans Eysenck) 같은 심리학자들은 성격 형성에 있어 유전자와 생물학적 요인의 역할을 강조해 왔다. 이 접근법은 개성과 특성들은 뇌의 구조와 기능에 의해서 결정되며, 따라서 유전된 것이리라고 제안한다. 즉 선천적 요소가 후천적 요소보다 더 많은 역할을 한다는 것이다.

행동주의적 접근

이 접근에 따르면, 사람의 성격은 그 사람과 환경의 상호 작용을 통해 만들어져서 그 사람의 남은 평생 동안 계속 발달한다. 새로운 경험, 새로운 사람과의 만남, 그리고 새로운 환경 같은 것들이 모두 그 사람의 반응 방식과 특징에 영향을 미친다.

심리 역동적 접근

프로이트와 에릭슨의 이론을 포괄하는 이 접근법은 개인의 성격은 무의식적인 동기와 생애 발달의 정해진 단계마다 발생하는 일련의 심리 사회적 갈등을 얼마나 성공적으로 해결하는지에 의해서 만들어진다고 본다.

인본주의적 접근

인본주의자들은 자유의지를 실천함으로써 자신의 잠재력을 실현하고자 하는 내적인 갈망과 그 자유의지 실천의 결과로 축적된 개인적인 경험들이 성격을 형성한다고 믿는다. 인본주의자들은 모든 사람은 자신이 되고자 하는 존재로서의 책임을 감당할 수 있다고 전제한다.

진화론적 접근

이 접근법은 서로 다른 성격적 특징들은 환경적 요인에 대응해 유전자 수준에서 발전된 것이라는 입장을 취한다. 그러므로 서로 다른 성격들은 자연 선택이나 성적 선택에 따른 진화적 적응의 산물이다. 즉, 성격 특징이란 특정한 환경에서 자손을 낳을 기회와 생존할 기회를 높여 주는 특징들인 것이다.

사회 학습적 접근

행동주의 이론과 관계가 있는 사회 학습적 관점에서는 사회적 상호 작용과 환경이 성격을 만든다고 본다. 성격 특질들은 본보기로 삼는 사람의 행동을 관찰함으로써 만들어지거나 조건 형성을 통해서 형성된다. 사람들은 행동과 반응을 내면화하고 그것이 그들의 성격에 반영된다. 예를 들어 어떤 아이가 남들에게서 지속적으로 '버릇없다'는 말을 듣게 되면 그 아이는 이 메시지를 내면화하고 점차 그런 성격을 띠게 된다.

기질적(특질적) 접근

특질 이론은 성격은 여러 가지 광범위한 기질이나 특질들에 의해 형성된다고 본다. 공통적 특질(예컨대 외향성)은 같은 문화를 공유하는 많은 사람들에게 공유될 수 있을지 몰라도, 특질들이 개개인 고유의 방식으로 결합하고 상호 작용해서 만들어진 '중심 특질(central tarit)'은 사람마다 다 다르다. '주 특질(cardinal trait)'은 예컨대 넬슨 만델라와 이타주의같이 어떤 한 사람을 정의할 수 있을 만큼 지배적으로 뚜렷하게 드러난 특질을 말한다.

직업에 이르기까지 모든 것에 영향을 미친다.

수많은 성격 이론들은 사람들의 개별적인 성격이 어떻게 발달하는지를 이해하고 성격의 특질이나 유형을 분류해 보려고 시도한다. 생물학적인 이론에서는 성격 특질을 고정된 것으로 보지만, 인본주의나 행동주의 이론 같은 다른 이론에서는 시간이 지나면서 환경적인 요인이나 경험이 성격을 바꿀 수 있다고 본다. 쌍둥이들을 대상으로 한 연구 결과는 선천적(생물학적) 요인과 후천적(환경) 요인 둘 다 성격에 중요한 역할을 하고 있음을 시사한다. 현재 개인의 성격을 구성하는 다양한 개성과 특질을 측정하고 분류하는 데 가장 많이 사용되는 이론은 빅 파이브(Big Five) 성격 이론이다(아래 참조). 이 이론에 따르면 성격은 가소성이 있다. 어떤 특질은 지속성을 가지고 안정적으로 유지되는 반면, 다른 특질들은 그 개인이 처한 상황에 따라 드러나는 방식이 바뀌거나 더 두드러져서 나타날 수 있다.

빅 파이브 성격 이론

가장 인기 있고 널리 받아들여지는 성격에 대한 모형이다. 빅 파이브 이론은 성격이 다섯 개의 차원으로 구성되어 있다고 본다. 개개인의 성격은 이들 다섯 특질의 연속선상의 어딘가에 위치한다.

낮은 점수	특질	높은 점수
현실적, 융통성이 없음, 늘 하던 습관과 행동을 선호, 관습적.	**O** **개방성** 상상력, 통찰력, 감성, 생각 등을 포함한다.	호기심이 많음, 창의적, 모험심, 추상적 관념에 개방적.
충동적, 질서정연하지 못함, 짜여진 틀을 싫어함, 부주의함.	**C** **성실성** 신중함, 유능감, 충동통제력, 목표 설정 등을 포함한다.	믿음직함, 근면함, 질서정연함, 꼼꼼함.
조용함, 위축됨, 말이 없음, 혼자 있길 좋아함.	**E** **외향성** 사교성, 자기 주장성, 감정 표현 등을 포함한다.	외향적, 의사 표현이 명확함, 살가움, 친근함, 말하기를 좋아함.
비판적, 의심이 많음, 비협조적, 무례함, 상대를 조종하려 함.	**A** **우호성** 협조성, 신뢰성, 이타성, 친절한 심성 등을 포함한다.	도움을 줌, 공감을 잘 함, 타인을 신뢰함, 배려심, 겸손함, 온유함.
침착함, 안정감이 있음, 정서적으로 안정됨, 느긋함.	**N** **신경증** 침착함의 수준과 정서적 안정성의 수준을 포함한다.	불안함, 쉽게 화가 남, 기분이 좋지 않음, 스트레스를 잘 받음, 우울함.

사례 연구: 스탠퍼드 감옥 실험

1971년에 스탠퍼드 대학교에서, 심리학자들은 교도소의 삶을 모사한 환경을 만들었다. 젊은 남성들 중 한 집단은 간수 역할을 맡았고, 다른 집단은 죄수 역할을 맡았다. 실험은 6일 만에 끝났다. 간수들이 죄수들에게 너무 가학적이고 잔인하게 굴었고, 죄수들은 그 고통을 너무도 순종적으로 받아들였기 때문이었다. 이 연구는 모든 사람들에게는 추한 심성이 숨겨져 있음을 암시할 뿐만 아니라, 환경과 상황이 인간의 행동과 태도를 형성할 수 있으며 성격을 효과적으로 변화시킬 수 있음을 보여 준다.

> **"사실상 나는 죄수들을 소떼라고 생각했다."**
>
> — 스탠퍼드 감옥 실험의 한 '간수'

자아 실현

자아 실현이란 사람들을 움직이는 동기가 무엇인지를 서술하기 위한 개념으로, 행동을 조형하는 다양한 삶의 목표들과 개개인이 자신의 온전한 잠재력을 실현할 수 있는 방법을 설명한다.

자아 실현 피라미드

자아 실현은 인본주의 심리학(18~19쪽 참조) 이론과 관계가 있는 개념으로, 한 개인이 자신의 잠재력 전부를 구현하고자 하는 욕망을 말한다. 1943년에 심리학자 매슬로는 자아 실현은 모든 사람들이 충족하려 노력하는 '욕구의 위계'에서 꼭대기에 자리할 것이라고 제안했다. 이 위계의 맨 밑바닥에는 기본적인 생존 욕구가 자리한다. 일단 이 욕구들이 충족되면, 사람들은 좀 더 추상적인 목표의 충족을 열망한다. 여기에는 사회적인 욕구(사랑과 소속에의), 존경과 존중을 받고자 하는 욕구, 그리고 최종적으로는 (그 영역이 무엇이 되었든 간에) 자신에게 의미 있는 영역에서 자신의 진정한 창조적, 영적, 직업적 잠재력을 실현함으로써만 도달할 수 있는 목적 의식(sense of purpose)이 있다.

욕구의 위계

매슬로는 인간의 행동은 일련의 욕구를 충족하려는 욕망에 의해서 동기가 부여된다고 생각했다. 일단 하위의 욕구들이 충족되면, 사람들은 더 이상 결핍을 채우려는 동기가 아니라 성취와 성장을 향한 욕망에 의해 움직이게 된다. 절정 경험(peak experience)은 사람들이 개인적 성장의 가장 높은 상태에 도달했을 때 가능하다.

자아 실현

충족

자아 실현의 상태에 도달한 사람은 자신이 할 수 있는 모든 것을 다 하고 있다.

존중

타인의 인정, 위신, 성취감을 얻기 위해 애쓴다. 성취감은 자신의 능력에 대한 확신을 주고 자존감을 고양시켜 준다.

심리적

이혼

소속감과 사랑

친밀한 관계, 가족, 친구, 그리고 자신이 속한 공동체를 통해서 사랑과 소속감에 대한 심리적 욕구를 만족시키기 위해서 노력한다.

실직

안전

두려움이 없고 안전하다고 느끼려면 안정성, 신체적 안전, 안정된 직장, 자원, 건강, 그리고 자산에 대한 욕구를 충족해야 한다.

기본적(욕구)

생리적 욕구

사람은 공기, 음식, 물, 거주지, 온기, 그리고 휴식에 대한 욕구를 충족해야 한다. 보통 이런 욕구는 아동기에 충족이 되며, 성인기에 삶에 의미를 부여하는 더 높은 수준의 욕구를 추구하기 시작하기 전에 반드시 충족되어 있어야 한다.

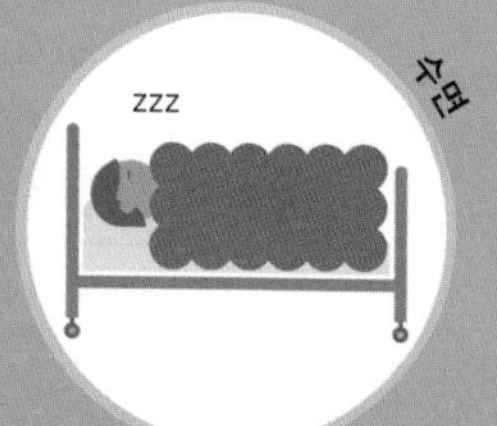

자아 성장의 장애물들

매슬로는 모든 사람은 자아 실현을 원하며, 실현할 능력도 가지고 있다고 믿었다. 하지만 지금껏 1퍼센트의 사람만이 여기에 도달했을 뿐이다. 살아가다 보면 종종 그보다 하위의 욕구들이 다시 부각되며, 이로 인해 자아 실현을 향해 나아가는 것이 불가능해진다. 이혼, 가까운 사람의 죽음, 실직 같은 생애 경험들은 사람들에게 우선 재정적인 안정과, 안전, 사랑, 혹은 자존감의 욕구를 충족시키기 위해서 분투하도록 요구하며, 그러다 보면 그들의 심리적, 창조적, 개인적 잠재력은 실현할 수 없게 된다. 오늘날의 초경쟁적인 정보 지향적 사회가 주는 압박감 역시 자아 실현을 방해한다. 사람들은 더 많은 것을 하거나, 더 열심히 일하거나, 더 많은 돈을 벌거나, 더 많은 사람과 사귀어야 한다는 메시지를 끊임없이 받는다. 그 결과 개인의 성장에 필수적인 고요한 자기 성찰의 시간을 빼앗기고 있다.

자아 실현으로 가는 길

- **비교하지 말라.** 남과 비교해 자신을 평가하는 대신, 당신 자신의 개인적인 발전에 집중하라.
- **받아들이라.** 자신에게 비판적이 되기보다는 당신의 강점과 약점을 수용하고 이해하라.
- **방어 기제를 놓아 버리라.** 불쾌한 사실이나 감정을 부정한다든지 아이 같은 행동으로 퇴행하는 것은 당신의 발목을 붙잡는 심리적 기제의 예들이다. 주어진 상황에 반응하는 새롭고 보다 창의적인 방법들을 찾도록 하라.
- **정직한 선택을 하라.** 진심어린 선택을 하고 진실되게 행동할 수 있도록 당신의 진정한 동기가 무엇인지 살펴보라.
- **인생을 온전히 경험하라.** 순간에 몰입해서 경험을 진정으로 만끽하라.
- **당신의 능력을 신뢰하라.** 통제감을 느끼며 삶에 닥쳐오는 도전들을 상대할 수 있도록 긍정적인 전망을 가지도록 하라.
- **계속 성장하라.** 자아 실현은 고정된 상태가 아니라 계속되는 과정이다. 그러므로 새로운 도전들을 찾아 나서도록 하라.

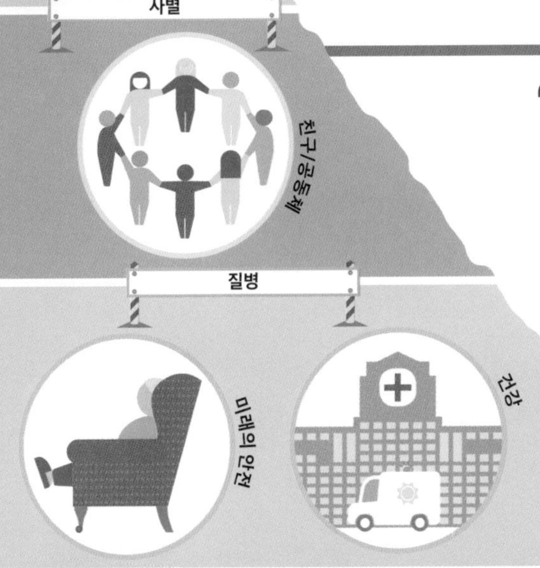

"누군가 무엇으로 될 수 있다면, 그렇게 되어야 한다. 이 욕구를 우리는 자아 실현이라고 부른다."

— 에이브러햄 매슬로

알아 두기

- **절정 경험** 초월 혹은 진정한 충족의 순간으로 자아 실현을 나타낸다.
- **목적 의식** 자아 실현이 가져다주는 삶의 의미감(sense of meaning)
- **결핍 욕구** 결핍된, 생존을 위한 하위의 욕구
- **존재/성장 욕구** 개인의 성장과 연결된 욕구

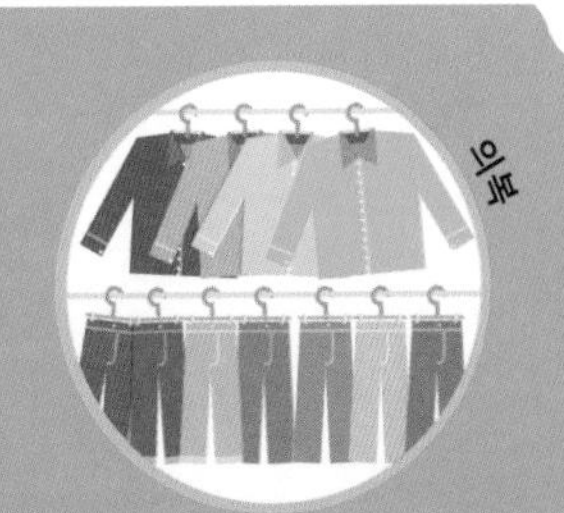

관계의 심리학

관계 분야를 전문적으로 연구하는 심리학자들은 어떻게 관계가 만들어지며, 그 관계가 꽃을 피우거나 깨지는 이유는 무엇인지에 주로 관심을 갖는다. 최근의 관계 심리학 연구들은 사람들은 생물학적, 사회적, 환경적 요인의 조합을 통해 자신의 파트너를 선택하며, 사람들로 하여금 연애 관계와 가정을 이루게 만드는 가장 중요한 힘은 그들의 유전자 속에 담긴, 관계를 형성하고 유지하려는 욕구라고 전제한다.

애착에 관한 이론들

심리학자 존 보울비(John Bowlby)는 인간들 사이의 관계 및 다른 동물들 간의 관계에 대한 연구에 기초해 1958년에 최초의 애착 이론을 만들었다. 보울비에 따르면, 아이가 생애 초기에 어떤 유형의 관계를 경험했는지에 따라서 성인이 되어서 형성할 관계의 유형이 결정된다. 해리 할로우(Harry Harlow)가 1950년대부터 1960년대까지 진행했던 레서스 원숭이 실험을 포함한 여러 연구들이 이 이론을 지지한다. 할로우의 연구 결과, 어릴 적에 어미로부터 애정을 받지 못하고 버림받은 원숭이는 성장해서도 위축되고 다른 원숭이들 앞에서 어떻게 행동해야 할지 자신없어 했으며, 짝짓기 능력도 낮았다. 1970년대에 메리 에인스워드(Mary Ainsworth)는 이전의 실험들을 토대로, 일방향 거울을 통해서 인간 어머니와 유아 사이에서 벌어지는 상호 작용을 관찰했다. 그녀는 아이의 요구에 잘 반응해 주는 어머니를 둔 아이는 안정된 애착을 형성하는 반면, 덜 민감한 어머니를 둔 아이는 애착의 안정감이 부족해진다고 결론지었다. 이 시기의 안정감 혹은 그것의 결핍은 성인기 관계의 기초를 형성한다(156~157쪽 참조).

"당신 삶의 질은 당신이 맺은 관계의 질이다."

— 앤서니 로빈스(Anthony Robbins), 미국의 저술가이자 라이프 코치

커플 치료

커플 치료가 심리학적 도구로 부상한 1990년대에 커플 치료는 두 개인으로 하여금 서로 간의 차이를 따지지 않기로 동의하게 만드는 것을 목표로 삼았다. 하지만 시애틀 대학교의 존 가트맨(John Gottman)이 진행한 광범위한 연구 결과를 기초로, 치료사들은 이제 관계 내에서의 갈등은 필연적이라는 사실을 인식하고 있다. 커플들은 따라서 다음과 같은 노력을 해야 한다.

- 갈등을 인정하고 균열을 치유한다.
- 각자의 감정을 감춘 채 정서적으로 소원해지지 말고 의사 소통을 증진한다.
- 감정을 숨기지 않고 친밀함에 대한 욕구를 표현하는 것에 대한 두려움을 극복한다.

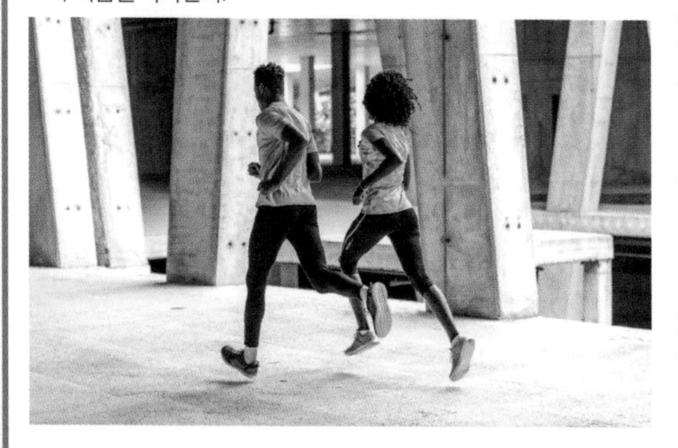

함께 노는 커플은 계속 함께한다. 일상의 소소한 순간을 함께 즐기는 것이 튼튼한 관계를 형성하는 데 도움이 되기 때문이다.

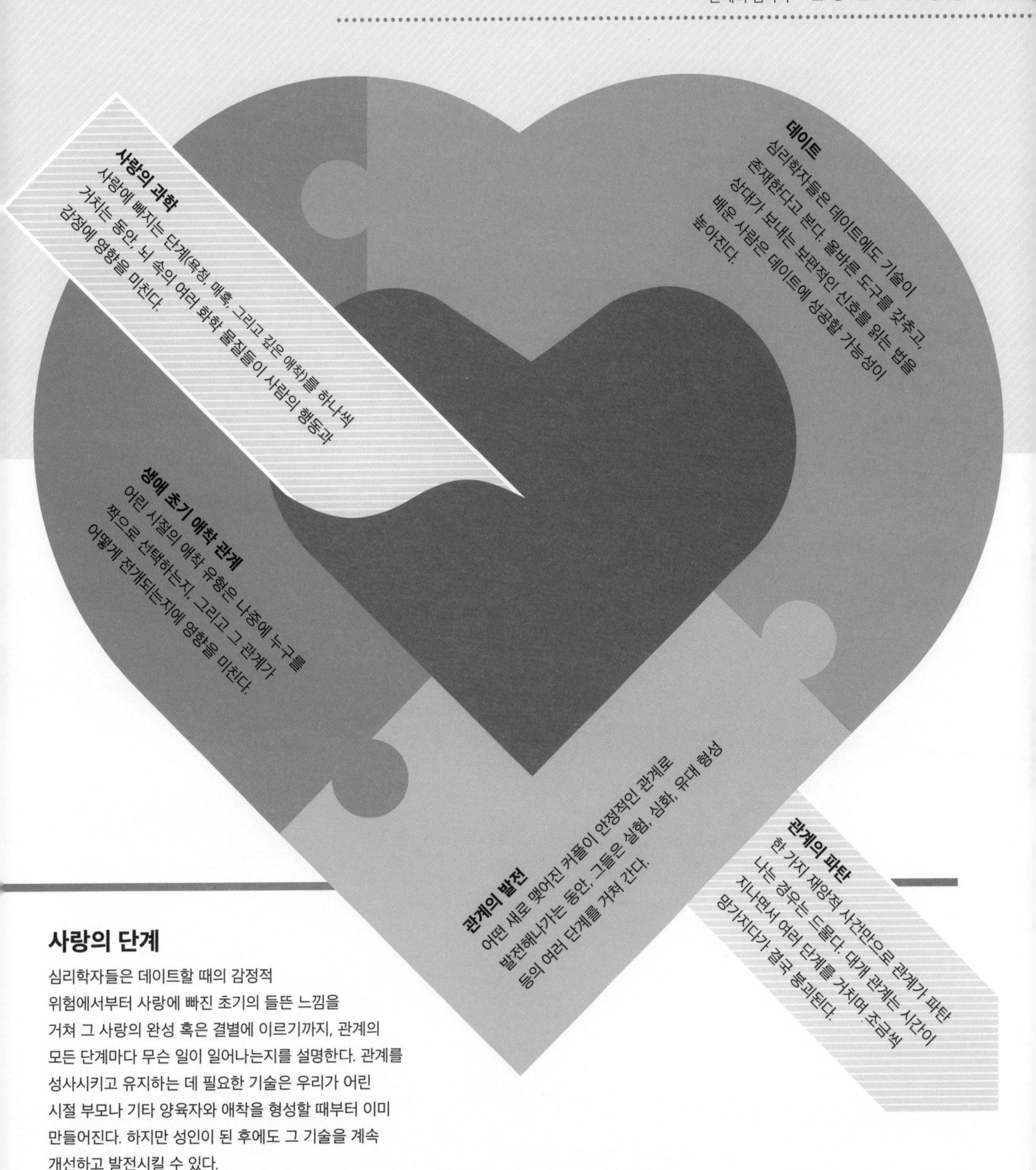

사랑의 단계

심리학자들은 데이트할 때의 감정적 위험에서부터 사랑에 빠진 초기의 들뜬 느낌을 거쳐 그 사랑의 완성 혹은 결별에 이르기까지, 관계의 모든 단계마다 무슨 일이 일어나는지를 설명한다. 관계를 성사시키고 유지하는 데 필요한 기술은 우리가 어린 시절 부모나 기타 양육자와 애착을 형성할 때부터 이미 만들어진다. 하지만 성인이 된 후에도 그 기술을 계속 개선하고 발전시킬 수 있다.

애착과 심리학

어린 시절의 애착 경험, 특히 양육자와 형성한 애착의 경험이 성인이 된 후 파트너와의 관계에서 어떻게 행동하는지에 영향을 미친다는 것이 관계 심리학에서 가장 대표적인 이론 중의 하나다.

아기 때의 애착

어떤 사람이 어린 아이였을 때 어떤 방식으로 관계를 맺는지가 그 사람이 어른이 되어서 맺는 관계의 방식을 좌우할 수 있다는 원리는 존 보울비의 선구적인 연구 결과로부터 나왔다. 프로이트 같은 정신 분석학자들과 마찬가지로, 보울비도 아동기 초기의 경험이 이후의 삶에 어떻게 영향을 미치는지에 관심을 가졌다. 보울비의 이론은 1950년대와 1960년대에 출판되었는데 그에 따르면 모든 사람은 선천적으로 생존을 위해서 애착을 형성하려는 본능을 가지고 태어나고, 생후 첫 2년간은 특히 아주 가깝고 지속적인 유대감을 유지할 누군가를 필요로 하며, 이 과정이 실패하면 우울증, 공격성 증가, 지능 발달 억제가 초래되고, 아동기와 이후의 삶 내내 애정을 표현하는 데 어려움을 겪게 될 수 있다. 이후 수십 년간 심리학자들은 보울비의 가설을 확장하고 다듬었으며, 유아들이 엄마나 다른 양육자에 대해 어떻게 행동하는지를 관찰하기 위한

애착 유형들

아동기의 애착		성인기의 애착
안정적 애착 아이가 자기의 욕구들이 충족될 것이라 확신할 수 있으면, 그 아이는 안정된 애착을 형성한다. 양육자는 아이의 욕구를 잘 감지해서 신속하게, 자주 아이의 요구에 반응을 해 준다. 아이는 자기 주변 환경을 탐색할 만큼 충분히 행복하고 안정감을 느낀다.	→	**안정적 애착** 성인이 되어 관계에 자신감을 느끼며, 자기 파트너에게 기꺼이 도움을 요청할 뿐만 아니라 자기 파트너가 필요로 할 때면 지지와 편안함을 제공한다. 관계에서 독립성을 유지하면서도 파트너를 사랑한다.
양가적 애착 아이는 자기 양육자에게 의지할 수 있을지, 양육자가 자신의 욕구를 충족시켜 줄 수 있을지 확신하지 못한다. 아이의 요구에 대한 양육자의 행동은 일관적이지 않다. 어떤 때는 아주 민감하게 반응하다가 어떤 때는 못들은 척 한다. 아이는 불안하고, 불안정하며 화가 나게 된다.	→	**불안-집착형 애착** 거부당함에 대한 두려움에 늘 시달리며 이 때문에 상대방에게 더 들러붙고, 요구하며, 강박적이라 할 만큼 자신의 파트너와 절대로 떨어지지 않으려 한다. 이 유형의 관계는 진정한 사랑이나 신뢰보다는 정서적 굶주림에 의해 이끌려간다.
회피형 애착 만약 양육자가 아이에게 소원하고 아이의 요구에 반응을 잘 하지 않으면, 아이 역시 양육자에게 정서적으로 거리를 두게 되며 무의식적으로 자신의 욕구가 충족될 가능성이 낮음을 감지하게 된다. 이런 아이는 안정된 애착을 형성하지 못한다.	→	**부정-회피형 애착** 정서적으로 거리를 두므로 이 유형의 성인은 겉보기에는 자신에게 집중하고 독립적인 사람으로 보인다. 그러나 그 독립성은 허상으로, 연인의 중요성을 부정한 결과일 뿐이다. 파트너가 화가 나서 관계를 끝내겠다고 위협하면, 그들은 신경 쓰지 않는 듯한 모습을 보인다.
혼란 애착 학대를 하든 스스로가 수동적이고 겁먹은 상태여서든 간에 예측할 수 없는 양육자는 아이를 겁에 질리게 한다. 괴로움을 느낀 아이는 자신의 욕구를 충족시킬 전략을 가지지 못한 채 위축되고, 반응이 없고, 혼란스러운 상태가 된다.	→	**공포-회피형 애착** 이 유형은 한쪽의 극단적 상태에서 다른 극단적 상태를 오간다. 이들의 정서는 예측하기 어려우며, 결국에는 학대적인 관계에 빠지기도 한다. 이들은 파트너로부터 위안을 얻고자 하는 마음과 상처 입을까 봐 두려워서 너무 가까워지지 않으려는 마음 사이에서 갈등한다.

실험을 고안했다. 이들의 연구 결과 애착 형성의 열쇠를 쥔 사람은 그 아이를 먹이고 기저귀를 갈아 주는 사람이 아니라 그 아이와 소통하고 놀아 주는 사람이라는 사실이 밝혀졌다. 이 연구들은 또한 우리가 다른 사람과 애착을 형성하는 방식이 여러 가지라는 사실을 보여 주었다. 이런 애착의 방식은 초기 아동기에 드러나며 성인이 되어서는 관계를 선택하고 관계 내에서 행동하는 데 영향을 미친다. 오늘날 심리학자들은 아동기의 애착 유형 네 가지와 그와 연결된 성인기의 애착 방식 네 가지가 있다고 본다.

연애와 애착

서로 다른 성인기 애착 유형들의 조합이 어떻게 작동하는지를 이해하는 것은 성공적인 연애 관계를 형성하는 데 도움이 된다. 안정적인 애착 유형인 사람은 보통 가장 안정된 관계를 유지하는 반면, 불안정한 애착 유형인 사람은 연인과의 관계를 튼튼히 하기 위해서 더 많은 노력이 필요하다. 아래에 제시한 조합들은 1970년대에 에인스워드의 심리학 실험(154쪽 참조)을 통해 밝혀진 원래의 세 가지 애착 유형에 근거한 것이다. 불안함과 회피적인 속성을 모두 가진 소수의 사람도 존재한다. 그런 사람들은 불안-집착형과 부정-회피형 애착 유형이 여러 다른 조합 안에서 어떤 식으로 행동하는지를 배울 필요가 있다.

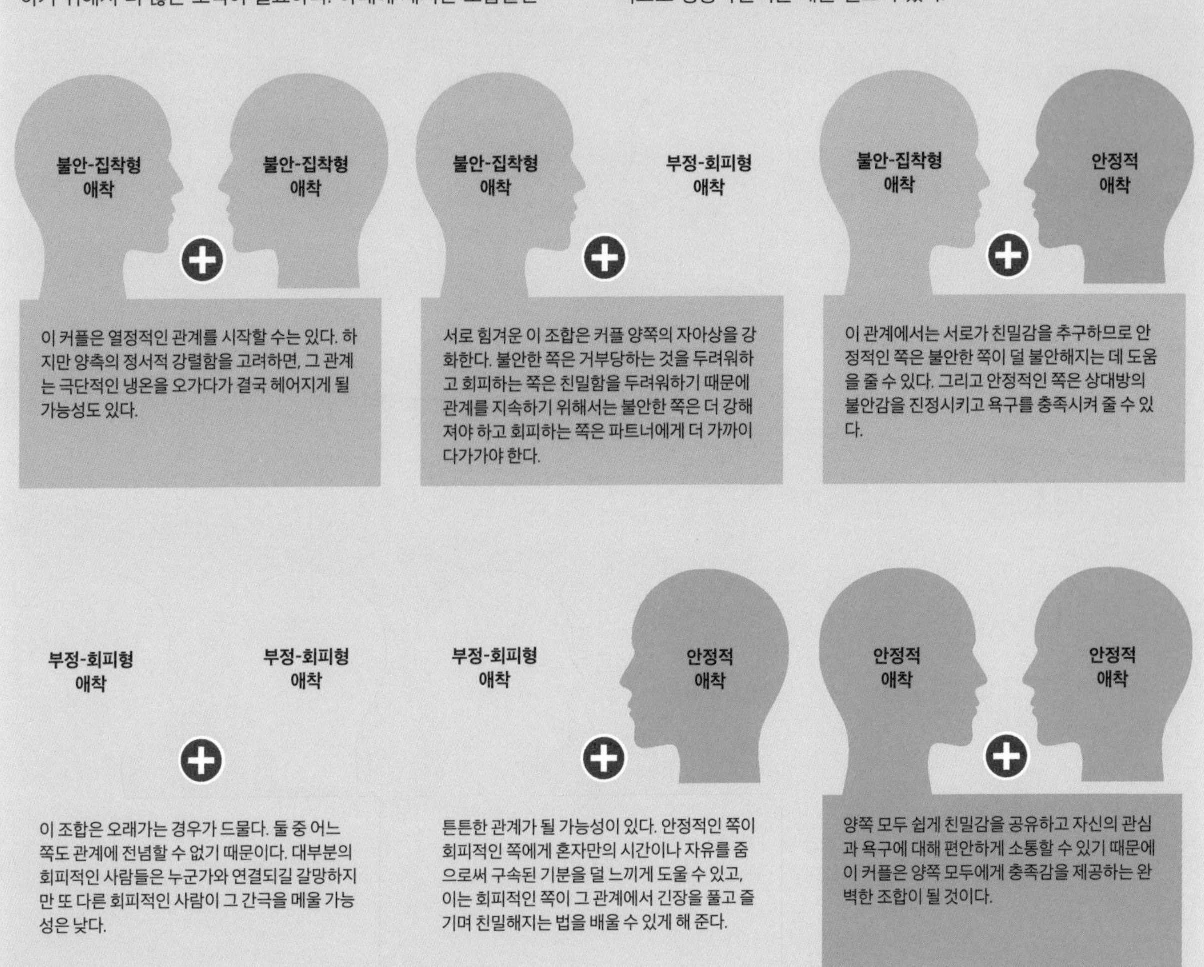

심리학자들은 우리가 사랑에 빠지는 과정을 이해하고 사랑에 빠진 사람들의 마음이 어떻게 작동하는지를 분석하기 위해 수많은 과학적 연구를 수행해 왔다.

로맨스의 보상

왜 사람들이 사랑에 빠지거나 연인(배우자)과의 관계에 전념하게 되는지를 과학적으로 접근한다는 것은 로맨스라는 개념과는 거리가 멀어 보인다. 그러나 심리학자들은 사랑에 대해 몇몇 흥미로운 설명을 내놓았다.

1960년대에 로버트 자욘스(Robert Zajonc)는 같은 아파트에서 사는 사람들을 관찰해 단순 노출 효과(Mere Exposure Effect) 이론을 내놓았다. 이 이론에 따르면 어떤 사람이 다른 사람에게 매력을 느끼게 되는 가장 큰 이유 중의 하나는 그 사람과 자주 마주치기 때문이라는 것이다. 1980년대에 이루어진 다른 연구에서, 카릴 러스벌트(Caryl Rusbult)는 대학생들의 관계를 관찰한 결과 왜 사람들이 관계에 전념하는 쪽 혹은 하지 않는 쪽을 선택하는지, 그리고 왜 어떤 사람은 불만스러운 관계를 떠나지 않고 유지하는지에 대한 수학적 설명을 내놓았다. 그녀의 투자 모형(Investment Model)에

스턴버그의 사랑의 삼각형 이론

심리학자 로버트 스턴버그(Robert Sternberg)에 따르면, 친밀감, 열정 그리고 헌신이 완벽하게 조합되었을 때 사랑의 가장 이상적인 형태가 이루어진다. 스턴버그는 이들 3개 요소를 한 삼각형 내에서 서로 상호 작용하는 3개의 면이라고 생각했다. 예컨대 친밀감이 강해지면 열정도 강해지며, 헌신이 강해지면 친밀감도 강해질 수 있다는 식이다. 애정 관계는 이 3가지 요소의 조합에 따라 8가지 사랑의 유형 중 하나가 된다.

헌신
특정한 누군가를 사랑하겠다는 단기간의 결심, 그리고 그 사랑을 계속 유지하겠다는 장기적인 약속은 파트너로서의 조건을 충족하는 데 필수적이다. 하지만 헌신 요소만 있는 경우는 공허한 사랑에 해당한다.

동반자적 사랑

얼빠진 사랑

완전한 사랑
이상적인 사랑은 친밀감, 헌신, 열정의 세 가지 요소를 모두 갖춘 사랑이다.

친밀감
친근하고 연결되어 있다는 느낌은 애정어린 관계의 한부분이다. 그러나 오직 이 요소만 있다면 그것은 진정한 친밀감이라기보다는 단지 좋아하는 것으로 끝난다.

열정
신체적 매력은 관계에 불을 붙이는 요소일 수 있으며 사랑을 계속 생생하게 유지하는 데 가장 중요한 요소이다. 하지만 이것만 있다면 도취성 사랑에 불과하다.

낭만적 사랑

사랑 아님
3개 요소 중 어느 것도 없다.

따르면 관계에 대한 개입(전념) 수준은 다음 방정식으로 결정된다.

개입 = 투자 + (보상 - 비용) - 매력적인 대안

보다 최근에 인류학자 헬렌 피셔(Helen Fisher)와 그녀의 동료들은 사랑에 빠지는 3단계를 욕정, 매력, 애착이라고 정의했다. 비록 사람들은 보통 깊이 숨겨진 이런 충동을 인식하지 못하지만, 이 세 단계는 어느 정도는 종의 생존을 위해 후손을 생산하려는 인간의 선천적인 욕구에 지배받는다. 사랑의 각 단계는 정서와 행동에 모두 영향을 미치는 신경 화학 물질들로부터 동력을 얻는다.

사랑의 화학

많은 연구 결과들이 사람이 사랑에 빠질 때 뇌의 화학 반응이 어떤 역할을 함을 보여 준다. 과학자들은 사랑에 빠진 사람들이 황홀감을 느끼거나 머릿속이 늘 상대방에 대한 생각으로 가득한 이유는 신경계가 아드레날린, 도파민, 세로토닌 같은 화학 물질들을 뇌에 쏟아 붓기 때문이라고 생각한다. 이런 몸의 반응은 사랑에 빠진 사람들의 행동에도 반영된다. 연구들에 따르면, 사람들이 서로 만났을 때 첫 몇 분간 느끼는 욕망은 그들의 신체 언어 및 (말의 내용이 아니라) 말의 어조와 속도를 통해서 드러난다.

이탈리아에서 이루어진 한 연구에서, 심리학자들은 이제 막 사랑에 빠진 커플들의 혈액을 채취해서 조사한 결과 그들의 혈중 세로토닌 수준이 강박 장애(56~57쪽 참조) 환자에게서 발견되는 수준과 거의 비슷하다는 사실을 밝혀냈다. 체취도 중요한 역할을 한다. 스위스의 한 연구에 따르면 여성들은 면역체계가 자신과 유전적으로 다른 남자의 체취를 더 선호하는 것으로 나타났다. 비록 그것이 의식적인 선호는 아니지만 그들은 자신과 유전적으로 다른 면역 체계를 가진 남자를 선택했고, 이는 현실 상황에서라면 건강한 자녀를 낳을 가능성을 높일 것이다.

"낭만적인 사랑은 충동이다. 마음속의 동력에서, 마음속의 허전한 부분에서, 마음속의 갈망하는 부분에서 생겨난다."

— 헬렌 피셔, 미국의 인류학자이자 연구자

화학적 이끌림

과학자들은 서로 다른 관계의 단계에 있는 연구 대상자들로부터 혈액 샘플을 채취해서 열정으로 가득한 관계의 초기 단계에서부터 깊은 개입으로 이어지는 단계에 이르는 동안 그들의 호르몬 수준이 어떻게 변화하는지를 측정했다.

› 욕정
성 호르몬(남자에게서는 테스토스테론, 여자에게서는 에스트로겐)이 사랑의 이 첫 번째 단계를 이끌어간다.

› 매력
아드레날린 때문에 흥분이 쇄도하고 맥박이 빨라진다. 도파민은 더 많은 에너지를 제공하면서 수면과 음식에 대한 필요는 낮춘다. 그리고 세로토닌은 성욕뿐만 아니라 행복한 기분을 고양시킨다.

› 애착
오르가즘을 느끼는 동안 분비되는 옥시토신은 섹스 후에 상대방에게 더 친근함을 느끼게 만들고, 역시 섹스 후에 분비되는 바소프레신은 파트너에 대한 깊은 애정을 촉진한다.

후각과 뇌의 화학적 반응은 짝짓기 게임에서 눈에 보이지 않는 두 요소로, 순식간에 반응을 일으킬 수 있다. 우리가 누군가에게 끌리는지 아닌지를 판단하는 과정은 90초~4분 걸린다.

데이트의 심리학

대부분의 관계는 데이트부터 시작한다. 그러나 데이트라는 과정은 종종 불안한 것이기도 하다. 데이트에 숨어 있는 심리학을 이해하면 성공적인 데이트를 하고 좋은 짝을 찾는 데 도움이 될 수 있다.

사랑을 찾아서

데이트에 대한 조언은 대중 심리학의 영역인 것처럼 보일지도 모른다. 그러나 관계의 과학에 대한 연구 결과들은 사람들이 데이트 때 어떻게 행동하는지, 그리고 어떻게 해야 연애의 가능성을 높일 수 있는지에 대해 유용한 통찰을 제공해왔다.

심리학자들은 전통적인 상황이든 온라인 상황이든 상관없이 파트너를 찾을 때 동일한 접근법을 사용하라고 조언한다. 데이트는 일종의 도박이며 따라서 나에게 맞는 파트너를 찾을 확률은 매우 낮다. 따라서 첫 번째 데이트는 1차 심사라 여기고 짧게 가는 것이 좋다. 왜냐하면 대부분의 진지한 관계는 두 번째나 세 번째 데이트 단계에서 시작되기 때문이다. 데이트 성공의 완전무결한 공식 같은 것은 없지만, 심리학자들은 마음을 열어 놓는 것이 중요하다고 강조한다. 누군가를 처음 만난 몇 분간은 신체적 매력이 제일 먼저 눈에 띄겠지만, 그럼에도 불구하고 연구 결과들에 따르면 결혼한 사람들의 대략 20퍼센트 정도는 자기 배우자의 첫인상은 별로였지만 그 이후의 데이트에서 마음이 움직였다고 말했다.

진지한 관계를 찾고 있는 사람들에게 추천할 만한 간단한 심리학적 전략이 있다. 둘이 얼마나 좋은 짝이 될 잠재력을 가지고 있는지를 평가하기 위해서, 자기가 좋아하는 것과 바라는 것을 조금씩 드러내면서 상대방이 어떻게 대답하고 행동하는지를 지켜보는 것이다. 하지만 의사 소통에서의 오해나 과도한 예민성 때문에 잘못된 결론으로 비약해서 데이트 과정에 해가 될 수도 있다. 자신이 보낸 문자 메시지에 답이 늦었다고 상대가 자신에게 흥미가 없다고 결론짓거나, 상대방이 '사랑해.'라는 말을 할 준비가 되지 않았다는 것은 관계를 지속할 마음이 없다는 뜻이라고 단정하는 것 등이 그 예다.

서로 상대에게 호감이 있음을 보여 주는 신호들

첫 번째 데이트에서 찾아봐야 할, 한눈에 알아볼 수 있는 명백한 단서들도 있는 반면, 너무 무의식적인 단서라서 눈치채지 못하고 넘어갈 수 있는 것들도 있다. 다른 사람보다 특정한 누군가에게 더 끌리게 되는 이유에 대해서는 신체 언어와 말 이외에도 다양한 이론들이 있다.

끌림의 신체 언어

- **동공** 확장
- **고개를** 살짝 옆으로 기울이기
- **눈-입술-눈**('추파의 삼각형')을 바라보기
- **미소를** 지어 긍정적인 느낌을 나타내기
- **상대방의** 신체 언어를 무의식적으로 따라 하기
- **머리 쓰다듬기**, 목걸이 만지작거리기, 얼굴 붉히기
- **상대방** 쪽으로 몸을 기울이기
- **소매를** 걷어 올려 손목을 드러내기
- **우연히** 상대방을 건드리기
- **발끝을** 상대방 쪽으로 향하기
- **목소리의** 크기나 높이를 바꾸기 (여성의 경우)
- **웃기**, 끼어들기, 말소리의 크기를 달리 하기 (남성의 경우)

걸맞추기 가설

일레인 햇필드(Elaine Hatfield)와 그녀의 동료들이 만든 걸맞추기 가설(matching hypothesis)에 따르면, 사람들은 자기와 닮았고 자신과 사회적 지위와 지적 수준이 비슷한 사람과 관계를 형성하려는 경향이 있다. 그런 사람이 자신이 '넘볼 수 없는 수준'의 사람보다 자신과 이루어질 가능성이 더 높기 때문이다.

여과망 모형

앨런 커크호프(Alan Kerckhoff)와 키스 데이비스(Keith Davis)에 따르면, 애정 관계는 3단계의 여과망(filter)을 거치게 된다. 첫 번째 여과망은 사회 경제적 배경, 교육 수준, 그리고 지역의 유사성이다. 두 번째는 가치관과 태도의 유사성이다. 마지막은 상대방이 필요로 하는 것을 서로 보완해 줄 수 있느냐다. 이 과정에서 너무 다른 사람들은 여과망에 걸러내어진다.

보상/욕구 이론

돈 번(Donn Byrne)과 제럴드 클로어(Gerald Clore)의 이론에 따르면, 사람들은 우정, 섹스, 사랑, 그리고 기분 좋음에 대한 욕구를 충족시켜 주는 상대에게 가장 매력을 느낀다.

사회적 교환

러스벌트의 이론(158쪽 참조)에 따르면, 사람들은 어떤 관계에서 얻는 이익(예컨대 선물)이 비용(투자하는 시간과 돈 등)을 능가한다면 그 관계를 유지한다.

첫 데이트에서의 자기 노출

사람들은 첫 번째 데이트에서 자기 자신에 대한 정보를 노출하면 상대방도 그렇게 할 것이라고 기대한다. 만약 상대방이 그렇게 하지 않는다면, 아마도 이쪽에서 자기 노출을 너무 많이 했거나 상대방이 흥미가 없기 때문일지 모른다. 하지만 혹시 상대방이 먼저 자기 노출을 한 이 사람에게 호감이 있다면 그는 아마 정보를 공유한 것 때문에 이 사람을 더 좋아하게 될 것이다.

데이트 코치

오래 사귄 파트너를 매혹시키는 데 어려움을 겪고 있거나 자신이 자꾸 잘못된 유형의 사람들하고만 엮인다고 느끼는 사람들에게는 심리학적으로 자격을 갖춘 데이트 코치가 도움이 될 수 있다. 데이트 코치는 내담자들에게 보다 자신감 있게 대화하는 훈련과 상대에 호감 신호 보내기, 신체 언어 사용하기, 자신을 어필하기, 자기 노출의 속도 조절하기 같은 중요한 데이트 기술들을 연마하도록 훈련시킨다. 데이트 코치는 또한 내담자의 내면에 스스로 쌓아 올린 심리적인 장벽이 혹시라도 있는지를 탐색하고, 그들이 만나고 싶어 하는 유형의 사람에 대한 보다 현실적인 이미지를 형성하도록 돕는다. 그리고 자신과 보다 어울리는 후보와 만나는 데 도움이 되는 전략을 조언할 수 있다.

심리학과 관계의 단계

심리학자들은 관계가 어떻게 발전하고 파탄에 이르는지 설명하는 틀을 개발해 왔다. 이 틀은 사람들이 관계의 단계들을 인식하고 그 사이에서 방향을 잡고 나아가는 데 도움이 된다.

관계의 단계들

수십 년 동안의 연구 끝에, 심리학자들은 대부분의 사람들이 살아가면서 경험하지만 종종 사랑에 눈이 멀어 보지 못하는 것을 알아냈다. 관계는 여러 단계를 거치며 형성되는데, 각 단계에서는 그 단계에 상응하는 발전이 이루어지는 동시에 다음 단계로 넘어가려면 양자가 모두 반드시 해결해야 할 도전 과제도 주어진다.

심리학자 마크 냅(Mark Knapp)의 모형은 관계의 형성 단계를 설명할 때 가장 많이 인용되곤 한다. 그는 관계가 형성되는 과정을 위로 올라가는 계단에 비유했으며, 둘이 유대 관계를 유지하는 안정기를 계단 꼭대기 층에, 그리고 관계가 깨어지는 과정은 내려가는 계단에 비유했다. 이들 과정을

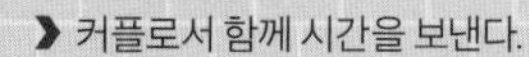

관계를 유지하기 위한 도구들

- 관계를 친밀하게 유지하게 위해 사소한 잘못은 용서하고, 실수는 봐주고, 서로의 장점을 강조한다.
- 커플로서 함께 시간을 보낸다.

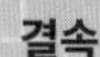

결속

이 커플의 삶은 이제 완전히 서로 결합되어 있다. 이들은 자기들의 사랑을 모두에게 공개하고 결혼이나 그에 준하는 다른 영구적인 결합에 대해서 논의하기 시작한다.

냅의 관계 모형

커플이 만들어지고 깨지는 과정을 계단에 은유한 냅의 관계 모형에 따르면, 연애가 진전되는 과정과 그렇게 이루어진 사랑이 무너지는 과정은 모두 각각 다섯 개의 층으로 나눌 수 있다. 그의 모형은 어디서 문제가 발생할 수 있는지, 그리고 커플이 각 단계에서 어떤 도전에 직면할 수 있는지에 대한 통찰을 제공한다.

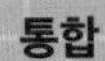

통합

관계가 훨씬 더 가까워지고, 두 사람의 삶의 여러 측면들을 통합한다. 사랑을 선언하는 등, 나중에 상처 입을 가능성에 기꺼이 자신들을 노출시킨다.

심화

양측은 마음의 벽을 허물고 더 많은 사적인 정보들을 상대에게 드러내기 시작한다. 관계를 키워갈수록 더 열정적이 되고, 서로에게 헌신을 기대하기 시작한다.

실험

양측은 이 관계를 계속할지 여부를 결정하기 위해 정보와 공통의 관심사를 탐색해 가는 과정에서 서로에 대해 더 많은 것을 알게 된다.

시작

보통 매우 짧은 단계이며, 이때는 첫인상이 중요하다. 관심을 표현하고 상대방을 평가한다. 이때 상대의 외모, 복장, 신체 언어, 그리고 목소리 등을 고려한다.

각각의 층으로 명확히 구별함으로써, 냅의 모형은 커플들에게 지금 현재 자신들의 관계가 어느 층에 와 있는지를 진단하고, 앞으로 어디로 가게 될 것인지를 예측하고, 원하는 층으로 가기 위해서 필요한 변화가 무엇인지를 찾아내는 데 유용한 도구를 제공한다. 커플들이 어떤 단계에서 다음 단계로 이행하는 속도는 서로 다를 수 있다. 만약 관계가 빠르게 진전되거나 무너지는 중이라면 이 모든 단계를 건너뛸 수도 있다.

진전과 쇠퇴

자신의 결혼 생활을 분석한 후에, 심리학자 앤 레빈슨(Ann Levinson)은 관계가 돈독해지고 나빠지는 과정을 간단히 5단계로 나누었다. 레빈슨은 이 모형을 연애뿐만 아니라 소비자 심리에도 적용했다. 그녀는 어떤 브랜드와 해당 브랜드 구매자 간 관계는 연애 중인 커플 사이와 유사하다고 보았다. 이들은 모두 처음에는 상대에게 유혹당하고, 넘어가고, 한동안 헌신하다가, 계속 그 상태를 유지하든가 아니면 여러 가지 이유로 다른 상대를 찾아간다. 그녀의 모형에서 첫 번째 단계는 매력이다. 그 다음은 구축과 헌신 단계이며, 만약 여기서 관계가 잘 작동하지 않으면 붕괴가 이어지고, 결국에는 종말이 찾아온다.

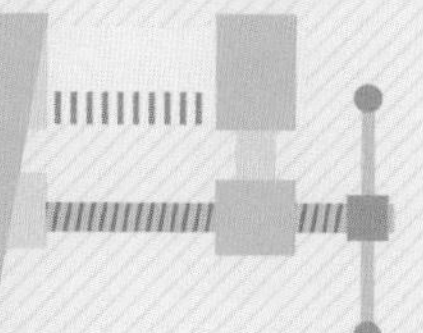

- 친구 관계망을 합친다.
- 서로에게 호의를 베푼다. 상대를 돕기 위해서 내 욕구는 기꺼이 나중으로 미룬다.
- 서로에 대한 애정 수준을 유지한다.

불일치

생활의 압박으로 스트레스가 유발됨에 따라 두 사람은 자신을 커플이라기보다는 개인으로 여기기 시작한다. 그들의 결속은 깨진 것처럼 보인다.

선긋기

원망이 생기기 시작하면 마음의 벽을 쌓게 되고 의사 소통이 감소하게 된다. 두 사람은 말싸움을 하게 될까 두려워 의미 있는 의사 소통 자체를 중단할 수도 있다.

침체

관계는 빠르게 나빠지고 개선될 여지는 보이지 않는다. 의사 소통은 이전보다 더 제한된다. 그러나 어떤 커플은 이 상태에서도 아이들 때문에 계속 함께 지내기도 한다.

기피

비록 한 지붕 밑에서 지내더라도, 둘 사이에 의사 소통은 존재하지 않으며 각자의 삶을 산다. 완전한 결별이라는 고통스러운 현실을 피하기 위해서 다시 함께 살아보려는 시도를 할 수도 있다.

종료

이제 관계는 끝났다. 결혼했던 커플은 이혼을 마무리 짓는다. 양측은 각자의 집으로 이사하고(이미 그렇게 했을 수도 있다.) 각자 자기 삶을 살아간다.

48%
첫눈에 사랑에 빠지는 남성의 비율. 여성의 경우 28퍼센트다.

서로에게 말하기

커플이 어떤 방식으로 서로 의사 소통하는지는 그들의 관계에 극적인 영향을 미칠 수 있다. 그리고 그들이 자신들의 대화 패턴을 얼마나 자각하고 있는지에 따라 관계가 발전할 것이냐 아니면 깨져 버릴 것이냐가 갈릴 수 있다. 심리학자들은 의사 소통의 메커니즘과 경고 신호를 이해함으로써 더 좋은 짝을 선택할 수 있을 뿐만 아니라 그 짝과의 관계의 질을 향상시킬 수 있다고 본다.

짝이 될 수도 있을 상대와 처음 만나는 순간부터, 그 사람이 자신에 대해서 얼마나 드러내는가(심리학 용어로 '자기 노출')는 그 다음에 무슨 일이 일어날지에 중요한 영향을 미친다. 시작 단계에서, 대부분의 커플은 서로에 대해 가능한 한 많은 정보를 공유한다. 피상적인 주제에서 시작해서 점차 미래 희망과 같은 사적이고 세세한 주제로 옮겨간다. 만약 어느 한쪽이 상대방보다 훨씬 더 많은 정보를 공개하면, 다른 한쪽이 그 관계에 덜 투자하고 있는 것처럼 느껴질 수 있다. 어느 쪽도 더 깊이 나갈 생각이 없는 상태에서 너무 일찍 내밀한 이야기를 꺼내놓는 것도 상대방을 겁먹게 할 수 있다.

좋은 의사 소통은 관계가 나빠지는 것을 막는 데 결정적인 역할을 한다. 그러나 어떤 경우에는 그것만으로는 충분하지 않다. 사회 심리학자인 스티브 덕(Steve Duck)은 관계가 깨지게 되는 경우를 4개 유형으로 분류했다. 근본적인 부조화가 원인인 '예정된 파멸(pre-existing doom)', 형편없는 의사 소통이 원인인 '기술적 실패(mechanical failure)', 의사 소통 부족 때문에 잠재된 가능성에 도달하지 못해서 생기는 '과정 손실(process loss)', 그리고 신뢰를 저버려서 벌어지는 '돌연한 종말(sudden death)'이 그것이다. 애정 관계 전문가 존 가트맨 역시 의사 소통 문제가 결별의 직접적인 원인이라고 설명한다(하단과 우측 참조).

결승선

존 가트맨과 동료 심리학자인 제임스 코언(James Coan), 시빌 카레리(Sybil Carrere), 캐서린 스완슨(Catherine Swanson)의 연구 결과에 따르면 부정적인 커뮤니케이션은 커플의 사랑을 네 단계에 걸쳐 파괴할 수 있다. 각각의 단계가 관계의 죽음을 알려준다는 면에서, 이들은 이 네 단계를 성서에 등장하는 종말을 알리는 전령들인 '묵시록의 네 기수'라고 이름 붙였다.

65%

의사 소통 문제에서 기인한 이혼의 비율

관계에서의 의사 소통

미국의 심리학 교수 가트맨은 가족 체계와 결혼에 대한 연구로 잘 알려진 학자이다. 그의 개념들은 관계 심리학과 부부 치료 분야에 엄청난 영향을 미쳤으며, 가트맨 커플 치료 기법의 기반이 되었다. 수천 사례의 커플들을 관찰한 다음, 가트맨은 온화한 의사 소통 방식(여기에는 반응적 경청이 아닌 능동적 경청이 포함된다.)을 사용하는 것이 심각한 다툼 후의 손상을 치료하고 복구할 수 있게 한다고 주장한다.

반응적 경청

상대방의 말을 기분 나쁘게 받아들이고 방어적으로 대응하다 보면 대화가 격앙될 것임은 거의 확실하다. 가트맨에 따르면 "그렇지 않아!", "난 안 그래!" 같은 말로 상대방의 말을 즉각적으로 부정하는 대신 현실을 직시하는 태도로, 상대방을 짜증나게 했을지도 모르는 자신의 행동에 대해 돌이켜보는 것이 이런 상황의 해결책이다. 자책감을 느끼지 않으려고 "최소한 나는 ~는 하지 않아."라든가 "당신이 과잉 반응하는 거야." 같은 말로 형세를 역전시키려 드는 것은 피해야 한다.

능동적 경청

광범위하고 모호하게 말하기보다는 그 상황에 대해 자신이 느낀 바를 표현하는 데 초점을 맞춰야 한다. 가트맨의 조언에 따르면, 대답할 때 '당신'보다는 '나'로 문장을 시작하는 것이 바람직하다. 예를 들어 "나는 당신이 내 말을 듣지 않는 것처럼 느껴져."가 "당신은 내 말을 듣지 않아."보다 폭발 직전의 대화를 진정시키는 데 더 좋다. 목소리의 어조와 크기를 조절하면 의견 차이를 해소하고 화해로 이끌기 위한 이런 건설적인 접근에 더 도움이 된다.

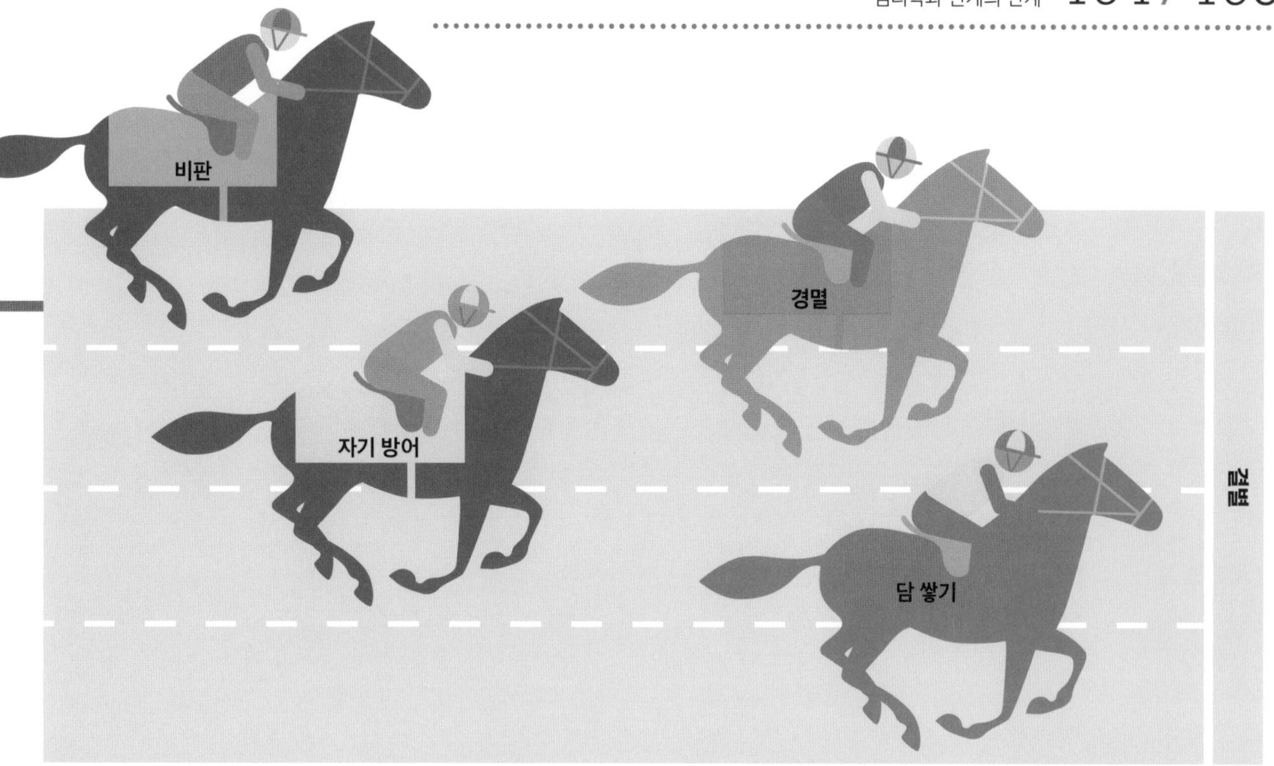

비판

1단계 거슬리는 행동을 함께 해결하기보다는 상대방의 특징이나 성격을 언어적으로 공격한다. 이는 상대방으로 하여금 자신에 대해 부정적으로 느끼게 할 수 있다.

건설적 대안

파트너의 말을 능동적으로 경청하라. 파트너를 직접 공격하기보다는 파트너에 대해 느낀 것을 표현하라. 성품을 지적하기보다는 구체적으로 어떤 행동이 왜 거슬리는지를 설명하는 데 초점을 맞추라.

자기 방어

2단계 갈등에 대해 자신의 책임을 받아들이기보다는 변명을 하거나 상대방을 탓하는 식으로 비판에 부정적으로 반응한다. 이런 행동은 불만족감을 증가시킨다.

건설적 대안

적절하다면, 자신의 행동에 대해 언제든 사과하고 책임을 질 준비를 하라. 파트너의 말에 귀를 기울이고 불만족을 이해하려고 노력하라. 상대방의 불만을 기분 나쁘게 받아들이지 않도록 하라.

경멸

3단계 무례하게 굴고, 눈알을 굴리는 등 노골적인 무시를 얼굴 표정으로 드러낸다. 양측 모두 상대의 존중을 다시 얻으려면 열심히 노력해야 한다.

건설적 대안

당신 자신의 행동의 원인이 무엇인지, 그리고 속상한 마음을 건설적인 방식으로 표현하기가 왜 어려운지 생각해 보라. 당신 파트너의 결점보다는 긍정적인 면을 보려고 노력하라.

담 쌓기

4단계 신체적, 정서적 접촉을 끊음으로서 관계에서 손을 떼며 상대는 이로 인해 버려지고 거부당한 느낌을 받게 된다. 담 쌓기는 앞서의 세 단계가 너무 심각해서 대응하기 힘들 때 일어날 수 있다.

건설적 대안

혼자 생각할 시간이 필요할 때 그것을 파트너에게 알려 주도록 하라. 마음의 준비가 된 다음에 대화를 재개하라. 이렇게 함으로써 당신의 의도가 자신을 밀쳐내려는 것이 아님을 이해하게 될 것이다.

교육에서의 심리학

교육 심리학의 최우선 목표는 가장 효과적인 학습의 방법을 찾아내는 것이다. 교육 심리학자들은 뇌가 정보를 어떻게 처리하고 문제를 해결하는지, 기억이 어떻게 작동하는지, 그리고 또래 집단에서부터 교실 내의 배치 같은 외적인 요인들이 학습자에게 어떻게 영향을 미칠 수 있는지를 연구하고 관찰한다. 연구 결과는 아동과 성인들의 학습에 도움을 주기 위해 적용될 수 있으며, 행동 문제나 학습 문제를 가진 사람들을 돕는 데도 적용될 수 있다.

효율적인 학습 전략

교육 심리학자들은 학습자가 정보를 습득하고 기억하는 방식을 개선할 수 있도록 다양한 전략을 제안할 수 있다. 학생들로 하여금 혼자서 자신이 정한 목표를 달성하도록 격려하는 것도 유익한 일이다. 그러나 지식을 공유하고 함께 작업하는 것도 집단의 결속을 강화하고 신뢰를 공고히 한다는 점에서 중요하다.

학습 방법

사람들은 스스로 배우려는 동기를 가지고 있고 자신의 기술을 향상시키기 위해 노력할 자세가 되어 있을 때 배운 정보를 머릿속에서 가장 잘 유지한다. 혼자 공부하는 것은 독립심을 키우고 성취감을 느끼게 한다.

“학교 교육의 주된 목표는 새로운 무언가를 해낼 수 있는 남녀를 키워내는 것이어야 한다.”

— 장 피아제, 스위스의 임상 심리학자

교육 심리학자들은 어디에서 일하는가?

› 학교
교육 심리학자들에게 가장 흔한 일자리는 학교와 교육 연구소들이다. 연구 분석과 프로그램 개발을 통해 교육의 효율성을 향상시키는 방법을 모색한다. 교실을 운영하는 더 나은 방법을 교육하고, 교사들을 훈련시키고, 학습에 어려움을 겪는 학생들을 찾아내서 필요한 경우에는 학교로 하여금 그들을 위한 특수 교육을 실시하도록 한다.

› 기업
기업체에서 교육 심리학자들은 사내에서 주어진 일을 하거나 컨설턴트로서 직원들의 업무 효과 증진을 원하는 회사를 위해 일한다. 심리 측정 검사를 개발하고 실시해서 입사자의 능력과 정직성을 감별하고, 직원들의 동기와 업무 수행을 향상시키기 위한 특별 훈련 프로그램을 운영하기도 한다.

› 정부
정부 기관에서 심리학자들은 교육 정책에 대한 조언을 제공하는 중요한 역할을 수행한다. 공립 학교에 재직 중인 교사들을 위해 학습 전략과 커리큘럼을 개발하고, 학습 장애가 있는 아동을 돕는 방법에 대한 조언을 제공하고, 그런 도움을 제공하는 교직원들을 위한 훈련도 실시한다. 교육 심리학자의 역할 중에는 전문 요원들, 특히 군대에서 일하는 전문 요원의 훈련을 돕는 것도 포함되어 있다.

교실 구조
소집단 단위로 하는 활동은 질문을 부추기고 자신감을 키운다. 학습 환경이 정서적, 물리적으로 안전하면, 학생들이 아이디어를 시험해 보려는 경향도 커진다.

교수법
교사들은 학생들의 학습을 촉진하기 위해서, 각각의 개념을 설명할 때 두 가지 이상의 방법을 사용하고, 큰 정보를 작은 덩어리(chunk)로 쪼개서 전달하고, 학생들의 능동적인 참여를 유도하는 등의 다양한 수단을 사용할 수 있다.

교육 이론

사람들이 정보를 처리하고, 머릿속에 집어넣고, 다시 끄집어내고, 이를 사용해서 독립적인 사고를 발전시켜가는 복잡한 과정과 방법을 설명하는 여러 가지 이론들이 있다.

교실에서

과학과 연구 기법들이 발전함에 따라, 사람의 마음이 새로운 정보를 어떻게 받아들이고 어떻게 저장하는지에 대한 이론들도 발전했다. 이런 이론들은 교실 장면에 유용하게 적용될 수 있다. 이 분야에서 오래되었지만 여전히 가장 많이 사용되는 이론은 유명한 심리학자 피아제의 연구에 바탕을 둔 인지 학습 이론(Cognitive Learning

피아제의 인지 발달 이론

피아제는 우리가 아기에서 성인으로 성장해 가면서 엄청난 양의 일련의 지식 단위들을 구축하며, 그렇게 형성된 지식의 틀을 통해 세상을 이해하게 된다고 믿었다. 우리는 전에 접한 적 없는 어떤 대상을 마주할 때마다, 이미 가지고 있는 지식을 이용해 그것을 동화(assimilation)한다. 기존의 지식의 틀로 동화할 수 없을 때는 어쩔 수 없이 그 틀을 조절(accommodation)해서 새로운 정보를 학습한다.

감각 운동기(0~2세)
세상에 태어나 처음 발달시켜야 하는 지식은 어떤 대상이 눈에 보이지 않더라도 존재할 수 있다는 사실을 이해하는 것이다. 예를 들어 어떤 장난감을 담요로 덮어도 여전히 그 담요 밑에 그 장난감이 있음을 아는 것이다. 이를 '대상 영속성'이라고 부른다.

전조작기(2~7세)
아이들은 언어 능력을 습득하기 시작하지만 아직 언어의 논리를 이해하지는 못한다. 하지만 어떤 대상이 다른 어떤 것을 나타낼 수 있음을 이해하고 상징 체계를 사용하기 시작한다. 예를 들어 인형을 사람이라고 상상하며 가지고 놀 수 있다.

경험

콜브의 실험적 학습 순환 모형

데이비드 콜브(David Kolb)는 1984년에 피아제의 연구를 기반으로 자신의 4단계 순환 과정 이론을 내놓았다. 그는 학습이 이루어지는 과정을 서로 연결된 4개의 단계가 계속 순환하는 모형으로 설명했다. 먼저, 구체적인 경험을 하게 되면 자신이 경험한 것에 대한 반성적인 관찰이 이어진다. 그 다음 이 관찰은 추상적인 개념으로 바뀐다. 다시 말해서 아이디어가 형성된다. 네 번째 단계는 이렇게 얻은 아이디어를 실행에 옮기는 것이다. 코브는 이를 '능동적 실험(active experimentation)'이라고 불렀다.

관찰과 반성

아이디어 형성

실천을 통해 아이디어 검증

레이스의 물결 이론

필 레이스(Phil Race) 교수의 물결 모형은 코브의 순환 모형에 대한 대안을 제시한다. 이 모형은 연못의 물결처럼 통합된 4개의 과정을 포함하며, 그 중심에는 기본적인 욕구 혹은 욕망이 자리한다.

- **1. 동기** 무언가에 대한 갈망에서 학습이 시작된다.
- **2. 연습** 시행착오는 행동과 발견을 이끌어 낸다.
- **3. 이해** 발견한 것을 이해한다.
- **4. 결과 관찰** 피드백이 동기 부여에 영향을 미친다.

4. 피드백
3. 이해
2. 실행
1. 필요, 욕구

Theory)이다. 인지 학습 이론에 따르면 학습이란 정신적 처리 과정의 결과물이며 이 처리 과정은 내적, 외적 요인들에 의해 영향을 받는다. 내적 요인의 예로는 자신의 능력에 대한 믿음을 들 수 있다. 자기 능력을 향상시킬 수 있다고 믿는 학생은 학습에서 진척이 일어날 가능성이 더 높다. 외적 요인으로는 지지적인 교사나 안전한 학습 환경을 들 수 있다. 이런 요인들의 영향력 하에서, 개개인은 수많은 메커니즘을 통해 학습을 한다. 그런 메커니즘 중의 하나는 남들의 행동을 관찰하고 따라하는 것이다. 또 다른 메커니즘은 교사나 부모가 학생으로 하여금 배운 것을 실행에 옮겨 보도록 용기를 북돋워 줌으로써 학습한 내용을 강화시키는 것이다. 연습과 반복은 학습에 있어 결정적인 부분이다. 새로이 배운 행동을 재현하고 필요한 경우에는 타인으로부터 받은 피드백을 바탕으로 이를 조정하는 과정인 재생(reproduction)도 마찬가지로 중요하다.

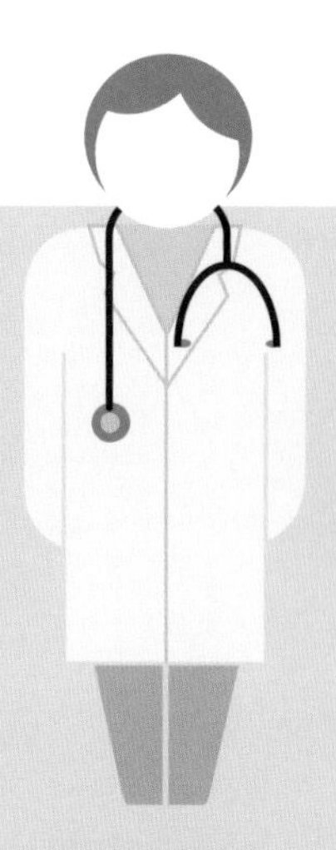

구체적 조작기(7~11세)
이제 아이들은 논리적으로 생각하기 시작한다. 예를 들어 어떤 컵에 담긴 물을 다른 컵으로 나누어 붓는다고 해도 물 전체의 양은 그대로인 것처럼, 어떤 물체의 외형이 달라지더라도 양은 그대로라는 사실을 이해한다.

형식적 조작기(청소년기~성인기)
청소년기에서 성인기로 이행하면서 우리는 추상적으로 사고할 수 있는 능력과 논리적으로 가설을 검증할 수 있는 능력을 습득한다. 이 시기가 되면 어떤 상황에서 잠재적으로 벌어질 수 있는 결과들을 상상할 수 있게 된다. 이 능력 덕분에 우리는 문제를 해결하고 계획을 세울 수 있다.

성인이 되어 계속 학습
지금까지의 발달 단계를 거치며 습득한 모든 능력을 사용함으로써 성인은 자신의 학습을 계속 확장할 수 있다. 성인이 된 후에도 피아제의 이론에서 상정한 단계를 넘어서서 새로운 기술을 계속해서 배우면서 인지 능력과 기억 능력을 강화시킬 수 있다.

사회 학습 이론

앨버트 반두라(Albert Bandura)가 만든 사회 학습 이론은 우리가 어떻게 행동을 학습하는지에 초점을 맞추며, 인지적 접근(내적인 정신 과정이 학습에 영향을 준다.)과 행동주의적 접근(학습은 환경으로부터 받은 자극의 결과다.)을 결합시킨다. 이 이론에서는 아이들은 모델 역할을 하는 다른 사람을 흉내 내면서 학습을 한다고 본다. 모델이 되는 사람은 그 아이의 행동에 긍정적이거나 부정적인 영향을 미칠 수 있다. 사회 학습 이론에서는 우리가 어떤 행동을 학습하기 위해서는 다음 네 가지 조건이 충족되어야 한다고 전제한다.

주의
어떤 행동을 배우려면 우선 그 행동에 주의를 기울여야 한다. 만약 새롭거나 어떤 이유로든 특이한 행동이라면 학습자의 주의를 끌 가능성이 더 높다.

파지
어떤 행동이나 태도를 관찰한 후 나중에 비슷한 상황에서 그것을 참고해 행동하려면 일단 그 행동이나 태도에 대한 기억이 형성되어야 한다.

재생
관찰한 것을 마음속으로, 실제로 몸을 움직여가며 연습해 보는 것은 행동을 향상시키고 변화시키는 데 필수적인 요소다. 연습을 함으로써 우리는 학습한 행동을 필요한 상황에서 재생할 수 있다.

동기 유발
관찰한 행동을 재생해야 할 이유가 있어야 한다. 특정한 방식으로 행동하는 것에 대해 보상이나 처벌을 받으리라는 사실을 알면, 행동을 바꿀 가능성이 높아진다.

학습은 어떻게 이루어지나

뇌에서 일어나는 화학 작용에 대한 신경 과학 분야의 발견들이 심리학자들로 하여금 인간이 정보를 처리하는 과정을 이해하는 데 도움을 주는 일이 늘어나면서 이 두 분야는 갈수록 더 많이 중첩되어 가고 있다. 새로운 기능적 자기 공명 영상(fMRI)과 같은 신기술은 과학자들로 하여금 뇌의 활동을 지도처럼 그려 낼 수 있게 해 줌으로써 학습을 할 때 뇌가 어떻게 변화하는지를 보여 준다.

신경 과학자 네이선 스프렝(Nathan Spreng)이 이끄는 연구진은 어떤 과제를 연습하는 것이 뇌의 구조를 변화시킬 수 있음을 밝혀냈다. 뭔가 새로운 것을 학습할 때는 정교한 주의력을 발휘하는 데 필요한 뇌의 영역(의식하는 영역)이 사용된다. 하지만 그 과제를 반복해서 훈련하면, 뇌의 의식하지 못하는 영역으로 활동이 옮겨간다. 뉴런들은 또한 어떤 기술을 올바르게 반복해서 연습할 때 더 자주 발화하기 시작하고, 그럼으로써 그들 사이에 전달되는 메시지를 더 강하게 만든다.

또한 연구 결과에 따르면 다이어트나 스트레스 조절 같은 생활 습관의 변화가 뇌의 수행 능력에 영향을 미치며, 학습 방법도 새로운 정보를 흡수하고 저장하는 뇌의 능력을 상당히 향상시킬 수 있는 것으로 나타났다(오른쪽 참조).

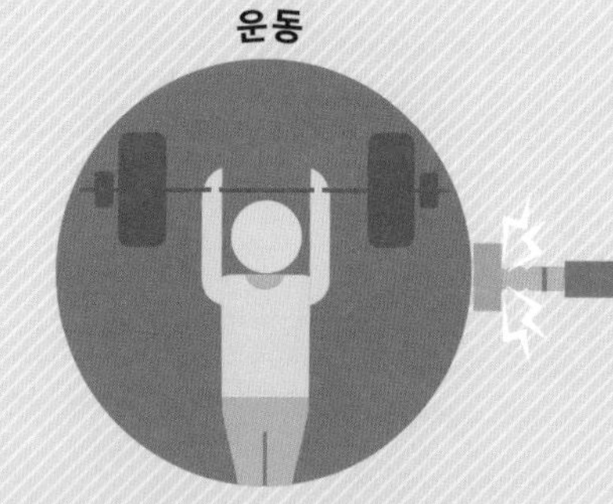

신체 활동은 도파민 같은 신경 전달 물질(28~29쪽 참조)의 생성을 촉진한다. 이 물질들은 뇌 내부 혹은 뇌와 신체 간에 오가는 신호를 생성하고 해석하고 전달하는 데 이용된다.

> **"특정한 행동을 상상하는 것만으로도 뇌의 구조가 바뀔 수 있다."**
>
> **— 존 아덴(John B. Arden), 미국의 작가이자 정신 건강 프로그램 책임자**

가네의 학습 위계

미국의 교육 심리학자 로버트 가네(Robert Gagne)는 학습의 유형을 복잡성 수준에 따라서 8단계로 분류했다. 각 단계의 학습이 제대로 완료되면, 학습자는 기술이 확장되고 학습 내용에 대한 관여와 기억도 증가하게 된다.

1 신호 학습
(보통은 그런 반응을 유발하지 않는) 어떤 자극에 대해 특정한 바람직한 방식으로 반응하도록 조건 형성하는 학습 유형이다. 예를 들어 뜨거운 물체를 보면 자동적으로 손을 뒤로 빼는 반응을 배우는 것이 여기에 해당한다(이에 대해서는 16~17쪽의 고전적 조건 형성을 참고하라.).

2 자극 반응 학습
일단 만들어진 바람직한 반응은 보상과 처벌 체계를 통해 강화된다. 예를 들어 엄마에게 떠밀려 "고맙습니다."라는 말을 하도록 배운 어떤 아이가 그 말을 한 덕분에 칭찬을 보상으로 받는 경우가 이에 해당한다(이에 대해서는 16~17쪽의 조작적 조건 형성을 참고하라.).

3 연쇄 학습
사람들은 이전에 학습했던 여러 개의 비언어적 자극-반응 행동을 하나로 연결시키는 것을 학습할 수 있다. 자를 집어 들어 종이 위의 두 지점에 걸치게 대고, 그렇게 놓은 자를 따라서 선을 긋는 과정을 그 예로 들 수 있다.

4 언어 연합 학습
이전에 학습했던 서로 별개인 언어적 기술들을 하나로 묶을 수 있게 된다. 예를 들어 어떤 아이가 단순히 '곰'이라고 말하지 않고 '내 털복숭이 테디 곰'이라고 묘사를 하는 경우다. 이 능력은 언어 기술 발달에 필수적이다.

5 변별 학습
서로 연결된 구체적이거나 추상적인 정보들 사이에서 차별화나 변별을 하는 법을 배운다. 스페인어를 하는 사람이 스페인 어와 비슷한 단어들이 많은 이탈리아 어를 배우는 경우를 예로 들 수 있다.

6 개념 학습
서로 다른 개념 간의 관계를 배우고, 그것들을 변별하는 법을 배운다. 일반화 및 범주화 능력과 사례를 통해 이 학습 기술을 습득한다.

7 원리 학습
기본적인 일상 기능에 필요한 학습의 주요 유형이다. 우리는 원리 학습을 통해 행동을 형성함으로써 말을 하고, 글을 쓰고, 일상의 규칙적인 활동들을 수행할 수 있게 된다. 이런 활동은 모두 어떤 기본적 원리에 의해 지배된다.

8 문제 해결 학습
가장 복잡한 학습 과제이다. 이 단계에서 개인은 새로운 도전 과제를 해결하기 위해, 이전에 학습했던 원리 중 적절한 것을 선택해서 정리하고, 그것을 연결해 새로운 원리들을 만들어 내고, 그 원리들을 검증하고, 최적의 해결책을 정해야 한다.

충분한 수면

수면 시간과 성적 사이에는 직접적인 상관관계가 있음이 밝혀졌다. 수면 전문가인 제임스 마스(James Maas) 박사에 따르면 십대 청소년들에게 적정한 수면 시간은 하루 9시간 15분이다.

반복과 연습

신경 과학 연구 결과, (연습이 올바르게 이루어지게 할 피드백이 주어지는 가운데) 뭔가를 더 많이 연습할수록 신경 충동이 더 강하고 빠르게 전달된다는 사실이 밝혀졌다. '미엘린'이라 불리는, 뉴런을 감싸는 특별한 물질이 더 많이 만들어지기 때문이다.

학습 자료를 천천히 접하기

새로운 학습 내용은 작은 덩어리(chunk)로 나눠서 학습해야 그것을 처리하고 기억하는 능력을 극대화시킬 수 있다. 15분 동안 학습할 수 있는 분량의 내용이 적절하다. 이 분량의 학습이 끝나면 잠시 휴식을 취한 뒤 다음 덩어리로 넘어가는 것이 좋다.

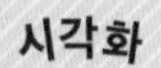

시각화

우리가 정보를 기억하기 위해 사용하는 감각의 종류가 많을수록, 뇌가 그 정보를 더 잘 흡수하게 된다. 예를 들어 새로운 곡의 악보를 학습할 때, 음표를 읽으면서 동시에 피아노로 악보를 연주하는 당신 손의 이미지를 함께 떠올린다면, 곡을 더 잘 외울 수 있을 것이다.

뇌를 변화시키기

특히 교육 분야에 관심을 가진 심리학자들은 뇌를 어떻게 재프로그램하면 학습 효과를 높일 수 있을지를 연구해 왔다. 몇 가지 단순한 전략들이 큰 차이를 만들어 낼 수 있다. 그러나 이런 가설들이 실험을 통해서 뒷받침된 것은 최근 몇십 년 사이의 일이다.

가르치기의 심리학

교육 심리학자의 중요한 활동 영역 중 하나가 교사 연수이며, 수많은 연구가 교사가 교실에서 더 효과적으로 가르치도록 돕기 위한 방안들을 개발, 검증하는 과정에서 나온다.

교사가 할 수 있는 일

교사는 학생들로 하여금 선천적 지능이 아니라 역량(competence)의 중요성에 집중하게 함으로써 학습 방식을 근본적으로 개선하게 도울 수 있다. 교육 심리학자들은 학생이 가진, 자신이 잘 할 수 있다는 믿음, 즉 자기 효능감(self-efficacy)이 증가하면 학생의 인지 기능과 동기가 향상된다고 말한다. 자기 효능감이 높은 학생은 자신이 성공할 수 있다고 생각하면 도전을 시도하고 그 도전에서 잘 하려고 노력하는 경향이 높다. 반면 자기 효능감이 낮은 학생은 한 번의 실패도 좌절로 받아들이고 그 이후로 포부를 높게 가지지 않는다.

학습 피라미드

미국 훈련 연구소(US National Training Laboratories Institute)의 연구에 따르면 어떤 교수법(가르치는 방법)은 다른 것보다 더 효과적이다. 학생의 능동적 참여가 요구되는 학습 활동의 경우에는 학습한 정보가 기억에 오래 남는 반면 참여가 덜 요구되는 학습 활동의 경우에는 그 활동을 통해 배운 정보가 덜 오래 유지된다.

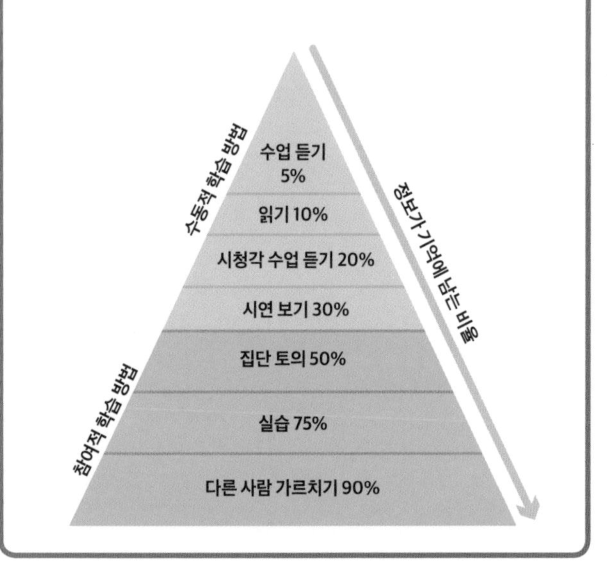

이는 다시 저조한 학업 수행으로 이어지고 결국 자기 회의의 순환 고리가 지속되게 된다. 교사가 학생들로 하여금 어떤 과제(task)의 성공이나 실패는 능력이 아니라 연습과 노력의 양과 연관된다는 것을 이해하게 돕는다면 학생들은 사기가 꺾이지 않고 계속 의욕을 가질 수 있을 것이다.

학습 목표

교사가 설정할 수 있는 목표에는 두 유형이 있는데 하나는 수행 목표이고 다른 하나는 숙달 목표이다. 수행 목표란 특정 수준에 도달하기 위해 학생 자신의 역량에 의존해야 하는 목표로, 프랑스어에서 A 받기 같은 것을 예로 들 수 있다. 숙달 목표는 학생의 끈기와 배우려는 열망이 중시되는 목표로, 예컨대 프랑스 어를 유창하게 말하게 되기 같은 것이다. 수행 목표는 수행을 잘 하게 만들기 위한 동력원으로서 경쟁을 강조하고 개인의 지능 수준에 의존하는 반면 숙달 목표는 학습자가 기술의 연마와 향상에 집중하게 한다는 점에서 수행 목표보다는 숙달 목표가 더 좋은 목표이다.

성공적인 가르치기의 구성 요소

교사가 학생들의 자신감과 배움에 대한 열정을 키워 주기 위해 사용할 수 있는 실질적인 도구는 아주 많다. 교사는 이런 방법들을 사용해 진취적인 학습 환경을 만들어야 한다.

> **"사람들이 자신의 능력에 대해 가진 믿음은 그 능력에 영향을 준다."**
>
> — 앨버트 반두라, 캐나다의 사회 인지 심리학자

긍정적인 관계를 구축한다.
학생들을 지원하라. 개인적 친분 관계들을 키워 주고 다른 학생 및 교사와 긍정적인 관계를 맺도록 격려하라. 올바른 행동의 기준을 명확히 알려 주어라.

구체적인 기술을 가르친다.
학생들이 학습한 개념을 다른 맥락에도 적용할 수 있게 돕고, 배운 것을 장기 기억으로 부호화할 수 있는 연습 문제와 활동, 문제 등의 연습 활동을 제공하라.

학생의 창의성을 키운다.
학생들로 하여금 스스로의 연구 프로젝트를 설계하고, 과제를 시연하고, 개념을 설명하기 위한 모형을 세우게 하라. 학생들이 탐색하고 고심할 수 있게 해 주면서 지원을 제공하라.

학생들에게 적시에 피드백을 준다.
매 수업마다 학생들을 관찰하고 필요한 경우에는 학생이 방향을 제대로 잡게 고쳐 주도록 하라. 칭찬과 건설적 비판은 학생의 연습과 노력 수준과 연결되게 하라.

학생들에게 단기 목표를 설정해 준다.
커다란 과제로 학생을 질리게 하지 말고 점진적으로 목표를 주어 학생이 과제의 각 단계를 성공적으로 완수할 수 있게 하라.

학생의 스트레스 수준을 조절한다.
일과표를 가지고 계획적으로 교실을 운영하라. 학생들이 배운 것을 그때그때 처리할 수 있게 쉬는 시간을 충분히 주도록 하라. 안전한 환경을 유지하라.

집단 내 가르치기와 토의를 장려한다.
집단 내 학생들이 자신의 관심사와 질문, 아이디어를 표현하게 격려해 집단에 결속감이 생기게 하고 학생들이 자신 있게 의사를 표현할 수 있는 분위기를 만들라.

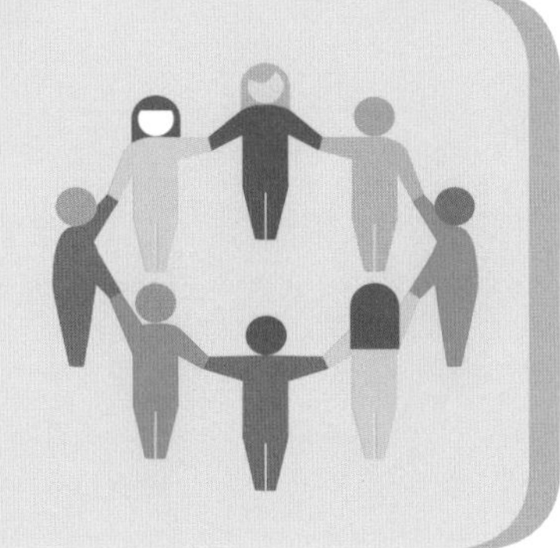

의욕을 고취한다.
학생들에 대한 기대치를 현실적으로 가능한 범위 내에서 최대한 높게 설정하라. 타고난 지능보다 연습과 노력의 가치를 강화하라. 자기 평가를 격려하라. 학생들을 배려하는 태도를 가지도록 하라.

문제를 평가하기

학습자가 더 효과적으로 배우도록 돕기 위해 교육 심리학자는 먼저 학습자가 직면한 문제가 무엇인지, 어떻게 그 문제가 생기게 되었는지, 그 문제가 학습 과정에 어떤 영향을 미치고 있는지를 파악해야 한다.

어떤 식으로 이루어지는가

교육 심리학자들은 연구를 통해 정서적, 사회적 문제와 특정한 생리학적 장애 등의 다양한 요인이 학습 과정에 영향을 미친다는 것을 알고 있다. 아동에게 학습 장애가 있다는 것이 아주 어릴 때부터 분명하게 드러날 수 있고 이런 경우 부모가 그 시점에서 교육 심리학자에게 도움을 청할 수 있다. 하지만 아동이 유치원에 들어가기 전까지는 학습 장애가 드러나지 않을 수도 있는데 이런 경우 아동이 놀이와 기본적인 과제에서 겪는 어려움을 알아차리는 데 교사의 역할이 가장 중요하다. 어떤 경우에는 성인이 될 때까지 문제가 있는 줄 모르기도 하는데, 이는 대개 학생 시절에 학교에서 문제를 발견하지 못하고 지나쳤기 때문이다.

문제를 알아내기

학습 문제를 초기에 찾아내는 일은 흔히 교사가 해당 학생을 매일 관찰하다가 문제가 있을 것으로 의심하는 데서 시작된다. 그 다음에는 교육 심리학자가 상세한 평가를 실시한 후 그 학생을 도울 계획을 세울 수 있다.

심리학자가 문제를 평가하는 방법

교사와 면담하기
학생의 고충을 직접 구체적으로 보고들은 경험을 가진 사람은 대개 현재 또는 이전의 교사들이다. 일반적으로 교사와의 대화가 첫 단계이다.

부모와 면담하기
아동의 부모와의 대화를 통해 아동이 집에서 특정 과제들을 어떻게 수행하는지, 그리고 다른 가족 구성원들과 어떻게 지내는지에 대한 유용한 정보를 얻을 수 있다.

교실에서 아동 관찰하기
이런 관찰을 통해 아동이 펜 등의 도구를 어떻게 제어하는지, 단추를 제대로 잠그고 푸는지, 지시에 얼마나 잘 따르는지 같은 중요한 지표에 대한 정보를 얻을 수 있다.

아동과 면담하기
평가 과정에 항상 아동이 포함되어야 하는 것은 아니지만 아동과 대화를 해 보면 단어를 이해하거나 발음하는 방식의 문제 같은 것들이 드러날 수도 있다.

학습 문제

어떤 학습 장애의 원인이 환경적인 것인지 생물학적인 것인지 아니면 두 가지가 복합된 것인지를 정확하게 집어내기는 어렵지만 증상을 가지고 학습 장애를 찾아내는 것은 가능하다. 여기 소개된 네 가지 학습 장애는 모두 곤란을 의미하는 라틴 어 접두사 'dys'로 시작하는 이름을 갖고 있다.

난독증(dyslexia)
읽기와 쓰기, 철자 정확하게 쓰기에 어려움을 겪는 장애이다. 창의성이 뛰어난 경우가 많다.

난서증(dysgraphia)
글자 쓰기, 글자를 조직화해서 단어 쓰기, 근육의 협응 등에 어려움을 겪는 장애이다.

난산증(dyscalculia)
기초적인 숫자 조작 및 계산 능력에 손상이 나타나는 장애이다.

통합 운동 장애(dyspraxia)
협응 능력이 떨어져 움직임이 어설프고 일상 활동에서 통합적 행동을 수행하는 데 어려움이 나타나는 장애이다.

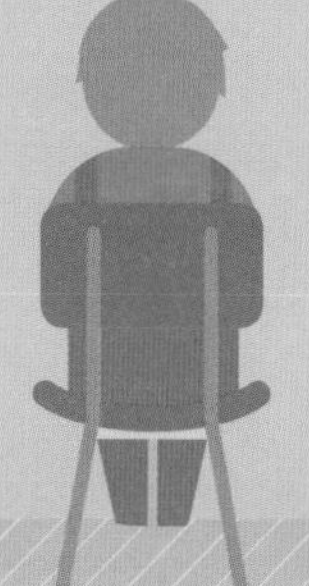

조치를 취하기

심리학자에게는 개인이 가진 문제의 성격을 완전히 이해하는 것이 몹시 중요하므로 심리학자들은 다양한 전략을 사용해 그 개인이 교육 장면에서 어떻게 행동하고 정보를 처리하는지를 정확하게 파악하려 한다. 예전에는 이런 작업에 지필 평가나 구두 평가 방식의 지능 검사가 포함되었다. 요즘에도 교육 심리학자가 학생을 평가할 때, 특히 난독증 같은 장애가 의심될 때는 공식적인 검사가 여전히 한 부분을 차지하기는 하지만 현재는 보다 전체론적인(holistic) 접근이 사용되는 추세이다.

교육 심리학자는 흔히 정신과 의사, 사회 복지사, 언어 치료사, 교사와 협력해서 행동 심리학, 인지 심리학, 사회 심리학의 개념을 교실에 적용한다. 이런 적용은 왜 학생이 교실 장면에서 특정 방식으로 행동하는지, 학생의 뇌가 정보를 어떻게 처리하고 유지하는지, 가족과 동료 학생들이 학습에 어떤 영향을 주는지를 이해하는 데 필수적이다. 심리학자는 이런 접근법을 유치원과 초등학교에서부터 성인 교육 센터와 기업 연수 프로그램까지, 어떤 교육 환경에도 적용할 수 있다.

과제물 분석하기

아동이 작성한 과제물들을 살펴보면 아동이 답을 쓰는 방식에 어떤 패턴이 있는지, 문제가 한 영역(예컨대 산수)에서만 있는지 여러 영역에서 있는지를 알아낼 수도 있다.

질문지 또는 특정 장애에 대한 검사

표준화된 검사가 많이 나와 있어서 사회적 혹은 정서적 문제에서 비롯된 학습 문제에서부터 신경학적 또는 발달적 문제에서 비롯된 것까지 다양한 학습 장애를 평가할 수 있다.

행동 문제

심리학자는 행동 문제가 있는 아동을 평가해 촉발 요인과 해결 방법을 찾아냄으로써 교사가 수업을 방해하는 학생의 행동에 대응하는 데 도움을 줄 수 있다. 흔히 이를 위해 부모의 협조를 얻어 식습관과 스트레스, 사회적 압력 등의 생활 습관 문제를 검토하는 작업이 이루어진다.

100만 명
특수 교육이 필요한 영국 아동

— 영국 교육부, 2017년

평가의 유형

심리학자는 다양한 유형의 검사를 활용함으로써 학생의 문제에 대해 균형 잡힌 시각을 얻고 그 문제를 해결하기 위한 방법을 실행할 수 있다.

- **인지적 검사와 발달 검사** 학생의 정보 처리 및 해석 능력을 평가해 결과를 동일 연령 집단에 대한 기준과 비교한다.
- **사회적, 정서적, 행동적 검사** 기저의 사회적, 정서적 문제에서 비롯되는 문제를 찾아낸다. 이런 검사에서는 학생의 스트레스 수준, 자존감, 역경을 극복하는 능력이 드러난다.
- **동기 검사** 학습에 대한 유인(incentive)이라는 필수적인 요소를 평가한다. 이런 검사의 예로는 고등 교육에서의 학습 동기 평가 척도(Motivation Assessment Scale for Learning in higher education)가 있으며 이 척도는 질문지 형식으로 되어 있다.
- **학업 검사** 좀 더 공식적인 검사 유형으로, 학생이 자신의 학업 수준에 맞는 반에 들어가 있는지를 판별해 주고 학습 장애가 있음을 알려 줄 수 있다. IQ 검사도 실시할 수 있지만 검사 결과가 제한적이다.

직장에서의 심리학

산업 및 조직 심리학은 일터에서의 사람들의 행동을 탐구하고, 조직을 이해하고 직원의 생활을 향상하기 위해 심리학의 원리를 적용하는 학문이다. 산업 및 조직 심리학자는 직업 생활의 구조 및 과정의 바탕에 깔린 인적 요인을 검토하며 채용, 목표 설정, 팀 개발, 동기 부여, 직무 수행 평가, 조직 변화, 효과적인 리더십에 관해 조언해 줄 수 있다.

조직을 강대하게 만들기

조직이 존재하기 위해서는 공동의 목표와 사람들의 조화로운 노력이 필요하다. 심리학은 관리자들이 유능한 직원을 채용하고, 적절한 목표를 설정하고, 성공적인 팀을 개발하고, 좋은 리더가 되고, 조직 변화에 수반되는 도전에 대처하게 하는 데 큰 역할을 한다.

평가
정기적인 피드백은 직원들이 자신의 강점은 키우고 개선과 성장이 필요한 영역에는 노력을 기울일 수 있게 한다.

채용
직무에 딱 맞는 사람을 고르는 것은 몹시 중요한 과정이다. 조직의 성공은 직원들의 성공과 직접 연결되기 때문이다.

동기 부여
직원들의 열정을 고취하는 것은 회사의 성공을 위해 도움이 된다. 직원들이 자신의 목표를 달성하려면 (내적으로도 그리고 외부 보상에 의해서도) 동기 부여가 되어야 하기 때문이다.

면접
면접을 통해 지원자를 평가하는 방법은 널리 사용된다. 길고 자유로운 대답이 나올 수 있기 때문이다.

90,000

보통 사람이 평생 동안 일하는 데 쓰는 시간

심리학의 분야

산업 심리학과 조직 심리학은 둘 다 일터에서의 심리학을 다룬다. 둘 중에서 먼저 생긴 분야인 산업 심리학은 조직의 효율성을 최대화하기 위해서는 사람들을 어떻게 관리해야 하는가에 관심을 둔다. 산업 심리학에서는 직무 설계, 인재 선발, 직원 훈련, 직무 수행 평가 등을 연구하며 조직 구성원들의 잠재력을 끌어내고자 한다. 두 번째 분야인 조직 심리학은 인간 관계 운동에서 발전한 것으로, 직원의 경험과 행복을 향상하는 데 초점을 맞춘다. 주요 연구 주제로는 직원의 태도 및 행동의 이해와 관리, 직무 스트레스 감소, 효과적인 관리 감독 방법의 설계 등이 있다.

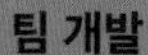

팀 개발
직원들이 함께 일하도록 권장하면 팀 협동력이 향상되고 회사의 실적에도 도움이 된다.

목표 설정
도전적이면서도 현실적인 목표의 설정은 동기 부여(motivation)에 큰 영향을 주며, 이는 다시 효과적인 직무 수행과 목표 달성에 영향을 준다.

리더십
리더는 조직의 문화와 목표를 정의하며, 따라서 직원들이 그 목표에 도달하도록 동기를 부여할 책임을 가진다.

변화
목표 달성을 위해서는 흔히 조직의 구조와 정책을 변화시킬 필요가 생기는데, 회사가 이 작업을 잘 할 수 있게 심리학자가 도움을 줄 수 있다.

인도주의 작업 심리학

인도주의 작업 심리학(humanitarian work psychology) 운동은 산업 및 조직 심리학자들이 전 세계 일터의 빈곤 감소와 행복 증진이라는 사명을 위해 자신의 기술과 재능, 지식을 사용하도록 장려한다. 산업 및 조직 심리학자는 사람들이 시장성 있는 기술을 개발하게 돕고, 실업자의 노동 시장 재편입을 위한 훈련 프로그램을 설계하고, 가난한 지역 사회에 대한 인도적 지원을 촉진하고, 환경의 지속 가능성을 위한 계획을 고안하는 일을 할 수 있다.

가장 우수한 후보자 선발하기

직원의 성과가 조직의 성공을 결정하는 만큼 직무에 적합한 사람을 선택하는 것은 극히 중요하다. 심리학자들은 직무 요건을 분석하고 지원자를 평가하기 위한 다양한 도구를 개발해 놓았다.

직무 분석

지원자를 평가해서 선발하기 전에 우선 배치하려는 직무에 대한 분석이 이루어져야 한다. 이 분석은 포괄적인 직무 기술서(job description)로 구성되며 여기에는 그 직무가 요구하는 과제와 책임의 수행에 필요한 경험과 자질에 대한 정보도 포함된다. 산업 및 조직 심리학자와 인적 자원 전문가들은 직무 분석가, 현직자, 그 직무의 관리자, 훈련된 관찰자 등의 다양한 출처로부터 정보를 수집한다. 정보를 수집하는 방법으로는 그 직무를 수행하는 장면을 관찰하기(혹은 그 직무를 직접 수행해 보기도 한다.), 면접, 질문지 등이 있다.

직무 분석에는 두 가지 일반적인 범주가 있다. 하나는 과제 지향적 분석으로, 해당 직무에서 수행하는 구체적인 과제에 초점을 맞추는 것이고, 다른 하나는 작업자 지향적 분석으로, 그 직무를 수행하는 사람에게 요구되는 특성에 초점을 맞추는 것이다. 작업자 지향적 직무 분석에서는 성공적인 직무 수행에 필요한 KSAO(knowledge(지식), skills(기술), abilities(능력), other characteristics(기타 특성)) 목록이 만들어진다. 특정 직무의 KSAO 목록에는 대개 지원자가 이미 지니고 있으리라 기대되는 특성들과 나중에 그 직무에서 훈련을 통해 개발하리라 기대되는 특성들이 포함된다.

직무 분석은 경력 사다리의 매 단계에 요구되는 핵심 역량에 대한 정보도 제공하므로 경력 개발에 대한 계획을 세우는 데도 활용된다. 또한 직원의 수행을 평가할 기준을 제공하므로 직무 수행 평가의 기초 자료로도 쓰인다.

각 성격 유형에 가장 잘 맞는 직업

MBTI(Myers-Briggs Type Indicator)는 융의 성격 이론에 기반한 성격 검사로 채용 과정에 널리 사용되고 있지만 학생들이 진로를 선택하는 데에도 사용될 수 있다. MBTI는 외향-내향, 감각-직관, 사고-감정, 판단-인식이라는 네 쌍의 반대되는 특성에 따라 사람들을 평가해 16가지 성격 유형 중 하나로 분류한다. 각 유형은 특정 직업에 적합한 전반적인 성향, 강점과 약점을 가진다.

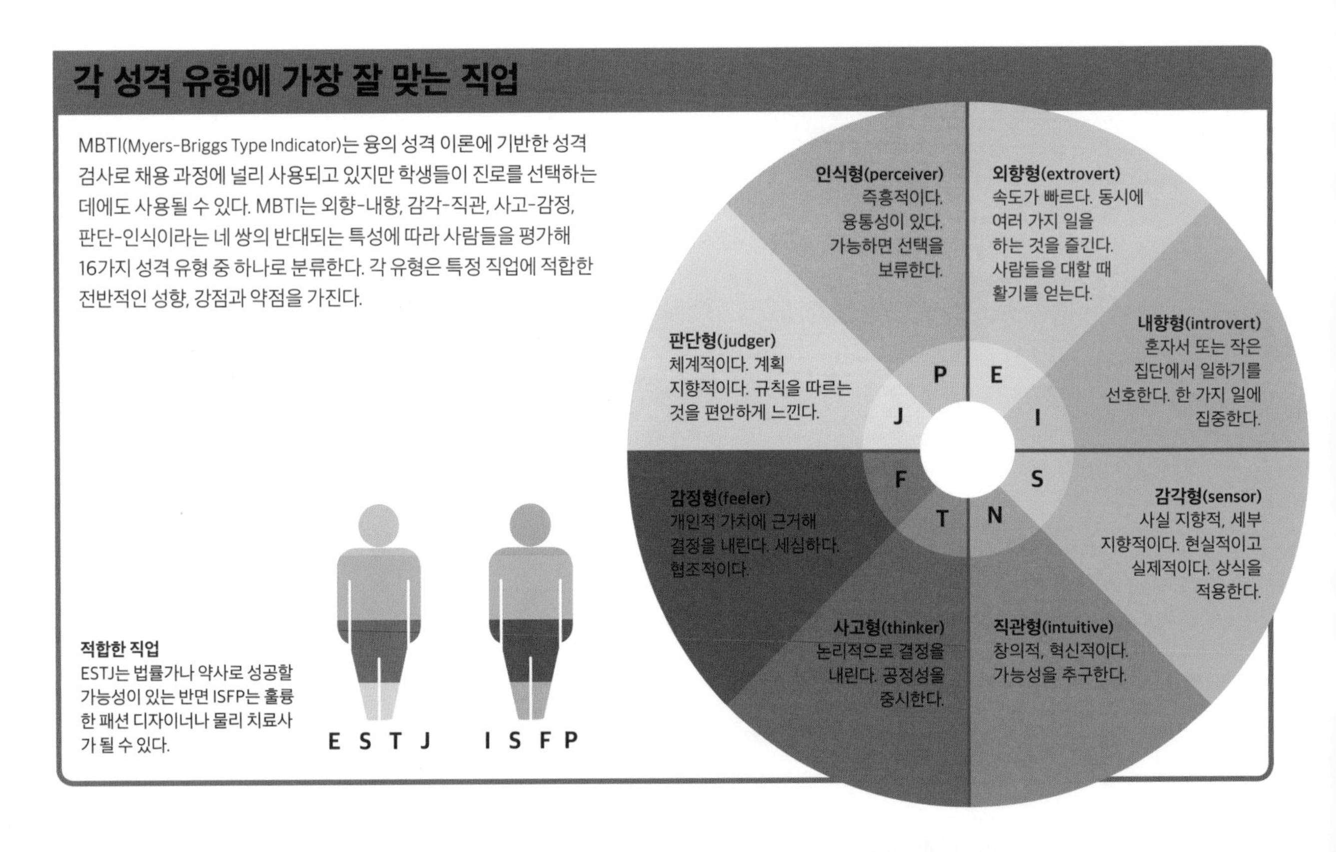

인재 선발

직무에 적합한 사람을 끌어들이고 유지하는 능력은 강대한 조직을 만드는 데 도움이 된다. 적합한 자리에 배치된 직원은 자신이 하는 일과 일하는 환경에 만족할 가능성이 더 높다. 인사 선발에는 지원자가 직무 요건에 얼마나 잘 맞는지를 결정하기 위한 몇 가지 절차가 포함된다. 이에 더불어 학력, 직무 기술, 성격 특징, 이력에 관해 묻는 표준 입사 지원서가 사용된다.

평가 유형

지원자 평가에 보통 사용되는 주요 기법은 다섯 가지가 있으며 흔히 이 중 여러 개를 같이 사용한다. 이 절차들을 통해 각 영역에서의 지원자의 강점과 약점이 드러나며, 조직은 지원자가 채용 후 어떤 수행을 보일지에 관한 소중한 정보를 얻게 된다.

작업 표본

작업 표본이란 지원자로 하여금 직무의 일부를 모의로 수행하게 하는 평가 방법으로, 표준화된 조건 하에서 실제 그 직무에서 수행하는 과제를 얼마나 잘 처리하는지를 보기 위한 것이다. 이때 지원자에게는 필요한 재료와 도구 및 과제 완수 방법에 대한 지시가 주어진다. 작업 표본은 미래의 직무 수행에 대한 예측력이 높은데, 그 이유는 평가 상황과 실제 직무가 유사하기 때문이다.

생활사 정보

생활사 질문지는 직무와 관련 있는 이전의 직업적, 교육적 경험에 관한 정보를 얻기 위한 것이다. 표준 입사 지원서에 비해 질문의 내용이 더 상세하며 학업이나 직업에서의 특정한 경험에 대한 질문이 포함되기도 한다. 확인 가능한 사실이나 주관적 경험에 관한 질문도 포함될 수 있다.

면접

면접에서 지원자가 하는 대답과 행동은 지원자의 직무 적합성뿐 아니라 의사 소통 및 대인 관계 능력에 관해서도 중요한 정보를 제공한다. 눈 맞춤이나 악수의 강도까지도 평점에 영향을 미칠 수 있다. 대부분의 조직이 면접법을 사용하는데, 그 이유는 지원자에게서 보다 구체적인 반응을 끌어낼 수 있고 대인 관계 기술을 파악할 수 있기 때문이다.

평가 센터

평가 센터(센터라는 단어 때문에 물리적인 장소로 오해할 수 있으나 실제로는 역량을 평가하는 방식을 말한다. — 옮긴이)에서는 여러 활동과 모의 과제 수행을 통해 지원자가 해당 직무를 얼마나 잘 수행할 수 있을지를 측정한다. 활동의 종류는 다양하며 완료하는 데 며칠이 걸리는 경우도 있다. 평가 센터는 구두 및 지필 방식의 의사 소통, 문제 해결, 대인 관계, 계획 능력에 근거해 지원자를 평가한다. 다양한 차원에서 점수가 매겨진 다음 총점이 산출되며 이 점수는 채용을 결정하는 데 활용된다.

심리 측정 검사

지원자들에게는 흔히 통제된 조건에서 심리 측정 검사(246~247쪽 참조)를 받는 것이 요구되는데, 여기에는 문제 해결하기나 질문에 답하기, 손의 민첩성 검사 같은 것이 포함된다. 이런 검사들은 성격, 인지 능력, 지식과 기술, 정서 지능, 직업 흥미 등을 평가한다. 질문은 다지선다 방식의 폐쇄형 질문일 수도 있고 스스로 답을 만들어야 하는 개방형 질문 방식을 취할 수도 있다.

면접의 신뢰성

심리학자들이 발견한 바에 따르면 면접의 정확도는 면접관이 가진 편향에 좌우된다. 인종, 성별, 호감도 같은 것이 모두 면접 평가와 채용 결정에 영향을 줄 수 있다. 그러므로 면접관은

- 면접 실시를 위한 훈련이 되어 있어야 한다.
- 표준화된 질문을 해야 한다.
- 면접이 끝나기 전에는 지원자를 평가하지 않아야 한다.
- 자격증 같은 개별적 요소들에 대해 지원자를 평가해야 한다.

인재 관리

조직이 성공하기 위해서는 반드시 직원의 직무 수행에 대한 효과적인 관리가 이루어져야 한다. 효과적인 직무 수행 관리가 이루어지려면 직무 동기를 높이고 정기적으로 피드백을 제공하는 과정이 지속적으로 진행되어야 한다.

동기 부여

동기 부여란 특정한 행동이나 일을 수행하게끔 만드는 내적 상태를 말하며 흔히 특정 목표를 이루고자 하는 욕구에 초점을 맞춰 설명된다. 사람들은 직장에서 수많은 것들에 의해 동기가 부여되는데, 예컨대 돈을 받는 것, 사회에 공헌하는 것, 칭찬을 받는 것을 들 수 있다. 직원의 동기는 직무 만족 및 직무 수행과 직접적인 상관 관계가 있고 조직의 성공과 간접적인 상관이 있다고 밝혀져 있다. 직원이 적절한 능력을 갖춘 경우, 동기 수준이 높으면 대체로 직무 수행도 좋으며, 이는 조직의 주요 목표 달성에 필수적이다.

작업 동기에 관한 심리학 이론들은 어떤 사람에게 다른 사람보다 직무를 더 잘 수행하려는 동기가 유발되는 이유를 다루며, 따라서 직원의 동기와 성과를 최대화하기 위해 무엇을 제공해야 할지를 관리자가 파악할 수 있게 해 준다. 욕구 위계 이론에서는 인간의 동기는 내부에서 생성되며 우리는 각자 자신의 욕구를 충족하는 방향으로 행동한다고 본다. 강화 이론에서는 사람의 행동이 보상과 강화를 얻으려는 욕구에서 나오며 따라서 동기는 외부적으로 생성된다고 가정한다. 자기 효능감 이론은 사람이 자신의 능력에 대해 가진 믿음이 수행에 어떤 영향을 줄 수 있는지를 설명하고, 목표 설정 이론은 사람들의 목표와 그 목표의 설정 방식이 동기와 수행에 어떤 영향을 줄 수 있는지를 설명한다.

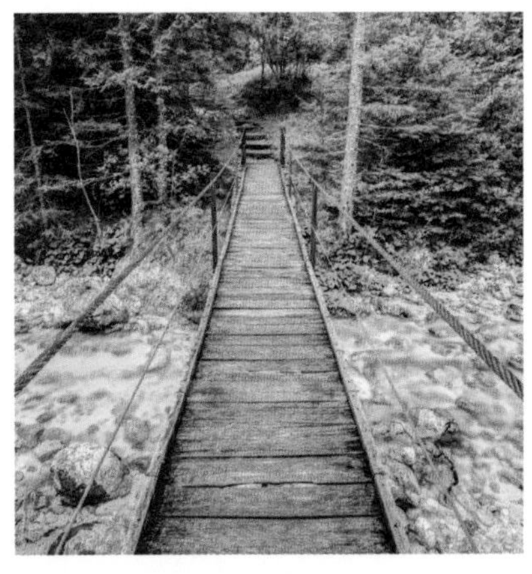

경력 경로가 제시되어 있으면 직원에게서 직무를 잘 수행하려는 동기가 유발될 가능성이 높아진다. 노력하면 보상받을 것이라고 느끼게 되기 때문이다.

목표 설정하기

1960년대에 에드윈 로크(Edwin Locke)가 동기 부여에 관한 목표 설정 이론(goal-setting theory)을 주창했는데, 이에 따르면 목표를 가지고 일할 때 동기와 성과가 증진된다. 로크는 구체적이고 도전감을 불러일으키는 목표가 가장 효과적임을 알아냈다.

명료성
목표는 명확하고 구체적이고 측정 가능한 것이어야 하고 마감 시한이 분명해야 한다. 그래야 직원들이 자신에게 무엇이 언제 요구되는지를 알 수 있다.

도전
흔히 어려운 목표일수록 동기 부여 효과가 높은데 그것은 사람들이 더 큰 보상을 기대하기 때문이다. 하지만 목표가 비현실적일 정도로 어려워서는 안 된다.

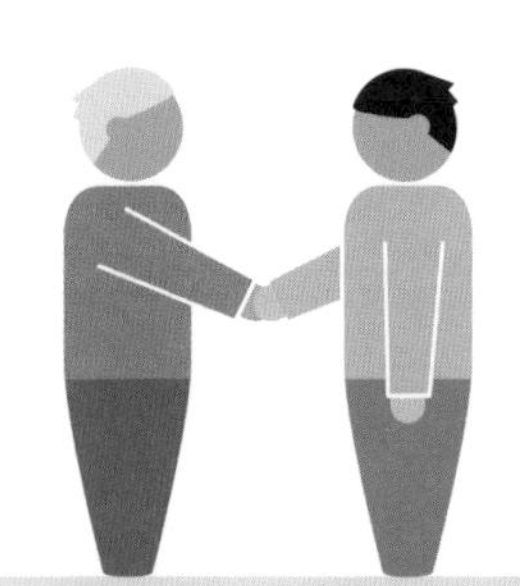

몰입
반드시 상사와 직원 양쪽이 모두 목표를 이해하고 동의해야 한다. 그래야 직원이 목표를 달성하는 데 더 몰입하게 된다.

직무 수행 평가

직원에게 직무 수행에 대한 피드백을 제공하는 것은 직원에게 목표 달성의 동기를 부여하고, 우수한 수행에 대해 인정과 보상을 제공하고, 저조한 수행에 대해서는 건설적 비판과 지도를 제공하는 기회가 된다. 직무 수행 평가는 두 단계로 이루어진 과정으로, 먼저 우수한 수행의 준거를 정의하고 그런 다음 직무 수행 평가 절차를 실시한다. 직무 수행 평가는 관리자의 결정(예컨대 채용과 해고)에 도움이 되는 정보뿐 아니라 직원이 향후 직무 수행을 향상, 유지하기 위한 능력 개발에 도움이 되는 정보도 제공하므로 조직과 직원 양쪽에 유익할 수 있다. 많은 조직이 연 단위의 수행 평가 체계를 가지고 있는데, 이 과정에는 목표 설정 및 주기적으로 상사와 직원이 피드백을 주고받는 시간을 가지는 것이 포함된다.

평가 시의 편향과 오류 줄이기

인간의 판단은 불완전해서 상사가 직무 수행을 평가할 때도 종종 의도치 않게 편향과 오류가 나타난다. 연구들에 따르면 상사가 직원에 대해 알고 좋아하는 정도, 직원의 전반적인 분위기, 문화적 및 인종적 요인 등이 평가에 영향을 줄 수 있다. 또한 한 직원에게 모든 평가 차원에서 똑같이 높은 평점을 주는 후광 효과나 모든 부하 직원에게 똑같은 평점을 주는 분산 오류(distribution error)도 발생하기 쉽다. 이런 문제를 해결하기 위해 조직은 관리자들에게 평가자 교육을 실시해 피해야 할 전형적인 오류에 대해 알려 줄 수 있다. 360도 피드백이라는 방법도 있는데 이 방법에서는 두 명 이상이 직원을 평가함으로써 개인적 편향의 효과를 줄인다.

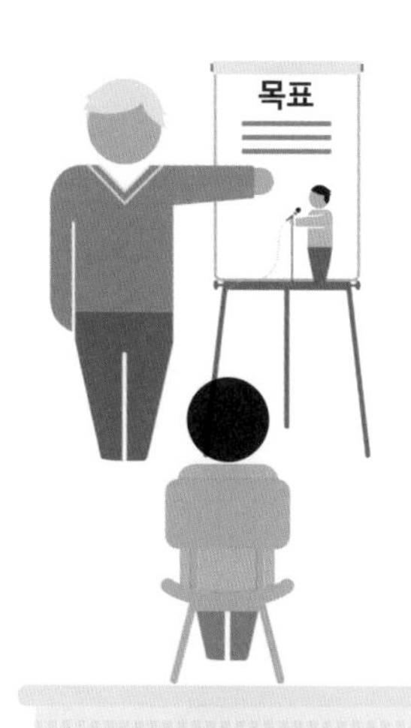

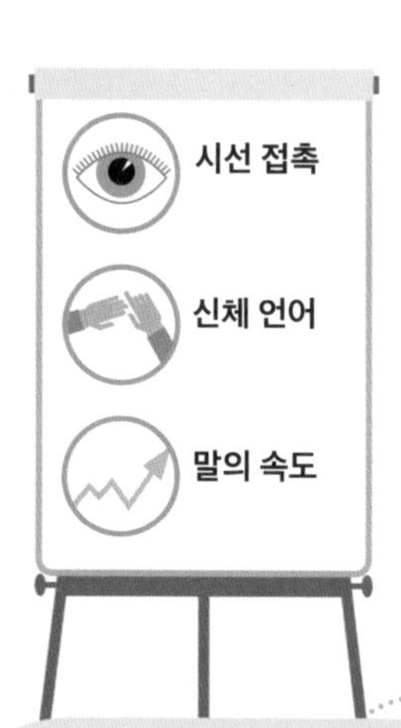

피드백
정기적인 경과 보고는 기대를 명료화하고 목표의 난이도를 조정하고 직원의 성과를 인식하기 위해 필수적이다.

과제의 복잡성
조직이 높은 성과를 거두느냐 아니냐는 동의한 기간 내에 목표가 달성될 수 있는지 여부에 달려 있다. 직원들은 목표 달성에 필요한 기술을 배울 시간을 필요로 한다.

목표 달성
목표가 명확하고 도전감을 불러일으키고 적당히 복잡하고, 직원의 몰입도가 높고, 피드백이 정기적으로 이루어진다면 목표 달성을 위한 조건이 충족된 것이다.

60%
직원은 자신의 작업에 대해 더 자주 칭찬받기를 바란다.

팀워크

작업 팀은 역동적으로 움직이며 강력한 힘을 발휘해 조직의 번영에 기여할 수 있다. 집단의 구성원들과 집단 자체의 강점과 효과성, 잠재력을 개발하는 여러 가지 방법이 있다.

팀의 작동 원리

팀워크에는 집단 수행의 이점이 따르며 집단 수행은 대개 개개인의 수행보다 낫다. 모든 구성원의 강점을 결합함으로써 구성원들이 개별적으로 성취할 수 있는 것보다 더 나은 결과물을 산출할 수 있기 때문이다. 성공적인 팀(예컨대 여러 명의 외과의가 팀을 이뤄 복잡한 수술을 하는 경우)에서는 각 구성원의 활동이 공동의 목표를 달성하기 위해 조율되어 있다. 각 구성원에게는 저마다의 역할이 있지만 일이 잘 수행되려면 서로가 필요하므로 모든 구성원은 상호 의존적이다. 이런 수준의 협동에는 신뢰가 필수적이며, 신뢰는 원활한 의사 소통과 역량, 참여, 협업(collaboration)을 통해 구축할 수 있다. 그러나 모든 팀이 구성원 개개인의 능력에 비추어 기대되는 수준의 성과를 얻는 것은 아니며 이런 현상을 과정 손실(process loss)이라고 부른다. 과정 손실이 일어나는 원인으로는 사회적 태만(집단의 일부가 되자 혼자 할 때보다 노력을 덜 쏟는 구성원이 나타나는 현상, 241쪽 참조)과 브레인스토밍 장애(집단에서 생성한 아이디어가 같은 수의 개인들이 생성한 아이디어보다 적은 현상) 등이 있다.

집단을 이해하기 위한 필수 개념들

› 역할
모든 팀 구성원은 팀 안에서 서로 다른 각자의 직무가 정해져 있다.

› 규범
팀 구성원들은 묵시적인 행동 규칙(예컨대 얼마나 늦게까지 일할 것인지)을 받아들여 공유하며 이 규칙은 개인의 행동에 강한 영향을 준다.

› 집단 응집력
여러 변인 중에서도 특히 결속력과 신뢰감은 팀 구성원들이 팀으로 모여 계속 함께 일할 수 있게 한다.

› 팀 몰입(team commitment)
팀에 대한 몰입도가 높은 구성원은 팀 목표를 잘 받아들이고 팀을 위해 기꺼이 열심히 일하고자 한다.

› 정신 모형(mental model)
과업, 장비, 상황에 대한 구성원들의 공유된 이해. 좋은 팀은 이런 정신 모형을 공유하고 있다.

› 팀 갈등
충돌이 있을 때 해결하는 방식이 협력적인지 경쟁적인지를 보면 그 팀이 얼마나 효과적인 팀인지가 나타난다.

5단계 모형

심리학자 브루스 터크먼(Bruce Tuckman)은 팀의 발달 과정을 다섯 단계로 제시했다. 팀은 이 단계들을 거치면서 함께 도전에 맞서고 해결책을 찾을 수 있게 된다.

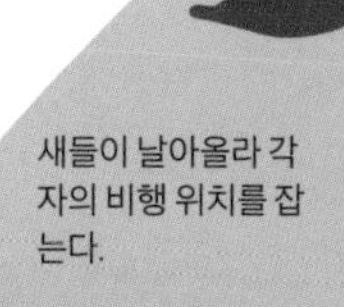

새들이 날아올라 각자의 비행 위치를 잡는다.

2. 격동기(storming)
같이 일하는 초기에 팀 구성원들은 지위를 놓고 서로 경쟁한다. 무엇을 어떻게 할 것인가에 대한 의견 차이로 인해 갈등이 발생한다.

철새들은 긴 이동에서 살아남기 위해 팀을 이뤄 움직여야 한다.

1. 형성기(forming)
구성원이 모여 팀이 결성되는 단계이다. 구성원들은 각자에 대한 정보를 공유하고, 목표와 자신의 역할에 대해 배우고, 같이 일하기 위한 기본 원칙을 세운다.

더 좋은 팀 만들기

팀워크 향상을 위해 몇 가지 기법을 사용할 수 있다. 특정 제품이나 과정을 책임지는 자율 관리 팀(autonomous work team)을 만들면 효율성이 향상될 수 있다. 몇몇 회사에서는 품질 관리 분임조(quality circle)라는, 직원들이 소집단 모임에서 문제를 논의하고 해결책을 제안하면서 그 집단이 당면한 문제에 대한 통찰을 얻는 방식의 팀을 만든다. 동료들이 팀워크 구축 활동에 참여하는 방법도 있는데 이런 활동은 흔히 전문 컨설턴트에 의해 진행된다. 어떤 활동은 팀의 과제 수행 능력을 강화하는 것이 목적이고, 다른 활동은 신뢰와 의사 소통, 상호 작용을 향상하고자 대인 관계 기술에 초점을 맞춘다. 팀 구축의 목표는 팀의 협력과 성과를 증진하고, 팀 구성원 각자의 기술을 향상하고, 팀 전체가 보다 긍정적인 태도를 가지게 하는 것이다.

집단 사고

사람들이 집단으로 작업할 때는 집단 사고가 발생해 합리적인 의사 결정 과정을 방해할 수 있다. 집단 사고란 개별 구성원들이 어떤 결정이 나쁜 결정이라는 것을 알면서도 집단 차원에서 그렇게 결정을 내리는 현상을 말한다. 집단 사고는 강력한 리더가 있고 동조 압력이 강한, 응집력이 높은 집단에서 발생하기 쉽다. 사람들은 다른 구성원들과 좋은 관계를 유지하기 위해 자신의 견해를 묻어 두고 의문이 들어도 합리화한다. 집단이 외부의 의견과 단절되어 있고 구성원 누구도 리더에게 도전할 용의가 없는 경우에는 집단 사고의 가능성이 높아진다. 이를 방지하기 위해서는 리더가 공정한 사회자 역할을 맡아 토의를 진행해야 한다.

새들이 V자 대형으로 나는데, 이때 선두의 새들이 가장 막중한 임무를 띤다.

3. 규범 형성기(norming)
구성원들이 팀의 일원으로서 소속감을 느끼기 시작한다. 개인의 목표보다는 팀의 목표에 초점을 맞추어 과정과 절차를 수립한다.

새들은 주기적으로 서로 위치를 바꾸고 선두 자리도 교대로 맡는다.

4. 성과기(performing)
팀이 효과적으로 기능하는 단계로, 구성원들의 협력이 잘 이루어지고 개방적이고 신뢰하는 분위기가 형성된다. 구성원들이 서로 의지하며 집단의 목표 달성에 집중한다.

도착 후 새들은 먹이를 찾아 흩어진다.

5. 해산기(adjourning)
프로젝트 완료가 가까워지면 팀에서는 작업을 평가하면서 성공을 자축하고 개선할 수 있는 부분을 생각해 본다. 팀 구성원들이 헤어져 각자 새로운 프로젝트로 넘어간다.

5~9명
성공하는 팀이 되기 위한 이상적인 구성원 수

리더십

리더는 자신의 조직 안에서 매우 큰 영향력을 가지며, 리더의 접근법은 생산성과 성과에 영향을 미칠 수 있다. 좋은 리더는 자신의 지식과 권위를 직원을 고무하고 동기를 부여하는 데 사용한다.

리더의 유형

리더는 조직 구성원의 태도, 신념, 행동, 감정에 영향을 미치며 리더의 리더십 스타일은 조직 내 역학의 기초를 형성한다. 일터의 리더에는 두 가지 주요 유형이 있다. 공식적 리더는 관리 감독자의 역할을 하는 사람이고, 비공식적 리더는 동료들과의 상호 작용을 통해 출현하는 리더로 종종 공식적 리더보다 영향력이 크다.

비공식적 리더는 그의 전문성에 대한 사람들의 인식에 기반한 전문적 권력과 직원들이 그를 좋아하고 동일시하기 때문에 주어지는 준거적 권력을 가질 수 있다. 공식적 리더는 몇 가지 유형의 권력을 부가적으로 가질 수 있다. 합법적 권력은 관리 감독자의 직위 자체에서 나오는 권력이고, 보상적 권력은 직원에게 칭찬, 봉급 인상, 승진 등을 제공할 수 있는 권력이다. 반면에 봉급 삭감이나 해고를 통해 직원을 통솔할 때의 권력은 강제적 권력이라고 한다.

좋은 리더는 권력을 적절히 사용하면서 부하 직원의 복지에 관심을 보이고 분명한 기대치를 설정함으로써 체계를 제공한다. 심리학자와 회사들은 특성적 접근(리더로서의 능력은 타고나는 것이며 그런 리더들에게는 특정한 특성이 있다고 보는 접근법, 150~151쪽 참조), 리더십 출현 접근(집단 내에서 리더십 잠재력을 지목받아 리더가 된다고 보는 접근법), 리더십 행동 접근(리더의 특성이 아니라 리더의 행동이 중요하다고 보는 접근법)을 사용해 좋은 리더를 찾아내고자 한다.

경로-목표 이론

경로-목표 이론은 로버트 하우스(Robert House)가 개발한 모형으로, 리더가 직원들의 과업 완수와 목표 달성에 용이한 조건을 조성함으로써 직원들의 직무 성과를 높일 수 있도록 돕기 위한 것이다. 리더는 네 가지 리더십 유형 중에서 직원, 환경, 목표에 적합한 하나를 채택할 수 있다.

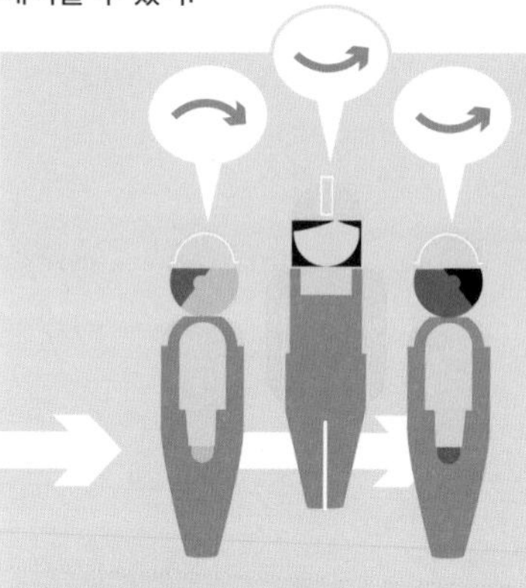

도전적 목표를 설정한다
성취 지향적 리더십은 부하 직원의 역량이 높고 과업이 복잡한 것일 때 가장 좋은 접근법이다.

성취 지향적 리더십
성취 지향적 리더는 도전적인 목표를 설정하고 직원들에게 높은 수행 수준을 요구하며 자신도 실천한다. 부하 직원들의 능력에 대한 믿음을 표현한다.

훌륭한 리더의 자질

높은 도덕성
윤리적인 리더는 정직을 솔선수범하면서 직원들에게도 요구한다. 도덕적인 리더 아래에서 직원들이 최고의 성과를 낼 수 있는 안전하고 신뢰하는 분위기가 만들어진다.

조직 구성원들의 권한 강화
어떤 리더도 모든 일을 혼자 할 수는 없으며 외부에서 투입되는 의견은 매우 가치가 크다. 따라서 리더가 업무를 위임하고 권력을 분배하는 것이 중요하다.

소속감 증진
사람들은 많은 시간을 일터에서 보내며, 따라서 조직과 그리고 동료와 연결되어 있다고 느껴야만 정서적 행복과 생산성이 향상될 수 있다.

새로운 아이디어에 대한 개방성
조직이 앞으로 나아가기 위해서는 문제를 해결하고자 하는 의지와 혁신이 필요하다. 리더가 새로운 아이디어에 열린 마음을 가지고 있으면 진보가 가능한 환경이 만들어진다.

성장 촉진
사람은 성장하도록 격려받을 때 가장 동기가 유발된다. 리더가 직원의 성장과 발달에 힘을 쏟으면 직원들은 한층 더 동기 부여되고 충직해진다.

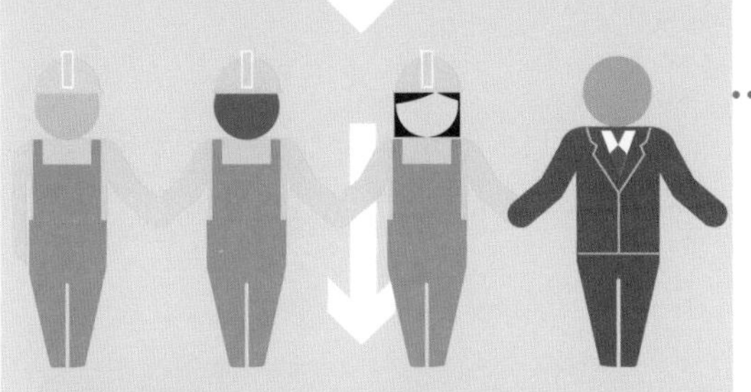

손을 잡아 준다
후원적 리더십은 과업이 위험하거나 지겹거나 스트레스가 많거나 따분한 것일 때 가장 좋은 접근법이다.

후원적 리더십
후원적 리더십은 직원의 욕구 충족을 위해 노력하고, 직원들에게 관심을 보이고, 힘을 북돋아 주는 업무 분위기를 조성하는 것이 특징이다.

"오늘날 성공적인 리더십의 열쇠는 권위가 아니라 영향력이다."

— **켄 블랜차드(Ken Blanchard), 미국의 경영 관리 전문가**

조언을 구한다
참여적 리더십은 경험 많은 부하 직원들의 조언이 필요할 때 가장 좋은 접근법이다.

참여적 리더십
참여적 리더는 부하 직원과 상의를 하고, 의사 결정 과정에서 부하 직원들의 의견과 제안을 참작한다.

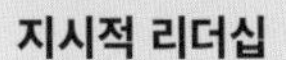

지시적 리더십
지시적 리더는 부하 직원에게 무엇을 해야 할지를 알려 주고 목표 달성을 위한 일정과 마감 시한 같은 적절한 지침을 제공한다.

지시를 내린다
지시적 리더십은 부하 직원이 미숙한 경우, 특히 체계화되지 않은 과업을 수행해야 할 때 가장 좋은 접근법이다.

변혁적 리더십

어떤 리더는 다른 리더들에 비해 부하 직원들로 하여금 비전을 공유하고 일련의 목표를 채택하고 끈질기게 노력해 높은 성과를 낼 수 있도록 동기 부여시키는 능력이 현저히 뛰어나다. 이런 리더들은 카리스마가 있고 커다란 영향력을 미칠 수 있다. 이들은 창의성, 권력, 혁신 정신, 신뢰성, 비전의 공유를 통해 부하 직원들을 고무한다. 그리고 직원들의 성장과 행복을 우선시함으로써 신뢰를 얻고, 그렇게 해서 충직하고 의욕적이고 높은 성과를 거두는 팀을 형성한다. 정치 지도자나 마틴 루서 킹 같은 시민 운동가의 경우와 마찬가지로, 카리스마와 비전은 변혁적 리더가 되기 위해 필요한 중요한 자질이다.

조직 문화와 조직 변화

문화는 번영하는 조직을 이루는 가장 중요한 구성 요소 중 하나로, 조직 내에서 공유하는 신념과 행동으로 이루어진다. 조직이 성과를 내기 위해서는 새로운 사람과 아이디어와 기술을 수용할 수 있게 문화를 바꿔야 할 때도 있다.

문화

조직 문화란 직원들이 자신의 일터와 서로를 어떻게 이해하느냐를 말하는 것으로, 조직의 독특한 사회적, 심리적 환경이 만들어지는 데 한몫을 한다. 문화는 작업 팀들을 하나로 결속시키는 가치관과 의례(ritual), 그리고 일관되고 관찰 가능한 행동 양식에 의해 규정된다. 조직 문화는 조직의 규범, 체계, 언어, 기본 전제, 비전, 신념을 모두 포함하며, 조직의 직원 처우, 의사 결정, 직무 수행 관리 방식에 직접적인 영향을 미친다. 조직 문화는 또한 리더십 및 인센티브와 보상 체계에 의해서도 형성된다.

구성원들이 조직 문화에 결속되어 있기 때문에 조직 변화를 실행하기는 쉽지 않다. 그러나 기존의 구조와 과정이 더 이상 효과적으로 요구에 부응하거나 목표를 달성하지 못한다면 조직 변화가 필요한 때다. 심리적 계약(직원이 가지는 묵시적 기대)에 대한 애착도 변화에 대한 저항을 유발할 수 있다. 조직 변화가 실행되면 그런 기대들도 변경되기 때문이다.

조직을 변화시키기

성공적인 변화는 몇 개의 단계를 거치며 이루어지며 그 변화의 필요성에 대한 설득력 있는 주장이 뒷받침되어야 한다. 염려하는 직원들에게 변화가 필요한 이유를 이해시키면 변화 집행 과정 동안 직원의 저항을 줄이고 새 체계와 과정을 받아들이는 속도를 높일 수 있다.

1. 평가

조직의 현재 상태에 대한 평가를 실시하는 것이 변화로 가는 첫 단계이다. 이 평가를 통해 어느 체계 또는 과정이 제대로 성과를 내지 못하고 있는지 파악하고 그것을 토대로 향후 개선할 주요 영역을 설정할 수 있다.

2. 산정

산정 단계에서는 몇 명의 직원이 영향을 받게 될지, 어떤 유형의 변화가 필요한지 등의 전반적인 변화의 범위를 검토한다. 변화로 인해 일터에서의 일상이 바뀔 사람들의 참여가 성공을 좌우한다.

문제

산정은 변화 계획을 수립하는 데 필수적이다. 새 다리는 강물과 차량 양쪽을 견딜 만큼 강해야 한다.

변화 이후
관리자는 새 구조물이 잘 기능하는지 지속적으로 평가하고 필요한 경우에는 보수를 해야 한다.

5. 변화 관리
리더는 변화에 대한 직원들의 반응을 잘 파악하면서 문제가 생기면 대응하는 한편 변화 계획이 얼마나 성공적으로 집행되었는지 평가해야 한다.

4. 집행
직원들은 대개 변화에 저항하는데, 변화를 단계별로 실행하면 직원들이 변화를 보다 수월하게 받아들이게 된다. 조직은 원활한 의사 소통을 통해 구성원들로 하여금 참여하고 있다는 느낌을 가지게 해야 한다. 그래야 새로운 운용 방식이 결국 받아들여질 수 있다.

도구
새 구조물을 세우려면 적절한 도구가 필요하다. 직원들의 협조를 끌어내기 위한 방법으로 교육 프로그램, 금전적 인센티브, 심지어는 위협도 사용할 수 있다.

3. 설계
조직의 새로운 전략과 목표에 부합하는 체계를 설계한다. 핵심 활동을 규정하고, 새 부서를 창설하고, 부서 간 관계를 수립하는 등의 작업이 이루어진다.

과정
새로운 구조물을 설계하는 데는 시간이 걸리며 변화는 한꺼번에 일어나지 않는다. 변화는 몇 단계의 과정으로 진행되며 대개 외부의 변화 촉진자의 도움을 받는다.

변화 촉진을 위한 지침

직원들이 조직 변화에 적응하는 데 도움을 줄 수 있는 다양한 방법이 있다.

- **강한 리더십**
  관리자는 자신이 변화를 지지한다는 것을 보여 줌으로써 부하 직원들의 변화 의욕을 북돋워야 한다.
- **직원 참여**
  직원들이 주인의식을 더 느낄 수 있도록 의사 결정 과정에 직원을 참여시켜야 한다.
- **의사 소통**
  변화의 구체적인 성격 및 집행 과정과 일정에 대한 정보가 체계적이고 구조화된 방식으로 전달되어야 한다.
- **자축하기**
  변화 과정이 진행되는 동안 모든 성공을 자축함으로써 긍정적 분위기를 형성해야 한다.

알아 두기

- **조직 개선**
  조직 목표로 흔히 설정되는 '개선(改善, 가이젠)'은 일본에서 기원한 시스템으로 지속적인 개선을 가능하게 한다.
  고위직부터 말단까지 모든 직원에게 매일 개선할 점을 제안하게 하며, 이를 토대로 불필요한 과제를 제거해 생산성을 높이는 것이 목적이다.

HFE 심리학

인간 요인 공학 심리학은 사람들에게 더 안전하고 더 생산적이고 더 사용자 친화적인 작업 환경을 제공하기 위한 학문이다. 사람들이 기계 및 기술과 상호 작용하는 방식을 연구하고 더 나은 시스템과 제품, 장치의 설계를 통해 그런 상호 작용을 개선하기 위한 방법을 고안하는 것이 HFE 심리학의 핵심이다. 심리학과 공학(technology)이 교차하는 지점에 위치한 HFE 심리학의 주된 관심은 안전에 있다.

HFE의 실제 적용

실제적 차원에서, 인간 요인 공학(human factors and engineering, HFE) 심리학자는 사람들이 기계와 상호 작용하는 방식에 대한 지식을 사용해 보다 효과적인 작업 방식과 제품을 설계한다. 여기에는 인간의 마음, 반사 작용, 시각 및 기타 감각이 공장의 작업 현장이나 병원 수술실 등의 특정 환경에서 이떻게 작동하는가에 대한 연구가 수반된다. 작업 현장에서의 사람들의 행동을 연구함으로써 HFE 심리학자는 기업의 의사 결정권자와 실업가 및 정부를 대상으로 사고를 피하고 생산성을 높이는 전략에 대해 조언을 줄 수 있다.

HFE 심리학의 주요 적용 분야 중 하나는 상업 항공 산업으로, 이 산업 분야에서는 1960년대부터 항공 안전 통계치를 향상시키기 위해 HFE을 사용해 왔다.

병원에서 인적 오류로 인한 사망 건수를 없애는 것과 핵발전소 가동 같은 중대한 설비 운용 작업에서 위험을 줄이는 것 또한 주요 관심 분야이다. 자전거처럼 별 것 아닌 물건조차도 HFE 심리학 덕분에 더 빨라지고 사용하기 쉬워지고 편안해졌다.

70%

이상의 항공기 사고는 인간의 오류로 인해 발생한다.

측정과 제품 설계

HFE의 두 가지 중요한 분야로 인체 측정(인체의 각 부위와 그 비례를 측정하는 학문)과 인간 공학(제품을 인체에 맞게 설계하는 학문)이 있다. 두 분야 모두 사용자 친화적 기계나 장비를 만드는 데 필수적이다. 사무용 의자를 예로 들자면, 인체 측정치의 완전한 데이터베이스를 사용해 인체의 비례를 고려해 설계된 제품은 근로자의 작업 효율을 높이고 근로자를 단기적, 장기적 신체 손상으로부터 보호한다. 앉았을 때의 눈높이 같은 한눈에 드러나는 수치와 앉았을 때 엉덩이에서 발가락까지의 거리 같은 비례적 수치 모두 측정 대상에 포함된다.

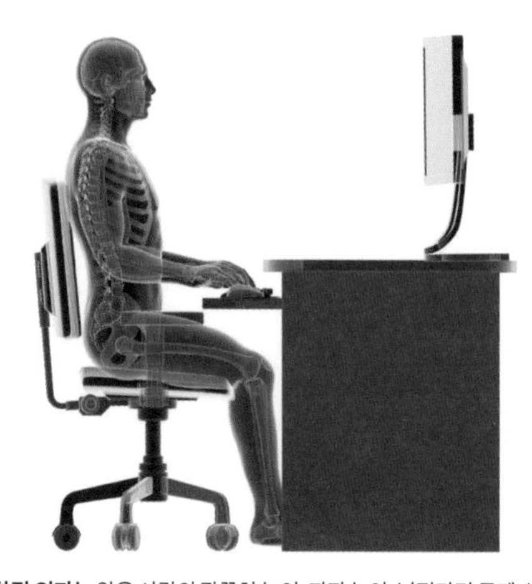

인간 공학적 의자는 앉은 사람의 팔꿈치 높이, 좌판 높이, 넓적다리 두께, 눈 높이, 척추 지지 등을 고려해 설계된다.

심리적 요인

의사 결정
의사 결정 과정의 각 단계를 모두 검토해 조작자의 착오를 바로잡는다.

스트레스와 불안
작업자가 차질이나 좌절을 겪지 않도록 잘 설계된 기기를 사용한다.

업무량
직원의 업무량을 적절하게 조정함으로써 직원이 방심하지 않고 집중하며 정확한 판단력을 발휘할 수 있게 한다.

팀워크
직원들 간의 관계를 촉진해 팀 구성원들의 협력을 강화한다.

인적 오류와 안전
다양한 실수의 원인을 분석하고 변화를 적용해 안전 수준을 높인다.

상황에 대한 자각
직원들이 객관적으로 작업 상황을 평가할 수 있도록 훈련한다.

양방향 과정

HFE 심리학은 과학적 접근법을 사용해 인간이 기계와 상호 작용할 때의 행동을 이해하고자 한다. 이 상호 작용은 양방향 과정으로, 엉성하게 설계된 장비 때문에 사람의 능률이 저하될 수도 있고 사람 행동의 결함 때문에 그 사람이 사용하는 장비의 효율성이 저하될 수도 있다. 이런 문제들에 대응하고 미래의 수행을 예측하기 위해 심리학자들은 인간이 어떤 방식으로 자극 및 사건을 지각하고, 그것을 평가해서 행동 방침을 결정하고, 적절한 반응을 하는가를 연구한다.

디스플레이의 설계

인간의 마음이 정보를 처리하는 방식에 대한 이해를 기반으로 심리학자들은 제품 디자이너들과 함께 더 나은 기계를 설계하기 위해 작업한다.

사용자 친화적 테크놀로지

HFE 심리학자의 핵심적 역할은 기계, 표지판, 시스템을 사용자가 더 효율적으로 조작할 수 있게 설계하는 것이다. 테크놀로지 설계에서 필수적으로 고려해야 하는 세 가지 사항이 있는데 이들은 서로 연결되어 있다. 그 세 가지는 표시 장치(디스플레이)가 얼마나 보고 이해하기 쉬운가, 조종 장치가 얼마나 사용하기 쉬운가, 오류의 가능성을 어떻게 줄이거나 없앨 것인가이다.

디스플레이는 테크놀로지의 주된 요소인데, 그것은 디스플레이가 기계와 인간 사용자의 상호 작용이 일어나는 곳이기 때문이다. 사용자는 눈금판, 불빛, 스크린을 통해 그 기계를 작동하는 데 필요한 정보를 받고 피드백도 받는다. 이는 산업용 및 사무용 장비, 교통 표지판, 항공기 조종 장치, 의료용 장치 등의 광범위한 기계와 시스템에 해당된다.

디스플레이 지각

심리학자는 인간의 마음이 정확히 어떤 식으로 색, 윤곽, 전경과 배경, 소리, 촉감을 지각하고 해석하는가에 관한 상세한 지식을 사용해 설계 과정에서 중요한 조언을 제공한다. 이들이 목표로 하는 것은 부가 설명 없이도 인간의 뇌가 바로 인식할 수 있는 지각적 신호를 이용하는 '자연스러운 설계(natural design)'이다. 고전적 예가 '멈춤'을 신호할 때 빨간색을 사용하는 것인데 이것은 빨간색이 불과 피의 색이라서 인간이 그 색에서 위험을 연상하기 때문이다.

경고 디스플레이

디스플레이 설계 분야에서 심리학자들은 사용자에게 우선 사항을 명확하게 전달하기 위한 색과 소리 조합의 위계를 개발했다. 이 작업은 인간의 눈, 귀, 뇌가 특정 신호에 어떻게 반응하는가에 관한 연구를 토대로 한다. 또한 사람들이 한 가지보다는 두 가지 이상의 감각을 통해 전달되는 메시지에 더 주의를 기울인다는 지식에도 기반을 둔다. 경고 메시지를 표시할 때는 빨간색에 더불어 청각적 경보가 사용되는 데 비해 권고 메시지는 시각적 신호로만 전달되는 경우가 많다.

조종 장치의 체계화

잘 설계된 디스플레이에는 인간이 자극을 보고 듣고 만지고 또 그것을 정보로 처리하는 방식에 대한 고려가 반영되어 있다. 이런 자극들(불빛, 색, 명암, 소리, 감촉 등)은 뇌가 빠르고 정확하게 반응할 수 있는 방식으로 배열되어야 한다. 디스플레이 설계를 좌우하는 네 가지 원리가 있는데 그것은 지각, 정신 모형, 주의, 기억이다.

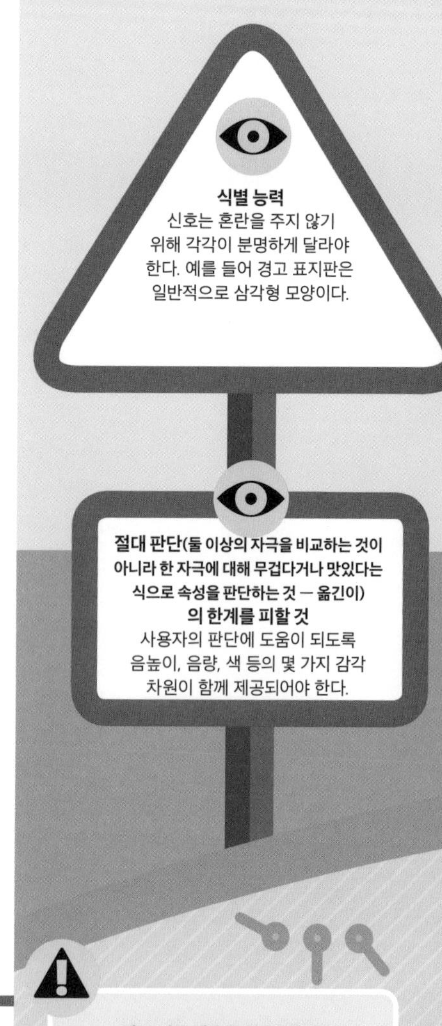

정보 접근 비용을 최소화할 것
가장 자주 이용되는 정보는 쉽게 접근할 수 있어야 한다. 사용자가 그 정보를 찾는 데 지나치게 시간을 쓰지 않아도 되게 하기 위해서이다.

작동 부위
모든 움직이는 부분은 사용자의 기대와 일치해야 한다. 예컨대 재생 버튼의 운동 방향은 실제 작동 부위의 운동 방향과 같아야 한다.

 **지각**
사용자가 어떤 식으로 자기 앞에 놓인 정보를 처음 지각하는가에 관한 원리. 정보는 모호하지 않게 명확한 방식으로 제시되어야 한다.

정신 모형
설계가 사용자의 정신 모형에 얼마나 잘 부합하는가에 관한 원리. 사람들은 보통 비슷한 시스템을 다루었던 경험을 기초로 디스플레이를 해석한다.

주의
정보가 얼마나 접근성이 높고 처리하기 쉬운가에 관한 원리. 정신을 산란하게 하는 환경에서도 정보는 얻기 쉽고 처리하기 쉬워야 한다.

기억
제시된 정보가 어떻게 사용자의 기존 기억을 강화하는가에 관한 원리. 사용자가 정보를 억지로 작업 기억 내에 저장하게 만들기보다는 그 정보가 기존 기억의 회상을 거드는 역할을 하게 해야 한다.

중복 이득
메시지를 두 가지 이상의 방식으로 제시하면 (예컨대 브레이크 등을 하나 추가하면) 효과가 상승한다.

근접 부합성
유의미하거나 연관된 정보 (예컨대 세 개의 브레이크 등)는 가까이 모여서 표시되어야 한다.

일관성
정보가 일관성 있게 제시되어야 사용자가 그 정보의 해석 방법을 숙지할 수 있다. 예를 들어 신호등에서 빨간 불은 항상 '멈춤'을 의미한다.

회화적 실제성
디스플레이는 정보를 실제 같은 그림으로 전달해야 한다. 예를 들어 남은 연료량 수준이 내려가면 연료계의 바늘도 내려가야 한다.

알아보기 쉬운 디스플레이
눈금판과 백라이트 액정의 정보는 그것을 쉽게 읽을 수 있을 만큼 글자 크기를 크게 하고 대조적인 색상을 사용해 또렷하게 보이도록 해야 한다.

다중 수단
정보는 둘 이상의 경로를 통해 전달되어야 한다. 예를 들어 위성 항법 시스템은 화면뿐 아니라 음성도 사용한다.

세상에 대한 지식
정보를 제시한다는 것은 사용자가 기억에 많이 의지할 필요가 없음을 의미한다.

예측을 도울 것
사용자가 진행 과정을 예측할 수 있도록 도움을 주어야 한다. 예컨대 교통 정체 구간을 미리 예측해 적극적으로 대비할 수 있게 도와야 한다.

하향식 처리
과거 경험에 기초한 사용자의 기대를 충족시켜야 한다. 예컨대 사용자는 버튼을 누르면 뭔가가 켜지리라고 예상한다.

인적 오류와 예방

HFE 심리학의 가장 중요한 측면은 인적 오류의 역할을 최소화해 일터에서의 안전을 증진하고 사고 위험과 사망자 수를 줄이는 것이다.

인적 오류의 예방

인적 오류를 제거하는 것은 불가능한 목표일지도 모르나 HFE 심리학은 일터 내 기계와 디스플레이의 설계 및 사람들이 정보를 다루는 방식을 전략적으로 변화시킴으로써 인적 오류를 최대한 줄이고자 노력한다. 인적 오류를 줄이는 것은 사망자 발생 위험이 높은 상황, 예컨대 도로 교통 제어 센터, 핵 발전 시설, 병원, 항공기 조종, 교전 지역 등에서 특히 의미가 있다.

인적 오류의 분석

이들 산업에서 발생하는 대부분의 사고는 인적 오류가 원인이다. 상업 비행을 예로 들자면 과적, 항공 교통 관제상의 실수, 조종사가 조종 장치를 조작하거나 기상 상태를 평가할 때 범하는 오류가 가장

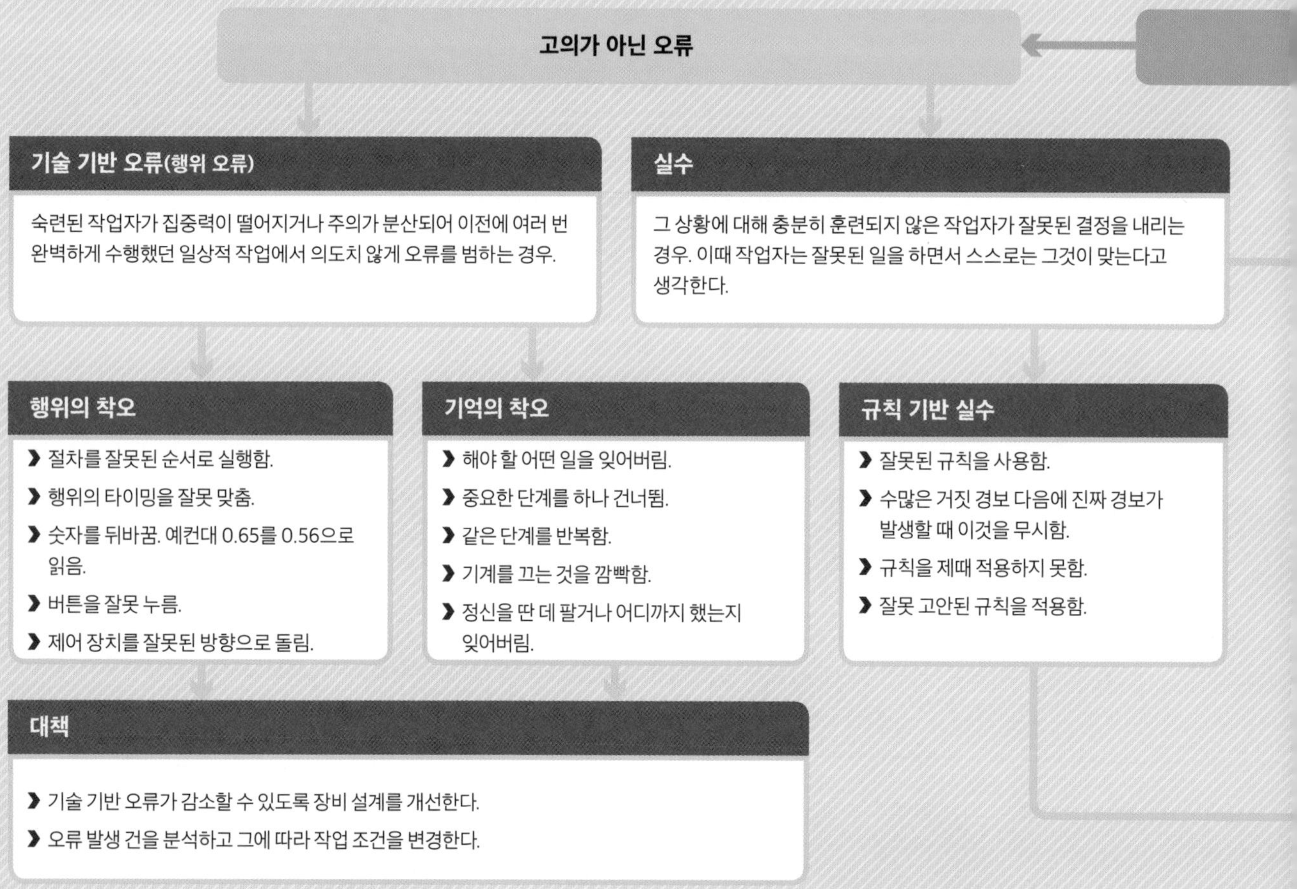

고의가 아닌 오류

기술 기반 오류(행위 오류)

숙련된 작업자가 집중력이 떨어지거나 주의가 분산되어 이전에 여러 번 완벽하게 수행했던 일상적 작업에서 의도치 않게 오류를 범하는 경우.

실수

그 상황에 대해 충분히 훈련되지 않은 작업자가 잘못된 결정을 내리는 경우. 이때 작업자는 잘못된 일을 하면서 스스로는 그것이 맞는다고 생각한다.

행위의 착오

- 절차를 잘못된 순서로 실행함.
- 행위의 타이밍을 잘못 맞춤.
- 숫자를 뒤바꿈. 예컨대 0.65를 0.56으로 읽음.
- 버튼을 잘못 누름.
- 제어 장치를 잘못된 방향으로 돌림.

기억의 착오

- 해야 할 어떤 일을 잊어버림.
- 중요한 단계를 하나 건너뜀.
- 같은 단계를 반복함.
- 기계를 끄는 것을 깜빡함.
- 정신을 딴 데 팔거나 어디까지 했는지 잊어버림.

규칙 기반 실수

- 잘못된 규칙을 사용함.
- 수많은 거짓 경보 다음에 진짜 경보가 발생할 때 이것을 무시함.
- 규칙을 제때 적용하지 못함.
- 잘못 고안된 규칙을 적용함.

대책

- 기술 기반 오류가 감소할 수 있도록 장비 설계를 개선한다.
- 오류 발생 건을 분석하고 그에 따라 작업 조건을 변경한다.

가능성이 높은 사고 원인이다.

과거의 인적 오류들과 그 오류에 이르기까지의 일련의 인간 행위에 대한 연구를 통해 심리학자들은 잘못된 의사 결정이 대개 상황 인식의 결여에서 기인한다는 결론을 내렸다. 그러므로 HFE 심리학자의 주된 목표는 상황 인식을 증진하는 것이다. 상황 인식에는 자신이 처한 환경을 정확히 지각하고, 무슨 일이 일어나고 있는지 이해하고, 결과를 예측하는 능력이 포함된다.

교통 심리학

일부 HFE 심리학자들은 운전자의 운전 행태 및 교통 관리에 대한 반응 방식을 전문적으로 연구한다. 이들의 연구 분야로는 행동 및 사고 연구(사고 위험 요인으로서의 연령과 성격에 대한 연구), 교통 단속 전략, 운전 재활 등이 있다. 스트레스, 피로, 전화 사용, 음주 및 기타 요인에 대한 연구는 심리학자들이 사고를 일으키는 원인을 이해하는 데 도움을 준다.

교통 안전 훈련과 교육은 사람들의 안전한 도로 이용에 도움이 된다.

인적 오류 → **고의적 규칙 위반**

일상적
매일 흔하게 일어나는 규칙 위반. 예컨대 건물 내 층간 이동 시 엘리베이터 대신 화재용 비상 계단을 이용하는 경우.

상황적
시간 압박, 열악한 장비, 작업장 설계로 인한 규칙 위반. 예컨대 마감 시한에 다급하게 맞추기 위해 미숙련 직원을 쓰는 경우.

예외적
극히 드문 상황에서 선택의 여지가 없을 때 발생하는 규칙 위반. 예컨대 길이 빙판이 되었을 때 버스 운전사가 노약자 승객을 정류장이 아닌 곳에서 내리게 해 주는 경우.

예방책
- 규칙이 적절성을 잃지 않게 하고 그 규칙 이면의 이유를 설명한다.
- 비상 상황에 대비해 충분한 관리 감독과 교육을 제공한다.
- 개방적 의사 소통을 권장한다.

지식 기반 실수
- 그 과제를 처리할 지식이 부족함.
- 효과 없는 해결책을 개발함.
- 시행착오를 통해 과제를 수행하려 함.

대책
- 직원들이 비일상적이고 위험도가 높은 과제에 대비할 수 있도록 훈련한다.
- 경험이 부족한 직원들을 감독하고 그 직원들에게 도해로 표현된 절차 설명서를 지급한다.

법정 심리학

법정 심리학(forensic psychology)은 현재 급속히 확장되고 있는 분야로, 심리학을 사법적 맥락에 적용하는 학문이다. 법정 심리학의 주된 목적은 재판에 사용될 증거를 수집, 검토, 제출하는 것과 교도소에 수감된 범죄자를 치료하고 재활을 돕는 것이다. 심리학자들은 광범위한 형사, 가사, 민사 사건에 심리학적 전문 지식을 활용하며 전 세계적으로 재판 과정에서 영향력이 계속 커지고 있다.

경찰서에서

현실 세계의 법정 심리학자가 경찰을 도와 범인을 추적할 때 하는 일은 TV 속에서의 활약만큼 극적이지는 않다. 그러나 이들 덕분에 수사 심리학이라는 분야가 등장할 기회를 얻을 수 있었고, 현재 수사 심리학은 범죄 수사 과정의 많은 측면에서 기여하고 있다.

경찰 후보자 선별

예비 경찰관을 대상으로 심리 검사와 면접을 실시해 직무에 필요한 자질을 갖추었는지 평가한다. 선발에 관해 추천이나 권고를 해 줄 수 있다.

정보 체계 관리

범죄 사건과 관련된 방대한 양의 정보와 서류를 효과적으로 수집, 정리, 해석하기 위한 시스템을 구축할 수 있게 돕는다.

면담 실시

인간의 마음과 행동 패턴에 대한 전문 지식을 사용해 면담의 효율성을 높인다. 말, 얼굴 표정, 억양, 신체 언어 등의 분석 및 해석을 통해 어떤 사람이 거짓말을 하거나 진실을 숨기고 있을 때 간파할 수 있다.

범죄와 용의자를 연결시키기

경찰의 증거를 분석해 해당 범죄 행위와 범인을 연결 짓는 패턴을 찾아낼 수도 있다.

법정에서

법정 심리학자는 법정에서 중요한 역할을 할 수 있다. 그들은 형사 및 민사 소송 과정에서 여러 방법으로 도움을 줄 수 있다.

전문가 증언

심리학자는 법정에서 사건에 관한 사실들뿐만 아니라 그 사실들에 대한 전문적 견해와 해석도 제시할 수 있다. 이런 의견은 판결에 큰 영향을 미칠 수 있다.

변호사에게 조언 제공

재판 과정의 매 단계에서 변호사에게 조언해 줄 수 있다. 소송 전략에 대한 조언, 배심원 선정에 대한 조언(미국의 경우), 증인과 피고에게 질문할 방식에 대한 조언 등이 이에 해당된다.

판사와 배심원단에게 견해 제공

판사와 배심원들이 근거에 의거한 결정을 내릴 수 있도록 소송 과정 동안 계속 인간 행동에 대한 전문가적 의견을 제공하고 피고의 행동이 의미하는 바를 해석한다.

교도소 시스템에서

이론적으로 보자면 교도소는 범죄자의 갱생을 돕는 교정 기관이다. 그러나 현실의 교도소는 가혹하고 비정상적인 환경으로서 그곳에서 일하는 심리학자들에게 많은 어려운 문제를 던져준다. 수용자의 갱생을 돕고 직원들의 케이스 파일(case file, 특정한 사건, 인물, 장소, 프로젝트별로 관련 사항이나 경과를 하나의 철로 묶은 기록—옮긴이)과 보고서 작성을 돕는 것이 심리학자의 역할이다.

수용자 대상

수용자의 삶에서 가장 치료가 필요한 측면을 찾아내어 미래의 재범 위험성을 줄이는 것이 목적이다. 집단 치료 세션과 일대일 상담을 섞어서 제공한다. 교도소에서는 어린 시절의 트라우마가 종종 되살아나고, 인간성을 빼앗긴 느낌이 만연하며, 수용자 간의 불신이 폭력으로 이어지는 일이 빈번하므로 이런 수감 생활의 부작용을 완화하는 것도 치료에 포함될 수 있다.

직원 대상

교도소 측에 지속적으로 환자들의 경과를 알려 주고, 가석방 심사 위원회와 직접 의사소통한다. 심리학자의 평가는 가석방 허가 여부의 결정에 중요한 역할을 한다.

"처벌의 목적은 복수가 아니라 범죄를 줄이고 범죄자를 교화하는 것이다."

— 엘리자베스 프라이(Elizabeth Fry), 영국의 교도소 개혁가

최초의 '전문가' 증인

1896년 독일의 심리학자 알베르트 폰 슈렝크노칭(Albert von Schrenck-Notzing)은 여성 세 명을 살해한 남성의 재판에서 증언을 하며 최초의 전문가 증인으로 기록되었다. 그는 증인들이 재판 전 언론에 보도된 내용과 실제 자신이 본 것을 구별하지 못한다고 주장했다.

사이버 범죄

최근 수십 년간 심리학자들은 발생 건수가 증가하고 있는 인터넷 기반 범죄를 다루기 위해 전문 지식의 적용 범위를 사이버 범죄로까지 확대했다.

누가 연루되어 있나?

테러리스트, 해커, 악성 소프트웨어 개발자들이 인터넷의 익명성 속에서 번성하고 있다. 하지만 법정 심리학자는 신원이 알려지지 않은 사람을 찾기 위한 특별한 훈련을 받은 사람들이다. 해당 인물을 찾기 위해 법정 심리학자는 기존의 알려진 범죄자들의 심리적 프로파일을 이용해서 용의자 범위를 좁힌다. 특정 유형의 범죄는 특정 부류의 범죄자를 끌어당기기 때문이다.

- **피싱 사기꾼**
  거짓 이메일을 보내 개인 정보를 빼내려 하는 사람으로 돈만이 목적인 경향이 있다.
- **정치적/종교적 해커**
  돈보다는 적들의 컴퓨터를 혼란에 빠뜨리는 데 관심이 있다.
- **내부자**
  보통 그 조직에서 해고되었거나 좌천된 사람이다.

범죄자 평가

심리학자는 범죄자의 배경을 연구함으로써 판결과 재활에 참고가 될 정보를 얻고 미래의 사건에 대비해 인물 정보(profile)를 수집한다.

- **학대나 범죄의 가족력이** 있는가?
- **그 범죄자가 저질렀다고 여겨지는** 범죄들은 어떤 유형이고 희생자는 어떤 사람이었는가?
- **그 범죄에 대해** 어떤 태도를 보이는가? 정당화하는가 부인하는가?
- **학력은 어디까지이고** 학교 성적은 어땠는가? 전반적인 지능 수준은 어느 정도인가?
- **연인 관계인 사람이** 있는가? 혹은 예전에 누군가와 사귄 적이 있는가?
- **직장이 있는가?** 혹은 이전에 경제적으로 책임감 있게 산 적이 있는가?
- **정신 질환이나** 인격 장애의 징후가 보이는가?

심리학과 범죄 수사

범죄를 수사하고 범인을 알아내는 과정은 대개 길고 고생스럽다. 심리학자는 이 과정 동안 주로 자료 분석 및 피해자와 용의자 면담에서 경찰에 도움을 줄 수 있다.

심리학자의 역할

책이나 영화에서는 대부분의 범죄 수사에 포함된 노동 집약적 작업을 거의 묘사하지 않는다. 분명한 용의자가 없는 경우, 수사관은 이전의 범죄나 범죄자의 기록에서부터 감시 카메라 영상, 범죄 현장 사진, 피해자와 목격자 및 용의자들과의 면담에 이르는 방대한 양의 정보를 검토해야 한다. 법정 심리학자는 범죄 행동과 그 이면의 동기에 대한 지식을 바탕으로 이 자료들의 대조 확인과 분석에 큰 도움을 줄 수 있다.

범죄 현장에서 명확한 증거가 나오지 않는 경우, 심리학자는 수집된 과학 수사 자료를 토대로 프로파일을 작성할 수 있는데, 이 프로파일을 통해 특정 인물 혹은 그 인물의 행동이 해당 범죄와 연결 지어지기도 한다(198쪽 참조). 심리학자가 가진, 심리 장애 및 그 장애에서 나타나는 행동 패턴에 대한 지식도 용의자 파악에 도움이 될 수 있다. 심리학자는 예리한 면담 기법을 사용해 목격자나 용의자로부터 정보를 최대한 얻어낼 수 있다. 또한 인간 행동 및 사람의 기억의 불완전성에 대한 이해를 활용해 해당 인물이 진실을 말하고 있는지, 혹은 누군가의 범죄 행위를 감싸 주고 있는지 여부를 알아내는 데 도움을 줄 수 있다.

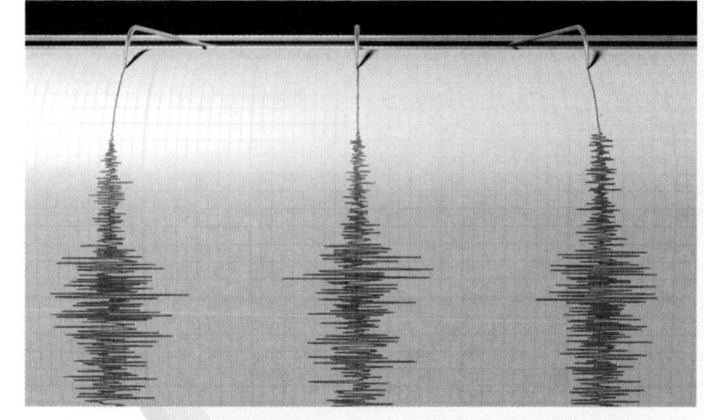

거짓말 탐지기(폴리그래프)는 질문에 대한 반응을 감지하는 기계로, 무고한 사람의 진술을 뒷받침하는 데 효과적일 수 있다.

인지 면담 기법

면담은 그 대상이 피해자든 목격자든 용의자든 상관없이 범죄 수사의 중심이며 법정 심리학자의 전문 지식이 유용하게 사용되는 영역이다. 인지 면담에서는 특수한 질문 방법을 사용하는데, 숙련된 심리학자의 지도 하에서 사용하면 실제로 면담 대상자의 사건 기억을 향상시킬 수 있다. 면담 대상자가 안전하다고 느낄 수 있어야 하고, 면담자는 인내심을 가지고 적절한 방식으로 질문을 던지며 대답할 시간을 충분히 주어야 한다. 어떤 이들은 이런 유형의 면담에 반응을 보이지 않는데, 그런 경우 수사관은 다른 접근법을 시도해야 할 수도 있다.

- **목격자가 안전하게 느낄 수 있는 환경을 조성해** 상호 이해와 협력 의식을 가지게 한다. 면담자가 피면담자의 말을 적극적으로 주의 깊게 경청하면서 그날 무슨 일을 했고 기분이 어떤지에 대한 일상적인 질문까지 곁들이면 피면담자는 긴장이 풀리고 면담자를 신뢰하게 되어 자유롭게 이야기하게 된다.
- **자유로운 형식의 회상을 격려하기 위해** '예/아니오' 대답을 요구하는 질문 대신 개방형 질문을 던진다. 면담자는 피면담자의 대답을 끊지 말아야 하고, 잠깐 쉬는 시간을 여러 번 허용해서 피면담자가 사건을 보다 명확히 기억해 낼 시간을 주어야 한다.
- **유도하는 맥락을 조성한다.** 예를 들어 지금 회상 중인 사건의 배경을 묘사해 주면 피면담자의 기억이 강화될 수 있다.
- **인내심을 처음부터 끝까지 유지한다.** 특히 피면담자가 비협조적이면 더욱 그래야 한다. 피면담자가 허위 자백을 하는 일이 생기지 않으려면 면담자가 답답한 기분과 강압적 태도를 억제하는 것이 매우 중요하다.

범죄 현장에서

범인과의 거리
목격자와 범인(또는 사건) 사이의 거리가 멀수록 기억의 정확도가 떨어진다.

무기의 사용
범죄에 칼이나 총이 포함되어 있으면 목격자의 주의가 무기에 집중되므로 범죄의 세부사항에 대한 기억이 적은 경향이 있다.

목격자의 스트레스 수준
범죄 현장에서 겪는 엄청난 스트레스는 지각과 기억에 변화를 일으켜 부정확한 범인 식별을 초래할 수 있다.

인종, 성별, 나이
목격자는 용의자와 연령이나 성별, 인종이 다를 때 용의자를 잘못 식별할 가능성이 더 높다.

범인의 행동
목격자는 범인의 외모, 말, 행동에서 두드러지는 독특한 측면을 더 잘 기억하는 경향이 있다.

목격자의 기억에 영향을 주는 요인
목격자의 진술은 경찰 수사에서 핵심적 역할을 하는데, 범죄 현장과 그 이후 상황에서의 수많은 요인이 진술의 정확성에 영향을 미친다. 잘못된 목격자 증언이나 용의자 식별은 종종 잘못된 유죄 판결을 초래해 왔다.

목격자의 나이
아동이나 노약자는 면담 시의 압박감에 취약하다. 나이가 적은 아동보다는 나이가 많은 아동이 세부 사항을 더 많이 기억한다.

목격자의 피로
피로는 기억에 영향을 미친다. 조사 전에 충분한 휴식을 취할 수 있게 하면 목격자의 기억에 혼선이 생기는 것을 막고 더 정확한 회상을 끌어낼 수 있다.

기억 유지 기간
사건이 발생하고 오랜 시간이 지난 후에 경찰 면담이 이루어지면 목격자가 사건을 상세하게 회상할 가능성이 낮아진다.

목격자가 타인의 영향에 민감한 것
라인업을 볼 때 수사관이 목격자에게 누구를 지목해야 할지를 무의식 중에 암시할 수 있다.

라인업을 보는 것
라인업(line-up)이란 목격자에게 용의자를 한 번에 여러 명씩 또는 한 번에 한 명씩 보여 주는 것이다. 후자의 방식일 때 목격자는 용의자들을 오로지 범인에 대한 기억과 비교하는 수밖에 없다.

라인업에 대한 지시
목격자에게 라인업에서 용의자를 꼭 지목해야 하는 것은 아니라고 명확히 알려 주면 목격자가 잘못 지목할 가능성이 낮아진다.

경찰 조사 과정에서

'범죄형'이 있을까?

범죄 행동을 미리 확실히 결정짓는 특정한 속성의 묶음 같은 것은 존재하지 않지만 몇 가지 속성은 범죄와 좀 더 흔히 관련된다. 여기에는 낮은 지능, 과다활동, 집중 곤란, 낮은 교육 수준, 반사회적 행동, 법적인 문제를 일으키는 형제나 친구의 유무, 습관적인 약물 또는 알코올 남용 등이 포함된다. 그리고 모든 연령의 남성이 여성에 비해 범죄를 저지를 확률이 유의미하게 높고 특히 폭력 범죄의 경우에 그렇다. 유죄 판결을 받은 사람들은 혼란스럽거나 와해된 아동기를 보냈던 경향이 상대적으로 높지만 그런 양육 방식이 모두 범죄로 이어지는 것은 아니다.

젊은 사람의 경우, 종종 개입을 통해 보호 요인을 도입함으로써 부정적 행동의 순환 고리를 깰 수 있는데 이런 보호 요인으로는 가족 밖에서의 긍정적 인간 관계, 학업 성취, 권위자에 대한 긍정적 태도, 여가 시간의 효과적인 사용 등이 있다.

범죄자 프로파일링

범죄자 프로파일링이란 피해자와 범죄 현장, 그리고 그 범죄의 특징에서 얻은 증거와 정보를 사용해 그 범죄를 행했을 만한 사람의 유형에 대한 가설을 세우는 과정이다. 어떤 범죄 현장에서는 유의미한 단서가 거의 나오지 않는데, 이런 경우 수사관은 상상력을 동원할 수밖에 없다. 바로 이 지점이 최근 발전 중인 학문인 수사 심리학이 활용될 수 있는 곳이다. 프로파일링에는 두 가지 접근 방식이 있는데 그것은 하향식 접근(주로 미국에서 사용)과 상향식 접근(영국에서 사용)이다.

하향식 프로파일링

- 범죄자의 행동과 동기에 따라 체계적(organized) 범죄자와 비체계적(disorganized) 범죄자의 두 유형으로 나누는 유형론에 근거한다.
- 범죄자 유형 중에서 해당 범죄의 특징들에 부합하는 유형을 찾는다.
- 범인이 남긴 표식(signature)과 범행 패턴을 파악하고자 한다.
- 행동주의적 관점(16~17쪽 참조)에 기초한다.
- 성폭행이나 살인 같은 범죄에 가장 적합하다.

상향식 프로파일링

- 다수의 범죄 행위에서 공통점을 찾아 행동 패턴을 알아내고자 한다.
- 자료에 근거한 방식이고 분명한 심리학적 원리에 기반을 둔다.
- 과학 수사에서 나온 증거와 자료를 사용해 행동 패턴을 조금씩 완성해 간다.
- 범죄와 범죄자를 신중하게, 구체적으로 연관 짓는다.
- 처음에 범인에 대해 어떠한 가정도 가지지 않는다.
- 범죄 현장의 증거와 목격자 진술에서 나타나는 범행의 일관된 특성을 찾는다.

"심리학은 종종 개인들을 마치 고정된 시간과 공간 안에 멈춰 있는 것처럼 묘사한다."

— 데이비드 캔터(David Canten), 영국의 심리학 교수

범죄 행위에 대한 이해

범죄 행위가 생기는 이유에 대한 탐구심, 즉 선천적으로 '나쁜' 사람이 있는지, 범죄 행동이 환경에 의해 만들어지거나 영향을 받는지, 범죄자는 범죄자가 아닌 사람과 차이가 있는지 등에 대한 질문이 법정 심리학의 중심에 자리한다. 범죄를 이해하려는 시도들은 범죄의 정신적, 심리적, 사회적, 생물학적 측면에 집중한다. 용의자를 평가하고 다루는 방식뿐 아니라 범죄 감소를 위한 정책도 이런 측면들에 의해 결정될 수 있다.

정신 장애
유죄 판결을 받은 범죄자들은 흔히 우울증(38~39쪽 참조), 학습 장애, 인격 장애(102~107쪽 참조) 또는 조현병(70~71쪽 참조) 같은 장애를 앓고 있다. 그중 일부는 정신증적 삽화를 경험하고, 자신을 조종하는 비밀 세력에 대한 환각이나 믿음을 가진다. 하지만 범행이 장애로 인해 유발되었는지 아니면 생활 습관 같은 다른 요인이 원인인지를 늘 명확하게 파악할 수 있는 것은 아니다.

정신병질적 행동
많은 범죄자는 정신이 또렷하고, 자신의 행위가 불법적임을 충분히 알고 있다. 그럼에도 그들은 거짓말을 하고, 사람들을 학대하고, 갑작스럽게 난폭한 행동을 하고, 타인과 공감, 소통하지 못한다. 이런 행동 패턴이 가리키는 것은 정신병질(104쪽 참조)이다. 정신병질자는 굉장히 매력적이고 남을 잘 돕는 것처럼 보일 수 있지만 (실제로는) 타인에 대한 공감 능력이 전혀 없으며 사악한 행동을 할 수 있다.

심리적 요인
범죄자들은 일반적으로 도덕심이 강하지 않고, 사회 규범을 따르지 않고, 도덕 추론 능력이 성인 단계에 도달하지 못한 상태이다. 이들의 행동에는 자기 행동의 결과에 대한 인식 부족, 낮은 자기 가치감, 범죄 행위를 하면 별 노력 없이 큰 보상을 얻을 수 있다는 믿음, 만족 지연 능력의 부족, 욕구 통제 능력의 결여 등이 반영되어 있다.

생리학적 요인
많은 전문가가 범죄 행동의 기저에는 신경학적 요인이 있으며, 범죄 행동은 뇌의 장애나 손상(출생 시 또는 사고로 인해 발생)으로 인해 성격이 영향을 받은 결과라고 믿는다. 또 어떤 전문가들은 범죄자가 유전적으로 다르며, 호르몬 균형이나 신경계의 어떤 특성 때문에 선과 악의 개념을 배우지 못한다고 주장한다.

사회적 환경
대부분의 범죄는 홀로 동떨어진 행위가 아니라 사회적 상호 작용의 산물이다. 범죄의 근원은 범죄자가 타인과 상호 작용하는 방식과 범죄자가 속한 사회망에서 찾을 수 있을지도 모른다. 범죄자들이 사례를 통해 범죄 행위를 학습하는 것일 수도 있다. 경제적 지위가 낮은 것도 하나의 요인일 수 있지만, 가난 자체가 범죄 행위의 유일한 원인인 경우는 절대 없다.

폭력의 순환 고리

폭력 범죄란 범인이 피해자를 상대로 물리적인 힘을 사용하는 범죄다. 대개 공격성은 감정 조절 능력의 부족에서 비롯된다. 공격성을 가지게 된 것은 폭력을 인정해 주고 심지어 권장하기까지 하는 가족이나 문화에서 성장했기 때문일 수도 있다. 폭력이 유일한 목적인 경우들도 있지만 강도 행위를 비롯한 다른 경우에서는 폭력이 어떤 목적을 위한 수단이 된다. 예를 들면 배우자나 애인에게 지배력을 행사하기 위한 도구로 물리력을 사용하는 사람이 있는가 하면 단지 분노나 좌절감, 질투심을 발산하기 위해 타인에게 폭력을 사용하는 사람도 있다. 이런 사람들은 종종 분노와 후회의 순환(오른쪽 그림)에 빠진다.

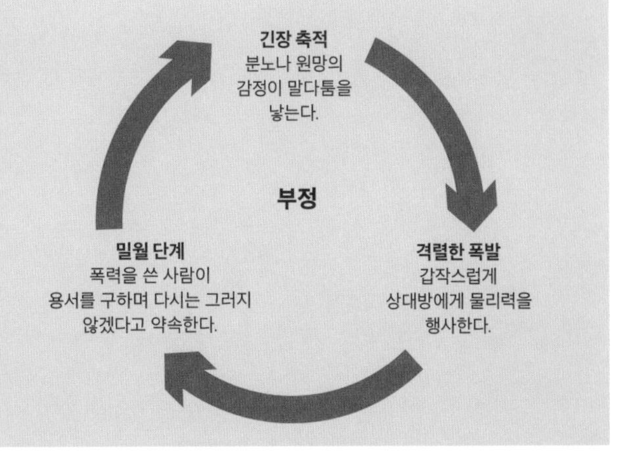

재판정에서의 심리학

법정 심리학자는 법정에서 피고를 평가하고, 변호사에게 신문 방식에 대해 조언하고, 전문가 소견을 제시하고, 판결에 관한 자문에 응하며 많은 시간을 보낸다.

책임을 맡는 분야

형사 재판에서 심리학자의 역할이 확립된 지는 좀 되었지만 최근에는 가사와 민사 재판에서 조언을 제공하는 데까지 영역이 확대되었다. 유죄 선고를 받은 사람이나 민사 재판에 출석이 예정된 사람에 대해서는 흔히 정신 상태와 재판을 받을 능력에 대한 감정이 실시되는데 특히 무죄를 항변한 경우에 그렇다. 심리학자가 지정되어 피고를 평가하게 되며 정신 장애나 신체 질환의 증거를 찾는 작업이 이루어진다. 심리학자는 또한 외부의 영향 및 정상 참작의 여지도 고려한다. 증언을 통해 피고의 능력(capabilities)에 대한 해석과 그 능력 수준이 사건의 결과에 어떻게 기여했을 수 있는지에 대한 소견을 제공하기도 한다.

배심원단의 심리적 구성도 재판의 결과와 크게 관련이 있다. 누구나 그렇듯 배심원들도 개인적 편향을 가지기 쉬우며 이런 편향은 배심원으로서의 능력에 영향을 미쳐 결과적으로 평결에 영향을 줄 가능성이 있다. 배심원 일부 또는 전부가 자신들에게 기대되는 것이 무엇인지 잘 이해하지 못할 가능성도 있고, 단지 제시되는 정보들이 너무 복잡한 탓에 피고가 유죄라고 추정할 가능성은 그보다 더 높다. 심리학자는 판사나 배심원들과 협력해 이런 편향의 영향을 완화할 수 있다.

피고인의 정신 상태 감정

피고인(또는 피의자)의 범행 당시 정신 상태나 현재 재판 절차를 이해할 능력이 의심스러울 때 변호사나 경찰이 심리학자에게 피고의 정신 능력 평가를 의뢰할 수 있다. 그 결과에 따라 그 사람은 법정에 설 능력이 없는 것으로 간주될 수도 있다. 정신 감정 과정에서 심리학자는 다양한 잠재적 요인을 찾고 평가한다.

정신 이상

어떤 행동이 잘못인지 아닌지 변별할 능력이 없는 것으로 밝혀지면 정신 이상을 근거로 무죄 판결을 받는다. 하지만 범행 당시 자신이 잘못을 하고 있음을 알았다면 법적으로 정신이 온전한 것으로 간주된다.

두부 손상

뇌에 손상을 입으면 성격이 바뀌고 판단력에 문제가 생겨 공격적, 충동적 행동이 초래될 수 있다.

무능력

피고의 정신 능력이 심하게 손상되었거나 정신 발달이 지체되어 있어서 재판에서 일어나는 일을 이해할 수 없다고 간주되는 경우에는 불기소 처분이 내려지게 된다.

낮은 지능지수

지능지수(IQ)가 심하게 낮으면 재판을 받을 능력에 영향을 미칠 수 있다. 기소된 경우에도 양형을 결정할 때 지능지수가 고려된다.

꾀병

어떤 피고들은 처벌을 피하기 위해 단기적 또는 장기적인 신체 질환이나 심리 장애(혹은 둘 다)를 과장하거나 꾸며내기도 한다.

허위 자백

사람들은 종종 누군가를 보호하려고, 심문이나 고문을 피하려고 혹은 자신이 죄를 범했다고 잘못 생각해서 허위 자백을 한다.

배심원단의 결정

재판 결과에 가장 큰 영향을 미치는 요인은 물론 증거가 얼마나 강력한가 하는 것이지만 배심원들의 특성과 이해도에서의 작은 차이가 결과에서 중대한 차이를 낳을 수 있다.

- **미국에서는** 배심원 선정 컨설턴트를 불러 배심원들의 편향을 분석할 수 있다. 배심원 편향 척도(Juror Bias Scale) 같은 질문지로 성격 특성을 측정해 어떤 배심원이 증거와 상관없이 특정 피고인을 유죄로 판단할 가능성을 예측하기도 한다.
- **법정에서 사용되는 언어는** 대개 난해하기 때문에 심리학자는 더 단순한 표현과 형식, 순서도(flowchart)를 사용해 정보를 보다 명확하게 제시해 배심원들의 이해를 돕고 오해를 방지한다.

75%

유럽 교도소 수감 여성 중 약물이나 알코올 문제가 있다고 추정되는 비율

전문가 증인의 역할

법정 심리학자는 요청을 받고 민사, 가사, 형사 재판에서 의사 결정 과정에 도움을 줄 수 있다. 다른 모든 증인과 마찬가지로 법정 심리학자도 재판 절차를 준수해야 하지만 이들은 사실의 진술을 넘어 상황에 대한 해석까지 제공할 수 있다. 전문가 증언을 할 수 있는 사람은 자격이 제한되어 있다.

- **전문가 소견은** 그 심리학자의 전문 영역에 국한되어야 한다. 전문가 증인에게 피고가 유죄라고 생각하는지 무죄라고 생각하는지에 대한 진술을 요청해서는 안 된다.
- **공판 전, 전문가 심리학자는** 변호사와 함께 재판을 준비하거나 피고의 이해를 돕거나 반대 심문 전략을 세우는 등의 일을 할 수 있다.

판결을 위한 조언

유죄 판결을 받은 범죄자에게는 징역, 벌금, 보호 관찰 등이 선고된다. 선고는 징벌적, 배상적 목적에 더불어 문제가 된 개인(재활적 접근) 및 다른 사회 구성원이 미래에 유사한 범죄를 저지르는 것을 저지하려는 목적을 가진다. 판사는 최종 결정을 내리기 전에 심리학자에게 피고의 정신 상태에 대한 의견을 구하기도 한다.

- **선고는** 범죄의 심각도와 피고의 책임 정도에 비례해야 한다.
- **가중 처벌 요인**, 예컨대 피해자의 취약성, 피해자가 먼저 도발했는지 여부, 피고가 뉘우치는 모습을 보이는지 여부 등이 고려되어야 한다.
- **오래 수감된 범죄자들이** 그보다 복역 기간이 짧은 범죄자들에 비해 출소 후 다시 범죄를 저지르는 비율이 낮다는 연구 결과가 있다.

교도소에서의 심리학

법정 심리학자의 중요한 역할 중 하나는 유죄 판결을 받은 범죄자들의 교화와 사회 복귀를 돕는 것이다. 여기에는 수용자에 대한 평가, 기존 문제의 해결, 재활 프로그램의 개발 등이 포함된다.

도전적 환경

감옥은 범죄 성향을 치료하고 범죄 행동을 교정할 수 있도록 만들어진 공간이다. 그러나 현실의 감옥은 재소자와 직원 모두에게 힘든 도전적인 환경으로, 심리학자 필립 짐바르도(Philip Zimbardo)가 유명한 1971년 스탠퍼드 감옥 실험(151쪽 참조)에서 잘 보여 준 바 있다. 짐바르도는 평범한 대학생들을 골라 '감옥'으로 개조한 지하 공간에서 죄수 역할과 교도관 역할을 하며 생활하게 했다. 수감 생활의 효과를 연구하기 위해서였다. 그러나 곧 강압적이고 폭력적이며 위계 질서가 강한 환경이 만들어졌고 실험은 단 6일 만에 중단되어야 했다.

치료 프로그램

심리학자는 교도 시설과 그 직원들에게 치료와 재활 프로그램의 계획에 관해 조언을 제공해 줄 수 있다. 재소자를 한 명씩 상대할 때 심리학자는 상대방에 대해 전체론적(holistic) 관점을 취하고자 한다. 심리학자는 정신 질환이나 약물 중독

교도소는 그 나름의 한계를 가진다. 생경한 일과를 수행해야 하는 부자연스럽고 가혹한 장소인 데다가 재소자들은 오로지 교도소 직원 및 다른 범법자들하고만 교류해야 하기 때문이다.

같은, 범죄 행동의 원인으로 작용했을 가능성이 있는 문제들을 살펴본다. 그리고 각 수용자가 자신이 현재 당면한 문제와 도전(형을 선고받은 데 대한 반응도 포함)에 대처하고 자기 자신과 남들에게 끼치고 있는 위험을 해결하도록 도울 방법을 찾는다. 또한 재범 위험성을 낮출 수 있는 접근법을 찾기 위해서도 노력한다.

폭력 범죄자들은 흔히 집단 치료 세션에 참여해 이야기를 나누고 역할 놀이를 하며 어떤 문제가 자신들의 행동에 원인의 일부로 작용했는지를 탐색한다. 이들은 또한 이 시간을 이용해 피해자에 대한 공감 능력을 키우기 위한 노력을 할 수 있다. 수용자들이 함께 모여 이야기를 나누는 치료 공동체들은 유익한 효과를 가질 수 있다. 인지 행동 치료(122~129쪽 참조)에 기초한 프로그램들은 범죄자들이 사고와 행동 패턴을 바꾸도록 도울 수 있고, 사고 기술 향상 훈련은 경청하기와 도움 요청하기 같은 사회적 기술을 개발하는 데 도움이 될 수 있다.

교도소 내 행동 문제

재소자들이 교도소 생활을 하며 마주하는 힘겨운 도전들에 대처하기 위해 노력하다 보면 결과적으로 그들이 교도소 자체로부터 해로운 영향을 받을 수 있다. 그 결과 행동 패턴의 변화가 나타나서 이것을 해결하기 위한 도움이 필요해질 수 있다.

- **재소자들은 자신에 관한 결정을 내릴 때** 교도소 직원에게 의존하게 된다. 엄격하게 통제되는 환경으로 인해 고립감과 무력감을 느끼기 때문이다.
- **교도소 생활은 재소자 사이에 의심과 불신이 자라게 하며**, 이는 때때로 신경증 수준의 경계심으로 이어진다.
- **재소자는 '가면'을 쓰고 감정을 숨기는 법을 익히게 된다.** 가면은 자기를 보호하고 지키는 수단이지만 그로 인해 남들과 관계를 맺기가 어려워진다.
- **구성원을 비인간화, 몰개성화하는 교도소 분위기로 인해** 재소자는 자신에 대한 믿음이 서서히 파괴될 수 있다. 재소자는 자신의 중요성, 고유성, 가치에 대한 느낌을 잃어버리기 시작한다.
- **혹독하고 때로는 폭력적인 환경으로 인해** 어린 시절의 외상적 사건의 기억이 되살아날 수 있다.
- **절망감은 자살로 이어질 수 있다.** 교도소 내 자살률은 외부 세계에 비해 최대 열 배가 높다.

재범 위험성 낮추기

수용자의 출소 후 재범 위험성을 낮추는 것은 법정 심리학자의 주요 임무 중 하나다. 수용자가 다시 범죄를 저지르지 않도록 격려하기 위해 다양한 접근법이 사용되며, 개인적 책임감과 자신에 대한 도덕적 가치감을 불러일으키는 데 중점을 둔다.

재발 방지

개인적 책임
수용자에게 자신의 파괴적 사고 패턴과 범죄의 순환 고리를 직면하게 가르친다.

피해자에 대한 감정 이입
수용자에게 자신이 저지른 범죄의 파괴적 영향을 통감하게 함으로써 피해자에 대한 공감 능력을 키우게 돕는다.

건강한 성관계
건강한 성에 대해 교육하며 건강하지 않은 성과 범죄 행동 사이에 관계가 있음을 강조한다.

개인적 방지 계획
재소자로 하여금 다시 범죄를 저지르는 원인이 될 만한 상황과 개인적 약점을 찾아내게 한다.

인지 행동 치료
심상 기법과 이완 기법을 사용해 폭력적 충동과 일탈적인 성적 흥분을 감소시킴으로써 재소자가 범죄 행동을 억제하고 궁극적으로는 예방하는 법을 배우게 돕는다. 인지 행동 치료는 또한 범죄 행위와 연관된 많은 문제를 다루며, 사회적 기술, 문제 해결, 비판적 추론, 도덕적 추론, 자제력, 충동 조절, 자기 효능감을 향상하도록 돕는다.

정서적 안녕
이야기를 나누는 것은 재소자가 과거의 학대나 트라우마 경험을 받아들이는 법을 배우는 데 도움이 된다. 또한 이야기를 통해 재소자의 개인 생활과 가족 생활에서의 비정상성(dysfunction)이 범죄 행동과 어떤 연관이 있는지도 드러나게 된다. 중독과 공동 의존증(co-dependency, 중독자의 가족이 중독자와 밀접한 관계를 맺으며 생활한 결과로 정서, 심리, 행동에서 문제를 겪는 역기능적 상태 — 옮긴이)도 논의의 대상이다.

분노 조절
분노 조절 기술을 배우면 재소자가 자신의 정서적 촉발 요인을 알아내는 데 도움이 되고 촉발 상황이 생겼을 때 진정하는 법을 알게 된다. 분노와 범죄 행동의 관계를 중점적으로 논의하고, 범죄자에게 공격성이 아니라 자기 주장성을 나타내도록 격려한다.

10~15%

만성 정신 질환을 앓고 있는 재소자 비율

피해자학이란?

피해자학(victimology)은 피해자와 가해자 간의 관계를 연구하는 학문이다. 연구 결과들을 보면 범인과의 근접성이나 신체적 또는 심리적 취약성 같은 요인에 의해 다른 사람에 비해 피해자가 되기가 더 쉬운 사람이 있는 것으로 나타난다. 심리학자들은 피해자가 표적이 되는 이유를 탐색하고 그 과정에서 찾아낸 패턴을 사용해 예방과 위험성 감소를 위한 전략을 개발한다. 그러나 피해자와 범죄자의 차이가 항상 명확한 것은 아니다. 폭력적인 환경에서는 피해자가 가해자로 바뀔 수 있기 때문이다.

정치 심리학

정치 심리학은 심리학적 접근법과 모형을 정치의 세계에 적용해 시민과 권력자들의 마음을 탐색하며 그들의 선택과 행동을 설명하고자 한다. 또 대중의 정치 행동을 연구하는 한편 사람들이 테러나 집단 학살 행위를 저지르거나 용인하는 이유와 그런 행동을 방지할 수 있는 방법에도 관심을 가진다.

주요 이론

일반적으로 사람들은 중요한 정치적 결정을 내릴 때 얼마 되지 않는 구체적 정보에 근거를 두고 나머지는 추정으로 채운다. 귀인 이론과 도식 이론은 사람들이 어떤 방식으로 추정에 이르는지를 보여 준다.

귀인 이론

사람들은 문제에 대한 답을 얻기 위해 자신의 행동과 다른 사람들의 행동을 이해하려 한다. 그들은 추정에 기대어 어떤 일이 일어난 이유에 대한 이론을 세우고 세상을 이해하고자 한다.

기본적 귀인 오류

사람들은 자신의 행동을 상황에서 비롯된 것이라고 귀인(설명)한다. 반면 다른 사람의 행동은 기질이나 성격 특성에 귀인한다.

대표성 휴리스틱

사람들은 어떤 사람이 특정 인간 유형의 고정 관념(stereotype, 정형화된 이미지)과 얼마나 유사한가에 기초해 그 사람을 평가하거나 판단한다.

가용성 휴리스틱

사람들은 어떤 사건이 발생할 가능성을 추정할 때 그 사건을 머릿속에서 얼마나 쉽게 떠올릴 수 있는가에 기초해 추정한다. 이럴 경우 그 추정에는 대개 통계적 확률이 아니라 자신의 최근 경험이 반영된다.

"인간이 가장 잘 하는 일은 새로운 정보를 자신이 사전에 내린 결론 그대로 두는 쪽으로 해석하는 것이다."

— 워런 버핏(Warren Buffet), 미국의 거물 투자가

유권자들은 어떻게 결정을 내리나?

사람들에 의해 지도자로 선택된 후보는 사람들의 정치적, 사회적, 문화적, 개인적 삶에 영향을 미칠 힘을 가진다. 심리학자들은 사람들이 그런 중대한 결정을 어떻게 내리는가에 대해 여러 가지 이론을 제시한다.

› 기억 기반 vs 온라인 평가

기억 기반(memory-based) 모형은 유권자들이 선택의 순간이 되어서야 관련된 정보를 장기 기억에서 작업 기억으로 옮겨와 판단하며 정치적 결정을 내린다고 설명한다. 반대로 온라인 모형은 후보에 대한 새로운 정보를 실시간으로 받으며 항상 관점을 업데이트한다고 설명한다.

› 좋은 점과 싫은 점의 개수 세기

이 이론에서는 투표소에 들어가서 자신이 각 후보에 대해 좋아하는 점과 싫어하는 점의 개수를 세서 좋아하는 점 개수에서 싫어하는 점 개수를 빼고 각 후보의 총점을 비교한 결과로 결정을 내린다고 설명한다.

주요 주제

› 정치적 의사 결정

시민들은 어떻게 정치적 정보를 해석하고 정치적 결정을 내리는가? 무엇이 그들의 투표 방식을 결정하는가?

› 의견과 평가

이슈와 후보를 평가할 때 감정, 정체성, 고정 관념, 집단 역학은 어떤 역할을 하는가?

› 정치적 폭력

차별, 테러, 전쟁, 집단 학살은 왜 발생하는가?

도식 이론

사람들은 새 정보를 받아들일 때 그 각각을 독립적인 정보로 다루기보다는 도식(기존의 범주, 명칭(label), 고정 관념)에 기대어 새 정보를 동화(assimilation)하려 한다.

투표 행동

사람들은 누구에게 투표할지를 결정할 때 수많은 요인의 영향을 받는다. 그들은 특정 정당에 대한 장기적 애착을 가지고 있을 뿐 아니라 후보와 이슈에 대한 단기적 애착도 가지고 있다.

결정 과정

1960년대를 거치며 사람들은 유권자의 선택이 단지 사회적 또는 경제적 지위의 문제가 아니며 정당이 내세우는 가치에 대한 지지가 매우 중요한 역할을 한다는 것을 인식하게 되었다. 대부분의 유권자는 아동기나 십대 청소년기에 특정 정당에 대한 깊은 정서적 애착을 형성하며 이 애착은 종종 남은 생애 동안 투표 행동을 결정한다. 투표 행위는 대개 습관적, 직감적, 감정적으로 오로지 정당에 대한 소속감에 기초해 이루어진다. 유권자들은 정보를 많이 가지고 있지 않을 수도 있고, 어쩌다 한 번씩 정치에 관심을 둘 수도 있고, 정치적 태도가 어느 한 정당과도 완전히 일치하지 않을 수 있지만 그럼에도 자신이 특정 정당의 지지자라고 확신하기도 한다. 정당 소속감(affiliation)은 시간이 흘러도 변함없이 유지되고 변화가 잘 일어나지 않는다. 심지어 자신이 선택한 당의 의원들이 정당 이념을 지키지 못하거나 어긋나거나 아예 정당 이념에서 벗어난다 해도 그렇다. 정당에 대한 유권자의 충성심에 변화가 생기려면 보통 전쟁이나 불황 같은 매우 극단적인

투표 행동에 영향을 미치는 요인

많은 요인이 투표 행동에 영향을 미친다. 그중 일부는 본질상 심리적인 요인으로, 유권자의 성격 특성과 연관되어 있다. 다른 요인들은 사회적인 것으로, 유권자가 속한 다양한 사회 집단의 영향을 받는다. 어떤 요인들은 오랜 시간 변함없이 영향력을 유지하는 반면 후보나 이슈 같은 다른 요인들은 그렇지 않다.

장기적 요인

장기적 요인은 시간이 흘러도 안정적이고 매번 선거 때마다 바뀌지 않는다. 유권자의 개인적 특성 등이 여기에 포함된다.

심리적 요인

- 정당에 대한 심리적 애착은 대개 아동기나 청소년기에 형성되고 부모나 다른 어른, 또래 집단의 영향으로 시간이 지나면서 더 강화된다. 이런 애착, 즉 습관적으로 투표하는 경향성은 한 선거에서 특별한 사정으로 다른 정당이나 정책에 투표한다든지 이용할 수 있는 정보의 양이 많아도 영향을 받지 않는다.

단기적 요인

단기적 요인은 변동이 심하고 시간이 흐르면 바뀐다. 이 요인들은 매 선거에서 새로운 후보와 새로운 정책이 주목받을 때마다 영향을 받는다.

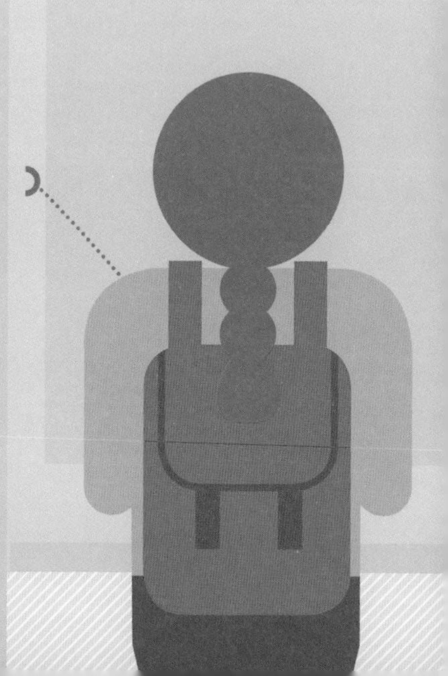

사건이 벌어져야 한다. 정당에 강한 일체감을 느끼는 사람은 그 정당의 좋은 특성과 정책은 과장하고 부정적인 정보나 정책적 입장은 무시하는 식으로 선택적 지각을 하는 경향이 있다. 유권자의 약 3분의 2는 정당에 대한 확고한 충성심을 가진 반면 나머지 3분의 1은 특정 정당에 약하게 애착을 느끼거나 단기적인 충성심을 가진다. 이들은 부동층으로, 그 시기의 이슈나 후보를 보고 표를 던진다. 따라서 부동층은 종종 선거 결과를 결정하지만 이들에 대해 예측하기는 쉽지 않다.

투표에서의 감정의 역할

정치라는 것은 긍정적 감정과 부정적 감정으로 가득 차 있으며, 이 감정들은 대개 강렬하다. 행복감, 슬픔, 분노, 죄책감, 혐오, 복수심, 고마움, 불안정감, 기쁨, 불안, 두려움 등이 모두 정치적 선택과 행위에 영향을 줄 수 있다. 유권자가 특정 정치인이나 정치적 사건을 선호할 때 감정이 배제된 경우는 극히 드물다. 유권자의 선택에서 감정은 생각만큼이나 중요하다. 신경 과학자들이 발견한 바에 따르면, 혐오나 공감 같은 강렬한 감정과 연결된 뇌 영역은 정치인의 모습(사진)에 의해서도 활성화된다. 감정은 합리적 의사 결정에 있어서 유용하고 필수적인 역할을 하지만 몹시 불합리한 결과를 초래해 정치에 해로운 영향을 미칠 수도 있다. 예를 들어 극단적인 국가주의와 인종주의는 흔히 강렬한 감정으로부터 생겨난다. 또한 기분의 변화도 사람들의 결정에 영향을 미치며 이것이 장기적인 결과로 이어질 수 있다. 예를 들어 기분이 우울하면 융통성 없고 편협한 의사 결정을 하게 될 수 있다.

사회적 요인

› 사회적 요인들은 투표 행동에 강력한 영향을 미친다. 인종, 민족, 성적 지향, 소득 수준, 직업, 교육 수준, 연령, 종교, 거주 지역, 가족 등이 모두 유권자의 선택에 영향을 준다. 사람들은 자신이 속한 선거구에 도움이 되는 후보와 자신이 속한 집단의 목표를 지지하는 후보에게 자연스럽게 마음이 끌린다.

단일 이슈

› 이슈 지향적인 사람들(특정 이슈에 대해 강한 의견을 가지고 있고 그 이슈가 선거의 영향을 받을 것이라고 믿는 사람들)은 자신이 관심을 가진 이슈를 지지하기 위해 그 정당의 정책 중 자신이 동의하지 않는 것들은 무시하기도 한다. 경제나 의료 서비스 문제 또는 동성 결혼 같은 시민권 문제가 이런 이슈에 포함될 수 있다.

지도자나 후보의 이미지

› 지도자나 기타 정치적 후보의 개성은 선거 결과에 영향을 미칠 수 있기 때문에 긍정적인 후보 이미지를 구축하는 것은 선거 운동에서 중요한 부분이다. 유권자들은 특별히 마음에 와 닿는 개인적 특성 때문에 어떤 후보를 지지하게 되기도 하고 강하게 마음을 끌지 못하는 후보에게서는 지지를 철회하기도 한다.

언론 매체

신문, 텔레비전, 라디오, 소셜 미디어

› 신문이 공공연하게 정치적 입장을 취하는 경향이 있는 데 비해 텔레비전은 대개 중립적인 보도를 하려고 한다. 하지만 텔레비전 토론은 그 후보들에 대한 시청자의 견해에 영향을 줄 수도 있다. 또한 정치인들은 온라인 매체를 이용해 긍정적인 이미지를 구축하고 그것을 더 많은 청중에게 보여 주려 할 수 있다.

가짜 뉴스

› 가짜 정보를 담은 기사는 보통 소셜 미디어에서 발견되며, 유권자들을 속이는 데 사용될 수 있다. 심리학자들이 찾아낸 바에 따르면, 우리의 뇌는 어떤 정보가 우리가 이미 믿고 있는 것을 확증해 줄 때 그 주장의 허위성을 간과하기 때문에(확증 편향) 가짜 뉴스를 믿게 될 수 있다. 이런 편향이 작동하면 가짜 뉴스로 인해 유권자의 표심이 흔들리기보다는 오히려 자신의 선택에 대한 내적 정당화가 강화되기 쉽다.

복종과 의사 결정

정치인과 일반 시민이 내리는 결정은 법률을 규정하고 나라의 미래를 정한다. 하지만 의사 결정은 복종이나 집단 역학 같은 심리학적 힘에 영향을 받기 쉽다.

복종의 역할

심리학자 스탠리 밀그램(Stanley Milgram)에 의하면, 인간은 위계적 사회 구조와 상호 작용한 결과로 자연스럽게 복종적인 성향을 가진다. 가족, 학교, 대학, 회사, 군대는 모두 위계적 제도의 예로, 사람들의 일상 생활을 규정하고 복종을 가르친다. 밀그램의 그 유명한 실험에서 실험 참가자들은 권위 있는 인물이 지시했을 때 그 지시에 따라 다른 사람에게 전기 충격(참가자들은 진짜라고 믿었다.)을 최고 강도까지 가했다. 이 실험 결과는 왜 사람들이 권위 있는 인물의 요구가 자신의 도덕적, 윤리적 가치와 충돌할 때조차 그렇게 쉽게 복종하는가라는 정치적 복종의 문제에 대해 어느 정도 이해의 실마리를 던져 주었다. 밀그램은 사람들이 권위에 복종할 때 흔히 자신의 행위에 더 이상 책임을 느끼지 않는다는 것을 발견했다. 책임을 느끼지 않는 상태에서는 폭력적인 행위, 더 나아가 사악한 행위까지도 할 수 있게 될 가능성이 있다. 책임이 없어지면 피해자를 비인격화하고 그 결과 공감하지 않게 되는 것이 가능해진다. 이것의 가장 극단적 형태가 집단 학살 행위로, 많은 사례 연구의 주제가 되어 왔다(아래와 오른쪽 참조).

사람들은 또한 심리학자 어빙 재니스(Irving Janis)가 집단 사고라고 명명한 집단 역학 안에서의 파괴적 행위에 대해서도 책임을 등한시한다. 사람들은 집단 안에서 다른 구성원들과 생각을 맞추려는 욕구 때문에 현실적인 판단을 억압할 때에 비해 혼자 개별적으로 의사 결정을 할 때 더 책임감 있게 행동한다. 집단 사고는 수많은 정치적 재난의 원인이 되어 왔는데 그 대표적 사례가 피그 만(Pig's Bay) 침공 사건이다(왼쪽 아래 참조).

66%

밀그램의 복종 실험에서 지시에 따른 참가자의 비율

사례 연구: 피그 만 침공에서의 집단 사고

1973년 재니스는 피그 만 침공 사건으로 집단 사고를 설명했다. 피그 만 침공은 1961년 케네디 대통령과 참모들의 비합리적 결정에 의해 쿠바 출신 망명자들을 훈련시켜 쿠바의 피그 만을 침공해 피델 카스트로 정권을 전복하려다 실패한 사건이다. 참모들은 케네디가 카스트로를 무너뜨리고 싶어하는 것을 알고 있었고 그런 대통령을 기쁘게 하고자 했는데, 이것이 집단의 사고 과정을 손상시켰다. 그들은 논리적으로 계획을 세우지 않았고 성급히 결론내렸으며 새로운 정보에 융통성 없이 반응했다. 그들이 세운 복잡한 계획은 모든 단계가 잘 실행되는 것을 전제로 했는데 이는 군사적으로 불가능한 일이다. 실제로 카스트로의 군대는 규모가 작은 미국 육군(공군의 지원은 취소되었다.)을 금방 패배시켰고, 기대했던 반혁명은 일어나지 않았고, 케네디는 약한 모습으로 비치게 되었으며 이 사건으로 인해 미국과 러시아 간 긴장이 고조되었다.

썩은 상자 이론

짐바르도는 2003년 이라크 전쟁 중 아부그라이브 교도소에서 벌어진 잔혹 행위에 대해 연구했다. 그는 소수의 악한 사람('썩은 사과')에 의해 악이 행해진 것인지 아니면 관련된 미군 병사들이 본래는 선량한 사람들이었는데 나쁜 상황('썩은 상자')에 의해 망가진 것인지 아니면 전체적인 시스템이 유독하고 부패했던('나쁜 상자 제작자') 것인지 알아내고자 했다. 그는 '선량한 사람'을 '썩은 상자'에 집어넣으면 결국 '썩은 사과'가 된다고 결론지었다.

썩은 사과

비윤리적 행동에 대해 사람들이 가지고 있는 생각 중 하나는 그런 행동이 비윤리적인 사람들에 의해서만 행해지며 상황과는 무관하다는 것이다. 이들은 '썩은 사과'로, 악한 행위는 이들의 근본적으로 악한 기질을 반영한다.

상황 대 기질

› 상황주의

짐바르도는 1971년 스탠퍼드 감옥 실험(151쪽 참조)을 통해 평범한 사람을 극한 상황에 집어넣으면 그 사람은 상황 때문에 자신의 선량한 기질에 반하는 행동을 하게 될 수 있다는 것을 발견했다. '썩은 상자' 개념과 맥을 같이 하는 이 상황주의 이론에 따르면 사람은 누구나 권위 있는 인물에게 복종하기 위해 자신의 가치와 신념을 저버릴 수 있으며, 따라서 악한 행위가 꼭 악한 사람의 소행인 것은 아니다.

› 기질주의

이 관점에서 보자면 기질은 어떤 사회적 상황보다도 힘이 강하다. 어떤 사람이 악하게 행동한다면 그것은 그가 원래 악한 사람이기 때문이며 이런 사람을 짐바르도는 '썩은 사과'라고 불렀다. 본디부터 선량한 사람은 악한 행위를 하지 못한다.

"악이란 알면서도 기꺼이 나쁜 짓을 하는 것이다."

— 필립 짐바르도, 미국의 심리학자

썩은 상자

이 개념에 따르면 썩은 상자 안의 사람들은 본질적으로 선하거나 악한 사람이 아니지만 그 상황에 의해 강력한 영향을 받는다. 윤리적인 사람들이 나쁜 상황에 집어넣어지면 그들은 비윤리적인 행동을 할 수 있는 사람이 된다.

나쁜 상자 제작자

또 다른 개념에 의하면 악은 시스템의 문제로, 비윤리적 행동은 광범위한 압력에 의해 악을 위한 환경이 만들어진 결과이다. 이런 압력은 문화적인 힘일 수도 있고 법률적, 정치적, 경제적인 힘일 수도 있다.

민족주의

민족주의적 자긍심은 사람들을 단결시킬 수 있지만 한편으로는 전쟁이나 집단 학살로 이어질 수도 있다. 민족주의의 작동 원리를 이해하는 것은 정치 지도자들이 극단적인 민족주의의 폐해를 피하는 데 도움이 될 수 있다.

우리와 그들

민족주의(nationalism)는 같은 역사나 언어, 영토, 문화를 공유하는 사람들의 집단이 가지는 일체감이다. 온건한 형태의 민족주의는 긍정적인 힘으로 작용해 사람들을 단결시키고 애국심과 연대감을 조성할 수 있다. 그러나 민족주의가 극단으로 치달으면 폭력과 민족 갈등을 초래할 수 있다.

심리학적으로, 사람들은 집단에 소속되기를 좋아하며, 사회적 범주화와 '우리 대 그들(us vs them)' 사고로 인해 내집단(in-group)과 외집단(out-group) 간의 차이를 과장하기 쉽다. 이런 식의 사고는 내집단을 강하게 만들 수 있지만 한편으로는 외집단 차별을 심화시킬 수도 있다. 내집단은 외집단을 위협으로 간주하고, 국가적, 민족적 우월감을 키우고, 결과적으로 외집단을 악마화하기도 한다. 서로 다른 집단들이 영토와 물질적 부를 획득하거나 지키려고, 또는 생활 여건을 향상시키려고 애쓰는 상황에서 경제적, 정치적 불평등도 종종 민족주의에 한몫을 한다. 때로는 이런 불만이 정치적 협상으로 해결되지 않을 만큼 커져서 전쟁이나 집단 학살로까지 번질 수도 있다. 극단적 민족주의에 한몫을 하는 또 다른 요인은 권위주의로, 사람들의 지도자를 신뢰하고 따르려는 타고난 경향성이 권위주의의 토대를 이룬다. 권위주의자(예컨대 아돌프 히틀러)는 외집단에 대해 편견이 심하고 적대적이며, 추종자들의 불만감을 자극하는 이야기(허구적일지라도)를 제공하는 경향이 있다.

극단적 민족주의

극단적 민족주의란 자신이 속한 국가나 민족이 다른 국가나 민족보다 우월하므로 그들 위에 서야 한다는 믿음을 말한다. 이런 식의 사고는 특정 민족에 대한 강제 이주나 집단 학살 행위의 구실로 사용될 수 있다.

> **"소속감만큼 심리적 만족을 주는 것은 없다. 민족주의는 놀라울 정도로 구성원들을 하나로 뭉치게 할 수 있다."**
>
> — 조슈아 설와이트(Joshua Searle-White), 미국의 작가

1. 단층선이 이미 존재한다.
대부분의 사회는 민족과 종교적, 정치적 신념이 서로 다른 사람들이 섞여 있다. 경제 불안이나 전쟁 또는 혁명의 시기에는(상황적 요인) 이런 차이들이 들춰내질 수 있다. 이로 인해 지도자와 일반 시민 양쪽 모두에게서 내집단/외집단 사고방식이 생겨날 수 있다.

4. 외집단에 대한 고정 관념을 형성한다.
어떤 집단을 비인간화하고 나면 그때부터는 그 집단의 사람들을 복잡한 개인으로 여기지 않고 대신 피부색처럼 고정되고 지나치게 단순화된 속성으로 정의하게 된다. 그들은 내집단이 증오하고 두려워하는 모든 것을 대표하는 존재로 바뀌게 된다.

민족주의에 대한 이론들

현실적 집단 갈등 이론

어느 한쪽 집단에 상대방과 경쟁하거나 싸워야 할 현실적 이유가 있을 때 내집단과 외집단 사이에 갈등이 발생한다. 땅이나 식량의 부족, 그 밖의 집단의 생존에 몹시 중요한(혹은 중요하다고 여겨지는) 자원의 부족 등이 그런 이유가 될 수 있다.

사회적 정체성 이론

내집단이 상대방과의 경쟁이나 싸움에서 얻을 것이 없는 경우에도 갈등은 발생할 수 있다. 자기 나라가 다른 나라보다 우월하다고 느낄 때 사람들의 자존감에 대한 기본적 욕구가 충족되며, 이 때문에 사람들은 내집단에 대한 편애와 외집단에 대한 적대감을 나타내게 된다.

사회적 지배성 이론

사람에게는 집단의 계층 구조를 유지하려는 성향이 있기 때문에 종종 집단에 대한 억압이 특별한 일이 아니라 통상적으로 일어나는 일이 된다. 대부분의 사회에는 우세한 집단과 그 아래에 있는 집단이 적어도 하나씩 존재하며, 이로 인해 인종, 성별, 민족, 국적, 계층에 따른 불평등이 발생한다.

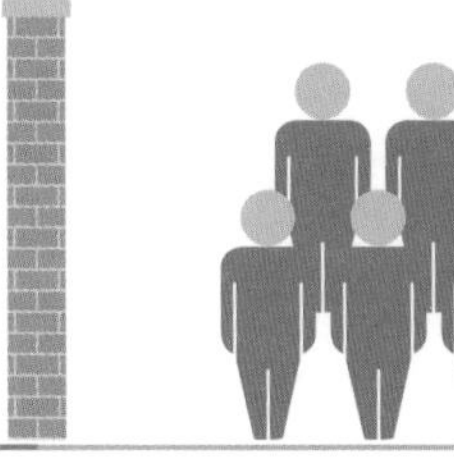

2. 사회 분열

민족적, 종교적, 경제적 또는 정치적 차이를 기준으로 내집단/외집단 경계선이 생길 수 있다. 지도자가 이런 구분을 받아들이면 그 사회는 위험할 정도로 분열될 수 있다. 이런 상황에서는 양쪽 집단 모두에서 분개심이 격화되기 쉽다.

3. 이웃이 '타자'가 된다.

내집단/외집단 사고방식을 가지면 서로 다른 집단들이 상대방을 '타자'나 외부인으로 바라보게 된다. 서로 비슷한 사람들이 가까이에서 살 때 이런 일이 자주 발생하는데 예컨대 북아일랜드의 가톨릭 신자와 개신교 신자가 그런 경우다. 결과적으로 상대방 집단과 거리를 두게 되고 '타자'를 비인간화하기 시작하게 된다.

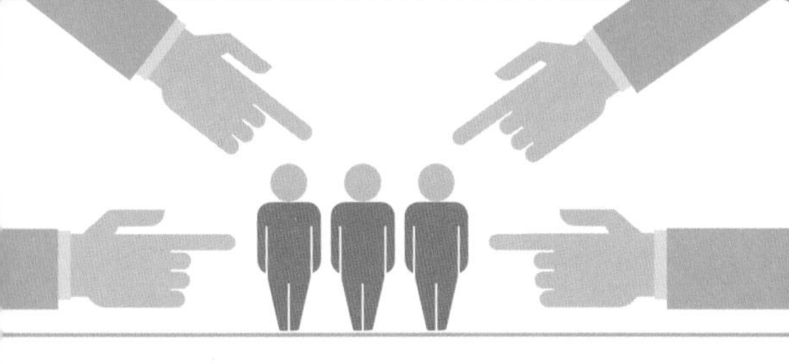

5. 외집단을 비난한다.

사람들이 외집단의 구성원을 고정 관념을 통해 바라보기 때문에 외집단의 사람들은 내집단의 결함이나 문제에 대한 손쉬운 희생양이 된다. 외집단이 문제를 일으킨다고 더 많이 인식될수록 내집단은 더 분노하게 된다.

6. 외집단을 제거한다.

어떤 사람들이 사회적으로 무시되고, 비인간화되고, 고정 관념이 씌워지고, 희생양으로 이용되는 존재가 되면 이들은 결국 내집단에 의해 잔학 행위를 당하게 될 수도 있다. 홀로코스트는 어떻게 내집단이 외집단을 파괴하고 제거하려 들 수 있는지를 보여 주는 사례다.

차별과 사회적 서열

사회 안의 개인과 집단들은 종종 인종, 민족, 국적, 성별, 연령, 성적 지향, 계층에 근거해 서로를 차별하기도 한다. 이런 태도는 가족과 또래, 전반적인 사회 규범과 가치관으로부터 학습되며, 강력한 사회적 서열을 야기한다.

지배적 집단의 사람들은 사회적 서열을 유지함으로써 사회 및 정치 시스템이 자신들에게 가장 유리하게 돌아가게 만들려는 동기를 가진다. 이들은 자신의 권력과 지배력을 강화하기 위해 고정 관념, 편견, 외국인 혐오, 자민족 중심주의를 부추기기도 한다. 외국인 혐오는 흔히 내집단/외집단 사고를 강화하고, 자민족 중심주의는 대개 권위주의적 행동과 테러 행위의 근간에 자리한다.

최근 많은 사회적 진보가 이루어졌고 인종이나 성별, 민족에 상관없이 모든 사람의 평등과 인권을 확립하려는 운동도 활발히 전개되었다. 또한 사회들이 더욱 다양화되고 있고 그 결과 사람들이 자기와 다른 사람들에게 보이는 관용(tolerance)도 증가하는 경향을 보이고 있다. 한 사회의 다양성이 커질수록 어떤 집단을 '타자'로 구별하기는 어려워지고 내집단/외집단 사고도 억제된다. 결과적으로 차별은 더 이상 그 사회에서 널리 용인되지 않게 된다. 하지만 지금까지 일어난 수많은 진보에도 불구하고 다양성을 가진 많은 사회들이 여전히 기존의 사회적 서열 및 차별적 신념, 행동과 씨름하고 있다.

올포트의 편견 척도

심리학자 올포트는 한 사회 안에서 편견과 차별적 행동이 폭력과 증오 범죄, 심지어는 집단 학살로까지 이어지는 사회적, 심리적, 정치적, 경제적 과정을 연구했다. 홀로코스트가 일어나게 된 경위를 설명하고자 했던 올포트는 한 사회가 가진 편견의 수준과 그것이 드러나는 양상을 나타내는 5단계 척도를 만들었다. 이 척도는 편견이 증오 발언(혐오 발언)에서 시작해 증오 행동으로 바뀌고 폭력으로 끝날 수 있음을 보여 준다.

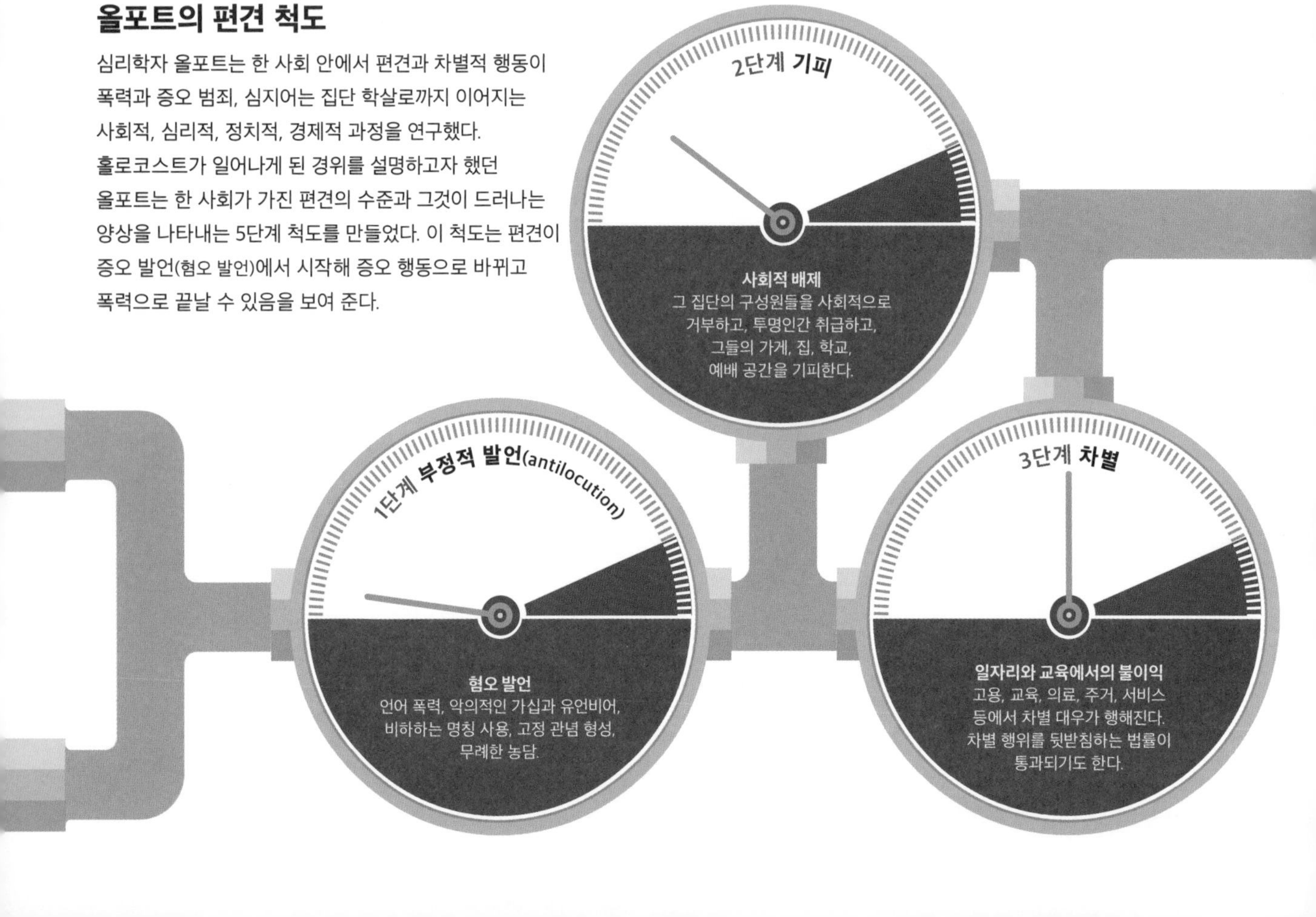

테러리즘

테러는 물리력이나 위협을 사용해 사람들의 사기를 꺾고 겁주고 통제하려 하는 행위로 특히 정치적인 무기로 사용된다. 테러 행위가 과격하고 극적인 것은 언론의 관심을 끌고 당장의 범죄 현장을 넘어서 불안을 야기하기 위해서이다. 일반적으로 테러는 조직화된 집단이 관련되고 민간인들이 표적이 되며 표적 국가의 통치권 밖에 있는 개인들에 의해 실행된다. 정치 심리학자들의 목표 중 하나는 무엇이 사람들로 하여금 그런 끔찍한 범죄를 저지르게 만드는가를 알아내는 것이다.

› 누가 관련되는가?

테러 지도자들은 교육 수준이 높고 특권층 출신인 경향이 있지만 실제로 범행을 저지르는 행동 대원은 대개 가난하고 교육받지 못하고 사회적으로 소외된 사람들이다. 그래서 이들은 테러 집단이 제공하는 보상, 예컨대 연대감 같은 것에 쉽게 넘어갈 가능성이 있다.

› 정당화

많은 테러리스트는 그 범죄를 저지르는 것 외에는 다른 방법이 없고 자신은 정치적 또는 종교적 적으로부터 자신을 방어하기 위한 행위를 하고 있다고 생각한다.

› 원인

다양한 상황적 요인이 테러의 원인으로 작용하는데, 여기에는 약하거나 부패한 정권, 사회적 불의, 극단주의적 이념 등이 포함된다.

› 결과

테러리스트들은 보통 민주 국가를 표적으로 삼는데, 민주 국가에 침투하기가 더 쉽기 때문이다. 테러 행위가 일어나면 이번에는 그에 대한 대중의 반응이 민주주의에 위협을 가할 수도 있다. 미래의 공격을 방지하기 위한 정책과 법률이 민주주의의 가치에 어긋나기 때문이다. 테러 공격은 흔히 무관용과 편견, 외국인 혐오를 증가시키는 결과를 낳는다.

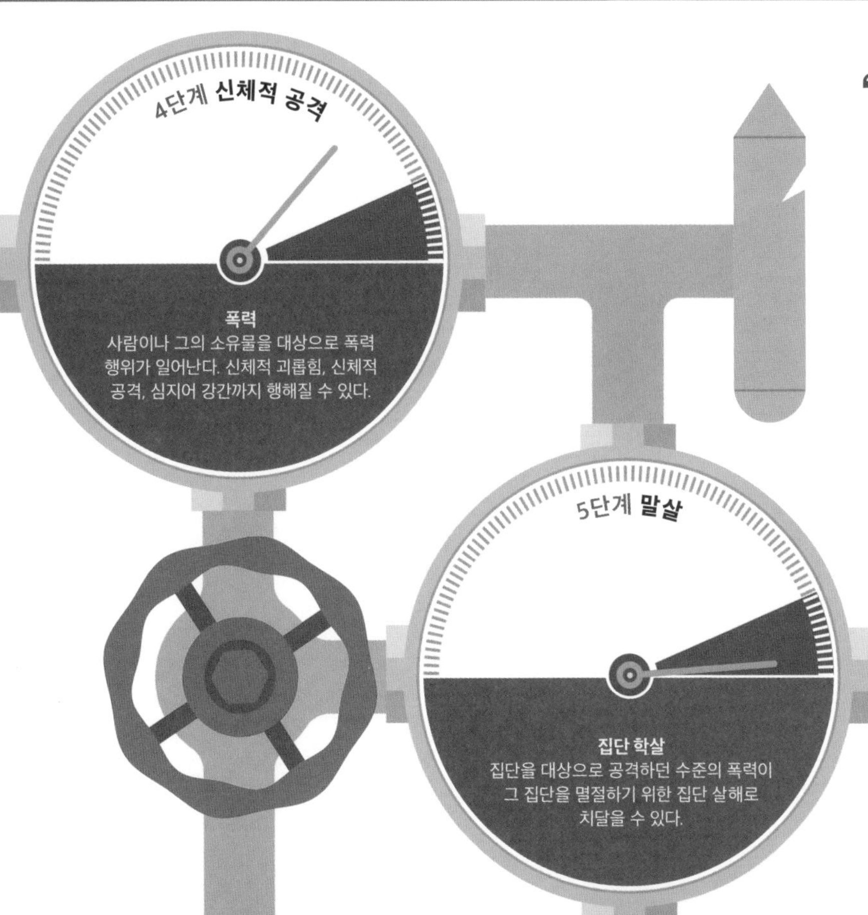

> "자신의 편견을 자각하고 부끄러워하는 사람은 그 편견을 없애기 위한 길에 이미 올라선 것이다."
>
> — 고든 올포트, 미국 심리학자

공동체 심리학

공동체(더 넓게는 사회와 문화)는 그 안에서 살아가는 사람들의 심리적 발달에 커다란 영향을 미친다. 개인을 둘러싼 사람들과 장소들은 개인이 생각하고 믿고 행동하는 맥락을 형성하고, 일상 생활을 지배하는 묵시적, 명시적 규범도 구성한다. 하지만 개인이 주변의 영향을 받는 것과 마찬가지로 개인 역시 자신의 문화와 공동체를 만들어 내고 영향을 준다.

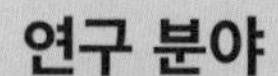

연구 분야

사람들이 주변의 세상과 영향을 주고받는 방식이라는 방대한 주제는 수많은 심리학 연구 분야로 나뉠 수 있다. 이 연구 분야들은 모두 사람들의 삶의 질과 상호 작용, 제도의 향상을 목표로 한다.

공동체

공동체는 사람들의 삶의 개인적, 사회적, 문화적, 환경적, 경제적, 정치적 측면이 교차하는 곳이다. 공동체 심리학자는 소외된 사람들의 문제를 해결하고 역량을 강화(empower)하는 작업을 통해 공동체 전체의 건강과 삶의 질을 향상할 수 있다.

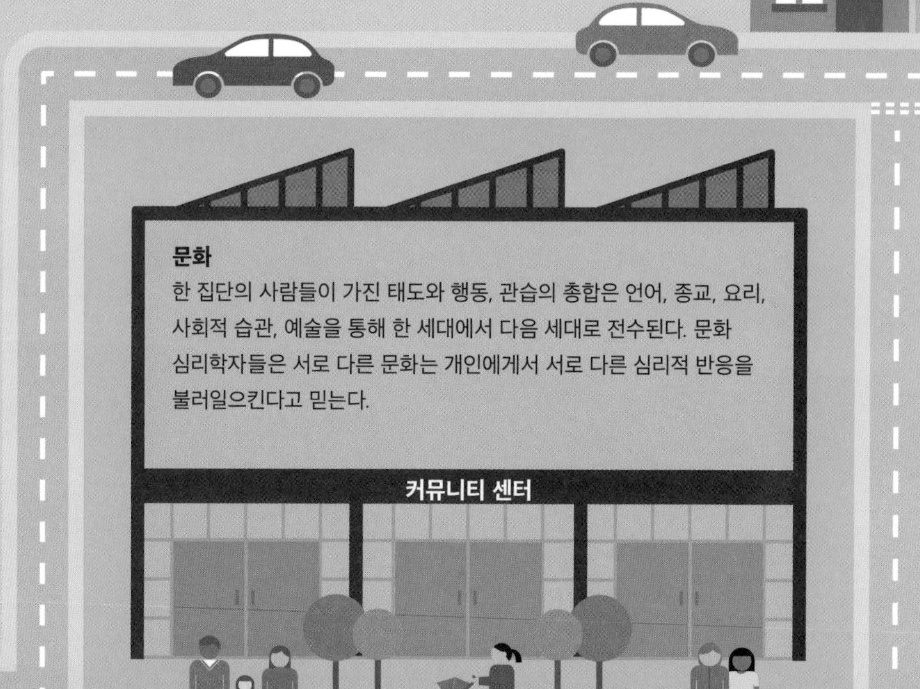

문화

한 집단의 사람들이 가진 태도와 행동, 관습의 총합은 언어, 종교, 요리, 사회적 습관, 예술을 통해 한 세대에서 다음 세대로 전수된다. 문화 심리학자들은 서로 다른 문화는 개인에게서 서로 다른 심리적 반응을 불러일으킨다고 믿는다.

"공동체 의식이란 구성원들의 요구가 함께하기 위한 헌신을 통해 충족될 것이라는 공유된 믿음이다."

— 시모어 새러슨(Seymour B. Sarason), 미국의 공동체 심리학자

켈리의 생태학적 관점

심리학자 제임스 켈리(James Kelly)는 공동체를 네 가지 원리를 기반으로 하는 생태 체계에 비유한다.

- **적응**
  개인은 자신이 속한 환경의 요구와 제약에 끊임없이 적응하고 그 반대도 마찬가지다.
- **계승**
  공동체의 역사는 현재의 태도, 규범, 구조, 정책을 특징짓는다.
- **자원의 순환**
  개인의 재능, 공유하는 가치, 그리고 이런 자원에서 나오는 유형의 산물을 찾아내고 개발하고 육성해야 한다.
- **상호 의존**
  환경(예컨대 학교)의 한 측면에 생긴 변화는 전체 환경에 영향을 준다. 모든 시스템은 복잡하기 때문이다.

환경

사람의 주변 환경은(살거나 일하는 건물, 생활 편의 시설, 심지어는 기후까지도) 심리적 발달에 큰 영향을 줄 수 있다. 도시의 퇴락이나 인구 과밀 같은 문제는 일상 생활에 부정적 영향을 미친다. 반대로 충분한 햇빛이나 좋은 주거 시설 등에 대한 접근 기회는 건강과 행복을 향상시킨다.

비교 문화 심리학

문화적 요인이 인간 행동에 미치는 영향을 연구하고 사람들의 보편적 특성을 찾고자 한다. 비교 문화 연구의 목표 중 하나는 서양의 편향을 상쇄해 균형을 맞추는 것으로 이는 심리학이 미국과 유럽에서 생겨났음을 고려한 것이다. 다음 요인들이 연구에 포함된다.

- **태도** 사람들이 사물, 문제, 사건 및 서로를 평가하는 방식
- **행동** 사람들이 행동하거나 처신하는 방식
- **관습** 특정한 장소나 사회에서 어떻게 행동해야 하는가에 대해 일반적으로 인정되는 방식
- **가치** 행동을 좌우하는 원칙과 기준
- **규범** 일반적으로 인정되는 표현과 상호 작용 방식

공동체의 작동 원리

공동체는 끊임없이 진화하는 생태계로, 이를 구성하는 개인들은 무언가를 공유하고, 더 넓은 문화에 반영되기도 하고 또 그 문화를 반영하기도 한다.

공동체의 탄생

공동체는 거주지의 인접성이나 공통의 관심사, 가치, 직업, 종교 활동, 출신 민족, 성적 지향, 취미 같은 다양한 공통점을 중심으로 형성된다. 공동체는 개인들의 정체성을 지지해 주는 한편 모든 구성원에게 더 크고 더 통합된 어떤 것의 일부가 될 기회도 제공한다. 이렇게 공동체에 참여하는 것은 심리적인 공동체 의식이 생기게 한다. 즉 남들과 비슷하다고 느끼며 상호의존성을 인정하고 소속감을 느끼고 안정된 구조의 일부라는 의식을 가지게 한다.

공동체 심리학자인 데이비드 맥밀란(David W. McMillan)과 데이비드 체이비스(David M. Chavis)는 심리적인 공동체 의식을 구성하는 네 요소를 열거하고 정의했는데 그 네 가지는 구성원 신분(membership), 영향력, 통합, 정서적 유대감이다. 구성원 신분은 안전감과 소속감 및 뭔가를 투자했다는 의식을 가지게 한다. 영향력은 집단과 각 구성원들 간의 상호적인 관계를 가리킨다. 공동체 구성원의 통합과 충족은 구성원들이 공동체에 참여함으로써 보상을 받을 때 일어난다. 정서적 유대감은 아마도 진정한 공동체 의식을 가장 잘 정의하는 요소이며 정서적 유대감을 공유한다는 것에는 역사를 공유하는 것도 포함된다.

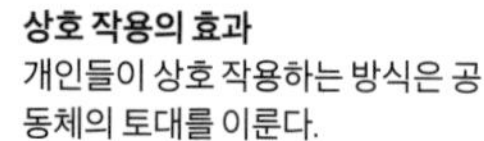

상호 작용의 효과
개인들이 상호 작용하는 방식은 공동체의 토대를 이룬다.

개인
개인은 문화의 순환 구조에서 가장 작은 구성 단위이다. 개인들의 사고와 행동 방식은 그들이 속한 더 넓은 문화에 집단적으로 영향을 준다.

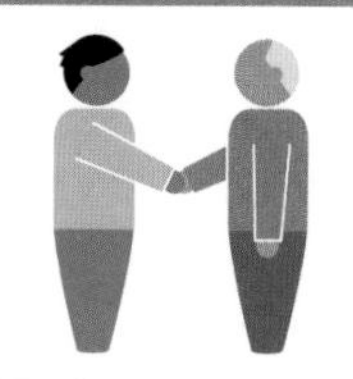

상호 작용
사람들은 암묵적인 행동 규범에 따라 다른 사람 및 산물과 일상적으로 상호 작용하며 끊임없이 문화의 순환을 반영하고 강화한다.

제도의 영향
제도는 공동체 안의 상호 작용을 지배하는 규범들을 만들고 유지한다.

> **"공동체는 한 척의 배와 같아서 모두가 키를 잡을 준비가 되어 있어야 한다."**
>
> — 헨리크 입센(Henrik Ibsen), 노르웨이의 극작가

문화의 순환

문화의 순환은 상호적인 과정으로, 개인들의 생각과 행동이 더 넓은 문화를 형성하고 동시에 문화는 개인들의 생각과 행동을 조형하며 문화를 영속시킨다. 이 순환은 개인, 사람들 간의 상호 작용, 제도, 관념이라는 4개의 차원으로 이루어진다.

개인의 효과
개인은 상호 작용, 제도, 관념을 구성하는 요소이다.

제도
일상의 상호 작용은 제도 안에서 일어나며, 제도는 문화적 규범을 세우고 유지한다. 경제, 법, 정부, 과학, 종교 제도 등이 해당된다.

관념
문화는 관념(idea)들에 의해 하나로 유지된다. 관념들은 문화의 관습과 양식에 영향을 주며 자신이나 다른 사람들과의 상호 작용, 사회 제도에 대해 가지는 인식에도 영향을 준다.

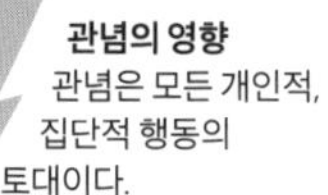

관념의 영향
관념은 모든 개인적, 집단적 행동의 토대이다.

공동체 심리학자는 어떤 일을 할까?

공동체 심리학자는 개인이 집단과 조직, 제도 안에서 어떻게 기능하는지를 이해하고 그 지식을 활용해 사람들의 삶의 질과 공동체를 향상시키고자 한다. 공동체 심리학자는 사람들을 다양한 일상 생활 맥락과 환경 안에서 연구하는데 여기에는 가정, 직장, 학교, 예배 장소, 레크리에이션 센터 등이 포함된다.

공동체 심리학자들의 목표는 사람들이 자신의 환경에 대해 더 큰 통제력을 행사하도록 돕는 것이다. 이들은 개인의 성장을 촉진하고 사회적, 정신적 건강 문제를 예방하고 모든 사람이 자신의 공동체에 기여하는 구성원으로서 당당한 삶을 살 수 있게 하기 위한 시스템과 프로그램을 개발한다. 공동체 구성원들에게 문제를 찾아내서 교정하는 법을 가르치는 일, 소외되거나 시설에 수용된 사람들의 주류 사회 재진입을 돕는 효과적인 방법을 실행하는 일 등이 여기에 포함된다.

다양성의 중요성

다양성은 그것이 인종이나 성별, 종교, 성적 지향, 사회 경제적 배경, 문화, 연령의 다양성 중 어느 것이 되었든 간에 건강하고 진보하는 공동체의 필수적 요소이다. 포용적인 공동체들은 더 생산적인 것으로 밝혀졌는데, 이는 다양성이 사람들로 하여금 자신들이 가진 가정에 의문을 제기하고 대안을 고려하게 자극하며 노력과 창의성을 격려하기 때문이다. 다양성은 또한 공동체 안의 모든 사람에게 더 풍부한 삶의 경험과 더 큰 준거 틀(frame of reference)을 제공하며 그 집단의 심리적 안녕을 증진한다.

다양한 배경을 가진 사람들은 다양한 시각을 제공하며, 이는 창의성을 자극하는 다양한 아이디어로 이어진다.

역량 강화

사람들로 하여금 긍정적인 사회 변화를 이끌어 내고 개인적 차원의 문제와 더 넓은 차원의 문제 모두에 대해 통제력을 가지게 만들려는 능동적인 과정을 역량 강화라고 부른다.

개인과 공동체 심리학

공동체 심리학의 목표 중 하나는 개인과 공동체 양쪽 모두, 특히 주류 사회에서 소외된 개인과 공동체들의 역량을 강화하는 것이다. 역량 강화(empowerment)는 사회의 가장자리로 밀려난 사람과 집단이 이전에 접근이 거부되었던 자원들에 접근하는 것을 돕는다.

사회적으로 소외된 사람들에는 인종적, 민족적, 종교적 소수 집단이나 노숙자 혹은 물질 사용 장애(80~81쪽 참조) 같은 이유로 사회 규범에서 벗어난 사람 등이 포함된다. 사회적 소외의 결과 중 하나는 삶이 점점 더 내리막길을 걷게 된다는 것이다. 사회적으로 소외된 사람은 직장을 찾지 못하고, 직장이 없으므로 자립하지 못하고 직업적 긍지와 성취감이 결여되어 있고, 그 결과 자신감이 결여되고, 결국에는 사회적, 심리적 건강이 나빠져 자선 단체와 사회 복지 프로그램에 대한 의존도가 커진다.

역량 강화에는 적절한 조치를 통해 그런 개인들에게 자율성과 자립 능력을 주는 것이 포함된다. 사회 정의, 연구에 대한 실천 지향적 접근 방식 그리고 공공 정책에 영향을 미치기 위한 노력이 그 구성 요소들이다.

공동체 심리학자는 사람들이 일자리를 찾도록 돕고, 유용한 기술을 익히도록 격려하고, 자선 단체의 지원에 대한 의존을 멈추도록 이끄는 일을 할 수 있다. 공동체 심리학자는 무엇이 개인과 그들의 공동체를 위한 최선인지, 이런 긍정적 변화를 어떻게 가져올 것인지에 대해 심사숙고하며 존중심을 가지고 맡은 일을 수행한다. 본질적으로, 역량 강화란 인권과 다양성을 존중함으로써 모든 문화를 기리고, 공동체의 강점을 지원하고, 억압을 줄이는 것이다.

짐머만의 이론

공동체 심리학자 마크 짐머만(Marc Zimmerman)은 역량 강화를 "변화를 일으키는 자신의 능력에 대해 긍정적으로 생각하고 개인적, 사회적 차원에서 문제들에 대해 통제력을 가지는 과정"으로 정의한다.
짐머만은 역량 강화의 이론과 실제의 차이를 강조했다. 사람들은 흔히 역량 강화가 실제로 표현되는 모습(긍정적인 사회 변화를 일으키기 위해 취하는 행동)에 관심을 갖지만 역량 강화는 이론적 모형으로서도 존재하며 이 모형은 역량 강화가 보다 넓은 범위에서 보다 장기적으로 타당성을 가질 수 있게 한다. 역량 강화 이론은 개인에서 공동체 전체에 이르는 사회의 모든 수준에서 이루어지는 의사 결정에 대해 영향력을 행사하는 과정을 이해하는 데 유용한 도구이다.

3단 체계

역량 강화 이론은 뚜렷이 구별되지만 서로 밀접하게 연관되어 있는 사회의 세 수준(개인, 조직, 공동체)에 적용될 수 있다. 각 수준은 역량 강화의 원인이자 결과로서 다른 수준들과 연결된다. 각 수준에서의 역량 강화 정도는 사회 전체의 역량 강화에 직접적으로 영향을 미친다.

공동체의 역량 강화
정부와 공동체의 자원에 대한 사람들의 접근의 질을 향상시킨다.

조직의 역량 강화
조직들의 건전성과 기능을 향상시킨다. 이는 공동체와 사회의 전체적인 건강에 매우 중요하다.

개인의 역량 강화
개인의 조직 및 공동체와의 상호 작용을 지원한다.

어떻게 작동할까?

심리학자들은 두 수준에서 역량 강화를 수행한다. 일차적 역량 강화는 미시적 수준에서 사회 문제를 다루는 것으로, 개인들의 삶을 도움으로써 더 큰 문제를 해결하고자 한다(예컨대 차별을 겪은 사람들이 좀 더 쉽게 불만을 제기할 수 있게 하는 것). 이차적 역량 강화는 거시적 수준에서 사회 문제를 다루는 것으로, 문제의 원인이 되는 체계, 구조, 권력 관계를 변화시키고자 한다(예컨대 집단 괴롭힘 방지법의 제정). 이런 유형의 변화는 실행되어 현 상황을 깨뜨리기까지 시간이 오래 걸리지만 대개 긍정적 효과가 넓은 범위에 미친다.

80%

영국 노숙인 중 정신 건강 문제가 있는 비율

— 정신 건강 재단(Mental Health Foundation) 통계

행복을 위한 조치

공동체 기반의 조직들은 강점 중심의 원리 네 가지(SPEC으로 불린다.)를 이용해 행동과 의사 결정에 지침으로 삼고 공동체의 긍정적 변화를 증진할 수 있다.

- **강점**(strength)
  개인과 공동체의 강점을 인정하는 것은 사람들의 번영을 돕는다. 반면 약점에 초점을 맞추면 사람들의 존엄성이 박탈된다.
- **예방**(prevention)
  건강 관련 문제 및 사회적, 심리적 문제를 예방하는 것은 이미 자리 잡은 문제를 해결하는 것보다 효과적이다.
- **역량 강화**(empowering)
  사람들에게 힘과 통제력, 영향력, 선택권을 주는 것은 그들이 개인적 행복과 공동체의 행복을 성취하는 데 도움이 된다.
- **공동체의 변화**(community change)
  애초에 문제를 만들어 낸 상황을 개선하면 진정한 변화가 일어난다. 개인의 문제 각각을 변화시키는 것으로는 충분하지 않다.

도시 공동체

환경 심리학은 인간의 행동과 환경 간의 관계를 연구하는 학문으로, 개방 공간(open space), 공공 건물 및 사유 건물, 사회적 환경 등이 환경에 포함된다.

왜 장소가 사람에게 영향을 줄까?

심리학자 해럴드 프로샌스키(Harold Proshansky)는 인간이 기본적으로 환경에 의해 큰 영향을 받는다는 가설을 처음 세운 학자 중 하나다. 그는 환경이 미치는 직접적이고 예측 가능한 영향을 이해하면 성공과 행복을 증진하는 물리적 환경을 찾아내고 설계하고 만들 수 있다고 믿었다.

실제로 환경 심리학 연구들이 보여 준 바에 따르면 환경은 사람의 심리에 결정적인 역할을 하고, 사람들은 장소(place) 개념에 강하게 공감하며, 사람들의 행동은 장소에 맞게 바뀐다. 예를 들어 아이들은 집, 학교, 놀이터에서 다르게 행동하고 그 환경에 맞춰 에너지 레벨을 조정하는 경향이 있다. 연구들은 또한 사람들이 실내에서 바깥이 보일 때 집중을 더 잘 하고, 어느 정도의 개인적 공간(아래 왼쪽 참조)이 유지될 때 더

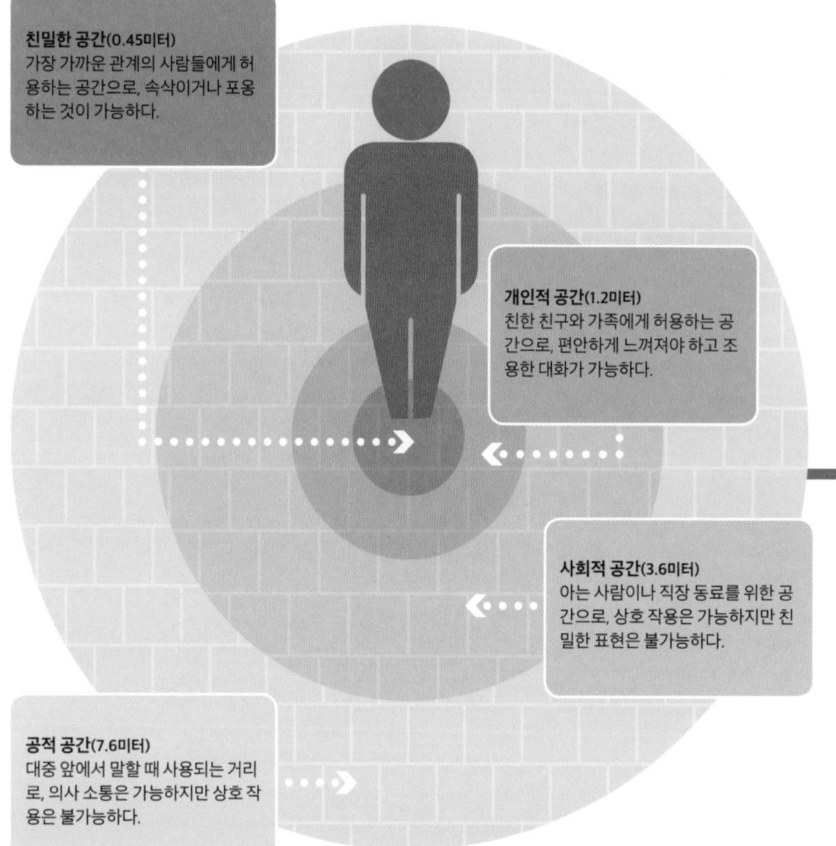

70%

2050년경 도시 공동체 안에서 살게 될 세계 인구의 비율

— 세계 보건 기구

공간

비교 문화 인류학자 에드워드 홀(Edward T. Hall)은 '근접학(proxemics)'이라는 이론을 개발해 사람들이 공간을 사용하는 방식 및 인구 밀도가 행동, 의사 소통, 사회적 상호 작용에 미치는 영향을 기술했다. 그는 친밀한 공간, 개인적 공간, 사회적 공간, 공적 공간이라는 4개의 대인 지대(interpersonal zone)를 찾아냈는데, 이 공간들은 문화와 연령에 따라 사람들 간에 차이가 날 수 있다.

편안하게 느낀다는 것을 보여 준다.

환경이 혼잡(crowding), 소음, 자연광 부족, 노후 주택, 도시의 퇴락 같은 문제로 인해 손상되면 그 안에 있는 사람들의 정신적, 신체적, 사회적 건강이 저해될 수 있다. 건물과 공공 공간의 설계가 개인과 사회의 전체적인 건강과 행복에 그토록 중요한 이유가 이것이다. 건축가, 도시 계획가, 지리학자, 조경사, 사회학자, 제품 디자이너 모두가 사람들의 삶을 향상시킬 수 있는 방법을 모색하는 과정에서 환경 심리학의 도움을 받는다.

혼잡과 밀집

환경 심리학자는 물리적인 밀집(어떤 한 공간 안에 얼마나 많은 사람이 있는가)과 혼잡(충분한 공간을 가지지 못했다는 심리적 느낌)을 구분한다. 보통, 혼잡 현상이 생기려면 밀집도가 높아야 하며, 혼잡한 상황 안의 사람들은 감각 과부하, 통제력 결여, 스트레스와 불안 증가 등을 경험한다.

그러나 어떤 심리학자들은 혼잡이 꼭 부정적인 것이 아니라 중립적인 것이라고 여기고, 밀집도가 높아지면 사람들의 기분과 행동이 강렬해진다고 생각한다. 예를 들어 어떤 사람이 콘서트를 손꼽아 기다렸다면 혼잡한 느낌은 그 콘서트에서 느끼는 즐거움을 증가시킬 것이다. 하지만 어떤 행사를 두려워하고 있는 경우라면 혼잡은 그 행사에서의 경험을 더 나쁘게 만들 것이다.

공동체 환경에서는 혼잡이 지배적 행동을 더 두드러지게 만들 가능성이 있다. 밀집도가 증가하면 공격적인 집단이 폭력적으로 변할 수도 있다는 뜻이다. 반대로, 밀집도가 높은 도시 환경 안에 공원이나 보행자 전용 구역 같은 긍정적인 사회적 공간을 만들면 전반적인 분위기를 좋게 하고 긴장을 완화하는 데 도움이 될 수도 있다.

현대의 도시 생활에서는 편안한 수준의 개인적 공간을 유지하기 어렵다. 인구 밀도가 높으면 거리와 대중 교통, 사무실과 그 밖의 건물에 혼잡이 초래된다. 한 가지 해결책은 세심한 환경 디자인이다.

공동체 안에서의 안전

공동체는 구성원들을 현실 세계와 온라인상의 위협으로부터 신체적, 심리적으로 안전하게 지키기 위한 여러 시스템을 가동한다.

위험에 대응하기

공동체가 번성하려면 개인들이 물리적, 심리적으로 전반적인 안전감을 느낄 수 있어야 한다. 절도, 살인, 사이버 범죄 등의 범죄는 물리적 피해와 실제적인 결과뿐 아니라 장기적인 심리적 영향을 끼칠 수 있다. 범죄에 직간접적으로 노출된 사람은 스트레스, 공포, 불안, 수면 장애, 자신이 취약하고 무력하다는 느낌, 혹은 PTSD(62쪽 참조)와 기억 상실증(89쪽 참조) 같은 심각한 상태를 겪기도 한다.

공동체들은 질서를 유지하고 사람들의 안전을 지키기 위해

방관자 효과

범죄를 목격하는 사람이 피해자를 도울 가능성은 다른 목격자가 있으면 감소하는 경향이 있다. 구경꾼이 많을수록 누군가가 나서서 도움을 제공할 가능성은 낮아진다. 이런 '무행동(inaction)'은 구경하는 사람들이 그 상황을 인식하거나 해석하는 방식 때문에 발생한다.

위급함의 수준
구경꾼들이 그 상황을 심각한 것이 아니라 일상적인 것으로 해석할 때는 피해자가 도움을 받을 가능성이 낮다.

모호성
그 사람이 도움을 필요로 한다는 사실이 명확할 때에 비해 도움이 필요한지를 확신할 수 없는 애매모호한 상황일 때 사람들은 행동을 잘 취하지 않는다.

환경
사람들은 위급 상황이 발생한 환경이 친숙한 환경일 때보다 낯선 환경일 때 도움을 제공할 가능성이 낮다.

방지하는 방법
사람들의 공적 자기 인식(public self-awareness)을 높이고 사회적 평판을 상기시키는 단서들을 사용해 방관자 효과를 뒤집을 수 있다. 공공 장소에 감시 카메라를 설치하면 이런 단서가 만들어질 수 있다.

많은 전략을 실행한다. 도시의 경우에는 일차 대응자(응급 의료팀, 경찰, 소방관)의 기능 강화, 비상 상황 시의 의사 소통 및 협력 체계의 간소화, 알아보기 쉬운 도로 표지판, 거리와 공원의 조명 확충 등이 그런 조치에 포함된다.

아동을 보호하는 것은 공동체 내에서 우선순위가 높은 사항이며, 따라서 흔히 학교의 안전이 강조된다. 안전한 환경은 학습에 필수적인데, 그것은 장기적으로 스트레스를 받으면 아동의 인지 능력이 손상되기 때문이다. 학교 안전은 문에 잠금장치 설치하기, 복도 조명을 충분히 밝게 하기, 방문객 출입 확인 시스템 시행하기 등을 통해 증진될 수 있다. 그러나 감시 카메라나 금속 탐지기, 보안 요원 같은 극단적인 대책은 실제로는 아이들에게 위험의 가능성을 끊임없이 상기시켜 공포심을 높일 가능성이 있다.

요즘 범죄를 줄이기 위해 공공장소에 CCTV(폐쇄 회로 텔레비전)를 설치하는 일이 증가하는 추세다. CCTV 카메라는 경찰이 범죄를 예방하고 범죄 사건을 신속하게 해결하는 데 도움이 될 수 있지만 한편으로는 윤리적 문제와 효과성에 대해 의문이 제기되어 왔다. 일부 범죄학자들의 주장에 따르면 CCTV 카메라는 대부분의 범죄에 대해 방지 효과가 없으며, 사람들에게 거짓 안전감을 주어 예방 조치를 덜 취하게 만듦으로써 피해자가 될 위험을 증가시킨다.

사회적 단서
사람들은 주어진 상황에서 어떻게 행동해야 할지에 대한 단서를 서로에게서 찾는다. 몇몇 구경꾼의 무행동은 나머지의 무행동을 초래할 가능성이 높다.

책임의 분산
몇 사람이 같이 범죄를 목격했을 때는 이들이 피해자를 도울 가능성이 낮아진다. 누군가가 책임을 맡을 것이라 예상하기 때문이다.

사례 연구: 제노비스 사건

1964년 3월 13일 오전 3시가 막 지났을 무렵 28세의 키티 제노비스(Kitty Genovese)가 자신이 사는 뉴욕 시의 아파트 건물 밖에서 살해되었다. 술집에서 근무를 마치고 귀가 중이던 그녀에게 윈스턴 모즐리(Winston Moseley)가 덤벼들어 칼로 찌르고 강간한 것이다. 처음 신문 기사에서는 38명의 목격자가 있었으며 그 이웃들은 제노비스를 돕기 위한 어떠한 행동도 하지 않고 방관했다고 보도되었다. 이런 목격자의 무행동에 대한 보도를 본 심리학자들이 '제노비스 증후군'이라는 용어를 만들고 이 사회 심리학적 현상을 연구하기 시작했다. 이후 이 현상은 방관자 효과(왼쪽 참조)로 알려지게 되었다.

온라인 공동체

디지털 시대에 온라인 공동체와 소셜 네트워크는 사람들이 교우 관계와 자존감, 수용되는 느낌, 소속감에 대한 심리적 욕구를 충족시키는 주요한 장소이다. 그러나 가상 세계도 위험을 야기할 수 있다. 익명의 보이지 않는 존재가 된 느낌 때문에 사람들은 대면 상황이었다면 하지 않을 말과 행동을 온라인에서는 하게 될 수 있다. 이를 '탈억제 효과'라고 하는데, 탈억제는 혐오 발언이나 사이버 왕따(cyberbullying), 트롤링(trolling, 사이버 공간에서 일부러 다른 사람들을 불쾌하게 만드는 내용을 올려 공격적인 반응을 유발하는 행위 — 옮긴이), 그루밍(grooming)을 낳을 수 있다. 그러므로 온라인에서 안전하게 지내는 방법을 반드시 배워야 하며 특히 아동을 비롯한 취약 집단의 경우에는 더욱 그렇다.

소비자 심리학

소비자 심리학은 소비자와 소비자의 행동(그들이 무엇을 원하는지, 무엇을 필요로 하는지, 그들의 구매 습관과 구매 결정에 영향을 주는 요인은 무엇인지)에 관해 연구하는 학문이다. 의식주 같은 기본적인 것에서부터 스마트폰과 자동차 같은 대중적인 사치품에 이르기까지 사람들은 늘 무슨 제품(또는 서비스)을 누구에게서 살지를 결정한다.

소비자 행동의 동인

소비자의 선택에 영향을 주는 요인은 수없이 많다. 비용, 브랜드, 접근성, 배송 기간, 유통 기한, 구매자의 기분, 포장, 유명인의 광고 등이 여기에 포함된다. 기업들은 고객의 욕구(needs)와 동기를 이해하려고 애쓴다. 고객의 마음을 즉각 사로잡을 수 있는 방식으로 자신들의 제품과 서비스를 제시하기 위해서이다. 아주 작은 세부적인 요소조차도 그 제시 방식에 따라 태도에 영향을 주고 사람을 설득해서 그 회사의 제품을 사게 만들 수 있다.

광고의 힘

사람들이 오프라인과 온라인 양쪽에서 광고의 홍수 속에 살고 있는 지금, 소비자 심리학은 광고를 기억에 남게 만드는 데 큰 역할을 한다.

- **전통적 접근법** 밝은 색상과 재미있고 기억하기 쉬운 광고 음악은 텔레비전 광고에서 여전히 효과적이고 인기 있다.
- **공유하는 지식** 인기 있는 텔레비전 프로그램을 언급한다든가 하는 식으로 사회에서 공유되는 표상을 이용하면 청중을 끌어들일 수 있다.
- **그래픽 디자인** 신문과 잡지 광고에서는 레이아웃(layout, 사진과 문자 등의 배치), 색이나 명암의 대비, 글자체가 매우 중요하다.
- **유머** 사람들을 웃게 만드는 광고는 보는 사람에게 지겨운 느낌을 주지 않고 제품의 이름을 머릿속에 기억시키는 데 도움을 주어 브랜드 선택에 큰 영향을 미친다.
- **소비자의 에너지 투입** 역설적이게도 제품의 이름을 언급하지 않는 것이 효과적일 수 있다. 인지 심리학 연구에 따르면 사람들은 정보를 수동적으로 받아들일 때보다 알아내서 이해해야 할 때 그 정보를 더 잘 기억한다.

지인의 추천
사람들은 자신의 친구나 역할 모델이 사용하는 제품을 사기를 좋아한다.

후기
소비자들은 무엇을 살지 결정하는 데 도움을 얻기 위해 구매 후기를 읽는다.

"당신의 고객이 누구인지 아는 것은 참 좋은 일이다. 하지만 그보다 훨씬 더 좋은 것은 그들이 어떻게 행동하는지를 아는 것이다."

— 존 밀러(Jon Miller), 미국의 마케팅 기업 경영자

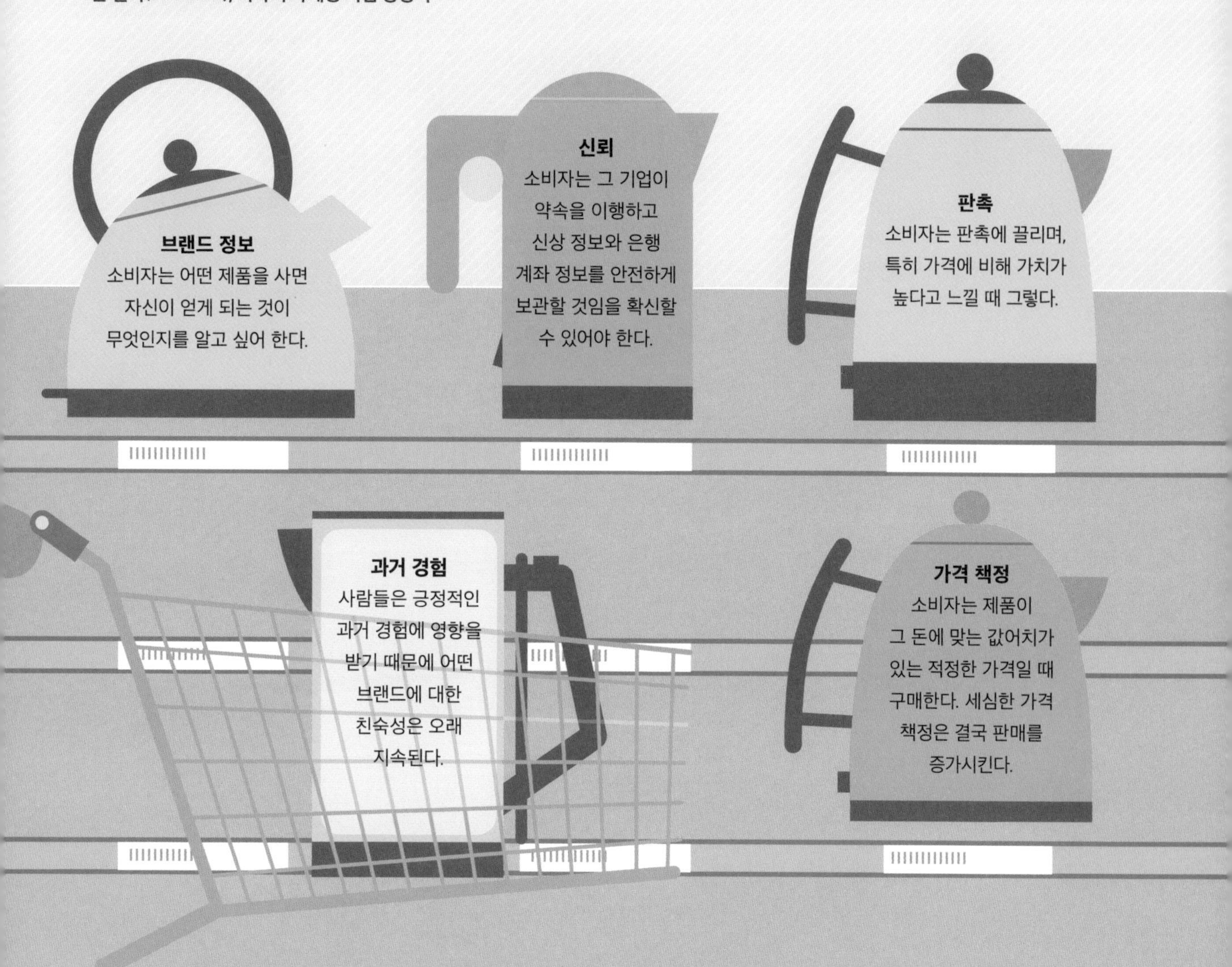

소비자 행동 이해하기

사람들이 자신이 원하는 것, 필요로 하는 것, 살 것에 대해 어떤 식으로 결정을 내리는지를 이해하는 것은 성공적인 마케팅에 필수적이다. 기업들이 새 제품에 대한 소비자 반응을 예측하는 데 도움이 되기 때문이다.

구매 결정

소비자 행동은 심리적 요인(자신이 무엇을 필요로 하는가에 대한 지각, 태도, 학습 능력), 개인적 특성(습관, 흥미, 의견, 의사 결정 스타일), 사회적 요인(가족, 직장 동료, 학교 친구, 소속된 집단에 대한 고려)에 의해 영향을 받는다.

기업들은 포커스 그룹(focus group)과 인터넷 자료로부터 소비자 행동에 관한 자료를 수집, 분석하는데, 인터넷 자료로는 구매 후기, 묻고 답하는 사이트, 설문 조사, 키워드 검색, 검색 엔진 분석과 트렌드, 블로그 댓글, 소셜 미디어, 정부 통계 등이 있다.

구매할 수 있는 것 중 어느 것이 자신에게 현재와 미래에 가장 큰 만족을 줄 것인지 결정하는 것을 소비자 예측이라고 부른다. 소비자 예측에는 두 차원이 있는데 하나는 미래 사건의 효용(예컨대 뉴욕에서 휴가를 보내는 대신 파리로 여행을 가면 얼마만큼의 즐거움이나 고통을 얻을 것인가, 또는 초콜릿과 셀러리 중에서 어느 쪽이 더 큰 즐거움을 줄 것인가)이고 다른 하나는 그 사건이 일어날 가능성이다.

정서적 반응

감정은 소비자의 행동과 의사 결정에서 굉장히 중요한 요인이다. 감정은 소비자가 무엇에 중점을 둘지, 무엇을 기억할지, 정보를 어떻게 처리할지, 의사 결정 후 어떻게 느낄 거라고 예측하는지에 영향을

선택의 역설

소비자는 선택권을 가지기를 원하지만 너무 많은 선택권은 좋아하지 않는다. 2000년에 수행된 한 실험에서, 선택할 수 있는 잼의 종류가 24가지일 때 그중 하나라도 구매한 손님은 3퍼센트에 불과했다. 하지만 잼을 6가지만 진열했을 때는 30퍼센트의 손님이 구매했다. 이 결과는 법률 서비스에서 페인트까지, 제품이 무엇이든 똑같이 적용된다.

부정적 정서

선택권이 없을 때 소비자는 그 일에 있어서 자신은 통제권이나 발언권이 없다고 느끼고, 구매할 의욕을 잃는다.

> **"고객의 행동을 일단 이해하고 나면 나머지 전부 딱 맞아 떨어지게 된다."**
>
> — 토머스 스템버그(Thomas G. Stemberg), 미국의 자선가이자 기업가

준다. 광고를 평가할 때 감정은 이성에 우선하며, 감정이 내리는 판단은 더 빠르고 일관성이 있다. 기업들은 소비자가 될 가능성이 있는 사람들로부터 자사 제품에 대한 정서적 반응을 끊임없이 수집하려 하는데, 이는 제품에 대한 탐색에서 평가, 선택, 소비, 최종적으로는 처분에 이르는 구매 과정의 모든 단계에 긍정적 정서와 부정적 정서가 관련되어 있기 때문이다.

기업들은 유인성(그 정서가 얼마나 긍정적 혹은 부정적인가, valence)과 환기(소비자가 얼마나 자극되었는가, arousal)를 최대한 상세히 평가한다. 인지적 평가(cognitive appraisal)란 소비자가 자신의 감정을 어떻게 해석하는가를 말한다. 이 모두가 소비자가 구매 행동을 할 가능성에 영향을 준다.

고객 프로파일링

마케팅 담당자들은 자체적으로 보유한 데이터와 외부 자료로 고객의 구매 습관, 선호도, 라이프 스타일에 대한 상세한 프로파일을 작성하고 이를 미래의 소비자 행동 예측과 효과적인 홍보를 위해 활용한다. 그들은 표적 고객층의 자세한 프로파일을 만들기 위해 수많은 변인을 사용한다.

- **사이코그래픽스(psychographics)**
  성격, 인생에 대한 긍정적 또는 부정적 태도, 윤리성(예컨대 열심히 일하는지의 여부 또는 자선 단체에 기부를 하는지의 여부)
- **행동 변인**
  선호하는 쇼핑 장소(온라인, 오프라인), 구매 빈도, 평균적인 지출액, 신용카드 사용, 브랜드 충성도
- **소시오그래픽스(sociographics)**
  소셜 미디어 사용, 공동체 내에서의 활동 수준, 정치적 성향, 단체나 동호회의 회원 자격 보유
- **지리적 변인**
  거주했던 국가, 사는 곳이 도시인지 시골인지, 우편번호, 관련된 직업적, 사회적 기회, 기후
- **인구 통계학적 변인**
  연령대, 결혼 여부, 자녀 수, 국적, 출신 민족, 종교, 직업, 수입

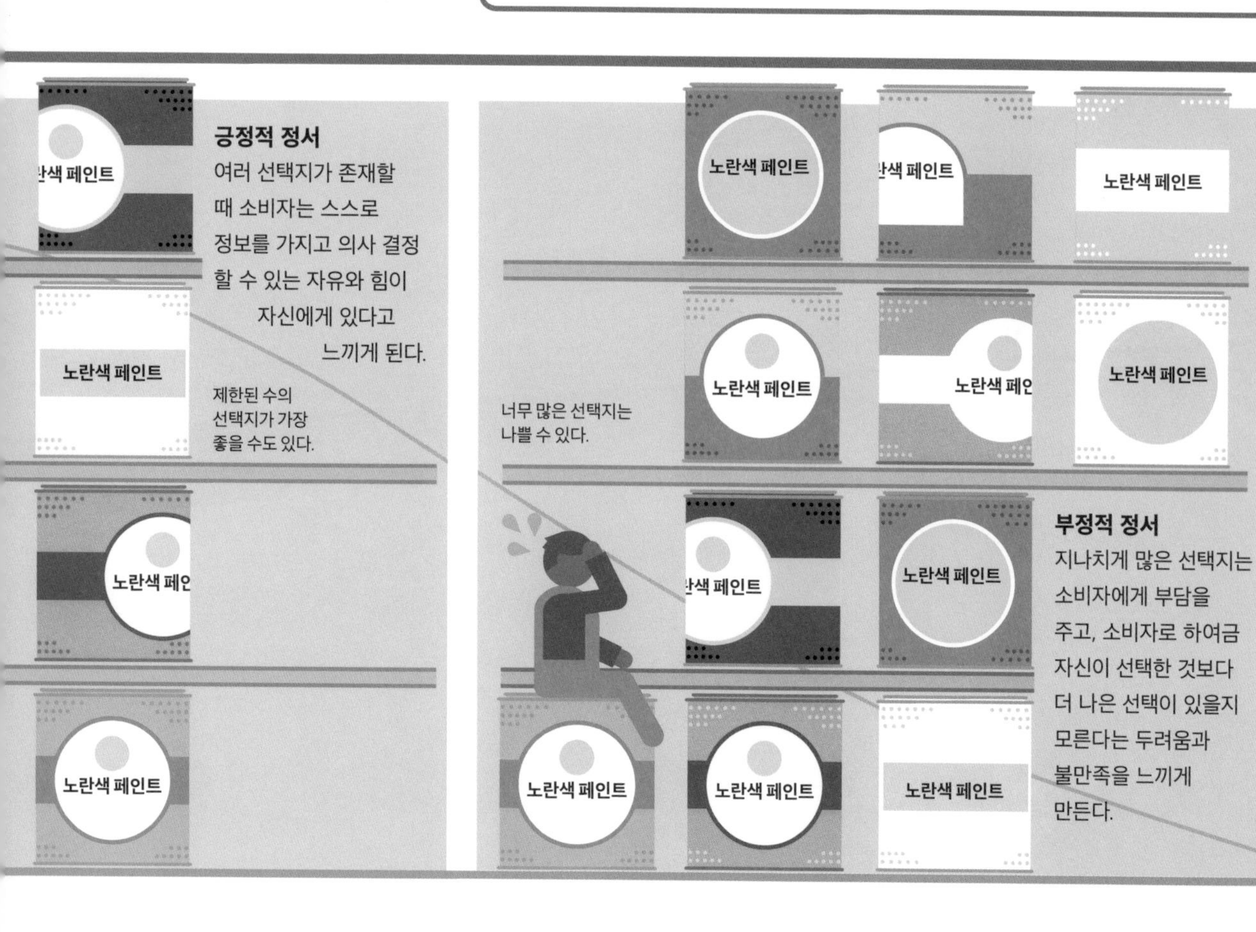

소비자 행동 바꾸기

기업의 성공은 제품을 고객에게 얼마나 잘 파느냐에 달렸는데, 그러려면 설득력이 필요하다. 효과적인 설득의 핵심이 되는 것은 사람들의 태도를 변화시키는 능력이다.

태도와 설득

사람들에게 자사의 제품을 사라고 설득하려면 기업은 태도, 즉 사람들이 개념, 사물, 다른 사람에 대해 형성하는 평가에 영향을 주어야 한다. 소비자 심리학자는 태도가 어떻게 형성되는지, 그리고 잠재적인 고객들이 설득에 어떻게 반응하는지에 관심을 가진다.

태도는 소비자 행동을 이끄는 핵심적 동인이 될 수 있다. 태도는 소비자가 구매를 지금 할지 나중에 할지, 돈을 더 쓸지 덜 쓸지, 이 제품을 선택할지 다른 제품을 선택할지에 영향을 미친다. 소비자가 주어진 제품이나 브랜드, 기업을 얼마나 좋아하는지 혹은 싫어하는지는 그들의 태도(긍정적, 중립적, 부정적)를 나타낸다. 태도를 오래 보유했을수록, 그리고 태도가 강할수록 변화에 대한 저항이 더 크다. 태도의 밑바탕을 이루는 것은 감정("이 소파 아름답네.")이나

마케팅의 황금률

인터넷은 광고주들에게 새롭고 더 넓은 영역을 열어 주며 마케팅에 활기를 불어넣었다. 하지만 훌륭한 마케팅의 핵심은 변함이 없다. 그 핵심이란 제품, 가격, 홍보, 장소다.

› 제품
유형의 물건이든 무형의 서비스든 간에 제품은 고객의 욕망(wants)이나 필요(needs)를 충족시키고 편익을 주어야 한다.

› 가격
공급, 수요, 이윤, 마케팅 전략, 이 모두가 가격에 달려 있다. 약간의 가격 변경조차도 수익에 영향을 준다.

› 홍보(판촉)
적절한 제품 정보를 고객에게 잘 전달하면 판매가 증진된다고 알려져 있다.

› 장소
이상적인 판매 장소를 찾으면 잠재적 고객들이 진짜 고객으로 바뀔 수 있다. 검색 엔진 최적화(Search Engine Optimization)는 검색 엔진의 검색 결과에서 순위를 높이는 방법으로, 온라인 사업에 도움이 된다.

설득의 힘

소매업체와 기타 기업들이 잘 활용하고 있는 설득형 마케팅의 6가지 법칙이 있다. 처음에는 설득에 저항한 고객일지라도 시간이 지나면서 태도와 행동에 변화의 여지가 생기기도 한다.

개입(commitment)

사람들은 기업의 제품이나 서비스에 대한 발언권(예컨대 할인이 되는 멤버십 카드)이 주어지면 그 공동체에 속한 느낌을 가지게 되고 구매 가능성도 높아진다.

권위(authority)

고객들은 권위를 가진 사람과 판매원을 믿고 싶어한다. 그들은 자격 증명서와 경험을 가진 사람을 원하고 제품을 잘 아는 것이 확실하고 고객에게 가장 적합한 것을 팔 수 있는 사람에게서 구매하는 것을 선호한다.

호감(liking)

고객들은 자신을 좋아하거나 칭찬하거나 알아주는 사람에게서 더 구매하는 경향이 있다. 인정("그 드레스가 참 잘 어울리시네요.")을 표현하는 것은 잠재 고객이 그 업체에 돈을 더 쓰게 부추기는 효과가 있다.

믿음("친환경 소재로 만들었어."), 행동("우리 가족은 항상 이 브랜드를 샀어.")일 수도 있다. 소비자의 그런 근저에 부합하는 설득이 가장 효과가 좋다. 그러므로 그 소파의 외양으로 매력을 호소하면 감정에 기초한 태도로부터 최선의 반응을 얻어낼 것이다.

설득 — 누가, 무엇을, 누구에게

'누가(설득하는 사람)', '무엇을(메시지)', '누구에게(설득 당하는 사람)'는 모두 설득에 영향을 주는 요인이다. 설득하는 사람은 신용이 있어야 하고, 피설득자와 공통점이 있으면 도움이 된다. 메시지는 제품의 장점만 나열할 때보다 장점과 단점 양쪽이 포함되어 있을 때 더 긍정적으로 전달된다. 아주 매력적이고, 아주 그럴법하고, 중요한 결과를 강조할 때 메시지의 효과가 가장 강력하다. 메시지는 세부 사항을 최대한 많이 제공해야 한다. 메시지를 반복하는 것은 괜찮지만 과다 노출 수준까지는 가지 않아야 한다. 지능이 높은 피설득자는 설득하기가 더 어려운데, 그것은 그런 사람이 메시지 평가를 더 잘하기 때문이다. 이미 기분이 좋은 상태인 사람은 설득하기가 더 쉬운데 왜냐하면 그런 사람은 자신의 기분과 제품을 연결시키기 때문이다.

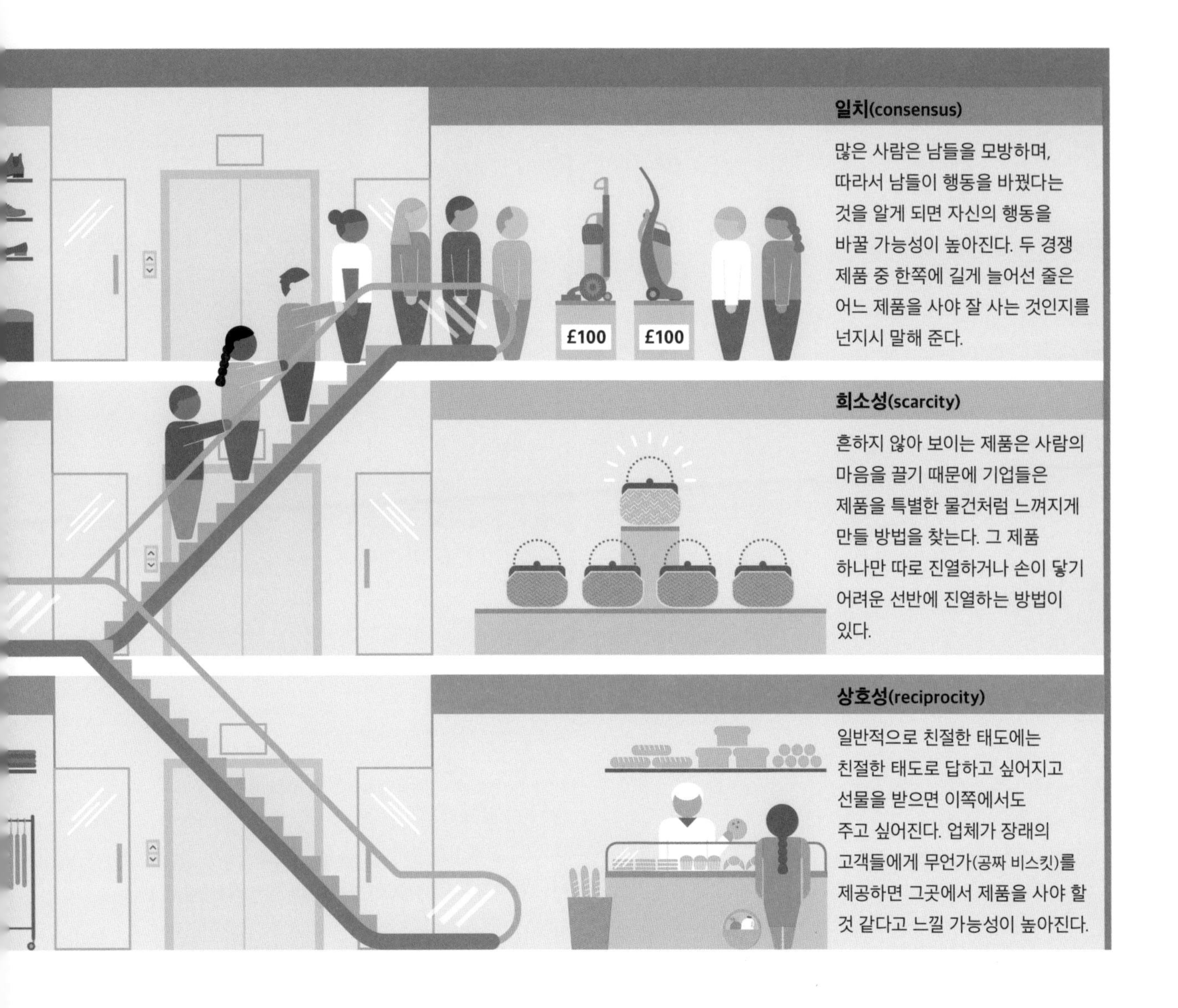

소비자 뇌신경 과학

뇌신경 과학(뇌 영상화)은 기업들이 또 다른 층위에서 소비자 행동을 이해하게 해 준다.

뉴로마케팅

뇌신경 과학자들은 뇌의 구조와 기능, 그리고 그것이 사람의 사고 과정과 행동에 미치는 영향을 연구한다. 이런 뇌신경 과학의 연구 방법을 기업의 시장 조사에 적용한 것이 '뉴로마케팅(neuromarketing)'이다. 구글이나 에스티로더 같은 대기업들이 뉴로마케팅 회사를 고용하고 있고, 많은 광고 대행사들이 뉴로마케팅 부서나 제휴 업체를 두고 있다.

뉴로마케팅 전문가들은 소비자의 답변(많은 소비자가 자신의 선호를 표현하지 못하거나 밝히지 않는다.)에 의지하는 대신 지원자들의 뇌 활동이 정서라는, 구매 여부를 결정하는 열쇠에 의해 어떻게 활성화되는지를 관찰한다. fMRI 영상은 여러 가지 질문, 예컨대 특정 뇌 회로가 의사 결정에 어떻게 관여하는지, 뇌의 어느 영역에서 특정 제품에 대한 선호나 제품의 특징(브랜드 라벨 같은)에 대한 선호를 부호화하는지 등에 대해 답을 제공한다. 연구 결과의 일부를 예로 들자면, 사람들에게 그들이 매력적이라고 생각하는 자동차를 보여 주면 뇌의 중변연계(보상과 관련된 영역)가 활성화되고, 사람들은 평소보다 배가 고프거나 스트레스를 받았거나 피곤할 때 의사 결정에 변화가 생긴다.

가격의 심리학

fMRI가 제공하는 연속적 영상을 통해 알 수 있는 것은, 사람들은 의식적이거나 무의식적인 의사 결정을 하기 전에 제품에 반응한다는 것이다. 그러므로 잠재 고객이 어떤 순서로 정보를 받느냐가 중요하다. 소비자는 제품을 보기 전에 가격을 알게 되었는지 제품을 본 다음에 가격을 알았는지에 따라 다르게 반응한다. 의사 결정의 초점이 "저 물건이 내 마음에 드는가?"에서 "저 가격에 살 만한 가치가 있는가?"로 이동하기 때문이다. 전자의 질문은 정서적, 직관적 느낌에 관한 것인데 비해 후자는 이성적, 합리적 질문이며, 따라서 뇌의 서로 다른 영역이 동원된다.

인포그래픽

데이터나 정보를 도표나 도해(diagram)로 축약하면 소비자의 머릿속에 좀 더 잘 새겨진다. 잘 만든 인포그래픽은 천마디 말보다 낫다고 여겨진다.

글자체(font)

글자의 매력적인 정도와 읽기 쉬운 정도는 소비자가 그 안에 담긴 메시지를 읽고 싶어질지 여부에 영향을 준다.

배외측 전전두 피질
기억과 관련된 영역으로, 문화적 연합(association)을 회상하는 데 관여한다. 소비자 행동은 그런 연합들의 영향을 받아 일부 변경된다.

복내측 전전두 피질
같은 범주에 속하는 제품이라도 좋아하는 브랜드의 제품이 다른 브랜드 제품보다 이 뇌 영역을 더 활성화시킨다.

비디오

텔레비전과 인터넷 동영상 클립, 소셜 미디어에서 정보를 얻는 데 익숙한 소비자들에게 동영상은 이야기 전달력과 호소력을 가질 수 있다.

시각적 반응

대부분의 사람이 시각을 통해 매우 많은 정보를 얻는 만큼, 마케팅에 사용되는 이미지와 그래픽은 뇌신경 과학적으로 깊은 영향을 미친다. 고품질의 시각 자료는 소비자의 주의를 끌고 관여도를 증가시킨다.

형태

제품이 기하학적 형태이면 믿음직스럽고 친숙한 인상을 주는 반면 유기적 형태는 창의적인 아이디어에 잘 맞는다. 직선으로 된 가장자리와 모서리는 곡선이나 미끈하게 흐르는 선보다 엄격해 보인다.

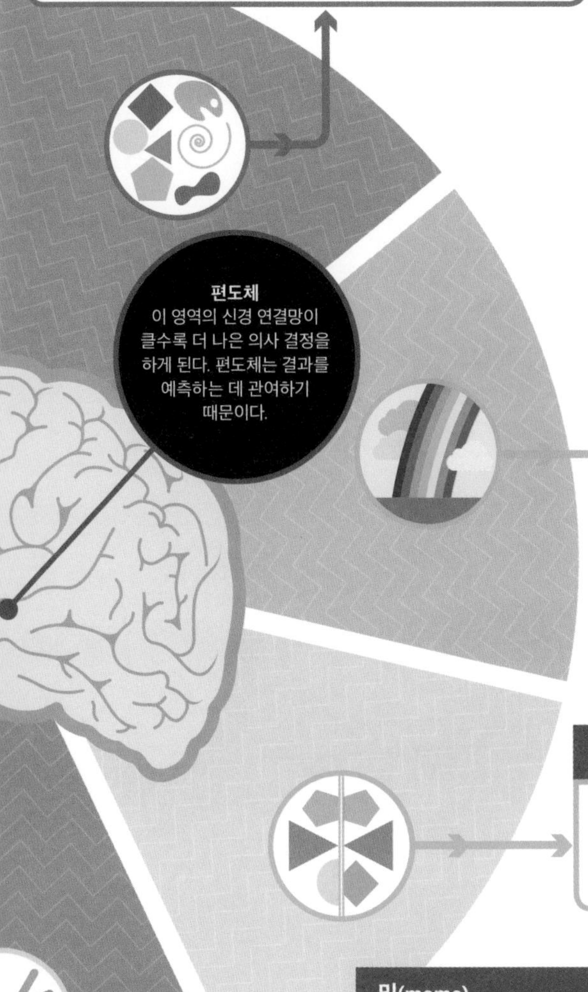

색의 심리학

색은 다른 무엇보다도 기분과 정서를 전달하고 반응을 불러일으킨다. 디자이너와 마케팅 담당자들은 색을 선택해서 그것이 전하는 비언어적 기분을 회사나 브랜드가 전달하고자 하는 메시지와 융합시킨다.

- **초록색** 나뭇잎 색과 밝은 녹색은 편안한 인상을 주고 그 제품이 자연적이고, 건강하고, 편안하고, 원기를 회복시키고, 든든하고, 새로운 시작이고, 환경 의식이 있고, 신선함을 암시한다. 진한 에메랄드색은 부유함을 의미한다.
- **빨간색** 선홍색은 신나고, 섹시하고, 열정적이고, 긴급하고, 극적이고, 역동적이고, 자극적이고, 모험적이고, 동기를 자극한다는 의미를 전달하고 격렬한 반응을 얻는다. 위험이 표현된 맥락에서는 공격적이거나 난폭하거나 잔인한 인상을 줄 수 있다.
- **파란색** 하늘색은 차분하고, 믿음직하고, 평화롭고, 무한한 공간을 연상시키는 데 비해 선명한 파란색은 에너지로 가득 찬 느낌을 준다. 어두운 파란색은 권위를 가지며, 전문가, 제복, 은행, 전통을 연상시킨다.
- **분홍색** 연한 분홍색은 순진하고 섬세하고 낭만적이고 귀엽고 때로는 감상적이기까지 한 인상을 준다. 진한 분홍색은 빨간색과 마찬가지로 정열적이고, 관능적이고, 관심을 끌고 싶어하고, 정력적이고, 축하하는 인상을 준다.
- **보라색** 직관력 및 상상력과 연결된 색인 보라색은 관조적이고 영적이고 수수께끼 같은 색이며 특히 푸른빛이 강한 보라색일 때 그렇다. 붉은 보라색은 창의성, 재치, 흥분 같은 좀 더 신나는 것을 암시한다.

대칭과 비례

대칭과 비례가 잘 맞는 이미지는 조화로운 느낌을 전달하는 반면 비대칭과 왜곡은 역동성이나 부조화를 암시한다.

밈(meme)

흔히 인간 행동을 조롱하는 내용의, 재치 있는 자막을 단 사진들이 소셜 미디어를 통해 급속히 퍼지고 있다. 이미지와 유머의 결합은 관념이나 문화적 상징이 뇌에 잘 새겨지게 한다.

브랜드의 특징적인 색은 인지도를 80% 증가시킨다.

브랜딩의 힘

브랜드는 기업 또는 그 기업의 제품이나 서비스를 경쟁자와 구별되게 한다. 한 브랜드의 가치관은 형상(image), 색, 로고, 슬로건, 시엠송 등으로 표현될 수 있다. 브랜드는 공급 업체와 고객을 연결하는 끈이다.

브랜드 동일시

대부분의 사람은 정체성을 표시하는 행동을 한다. 스포츠카를 몬다든지 소셜 미디어에 정치적인 글을 올린다든지 기차에서 셰익스피어를 읽는다든지 하는 식으로 말이다. 오늘날의 시장에서 브랜드는 그것으로 돈을 버는 회사에게도 중요하지만 그 브랜드에 돈을 쓰는 소비자에게도 중요하다. 소비자들은 자신의 소유물을 자신의 일부로 여기기 때문이다. 구매 행동은 소속 욕구나 자기 표현 욕구, 자기 고양 욕구에 의해 동기 유발될 수 있다.

상징적인(iconic) 브랜드들은 소비자가 정체성에 대한 욕망을 실행할 수 있게 해 준다. 그런 브랜드는 '현재의 모습'에 제한을 받기보다는 '될 수 있는 모습'에 대한 약속을 이행한다. 소비자는 단지 구매하는 제품을 바꾸는 것만으로 자신이 원하는 사람이 될 수 있고, 자신이 선택했거나 동일시하는 브랜드를 통해 자신이 고른 자아상을 지킬 수 있다. 입소문은 브랜드 충성도에 영향을 주는데, 특히 소셜 미디어가 부상하면서 그런 경향이 커지고 있다. 예를 들어 페이스북 이용자의

브랜드 성격

기업들은 브랜드의 성격을 통해 다른 브랜드와 차별화되는 개성을 나타내고자 한다. 대부분의 브랜드는 다섯 가지 성격 유형 중 하나로 분류될 수 있다. 상품은 그 브랜드의 성격을 반영하고 그 상품을 사용하는 사람도 브랜드 성격을 반영한다. 어떤 사람이 산 물건은 곧 그 사람인 셈이다.

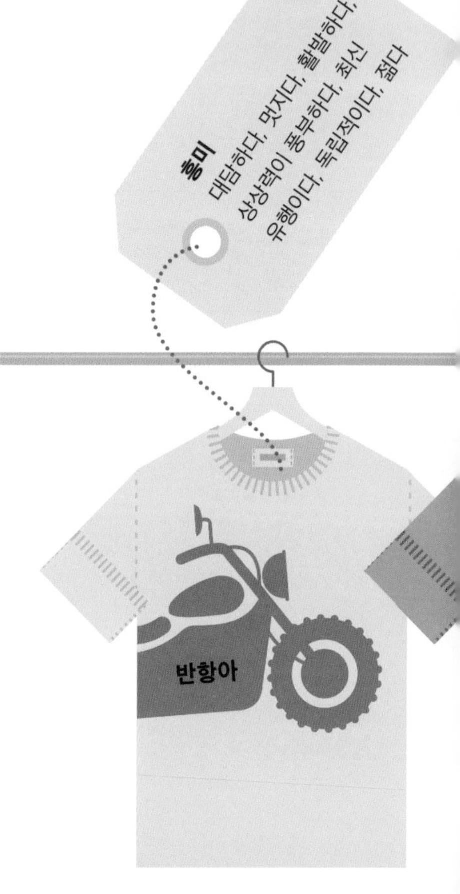

브랜드 정체성 규정하기

마케팅 전략 교수인 장노엘 캐퍼러(Jean-Noel Kapfere)가 1996년에 만든 브랜드 정체성 프리즘(Brand Identity Prism) 모형은 그가 정체성 형성에 중요하다고 생각한 6가지 측면으로 구성되어 있다.

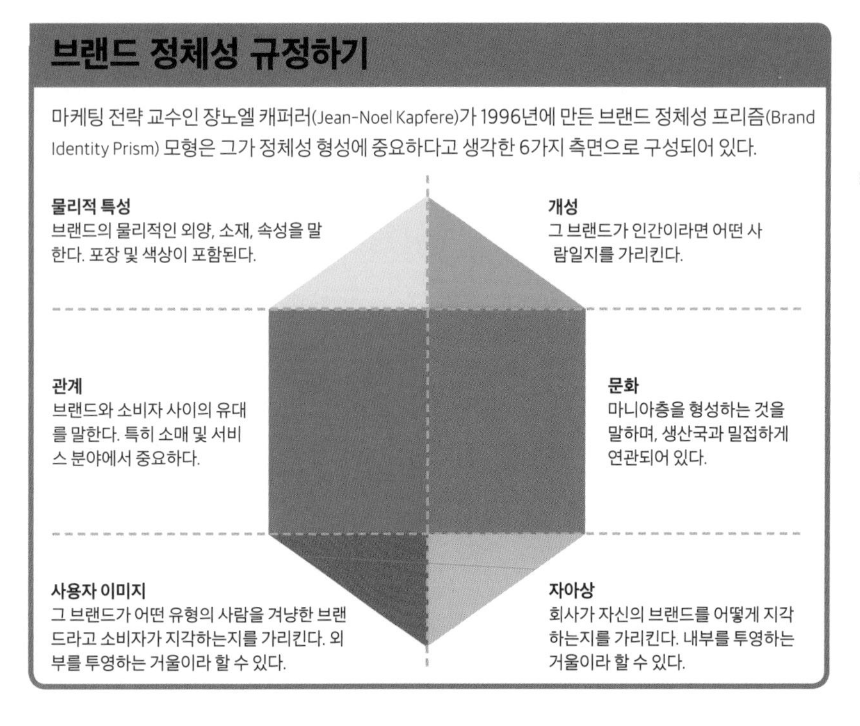

29퍼센트가 특정 브랜드를 팔로우하고 있고, 58퍼센트는 특정 브랜드에 '좋아요'를 누른 것으로 조사되었다.

참여 마케팅

전통적인 마케팅에서, 브랜드는 고객에게 고정불변의 것으로 제시되었고, 그에 대한 고객의 반응은 받아들이느냐 거부하느냐 둘 중 하나였다. 오늘날의 참여 마케팅(engagement marketing)에서는 브랜드를 개발할 때 고객의 참여를 격려하는데, 그렇게 하면 장기적인 충성심을 형성하는 데 도움이 되기 때문이다. 참여 마케팅의 목표는 잠재 고객을 회사의 웹사이트나 매장으로 끌어들인 다음 열심히 노력해서 그들을 그곳에 붙잡아 두는 것이다.

77%
브랜드명에 근거해 제품을 구매하는 고객 비율

알아 두기

- **브랜드 자산(brand equity)**
  높이 평가되는 브랜드가 가진, 경쟁 브랜드보다 더 많은 매출을 창출하는 힘
- **브랜드 폭(brandwidth)**
  브랜드가 얼마나 넓은 범위의 소비자와 이어져 있는가 하는 정도
- **브랜드 체계(brand architecture)**
  더 많은 브랜드를 개발하고 브랜드들의 위계 구조를 만드는 계획
- **고정 고객(sticky customer)**
  특정 회사에 충성도가 높아서 다시 와서 또 구매하는 소비자

유명인의 힘

기업들은 종종 유명인을 대변인으로 이용한다. 유명한 사람은 소비자와 브랜드 간의 유대를 강화할 수 있다.

미디어의 주목을 받는 사람

인간 행동과 미디어 및 정보 기술의 상호 작용은 미디어 심리학의 주제에 포함된다. 이 심리학 분야는 1950년대 텔레비전의 출현과 더불어 생겨났는데, 오늘날에는 그 의의가 점점 더 커지고 있다. 유명인(celebrity)의 상품 판매력(selling power)은 미디어 심리학자가 큰 관심을 가지는 주제인데, 브랜드의 얼굴(figurehead)을 원하는 기업들도 여기에 큰 관심이 있다.

늘 세간의 주목을 받는 사람은 여론 형성자로 여겨지며, 브랜드 혼자만으로는 할 수 없는 방식으로 잠재 고객 및 기존 고객과 소통할 수 있다. 소비자들, 특히 어린 연령대의 소비자는 점점 더 유명인의 지위에 집착하는 양상을 보이고 있다.

유명인이 특정 브랜드의 광고 모델로서 효과가 있으려면 그 유명인이 브랜드와 브랜드의 타깃층 양쪽 모두에 잘 맞아야 한다. 브랜드와 소비자 사이에 간격이 있는 경우에는 유명인이 둘을 잇는 가교가 되어야 한다. 유명인이 브랜드의 가치관을 공유하려면 신뢰성이 있어야 한다. 신뢰성이 있다는 것은 같은 분야나 연관된 분야에서 일한다는 의미일 수 있는데, 축구 선수가 특정 회사의 축구공을 광고한다든지 모델이나 배우, 가수처럼 외모에 기대는 사람이 샴푸 브랜드를 광고한다든지 하는 것이 예가 될 수 있다. 기업은 또한 그 유명인의 이미지를 살펴봐야 하는데, 새로 출시하는 유기농 과일 음료 브랜드를 홍보하기 위해 건강한 생활 습관으로 유명한 사람을 선택하는 것을 예로 들 수 있다. 이상적인 유명인은 이미 그 브랜드를 사용하고 있는 사람이다.

신체적 매력은 긍정적 태도로 연결되므로 유명인의 외모가 뛰어날수록 광고 효과가 성공적일 것이다. 하지만 일부 미디어 심리학자들의 견해에 따르면 매우 매력적인 비유명인도 똑같은 정도로 효과적인 대변인이 될 수 있고 따라서 기업 입장에서는 큰 돈을 아낄 수 있다.

유명인의 광고

그 유명인이 그 광고에 적합하기만 하다면 유명인을 광고 모델로 쓰는 것의 이점은 불이익보다 크다. 성공은 성공을 부르는 만큼 유명인의 광고 출연은 대개 회사와 유명인 상호에게 이득이다.

45% 유명인이 판촉에 도움이 된다고 생각하는 미국인의 비율

즉각적인 브랜드 인지
그 유명인을 그 브랜드와 연결시키는 사람이 많을수록 그 브랜드는 더 사람들이 잘 알아보고 널리 알려진, 탐나는 브랜드가 된다.

브랜드 이미지를 뚜렷하게 한다
유명인은 브랜드 이미지를 더 명확하게 더 잘 규정하며, 심지어 그 브랜드의 진부한 이미지에 생기를 불어넣고 새롭게 하는 데 도움이 될 수 있다.

새로운 소비자
그 유명인의 추종자들은 그 브랜드를 추종하기 시작한다. 자신의 우상과 더 비슷해지기 위해서다.

브랜드 포지셔닝
(brand positioning)
브랜드의 위상이 경쟁 제품에 비해 강해진다.

홍보 효과의 지속
광고 계약이 끝난 뒤에도 그 브랜드에서 그 유명인을 연상하게 된다.

유명인 스토킹

비유명인을 스토킹하는 스토커들은 대부분 피해자를 개인적으로 안다. 그에 비해 유명인의 스토커는 대개 표적으로 삼은 사람과 아는 사이가 아니다. 아는 사이라고 생각하는 것일 뿐이다. 특정 브랜드를 광고하고 있든 본인을 홍보하고 있든 간에 크게 성공한 스타는 타깃층의 한 명 한 명에게 개인적으로 말하는 듯한 인상을 준다. 정신적으로 불안정한 사람은 이것을 액면 그대로 받아들일 수 있다. 법정 심리학자인 로레인 셰리던(Lorraine Sheridan) 박사는 이렇게 말한다. "유명인 스토커의 가장 전형적인 유형은 자신이 그 대상과 어떤 관계라고 진심으로 믿는 경우입니다. 그 사람한테는 그것이 진짜인 거지요."

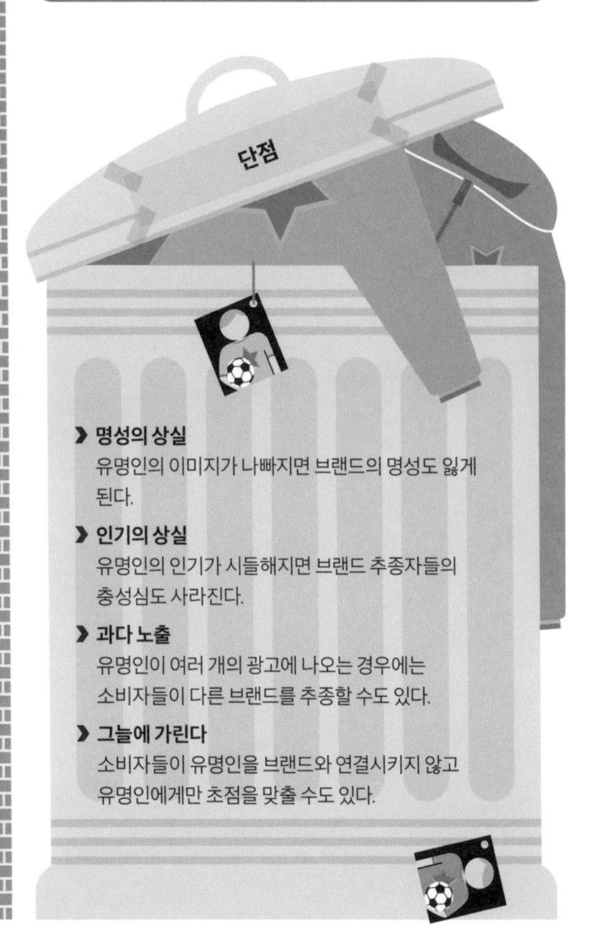

단점

- **명성의 상실**
  유명인의 이미지가 나빠지면 브랜드의 명성도 잃게 된다.
- **인기의 상실**
  유명인의 인기가 시들해지면 브랜드 추종자들의 충성심도 사라진다.
- **과다 노출**
  유명인이 여러 개의 광고에 나오는 경우에는 소비자들이 다른 브랜드를 추종할 수도 있다.
- **그늘에 가린다**
  소비자들이 유명인을 브랜드와 연결시키지 않고 유명인에게만 초점을 맞출 수도 있다.

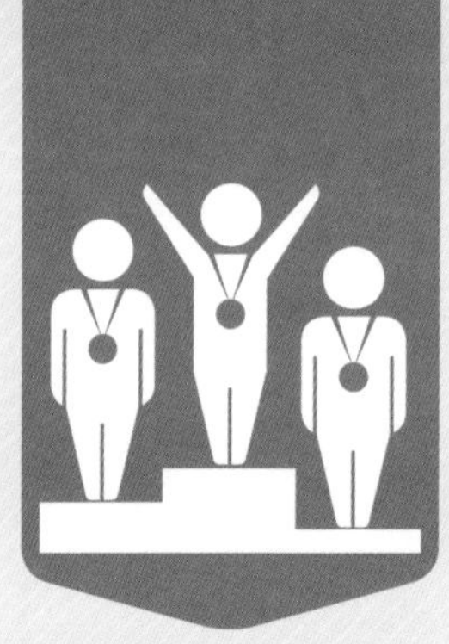

스포츠 심리학

스포츠 팀의 코치들이 선수들의 신체적인 기술에 중점을 둔다면, 스포츠 심리학자와 운동 심리학자는 선수들의 행동, 사고 과정 및 정신 건강에 관심을 기울인다. 스포츠 심리학자들은 선수들과 협력하며 그들의 운동 종목에서 요구되는 것들을 관리하고 성적을 향상시키는 데 도움을 준다. 운동 심리학자는 건강한 생활 습관을 증진하고 규칙적인 운동의 심리적, 사회적, 신체적 이점을 사람들에게 알리는 보다 광범위한 역할을 한다.

다양한 측면

스포츠 심리학자는 각 선수의 운동 종목뿐만 아니라 그 선수의 성격, 동기 수준, 스트레스 수준, 불안이나 각성 수준에 맞춰 다양한 기법을 사용해 경기력 향상을 돕는다. 단체 경기의 경우에는 전반적인 팀 분위기와 팀 내 집단 역동도 경기력에 영향을 미칠 수 있다.

자기 대화(self-talk)

선수가 자기 자신에게 하는 말이나 생각은 그 선수가 느끼고 행동하는 방식에 영향을 미친다. 부정적인 생각을 긍정적인 것으로 바꾸면 성적도 향상된다.

시각화

마음속으로 자기가 성공적으로 플레이하는 장면의 이미지를 구체적으로 떠올리는 것은 정신적 준비, 불안 조절, 주의력, 자신감 형성, 새로운 기술 습득 및 부상 회복에 유용하다. 시각화는 선수가 생생하고 제어 가능한 이미지를 만드는 연습을 할 수 있는 편안하고 조용한 환경에서 가장 효과가 좋다.

루틴 개발

스포츠 심리학자는 선수가 경기 전 정신적인 준비를 위한 루틴을 계획해 연습의 효율을 향상시키도록 도울 수 있다. 여기에는 일일 계획표를 사용하고, 현실적인 목표를 설정하고, 훈련 시간을 극대화하는 등의 시간 관리도 어느 정도 포함된다.

목표 설정

목표를 설정하면 수행에서 가장 개선이 필요한 측면에 주의를 집중하게 되므로 동기 부여에 도움이 된다.

스포츠 심리학자와 운동 심리학자는 무슨 일을 하나?

스포츠 심리학자들의 접근법은 개인 종목 선수나 단체 종목 선수들에게 경기 전, 경기 중, 경기 후에 경기장 안과 밖에서 도움을 줄 수 있다. 운동 심리학자들은 일반 대중을 대상으로 동기를 부여하는 일을 한다.

› 수행 불안
스트레스 상황에서 분노와 불안감을 조절하고 목표에 집중하는 데 필요한 기술들을 가르친다.

› 정신적 기술
선수들로 하여금 자신감, 평정심, 집중력, 자기 능력에 대한 신뢰, 팀 동료들과의 의사 소통 및 동기 부여 수준을 향상시킬 수 있도록 돕는다.

› 부상 회복
부상당한 선수로 하여금 통증을 견디고, 출전하지 못하고 지켜보기만 해야 하는 상황에 적응하고, 물리 치료를 계속 받도록 심리적으로 지원해 선수가 부상 이전 수준의 기량을 회복해야 한다는 압박감을 극복하게 돕는다.

› 어린이들에게 동기를 부여
학교에서 운동 심리학자는 체육 교사와 운동부 코치들을 도와 아이들이 스포츠를 배우고 즐길 수 있게 이끈다. 또한 성인들에게는 더 활동적인 생활 방식을 영위하도록 동기 부여를 돕는다.

"챔피언은 자기 내면 깊은 곳에 있는 어떤 것, 갈망, 꿈, 그리고 비전으로 만들어진다."

— 무하마드 알리(Muhammad Ali), 복싱 헤비급 세계 챔피언

팀 구축
경기 시즌이 시작될 때 특히 유용하다. 팀 구축은 팀원들이 응집력을 발휘하고, 팀의 목표를 설정하고, 팀원들 간의 신뢰와 존중을 형성하는 데 도움을 준다. 자유롭고 개방적인 분위기, 활발한 의사 소통 및 자기 주장 훈련은 모두 성공에 기여한다.

불안의 관리
선수가 각성 수준이 너무 높거나 낮아서 최적의 수행을 하지 못하는 경우, 스포츠 심리학자는 호흡법과 명상 등의 기법을 통해 선수가 불안, 스트레스 및 분노를 관리하도록 도울 수 있다.

기술 향상시키기

기술 학습의 배후에 있는 심리학적 원리를 이해함으로써, 선수가 연습 시간에 자신의 기술을 연마해 경기에서 최고의 경기력을 발휘하도록 도울 수 있다.

새로운 기술을 배우기

모든 스포츠는 훈련과 연습이 필요한 기술과 기법을 기반으로 한다. 그 기술이 얼마나 복잡한지에 따라 이를 배우고 연마하는 방법도 다양하다. 어떤 기술은 개별 구성 요소로 분해하고 각 부분을 개별적으로 연습할 때 가장 효과적으로 배울 수 있다. 분습법(part learning)이라고 하는 이 연습 방법은 구성 요소들을 분리할 수 있는 테니스의 서브 넣기와 같은 복잡한 기술에 유용하다. 이 방법에서는 선수가 각각의 요소를 따로 연습한 후에 전체 기술을 합쳐서 연습하게 된다. 반면에 처음부터 끝까지 한꺼번에 배워야 가장 잘 익힐 수 있는 기술도 있다. 전습법(whole learning)이라고 하는 이 연습 방법은 옆으로 재주넘기 같은, 하위 요소로 쉽게 분해할 수 없는 기술을 습득할 때 유용하다.

학습 고원

새로운 기술의 학습은 느리게 시작한다. 모든 것이 낯설기 때문이다. 학습자가 동작에 익숙해지고, 반복 연습하고, 동작이 자동화되면서 학습 속도는 가파르게 빨라진다. 그러다가 마침내 학습 곡선의 고원(plateau)에 도달하게 되는데, 이는 학습자가 지루해지거나 다음 단계가 너무 복잡해 보여서 학습의 진행이 멈춘 상태다.

연속선상의 기술

개방 기술과 폐쇄 기술은 하나의 연속선상에 존재하며, 대부분의 동작은 이 연속선의 양 극단 사이 어딘가에 자리한다. 테니스 선수는 개방 기술과 폐쇄 기술 모두를 숙달해야 한다. 어떤 동작들은 자신이 시작하지만 어떤 경우에는 상대 선수의 공에 반응해야 하기 때문이다.

폐쇄 기술

테니스 서브는 폐쇄 기술이다. 이런 폐쇄 기술은 안정되고 예측 가능한 환경에서 수행되며, 선수는 무엇을 언제 해야 하는지 정확히 알고 있다. 서브 동작에는 명확한 시작과 끝이 있다.

부분을 전체로 합치기

테니스에서 서브하기는 선수가 혼자 분습할 수 있는 6가지 동작의 연속체다. 일단 선수가 처음 4개 요소에 필요한 기술을 습득하고 나면 전습법을 사용해 서브를 연습하며 서브 넣기의 전체 기술에 대한 감을 익힐 수 있다.

1. 공을 손가락으로 느슨하게 잡는다.

2. 공을 2~4번 바닥에 튕긴다.

3. 자신의 몸 앞쪽에서 공중으로 공을 던진다.

"하늘에는 한계가 없다. 나도 그렇다."

— 우사인 볼트(Usain Bolt), 올림픽 단거리 육상 챔피언

고원을 넘어 계속 올라가기 위해서는 학습자 또는 코치가 목표를 재설정하거나, 다음 단계를 위한 준비를 확실히 하거나, 피로를 피하기 위해 연습 시간을 줄이거나, 전체 기술을 여러 요소로 분할하는 등의 작업이 필요하다. 어떤 기술은 완전히 학습자의 통제 범위 내에 있는 반면(폐쇄 기술), 다른 기술은 상대의 공을 받아칠 때처럼 반응이 필요하다(개방 기술). 각각의 기술에는 서로 다른 유형의 연습이 적합하지만 어떤 기술이든 연습이 즐거울수록 선수의 기술도 더 빨리 성장한다.

개방 기술
테니스에서 상대의 공을 받아치는 것은 개방 기술이다. 선수는 변화하고 예측할 수없는 환경에 대처해야 한다. 상대 선수와 날씨, 지형, 이 모두가 선수가 적응해야 하는 변수가 될 수 있다.

4. 라켓의 헤드 부분을 몸 뒤쪽 위로 올린 다음 팔꿈치를 구부려 머리 뒤에서 라켓 헤드를 아래로 향하게 한다.

5. 공이 가장 높이 올라간 지점에서 라켓 헤드의 중심점으로 공을 때린다.

6. 팔을 마저 쭉 돌려 라켓이 반대쪽 발 근처까지 오게 한다.

학습의 단계

선수들은 새로운 기술을 익히려고 할 때 다음 세 단계의 학습 과정을 거친다.

- **인지 또는 이해 단계**
  기술을 수행하기 위해서 선수가 모든 주의력을 사용해야 하는 단계다. 시행-착오의 과정으로, 성공률이 낮다.
- **연합 또는 언어적 운동 단계**
  이 단계에서는 운동 프로그램(motor program, 뇌가 움직임을 제어하는 방식)이 형성되면서 수행이 좀 더 안정적으로 이루어진다. 단순한 기술 요소들에 대해서는 능숙해진 듯 보이지만 복합적인 기술이 필요한 동작에는 여전히 주의를 기울여야 한다. 이 단계에 들어선 선수들은 자기가 무엇을 잘못하고 있는지를 더 잘 자각한다.
- **자율 또는 운동 단계**
  선수의 수행은 이제 안정적이고 물 흐르듯 자연스럽다. 운동 프로그램은 장기 기억으로 저장된 상태다. 기술은 자동화되어 의식적 노력이 거의 또는 전혀 필요하지 않다. 따라서 남는 주의력을 상대 선수와 전술에 기울일 수 있다.

고정 훈련 혹은 가변 훈련

반복 훈련(drills)이라고도 하는 고정 훈련은 근육 기억을 강화하기 위해 반복적으로 전체 기술을 연습해 보다 자연스럽고 자동적으로 기술을 사용하게 하려는 것이다. 이러한 방식의 훈련은 폐쇄 기술에 가장 적합하다. 개방 기술에 가장 많이 사용되는 가변 훈련은 서로 다른 여러 가지 상황에서 기술을 수행해 보는 훈련이다. 이 훈련법은 경기에서 예상되는 여러 가지 시나리오에 맞는 일련의 대응책을 준비할 때 유용하다.

동기 부여

운동 선수들은 동기를 유지해야 한다. 자신의 경기력을 향상시키려는 지속적인 욕구가 없다면, 신체적인 준비 상태 및 집중력과 자신감 같은 심리적 요인들도 무너져 내리고 만다.

동기는 어떻게 유지되나?

경기를 위한 훈련, 컨디셔닝(conditioning, 최적의 컨디션을 만들기 위한 훈련 과정으로 운동, 식단, 휴식의 관리가 포함된다. ㅡ옮긴이), 그리고 실제 경기를 위해서는 엄격한 자기 관리가 필요하며 이로 인해 스트레스를 받을 수 있다. 선수들이 현실적인 목표를 설정하려면 높은 동기 수준을 유지해야 하는데, 피로가 쌓였거나 실패를 겪은 경우 더 그렇다. 동기는 내부(내적, 개인적 동기)에서 혹은 외부(외적인 보상에 기반)에서 부여될 수 있다.

그 운동 자체를 사랑하거나 개인적인 성취감을 느껴서 운동을 하는 경우, 이 사람은 내재적으로 동기화된 것이다. 내재적 동기는 개인의 내면 깊은 곳의 태도를 반영하기 때문에 오랫동안 일관되게 유지되는 경향이 있으며 더 강한 집중력과 훌륭한 성과로 이어질 수 있다. 내재적 동기를 가진 선수는 경기 중에 저지른 실수로 인한 스트레스를 덜 받는다. 그들은 단지 이기는 것이 아니라 자신의 기술 향상에 중점을 두기 때문이다.

물질적인 보상이나 칭찬을 얻기 위해서, 혹은 나쁜 결과를 피하기 위해 운동을 하는 선수들은 외재적으로 동기가 부여된 상태라 할 수 있다. 그들은 훈련과 준비 과정에서 얻는 만족보다는 실제 경기 결과에 초점을 맞춘다. 내재적 동기보다는 외재적 동기가 덜 일관적이지만, 둘 다 선수의 경기력을 이끄는 강한 동인이 될 수 있다.

목표 설정

선수가 아무리 동기 부여가 되어 있어도, 목표가 'SMART'하지 않으면 목표를 달성하기 어렵다. 'specific(구체적인), measurable(측정 가능한), achievable(달성 가능한), realistic(현실적인), time-bound(시간 제한이 있는)'의 약자에서 따온 SMART 목표의 예로는 '6주 동안 시간을 재며 달리기 훈련을 한 후 5킬로미터를 30분 이내에 주파하기' 같은 것을 들 수 있다.

내재적 동기

내재적 동기를 가진 선수들은 운동의 즐거움, 경쟁에서 오는 도전감, 더 잘하고 성공하려는 욕구, 더 나은 기술을 향한 욕망과 같은 개인적인 이유를 가지고 운동을 한다. 그림의 예에서는 다이빙이 주는 순수한 짜릿함이 내재적 동기에 해당한다.

동기를 유지하기

선수가 꾸준히 연습하고, 자기 기술을 향상시키고, 최선의 경기력을 발휘하게 하는 데 있어 동기 부여는 결정적인 역할을 한다. 내적, 외적 요인 모두가 동기를 이끌어내고, 지속적인 목표 설정을 통해 그 동기가 유지된다.

> **"꼭 붙들 어떤 것, 동기를 부여할 것을 찾아야 한다. 자신을 고무하기 위해."**
>
> — 토니 도셋(Tony Dorsett), 전 미식축구 러닝백

동기의 각성 이론

각성은 동기 부여의 강도를 뜻하는데, 지루함에서부터 불안 혹은 흥분까지 여러 수준이 있을 수 있다. 적극적이고 외향적인 선수들은 각성 수준이 높아져야 경기를 즐길 수 있는 반면, 수줍은 사람들은 각성 수준이 그보다 낮을 때 최선의 경기력을 발휘한다.

- **헐의 동기 이론(drive theory)** 각성 수준이 높아질수록 경기력도 향상된다. 최고 수준 선수들은 부담감이 많을수록 더 뛰어난 경기력을 발휘하는데, 스트레스 관리 능력과 기술이 우월하기 때문이다.
- **역 U자 곡선의 법칙** 각성 수준의 증가는 어느 지점까지만 경기력을 향상시킨다.

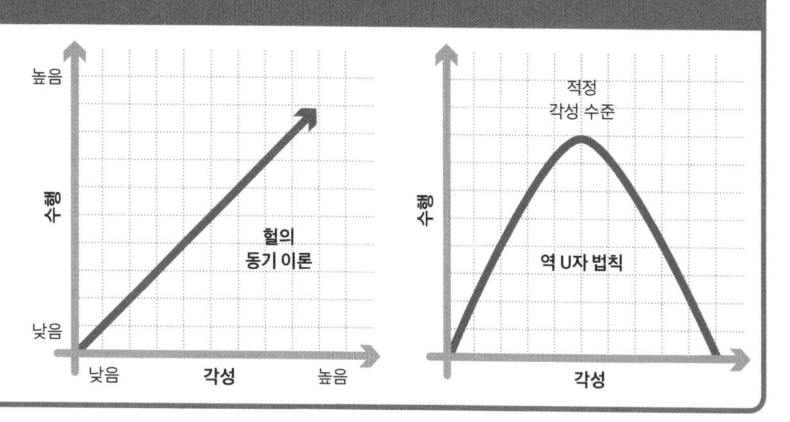

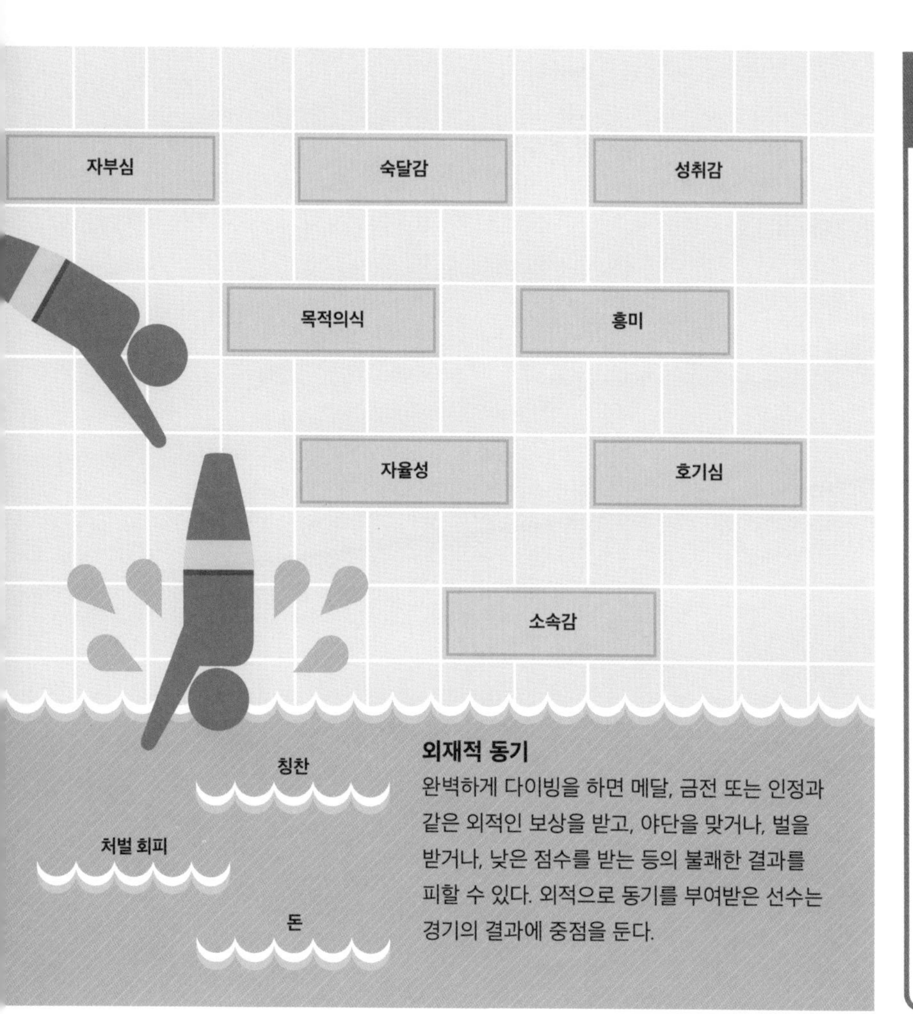

외재적 동기
완벽하게 다이빙을 하면 메달, 금전 또는 인정과 같은 외적인 보상을 받고, 야단을 맞거나, 벌을 받거나, 낮은 점수를 받는 등의 불쾌한 결과를 피할 수 있다. 외적으로 동기를 부여받은 선수는 경기의 결과에 중점을 둔다.

팀의 동기 부여와 사회적 태만

팀 규모가 커질수록 팀 실적이 반드시 향상되지는 않는다. '사회적 태만' 효과 때문이다. 팀 구성원들은 동일한 과제를 혼자 할 때보다는 여러 사람이 함께할 때 목표 달성을 위한 노력을 덜 하는 경향이 있다. 이로 인해 갈등이 발생하고 팀 내 역학 관계에도 부정적인 영향이 미칠 수 있다. 예를 들어 처음에는 동기가 부여되어 있던 팀원이라 해도 나머지 팀원들이 그들의 일을 자신에게 의존하고 있다고 반복적으로 느낀다면 나중에는 빈둥대는 팀원들이 자신을 착취하지 못하게 의도적으로 자신도 일을 적게 하거나 협력을 중단하려고 할 것이다.

이 문제를 극복하기 위해 코치는 성과 평가 도구를 사용해서 각 선수의 역할, 강점 및 약점을 정의하고 팀원 각자가 팀에 기여하는 방법을 명시할 수 있다. 이 방법은 팀원 모두가 공동의 목표를 향해 노력하도록 하는 데 도움이 된다.

몰입 상태에 들어서기

어떤 활동이 요구하는 도전의 수준과 그 활동을 수행하는 사람의 능력이 절묘한 균형을 이룰 때, 어떤 최적의 심리 상태가 만들어진다. 이것을 몰입이라고 부른다.

몰입이란?

헝가리의 심리학자 미하이 칙센트미하이(Mihaly Csikszentmihalyi)는 몰입(flow)을 다음과 같이 정의했다. "그 행위를 하는 것 이외에는 다른 어떤 것도 상관이 없을 만큼 깊게 빠져든 상태. 그 상태가 주는 경험이 너무 즐겁기 때문에 아무리 큰 비용을 지불하고서라도 이를 계속하려 드는 상태."

몰입은 운동 선수들에게 있어 가장 풍성한 경험이고, 선수로서의 능력이 가장 많이 성장하는 순간 중의 하나다. 때로는 'in the zone'이라고도 묘사되는 이 상태는, 선수가 자신의 수행에 온전히 몰두해서 시간의 흐름도 인식하지 못하고, 다른 것들에 전혀 주의가 분산되지 않은 채로 그 순간에 집중하고, 결코 쉽지 않다고 느끼지만 그 어려움에 압도당하지 않으며, 자신이 더 거대한 어떤 존재와 연결되어 있다고 느낄 때 만들어진다. 몰입 상태에서 선수의 수행은 한결같고, 자동적으로 이루어지며, 이례적으로 뛰어나다.

몰입에 도달하기

모든 선수는 자신의 수준과는 상관없이 몰입 상태에 도달할 수 있다. 코치는 선수들에게 전념과 성취를 장려하고, 팀과 개인들에게 명확한 목표를 제시하고, 도전적이지만 선수의 능력 범위 내에 있는 훈련을 시키고, 선수들의 수행에 대해 일관되고 비판단적인 피드백을 제공함으로써 선수들의 몰입을 촉진하는 환경을 조성할 수 있다.

전전두엽 피질 스위치 꺼짐
문제 해결 혹은 자기 비판 같은 상위의 사고 과정은 일시적으로 비활성 상태가 된다.

몰입 상태의 뇌

몰입 상태에서 우리의 뇌는 다양한 변화를 겪으며, 그 결과 우리는 자신이 수행하는 과제에 완전히 푹 빠져서 의식적으로 생각하지 않으면서도 이례적으로 뛰어난 수행을 할 수 있게 된다.

몰입에 도달하는 법

- **좋아하는 활동을 선택한다.**
  고대하던 과제를 하는 경우에 더 쉽게 몰입할 수 있다.
- **도전적이되 지나치게 어렵지는 않아야 한다.**
  과제가 당신의 전적인 집중을 요구할 만큼 충분히 도전적이어야 하지만, 당신의 능력을 넘어서지는 않아야 한다.
- **컨디션이 최고조에 이르는 시간대를 찾는다.**
  에너지 수준이 최고인 시간대에 활동을 할 때, 몰입도 더 쉽게 이루어진다.
- **주의를 분산시키는 것들을 없앤다.**
  주의를 분산시키는 것들을 치우면 과제에 온전히 집중할 수 있다.

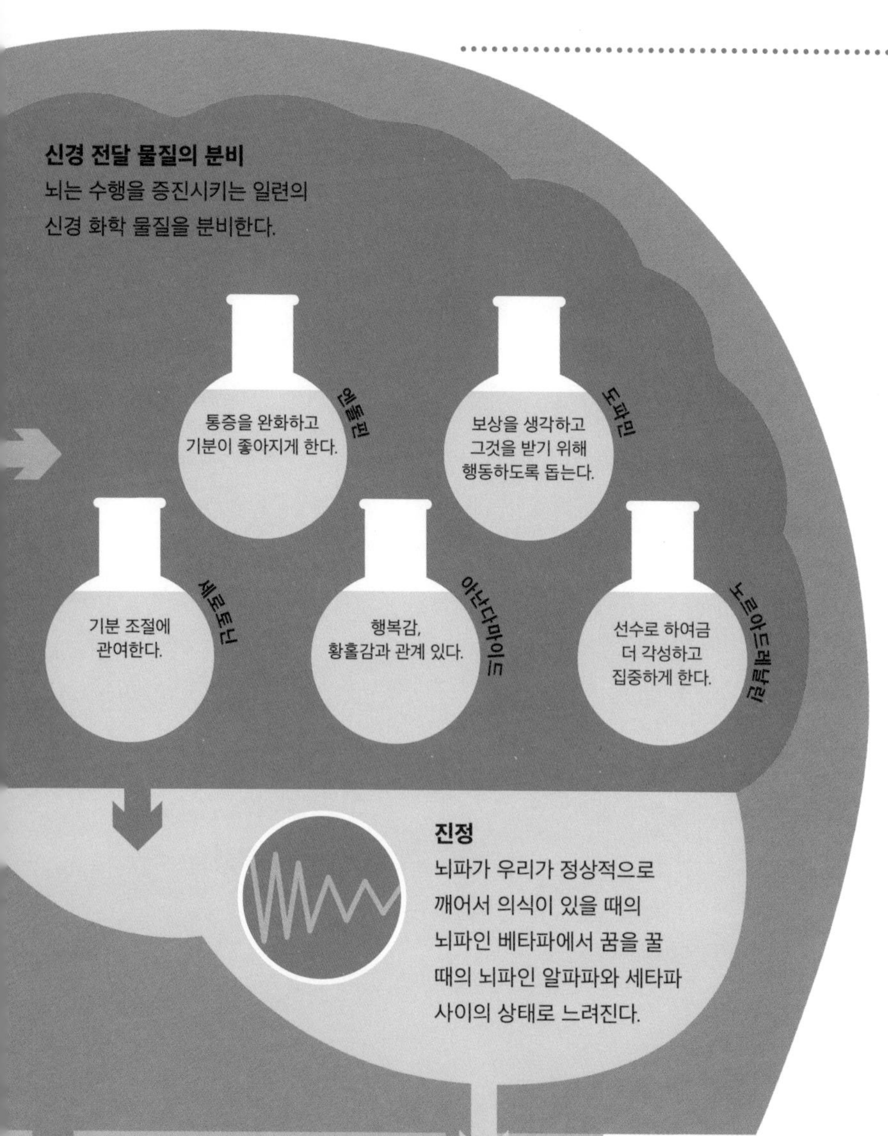

뇌파

뇌의 뉴런들이 서로 통신할 때 발생하는 동기화된 전기 파동이 뇌파를 만들어 낸다. 뇌파는 주파수에 따라 몇 가지 유형으로 분류할 수 있다. 주파수가 높을수록 각성 수준이 더 높다.

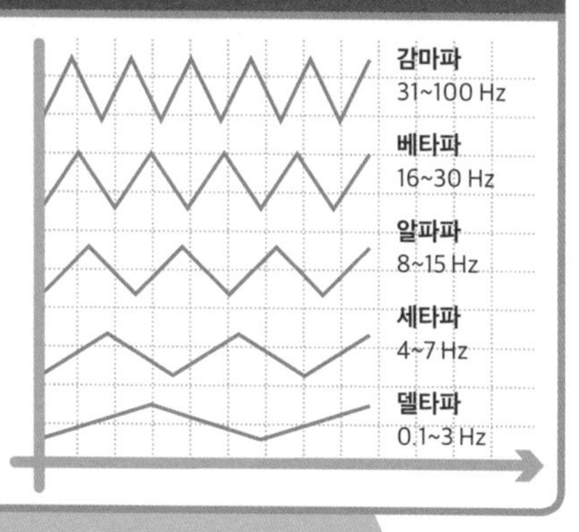

팀워크와 몰입

때로는 팀 내의 능력 있는 구성원들이 전체 팀을 몰입 상태로 이끄는 데 도움이 될 수 있다. 몰입은 또한 두 선수가 한 팀으로 플레이해야 하는 복식 테니스나 한 사람의 실수로 파트너가 넘어질 수도 있는 페어 피겨 스케이팅 같은 경우에는 특히 결정적인 역할을 한다.

› 단합
팀원 간의 단합과 정서적 유대감은 수행의 수준을 한 단계 높이는 데 도움이 되는 긍정적인 피드백을 제공한다.

› 조화
팀원 간에 조화가 이루어진다는 것은 보통 수준보다 훨씬 의사 소통을 잘 하고 있음을 의미한다.

› 성공적 상호 작용
조정 경기처럼, 한 팀원이 리듬을 놓치거나 뒤떨어지면 팀 전체가 어려움을 겪는 스포츠의 경우에는 팀 구성원 간의 성공적인 상호 작용이 필수적이다. 이를 위해서는 반드시 정기적으로 단체 훈련을 해야 한다.

공동의 노력
부분이 모여서 전체 그림을 형성해야 하는 싱크로나이즈드 수영 같은 스포츠에서는 공동의 노력이 필수적이다. 힘들이지 않고 완벽을 구현할 수 있는 상태인 몰입에 도달하기 위해 팀 구성원들이 서로에게 전적으로 의지하기 때문이다.

수행 불안

불안은 많은 운동 선수에게 영향을 미치며, 선수들이 지나치게 긴장해서 제 능력을 발휘하지 못하게 만들 수 있다. 그런 불안을 관리하는 데 도움이 되는 심리적 기법들이 있다.

무대 공포와 심리학

시합이나 경기를 앞둔 선수가 어느 정도 긴장하고 불안감을 느끼는 것은 정상적이고 건강한 반응이며, 실제로 경기력을 향상시키는 데도 도움이 된다. 하지만 과도한 불안이 경기 중에도 계속되면 수행을 저하시키고 심지어는 '얼어버리게' 만들어서 자존감에 상처를 입히고 결국에는 선수의 경력을 망칠 수도 있다. '숨 막힘'이나 '무대 공포'라고 불리기도 하는 이런 수행 불안은 음악 연주자나 배우들도 경험한다.

수행 불안(performance anxiety)의 신체적인 증상으로는 빠른 심장 박동, 입 마름, 목 메임, 떨림, 토할 것 같은 느낌 등이 있다. 이것들은 모두 투쟁-도피 반응의 일부로서 아드레날린의 범람으로 인해 몸이 매우 높은 각성 상태가 되어서 나타나는 것들이다. 수행 불안의 심리적인 증상으로는 평소와 달리 경기에 참가하는 것이 갑자기 내키지 않거나 그 운동 종목에 대한 흥미를 잃는 것, 피로, 수면 장애 등이 있으며, 심지어는 우울증까지 나타날 수 있다.

스스로를 의식하고 신체 움직임에 대해 너무 많이 생각하면 수행 불안이 촉발될 수 있다. 달리기나 야구의 스윙, 혹은 바이올린 연주 같은 많은 행동들은 우리가 의식하지 않은 상태에서, 단지 근육의 기억에 의존해서 수행될 때 가장 잘 이루어진다. 다시 말해서 최적의 수행을 하려면 자신의 모든 행동을 의식하고 조절하려들기보다는 뇌의 일부를 자동 조종 상태에 두어야 한다.

수행 불안의 순환

불안은 다음과 같은 순서로 악순환을 일으킨다. 실수를 저지를 것 같은 두려움이 선수를 얼어붙게 만든다. 이것은 그 선수가 실제로 더 많은 실수를 범하게 하는 결과로 이어지고, 그러면 실수에 대한 공포심은 더 커진다.

스트레스 존
일단 긴장, 자기 인식, 부정적인 자기 대화의 악순환에 빠지면 스트레스 수준이 높아질수록 실수가 늘어난다.

높은 스트레스 수행
강렬한 스트레스는 선수로 하여금 자기 능력의 최대 한도로 경기력을 발휘하도록 동기를 부여할 수 있지만 불안을 초래할 수도 있다.

아드레날린 급증
신체는 도전에 직면하면 아드레날린을 뿜어내며 선수를 투쟁-도피 모드로 만든다.

신체의 긴장이 수행을 방해
긴장은 선수의 근육을 뻣뻣하게 만들어 기술 발휘를 방해하고, 평소와 같은 실력을 발휘하지 못하게 만든다.

자기 인식의 증가
선수가 몸의 어색함을 감지하고 평소라면 의식하지 않고 자동적으로 수행했을 기술이나 행동에 주의를 기울이며 의식하기 시작한다.

신체적/정신적 수행 수준

각성 수준

누가 도울 수 있나?

코치 혹은 스포츠 심리학자의 협력을 통해 선수는 경기 도중 '얼어붙는' 경향을 제어하는 데 도움을 받을 수 있다. 불안을 극복하는 데 있어 제일 중요한 요소 중 하나는 자신의 기술과 능력에 대한 자신감이다. 코치 혹은 스포츠 심리학자는 선수가 지금까지 거둔 성공을 강조하고, 그동안 기울인 노력을 되새기고, 이번에 거두어야 할 성과에 대한 과도한 압박감은 피하도록 함으로써 선수로 하여금 자신감과 자기 효능감을 구축하도록 도울 수 있다. 이 방법을 반복하면 수행 불안을 예방하고 최소화하고 해소하는 데 도움이 될 수 있다.

수행 불안을 관리하기

다음은 코치와 심리학자의 도움 없이도 개인이 스스로 수행 불안을 낮출 수 있는 기술과 실천 방법들이다.

- **긴장을 정상으로 받아들이기**
  누구나 어느 정도의 수행 불안을 느끼는 것이 정상이다.
- **준비와 연습**
  근육 기억을 연마함으로써 자신감을 쌓아올려라.
- **성공하는 내 모습 그려보기**
  마음속으로 경기를 처음부터 끝까지 짚어가면서 고통과 불안이 없이 이 모든 단계를 경험한다고 상상해 보라.
- **긍정적인 자기 대화**
  머릿속에 떠오르는 부정적인 생각에 의문을 제기하고 이를 긍정적인 생각으로 대체하라.
- **자기 관리**
  연습하고, 건강한 식단으로 식사하고, 경기 전날은 충분한 수면을 취하라.
- **즐기기 위해 여기 있음을 기억하기**
  성적에 초점을 맞추지 말고, 당신이 그 스포츠에서 느끼는 순수한 즐거움에 초점을 맞추라.

"스트라이크 아웃에 대한 두려움에 절대 발목을 잡혀서는 안 된다."

— 조지 허먼 '베이브' 루스, 미국의 전설적인 야구 선수

얼어붙음과 실수의 증가
불안과 긴장감이 높아짐에 따라 선수가 얼어붙어 제대로 움직이지 못하게 되고, 이로 인해 더 많은 실수를 한다.

부정적인 내적 독백
선수는 자신이 저지른 실수와 약점에 초점을 맞추면서 스스로에게 더욱 부정적이고 비판적인 자기 대화를 하게 된다.

더 많은 실수
부정적인 내적 독백은 지금 수행하는 과제에 대한 불안감을 증가시키고 주의를 흩트리면서 더 많은 실수를 하게 만든다.

각성 수준
어느 지점까지는 각성 수준이 높아질수록 수행도 향상된다. 그러나 불안이 최적의 각성 범위 이상으로 상승하면 자기 의심, 얼어붙기, 그리고 실수가 발생하기 시작한다.

심리 검사

20세기 초, 교육 심리학 분야에서 사용하기 위해서 처음으로 개발되었던 심리 검사 도구들은 현재는 고용주들이 입사 지원자의 적합성을 분석하는 데 사용하는 도구로 인기를 끌고 있다.

심리 검사의 탄생

1905년 6세에서부터 14세까지의 모든 자국 아동들에게 동일한 교육을 실시한다는 국민 교육법의 통과와 함께, 프랑스의 심리학자 알프레드 비네(Alfred Binet)가 최초의 현대적인 지능 검사를 개발했다. 학습 장애가 있는 아이들은 국가가 정한 교과 과정을 따라가는 데 어려움을 겪었고, 교육부에서는 특수 교육을 시켜야 할지의 여부를 판단하기 위해 아이들이 겪는 어려움의 정도를 측정해야 했다. 이에 비네는 학교에서 배우는 능력이 아닌, 선천적인 능력만을 측정하기 위한 검사 도구를 고안하기 시작했다. 그는 딸들이 세상을 인식하고 탐색하는 방식에 흥미를 느꼈기에 자신이 만든 도구를 자기 두 딸에게 시험해 보았다.

비네는 공동 연구자인 테오도르 시몬(Theodore Simon)과 함께 연령 수준별 문항 몇 개씩으로 구성된 총 30개의 문항을 개발했고, 검사는 통제된 환경에서 실시되도록 설계되었다. 문제의 난이도는 그림 속 꽃의 꽃잎 수를 세는 것에서부터 어떤 모양을 기억해서 그리는 것까지 다양했다. 검사의 목표는 아동이 자기 연령에 해당하는 문항을 얼마나 많이 통과하는지, 그래서 해당 연령의 표준 능력 수준에 미치는지를 알아보는 것이었다.

1916년, 스탠퍼드 대학교의 심리학자 루이스 터먼(Lewis Terman)은 이 비네 검사를 기초로 스탠퍼드-비네 지능 검사(Stanford-Binet Intelligence Scales)를 만들었다. 이것이 20세기에 사용된 거의 모든 IQ 검사의 기초가 되었다. 현재 사용되는 심리 검사들도 여전히 이들의 연구에 많은 것을 빚지고 있지만, 그 활용 범위는 확장되어 아동의 지능을 테스트하는 것보다 채용이나 진로 선택을 돕는 목적으로 더 많이 사용된다. 고용주는 자기 회사에 부적합한 지원자를 골라내고, 직원의 적성에 맞는 업무에 배치하기 위해서 심리 검사를 이용한다. 그러므로 심리 검사는 고용주들이 그 정확성을 신뢰할 수 있어야 한다.

공정한 검사를 만들기

심리 검사 결과에 따라서 누군가는 원하는 직업을 얻거나 얻지 못할 수도 있다. 따라서 심리 검사는 다음과 같은 엄격한 기준을 지켜야 한다.

- **객관성** 채점자의 주관적 관점에 따라서 점수가 달라질 여지가 없어야 한다.
- **표준화** 검사 조건은 모든 참가자에게 동일하게 적용되어야 한다. 적성 검사에는 엄격한 시간 제한(보통 문제당 1분)이 있다. 성격 검사에는 시간 제한이 없을 수도 있다. 정확성과 정직성이 속도보다 더 중요하기 때문이다.
- **신뢰성** 검사 결과를 왜곡시킬 수 있는 요인이 없어야 한다.
- **예측 가능성** 검사 결과는 검사 대상자의 (검사 장면이 아니라) 실제 상황에서의 수행 수준을 정확하게 예측해야 한다.
- **비차별성** 검사가 성별이나 민족 등에 따라 특정한 검사 대상자에게 불이익을 주지 않아야 한다.

심리 검사의 유형

회사나 조직에서 입사 지원자를 대상으로 실시하는 심리 검사에는 대부분 지원자의 동기, 열정 및 특정 근무 환경에 대한 적합성을 평가하기 위한 성격 질문지가 포함되어 있다. 갈수록 고객 중심의 직무들이 많아지는 반면 관리직의 단계는 줄어들면서, 성격 검사를 통해 측정할 수 있는, 사람들과 잘 지내고 의사 소통하는 '소프트 스킬(soft skill)'이 점차 중요해지고 있다. 필요에 따라 고용주는 특정한 지적 능력들을 표준 점수와 비교 평가하기 위해 적성 검사를 사용할 수도 있다.

80%

직원 선발에 심리 검사를 사용하는 영국과 미국 우수 기업 비율

적성 검사

적성 검사는 다양한 주제 혹은 응답자가 신청한 직무와 관련된 영역에 대한 시험 형식의 객관식 선택 문항으로 구성되어 있으며, 최근에는 온라인으로 실시하는 경우도 많다. 대부분의 적성 검사에는 의사 소통 능력, 산술 능력 및 새로운 기술을 습득하는 능력을 평가하기 위한 언어, 수리 및 추상적 추론 문제들이 들어 있다. 하지만 이보다 더 전문적인 능력을 측정하는 검사들도 있다.

- **언어 능력** 철자, 문법, 유추하기, 지시 사항을 이해하고 주장들을 평가하는 능력: 대부분의 직무에 필요함.
- **수리 능력** 산수, 수열, 기초 수학 능력: 대부분의 직무에 필요함. 차트와 그래프, 데이터, 통계를 해석하는 능력: 관리직에 필요함.
- **추상적 추론 능력** 패턴에 숨어 있는 논리를 찾아내서 다음에 이어져야 할 그림이나 숫자 등을 맞추는 능력(일반적으로, 패턴은 그림으로 제시된다.): 대부분의 직무에 필요함.
- **공간 능력** 2차원 형태를 조작하기, 2차원 이미지를 보며 3차원 이미지를 시각화하는 능력: 우수한 공간 기술이 요구되는 직무에 필요함.
- **기계 추론 능력** 물리적 원리와 기계적 원리를 이해하는 능력: 군대, 응급(긴급) 서비스, 공예, 기술 및 공학 분야의 직무에 필요함.
- **결함 진단 능력** 전자 및 기계 시스템에서 결함을 발견하고 수리할 수 있는 논리적 능력: 기술 관련 직무에 필요함.
- **데이터 점검 능력** 오류를 빠르고 정확하게 탐지하는 능력: 사무 및 데이터 입력 관련 직무에 필요함.
- **작업 샘플** 모의 직무 과제 수행(in-tray exercise), 그룹 토의에 참여하기, 프리젠테이션 하기: 직무별로 요구되는 것이 다름.

"심리 측정은 우리 인간이 그다지 잘하지 못하는 것, 즉 사람들의 특성과 인성에 대한 객관적이고 비편향되고 믿을 만하며 타당한 평가를 제공한다."

— 데이비드 휴즈(David Hughes), 맨체스터 경영대학원의 조직 심리학 강사

성격 검사지

성격 검사에서는 '예/아니오'나 '맞다/틀리다' 또는 '동의함/동의하지 않음'의 5점 또는 7점 척도로 "나는 파티나 다른 사교 모임을 즐긴다."와 같은 일련의 진술에 응답하게 된다. 여기에는 정답이나 오답이 따로 없으므로 솔직하게 대답하는 것이 최선이다. 예를 들어 파티를 즐기지 않는 사람이 성격 검사에서는 즐긴다고 대답하면, 그 사람에게 전혀 적합하지 않은 직무인 고객 응대 업무를 맡게 될 수도 있다.

찾아보기

가

나

다

라

마

찾아보기

바

사

아

찾아보기

자

차

카

타

파

하

감사의 글

Dorling Kindersley would like to thank Kathryn Hill, Natasha Khan, and Andy Szudek for editorial assistance; Alexandra Beeden for proofreading; and Helen Peters for indexing.

The publisher would like to thank the following for their kind permission to reproduce their photographs:

(Key: a-above; b-below/bottom; c-centre; f-far; l-left; r-right; t-top)

33 Alamy Stock Photo: David Wall (bc). **39 Alamy Stock Photo:** Anna Berkut (r). **48 Alamy Stock Photo:** RooM the Agency (cra). **51 Alamy Stock Photo:** Chris Putnam (b). **57 Getty Images:** Mike Kemp (br). **63 iStockphoto.com:** PeopleImages (crb). **77 Getty Images:** danm (crb). **93 Alamy Stock Photo:** dpa picture alliance (r). **103 Alamy Stock Photo:** StockPhotosArt - Emotions (crb). **117 Alamy Stock Photo:** BSIP SA (cra). **121 iStockphoto.com:** Antonio Carlos Bezerra (cra). **136 Alamy Stock Photo:** Phanie (cl). **143 iStockphoto.com:** artisteer (tr). **154 iStockphoto.com:** Ales-A (crb). **159 iStockphoto.com:** ANZAV (crb). **180 Alamy Stock Photo:** Drepicter (ca). **189 iStockphoto.com:** Eraxion (cr). **193 iStockphoto.com:** DKart (cra). **196 Alamy Stock Photo:** Allan Swart (cr). **202 iStockphoto.com:** PattieS (ca). **217 Getty Images:** Plume Creative (br). **221 iStockphoto.com:** LanceB (b). **243 Alamy Stock Photo:** moodboard (br)

Cover images: Front: **123RF.com:** anthonycz cla, Chi Chiu Tse ca/ (Bottle), kotoffei cla/ (Capsules), Vadym Malyshevskyi cb/ (Brain), nad1992 cl, nikolae c, Supanut Piyakanont cra, cb, Igor Serdiuk cla/ (Spider), Marina Zlochin bc; **Dreamstime.com:** Amornme ca, Furtaev bl, Surachat Khongkhut crb, Dmitrii Starkov tr/ (cloud), Vectortatu tr